初めてのPerl
第7版

Randal L. Schwartz
brian d foy　　　　著
Tom Phoenix

近藤　嘉雪
嶋田　健志　訳

本書で使用するシステム名、製品名は、それぞれ各社の商標、または登録商標です。
なお、本文中では™、®、©マークは省略している場合もあります。

SEVENTH EDITION

Learning Perl
*Making Easy Things Easy and
Hard Things Possible*

Randal L. Schwartz, brian d foy, and Tom Phoenix

Beijing · Boston · Farnham · Sebastopol · Tokyo

©2018 O'Reilly Japan, Inc. Authorized Japanese translation of the English edition of Learning Perl, Seventh Edition. ©2017 Randal L. Schwarz, brian d foy, and Tom Phoenix. This translation is published and sold by permission of O'Reilly Media, Inc., the owner of all rights to publish and sell the same.

本書は、株式会社オライリー・ジャパンがO'Reilly Media, Inc.との許諾に基づき翻訳したものです。日本語版についての権利は、株式会社オライリー・ジャパンが保有します。

日本語版の内容について、株式会社オライリー・ジャパンは最大限の努力をもって正確を期していますが、本書の内容に基づく運用結果について責任を負いかねますので、ご了承ください。

はじめに

『初めてのPerl』の第7版へようこそ。第7版では、Perl 5.24とその最新機能に関する情報が追加されています。本書は、まだPerl 5.8を使っている方にも活用していただけます（しかし、5.8のリリースからかなりの月日が経っています。そろそろアップグレードすることをご検討ください）。

われわれは読者のみなさんが本書を購入する前にこの「はじめに」を読んでくださることを願っています。というのも混乱の原因となる歴史的な問題があるからです。Perl 6という別の言語があります。Perl 6は、当初Perl 5を置き換えるものとしてスタートしたのですが、名前を変更せずにそのまま別言語として存在しています。おそらくあなたが使いたいのはPerl 5でしょう。人々が「Perl」と言う場合、たいていは広くインストールされ使用されているPerl 5を指しています。この段落がなぜここにあるのかわからなければ、あなたが求めているのはPerl 5です。

Perlプログラミング言語を学ぶために最初の30〜45時間を費やす最良の方策を探しているのでしたら、本書はまさにあなたが求めていたものです。本書は、インターネット随一の働き者であり、世界中のシステム管理者、ウェブハッカー、趣味のプログラマのお気に入り言語であるプログラミング言語Perlの洗練された入門書です。われわれが実際に教えている授業に基づいてこの本をデザインしました。本書は1週間分で学ぶようになっています。

たった数時間であなたにPerlのすべてを伝えることはできません。そんなことを約束している本は、たぶん誇大広告をしているのです。その代わりに、本書では、Perlの多種多様な機能の中から、長さが1行から128行までのプログラム——世の中で使われているプログラムの90%はこの範囲に収まります——を書くのに十分役立つような機能を厳選してあります。そして、本書の内容をマスターした人は、本書で取り上げなかった話題を解説している『続・初めてのPerl 改訂版』に進むこともできます。また、Perlに関してさらに学ぶための情報源も紹介しています。

各章は、1〜2時間あれば読めるくらいの分量にまとめてあります。各章の末尾には、学んだことを実際に試せるような練習問題があります。また、問題の解答は付録Aに掲載してあります。ですから、本書は、教室で教える「Perl入門」コースの理想的な教材になっています。なぜかと言えば、本書の内容は、私たちのフラグシップである「Learning Perl」コース（全世界の数千人の生徒が受講しました）の教材を、一言一句に至るまでほぼそのまま収録したものだからです。しかし、本書は、自習用としても使えるようにデザインしてあります。

Perlは「Unix用の道具箱」として使われていますが、本書を読むためには、あなたはUnixの達人である必要はありません。それどころかUnixユーザでなくても構いません。特記されている箇所を除けば、本書の内容は、ActiveState社が開発したWindows用のActivePerl、およびほかの最近のPerlの実装すべてにそのまま通用します。

本書を読み始めるに当たっては、Perlについて何も知らなくても問題ありませんが、プログラミングに関する基礎的な概念──変数、ループ、サブルーチン、配列、そして何よりも大切な「お気に入りのテキストエディタを使ってソースコードを編集する方法」など──に、あらかじめ親しんでおくことをお勧めします。本書では、これらの概念の説明をまったく行いません。うれしいことに多くの読者から「『初めてのPerl』を読んで、最初の言語としてPerlをマスターできた」という報告が寄せられていますが、もちろん、誰もが同じようにPerlをマスターできると確約することはできません。

本書で用いる表記について

本書では、次に示すように文字のフォントを使い分けています。

ゴシック
　　初出の用語、意味の強調を表します。

固定ピッチフォント（`Constant width`）
　　メソッド名、関数名、変数、属性を表します。また、コードのサンプルにも使われます。

固定ピッチフォント（太字）（`Constant width Bold`）
　　ユーザが実際にタイプ入力する部分を表します。

[37]
　　練習問題の本文の先頭で、その問題を解くのに何分かかるかを示します（大まかな見積りです）。

　このアイコンは、一般的な注記を示します。

翻訳に当たっては、できるだけ訳語を首尾一貫して用いるようにしました。特に、スペース類については、次のように訳語を使い分けてあります（特にスペース〔space〕と空白文字〔whitespace〕の違いに注意してください）。

英語	日本語	意味
space	スペース	いわゆるスペース（ASCIIコード 0x20）
newline	改行文字	ダブルクォート文字列内で \n で表される文字（ASCIIコード 0x0a）
whitespace	空白文字	スペース、タブ、改行文字などの総称

カッコ類は4種類ありますが、基本的に次の呼称で統一してあります。

記号	英語	日本語
()	parenthesis	カッコまたは丸カッコ
{}	(curly) brace	ブレース
[]	(square) bracket	ブラケット
<>	angle bracket	山カッコ

引用符（クォート記号）は3種類ありますが、基本的に次の呼称で統一してあります。

記号	英語	日本語
'	single quote	シングルクォート
"	double quote	ダブルクォート
`	backquote	バッククォート

サンプルコード

本書の目的は、読者のみなさんが仕事を片付けるのを手助けすることです。本書のコードをコピーして、ニーズに合うように手を加えることをお勧めします。しかし、手でコピーするよりも、コードを http://www.learning-perl.com からダウンロードすることをお勧めします。

一般に、本書に掲載しているコードは読者のプログラムやドキュメントで使用してかまいません。かなりのコードを転載する場合を除き、許可を求める必要はありません。例えば、本書のコードの一部を使用するプログラムを作成するために、許可を求める必要はありません。なお、オライリー・ジャパンから出版されている書籍のサンプルコードをCD-ROMとして販売したり配布したりする場合には、そのための許可が必要です。本書や本書のサンプルコードを引用して質問などに答える場合、許可を求める必要はありません。ただし、本書のサンプルコードのかなりの部分を製品マニュアルに転載するような場合には、そのための許可が必要です。

出典を明記する必要はありませんが、そうしていただければ感謝します。例えば、『Learning Perl, 7th edition』（Randal Schwartz、brian foy、Tom Phoenix 著、O'Reilly、Copyright 2017 Randal Schwartz、brian foy、Tom Phoenix、978-1-491-95432-4、邦題『初めてのPerl 第7版』オライリー・ジャパン、ISBN978-4-87311-824-6）のように、タイトル、著者、出版社、ISBNを記載してください。サンプルコードの使用について、公正な使用の範囲を超えると思われる場合、または上記で許可している範囲を超えると感じる場合は、permissions@oreilly.com まで（英語で）ご連絡ください。

お問い合わせ先

本書のすべての情報は、全力を尽くしてテストして確認していますが、Perlの機能が変更されていたり、あるいは製作上の過程で誤りが混入していたりすることを、あなたは発見なさるかもしれません。その場合には、お手数ですが発見したエラーについてご報告いただければ幸いです。また、将来の版のための提言もお寄せください。宛先は次の通りです。

株式会社オライリー・ジャパン
電子メール：japan@oreilly.co.jp

また、本書のためのウェブサイトを用意しています。そこでは、プログラム例、正誤表などを公開しています。また、練習問題のいくつかを解く際に役に立つ（が必須ではない）テキストファイル一式（と数個の Perl プログラム）もここから入手できます。このページには、次の URL でアクセスできます。

http://bit.ly/learning-perl-7e（原書）
https://www.oreilly.co.jp/books/9784873118246/（日本語版）

本書に関する技術的な質問やコメントは、以下に電子メールを送信してください。

bookquestions@oreilly.com

当社の書籍、コース、カンファレンス、ニュースに関する詳しい情報は、当社のウェブサイトを参照してください。

http://www.oreilly.com（英語）
https://www.oreilly.co.jp（日本語）

当社の Facebook は以下の通り。

http://facebook.com/oreilly

当社の Twitter は以下でフォローできます。

http://twitter.com/oreillymedia

YouTube で見るには以下にアクセスしてください。

http://www.youtube.com/oreillymedia

本書の歴史

好奇心あふれる読者のために、Randal（著者の 1 人）が本書の来歴について語ります。

　私が最初の『Programming Perl』を Larry Wall とともに書き上げたとき（1991 年）に、シリコンバレーの Taos Mountain Software 社から、トレーニングコースを作らないかというアプローチがありました。彼らの提案とは、私が最初の 1 ダース程度のコースの講師を務めるとともに、彼らのスタッフを訓練して、コースの講師を務められるようにするというものでした。私は彼らのためにコースの教材を書き、約束通りにそれを引き渡しました†。

---

† その契約では、練習問題に関する権利は私が保持するものとしていました。いつの日か、それを別のやり方——例えば当時執筆していた雑誌のコラムの題材にする——で再利用するつもりだったからです。Taos のコースから本書に持ってきたのは、練習問題だけです。

そのコースを3回目か4回目に開催したとき（1991年末）に、誰かが私にこう言ったのです。「『Programming Perl』をとても気に入っていますが、このコースの内容のほうがPerlを楽に学べます。このコースのような本を書かれたらいかがでしょうか」。これはいい機会だと思い、それについて検討しはじめました。

私は、Taosで教えたコースと似たようなアウトラインをベースにした提案書を、Tim O'Reillyに送りました。そして、教室で教えた際の経験をもとに、いくつかの章を入れ換えて手を加えました。この提案は、今までに行った提案の中で最短時間で採用されました。15分後にTimから「あなたが2冊目の本を書き始めるのを待っていました。『Programming Perl』は物凄い勢いで売れています」と返信がありました。それが、『Learning Perl』（本書）の第1版を書き終えるまでの18か月の苦闘の始まりでした。

その間に、シリコンバレーの外で、Perlクラスを教える機会があり[†]、『Learning Perl』用に書いていたテキストをベースにして教材を作りました。私はさまざまな依頼主（私の主な契約先のIntel Oregonを含む）のために何回もクラスを開催し、得られたフィードバックをもとにして、草稿にさらに磨きをかけました。

本書の第1版は1993年11月1日[‡]に店頭に並び、素晴らしいヒットとなり、しばしば『Programming Perl』を上回る売れ行きを示しました。

第1版の裏表紙には「Perlトレーニングの第一人者が執筆した」といううたい文句がありました。そして、そのうたい文句は現実となりました。2、3か月以内に、自社で講師をしてほしいという出張依頼の電子メールが、合衆国全土から届き始めました。それからの7年間で、私の会社は、全世界でPerlのオンサイトトレーニングをリードする会社となり、私個人は航空会社のマイレージを（文字通り）100万マイル貯めました。その頃ウェブが立ち上がり始めて、ウェブマスターたちは、コンテンツ管理、CGIによる対話的サービス、そしてメンテナンスにPerlを使うようになりました。

2年間にわたって、私はTom Phoenixと密接に協力して働きました。Stonehenge社における彼の役割は、指導トレーナー兼コンテンツマネージャでした。彼は、「リャマ」コースの内容を動かしたり分解したりする権限を与えられて、さまざまな試みを行いました。そして、コースの内容が最良のものになったときに、私はO'Reilly社に連絡をとり「新しい本を出すときが来ました！」と伝えました。そして、それが第3版になったのです。

「リャマ本」の第3版を書き上げてから2年後、Tomと私は、われわれの「上級者」コースを、「100行から10,000行の規模」のプログラムを書く人向けに出版すべきときが来たと決断しました。そして2人は協力して最初の「アルパカ本」（『Learning Perl Objects, References, and Modules』、改訂版邦題『続・初めてのPerl 改訂第2版』）を2003年に出版しました。

第2次湾岸戦争から戻ってきたインストラクター仲間のbrian d foyが、われわれのコースウェアを典型的な受講者のニーズに合わせるために、両方の本を書き換える必要があることに気付き

[†] Taosと交わした契約には非競争条項があり、シリコンバレーでは同じようなコースを開くことができません。私は長い間この非競争条項を遵守しています。

[‡] 私はこの日のことをよく覚えています。なぜなら、インテルとの契約に関するコンピュータ関連活動——後に有罪判決が下されました——のために、私が自宅で逮捕された日でもあるからです。

ました。そして、Perl 6が出る前に、「リャマ本」と「アルパカ本」の最後の改訂版を出すタイミングである、と彼はO'Reilly社に売り込みました。この「リャマ本」はこれらの変更を反映しています。実際には、私が時折アドバイスを与え、brianは実質的な主著者を務め、かつ著者たちのチームを上手に導くという素晴らしい仕事を成しとげました。

2007年12月18日にPerl 5 PortersはいくつもPerl 5.10をリリースしました。前バージョン5.8は、Perlの基盤部分とUnicodeサポートに重点を置くものでした。この最新版は、安定しているバージョン5.8を土台として、まったく新しい機能——そのいくつかはPerl 6から借用したものです——を追加することができました。新機能のいくつか——例えば、正規表現の名前付きキャプチャ——は、従来のやり方に比べて非常に優れており、Perl 初心者にうってつけです。もともと本書の第5版を出すことは考えていなかったのですが、Perl 5.10が非常に優れているので、第5版を出すことにしました。

それ以降、Perlは常に改良され、定期的に新バージョンがリリースされています。Perlの新バージョンがリリースされるたびに、多くのプログラマが長年望んでいたエキサイティングな新機能が追加されています。進化を続けるPerlに合わせて、われわれも本書をアップデートし続けるでしょう。

第6版からの変更点

内容を最新バージョンPerl 5.24に合わせて更新しました。また、コードの中にはPerl 5.24でなければ動作しないものもあります。Perl 5.24の機能を紹介する際には、本文中にそのことを明記しています。またコード例では、use文によって、正しいバージョンを使うことを確認するようにしています。

    use v5.24; # このスクリプトを動かすにはPerl 5.24以降が必要

もしコード例に use v5.24（または、別バージョンを指定したもの）がなければ、Perl 5.8以降の全バージョンで動作するはずです。お使いのPerlのバージョンを知るには、次のように -v コマンドラインスイッチを指定してください。

    $ perl -v

いくつかの例では、実行に必要な最低限のPerlのバージョンを示しています。例えば、sayはPerl 5.10から導入されたものなので、次のように示します。

    use v5.10;

    say "Howdy, Fred!";

ほとんどのケースで、できるだけ多くのバージョンでサンプルコードが実行できるように新しい機能は使わないようにしています。だからと言って、新しい機能を使用すべきではないとか、推奨しないという意味ではありません。本書にはさまざまな読者がいることを考えてのことです。

必要に応じて、Unicodeの例と特徴を紹介しています。Unicodeについて知らない人のために、

初心者向けの解説を「付録C　Unicode入門」に用意しました。いつかはUnicodeと付き合わなければならないでしょうから、今のうちに付き合い始めておくとよいかもしれません。本書全体にわたってUnicodeが登場しますが、特に関係が深い章は、スカラー（2章）、入出力（5章）、ソート（14章）です。

第7版での改良点と、新たに追加したことをまとめると次のようになります。

- 実験的機能についての説明を追加（付録D）
- 必要に応じてWindowsの例をさらに追加
- 2章に16進浮動小数点数リテラル（Perl 5.22）の説明を追加
- 4章に実験的ながらも便利なサブルーチンシグネチャ（Perl 5.20）の説明を追加
- 5章により安全なダブルダイヤモンド演算子（Perl 5.22）の説明を追加
- 7章から9章の正規表現とマッチ演算子の説明を大幅にアップデート
- 11章の例として`DateTime`に代わって`Time::Moment`を採用
- 12章に実験的なビット演算子の説明を追加
- 16章にキーと値のスライス（Perl 5.20）の説明を追加

謝辞
Randalより

　過去および現在のStonehenge社のトレーナー（Joseph Hall、Tom Phoenix、Chip Salzenberg、brian d foy、Tad MkClellan）に感謝します。彼らが毎週毎週、教室でトレーニングコースの講師を務め、何がうまくいったか（そして何がうまくいかなかったか）を伝えてくれたおかげで、本書の内容を改善することができました。特に、共著者でありビジネスパートナーでもあるTom Phoenixには、Stonehenge社のリャマコースを改善するために多大な時間を費やし、本書のほとんどの部分に対して、核となる素晴らしい文章を提供していただいたことに多大な感謝をいたします。そしてbrian d foyには、第4版以降の主著者として、永遠に実現しないのではないかと思われた私のTo Doリストを、最終的に実現していただいたことに感謝します。

　また、O'Reilly社の全員に、特に非常に辛抱強い編集者であり、以前のエディションでは進行管理を務めたAllison Randal（私の親類ではありませんが、素敵な名字です）に、そして現在の担当編集者Simon St.Laurentに感謝します。また、Tim O'Reillyには、「キャメル本」〔Camel book〕と「リャマ本」〔Llama book〕を執筆する機会を与えていただいたことに感謝します。

　私は、「リャマ本」の過去のエディションを買ってくださった読者のみなさんから、多大な恩恵を受けています。みなさんのおかげで、私は「悪徳に手を染めることなく、刑務所に入らずにいる」ためにお金を費やすことができました。また、トレーニングの受講者のみなさんのおかげで、私は良いトレーナーになることができました。過去においてわれわれの講習会の顧客であり、また将来においても顧客でいていただける、大企業のみなさまにも感謝します。

　また例によって、書くことに関するほとんどあらゆる事柄を教えてくれたLyleとJackには特に感謝したいと思います。決してあなたがたのことは忘れないでしょう。

brianより

　まず最初にRandalに感謝しなければなりません。なぜなら、私は本書の第1版を読んでPerlを学んだからです。その後1998年に彼からStonehenge社でPerlを教えることを提案された際に、再び学び直す必要がありました。教えることは、学ぶための最良の方法です。それ以降、Randalは、Perlのみならず、私が学ぶ必要があったいくつもの事柄——例えば、ウェブカンファレンスでのデモにPerlの代わりにSmalltalkを使うと決断したこと——に関して、良き師として私に助言してくれました。私は、いつも彼の博識さに感嘆させられます。Perlについて書くように勧めてくれたのは、彼です。そして、私が最初にPerlを学んだ本書に、著者の1人として参加できることは、大変光栄なことです、Randal。

　私がStonehengeで働いている間に、実際にTom Phoenixと顔を合わせたのは、おそらく2週間にも満たない短い期間でしたが、彼が作成したStonehengeのLearning Perlコースを何年にもわたって教えました。そのバージョンは、本書の第3版になりました。Tomの新しいバージョンを教えることを通じて、私は、ほとんどあらゆる事柄について、新しい説明のしかたを見つけるとともに、Perlのすみずみまでを学びました。

　本書の改訂作業に加わりたいとRandalを説得した際に、彼は私を、出版社への提案の作成、全体構成、バージョン管理の担当に任命しました。担当編集者のAllison Randalは、私がこれらの役割を果たすのを手助けしてくれた上に、私が頻繁に送る電子メールに文句も言わずに耐えてくれました。Allisonが他の担当に移った後は、Simon St. Laurentが編集者兼O'Reilly側の窓口として、改版の機が熟すまで辛抱強く待ってくれました。

Tomより

　Randalと同様に、O'Reilly社の全員に深く感謝します。本書の第3版の担当編集者だったLinda Muiには、今でも感謝しています。彼女は、われわれに辛抱強く付き合って、悪乗りしすぎたジョークや脚注を指摘してくれる一方で、生き残ったジョークには目をつぶってくれました。彼女とRandalの2人が、私に文章の書き方を教えてくれたことに感謝します。以前のエディションではAllison Randalが、そしてこの版ではSimon St.Laurentが編集を担当してくれました。彼らにしていただいた、それぞれ独自の貢献に対して感謝いたします。

　また、RandalとStonehenge社のトレーナーのみなさんにも深く感謝します。新しい教育テクニックを試そうとしてコースの教材を突然変えたときにも、彼らは不平をもらさずにそれを使ってくれました。彼らは、私が見過ごしていたさまざまな視点からの意見を伝えてくれました。

　私は長年にわたって、オレゴン科学産業博物館（Oregon Museum of Science and Industry：OMSI）で働いています。あらゆる行為や爆発や解剖に対して、1、2個のジョークをはさみ込む方法を学べたことを、職場のみなさんに感謝します。

　Usenet上で、私の投稿に対して、感謝と激励の言葉を与えてくれた多くの人たちに感謝します。本書はあなたがたの役に立つことでしょう。

　また、質問をしてくれた受講者のみなさんにも、私が概念を説明するのに新しいやり方を試みた際に、質問（と当惑した表情）を投げかけていただいたことに感謝します。このエディションが、残されていた疑問をすべて解決できるとよいのですが。

もちろん、共著者であるRandalには、この教材を、教室と本書においてさまざまなやり方で提示する自由を与えてくれたこと、そして書籍化を勧めてくれたことに、深く感謝します。また、あなたから多大な時間とエネルギーを奪い取った法律上のトラブルに、他の人々が巻き込まれないようにするために、あなたが払っている努力に、私が大いに刺激を受けたことも明らかにしておくべきでしょう。私の妻Jennaには、猫好きなこと、そしてすべてのことに感謝します。

著者全員より

　「訂正者たち」に感謝します。オライリー・メディアという組織は、継続的な出版が可能です。われわれは間違いを指摘されれば、すぐに修正します。増刷の際や新たに電子書籍をリリースするときには、修正が反映されているでしょう。間違いを指摘してくれたEgon Choroba、Cody Cziesler、Kieren Diment、Charles Evans、Keith Howanitz、Susan Malter、Peter O'Neill、Enrique Nell、Povl Ole Haarlev Olsen、Flavio Poletti、Rob Reed、Alan Rocker、Dylan Scott、Peter Scott、Shaun Smiley、John Trammel、Emma Urquhart、John Wiersba、Danny Woods、Zhenyo Zhouに感謝します。さらに、本書全体に注意深く目を通し、すべての（そうであってほしいのですが）間違いや事実と異なることを指摘してくれたDavid Farrell、Grzegorz Szpetkowski、Ali Sinan Ünürに感謝します。彼らから多くのことを学びました。

　長年にわたって、講義の教材のどこを改良すべきかを知らせてくれた、受講者のみなさんにも感謝します。本書が、われわれ著者が誇れる本に仕上がったのは、みなさんのおかげです。

　Perl Mongersのみなさんには、われわれがみなさんの町を訪問した際に、くつろいだ気分で過ごさせていただいたことを感謝します。みなさんの町を再訪する機会があれば、お会いするのを楽しみにしています。

　そして最後に、われわれの友人のLarry Wallには、心からの感謝を捧げます。自分が作った素晴らしい強力なおもちゃを世界中の人たちと共有する、という彼の賢明な決定のおかげで、みんなが、ちょっとだけ速く、容易に、そしてより楽しく仕事をこなせるようになったのですから。

目次

はじめに v

1章　Perl入門 1
1.1　質疑応答 1
1.1.1　この本は私に向いていますか？ 1
1.1.2　練習問題と解答について教えてください 2
1.1.3　私はPerlコースの講師ですが、アドバイスをいただけますか？ 3
1.2　Perlとは何の略でしょうか？ 4
1.2.1　なぜLarryはPerlを創ったのでしょうか？ 4
1.2.2　なぜLarryは他の言語を使わなかったのでしょうか？ 4
1.2.3　Perlはやさしいでしょうか難しいでしょうか？ 5
1.2.4　Perlはどのようにしてこんなに人気を得るようになったのですか？ 7
1.2.5　いまPerlに何が起こっているのでしょうか？ 7
1.2.6　Perlはどんなことが得意でしょうか？ 7
1.2.7　Perlはどんなことが苦手でしょうか？ 8
1.3　どうすればPerlが手に入りますか？ 8
1.3.1　CPANとは何でしょうか？ 9
1.3.2　サポートはあるのでしょうか？ 9
1.3.3　Perlのバグを発見したらどうすればよいでしょうか？ 10
1.4　どうやってPerlのプログラムを作るのでしょうか？ 11
1.4.1　単純なプログラム 12
1.4.2　このプログラムの中身はどうなっているのでしょうか？ 13
1.4.3　どうやってPerlプログラムをコンパイルするのでしょうか？ 15
1.5　Perl早わかりツアー 16
1.6　練習問題 18

2章　スカラーデータ … 19
2.1　数値 … 19
- 2.1.1　すべての数値は同じ内部形式で表現される … 19
- 2.1.2　整数リテラル … 20
- 2.1.3　10進数以外の整数リテラル … 20
- 2.1.4　浮動小数点数リテラル … 21
- 2.1.5　数値演算子 … 22

2.2　文字列 … 23
- 2.2.1　シングルクォート文字列リテラル … 23
- 2.2.2　ダブルクォート文字列リテラル … 24
- 2.2.3　文字列演算子 … 25
- 2.2.4　数値と文字列の自動変換 … 26

2.3　Perlに組み込まれている警告メッセージ … 27
- 2.3.1　10進数以外の数を解釈する … 28

2.4　スカラー変数 … 29
- 2.4.1　良い変数名を選ぶ … 30
- 2.4.2　スカラーの代入 … 31
- 2.4.3　複合代入演算子 … 31

2.5　printによる出力 … 32
- 2.5.1　スカラー変数を文字列の中に展開する … 32
- 2.5.2　コードポイントで文字を生成する … 34
- 2.5.3　演算子の優先順位と結合 … 34
- 2.5.4　比較演算子 … 36

2.6　if制御構造 … 37
- 2.6.1　ブール値 … 37

2.7　ユーザからの入力を受け取る … 38
2.8　chomp演算子 … 39
2.9　while制御構造 … 40
2.10　未定義値 … 40
2.11　defined関数 … 41
2.12　練習問題 … 42

3章　リストと配列 … 43
3.1　配列の要素にアクセスする … 44
3.2　配列の特別なインデックス … 45
3.3　リストリテラル … 45
- 3.3.1　qwショートカット … 46

3.4		リスト代入 ………………………………………………………………………………………………	48
	3.4.1	pop 演算子と push 演算子 ……………………………………………………………	49
	3.4.2	shift 演算子と unshift 演算子 …………………………………………………	50
	3.4.3	splice 演算子 ……………………………………………………………………………	50
3.5		配列を文字列の中に展開する …………………………………………………………	51
3.6		foreach 制御構造 …………………………………………………………………………	52
	3.6.1	Perl お気に入りのデフォルト：$_ ……………………………………………	53
	3.6.2	reverse 演算子 …………………………………………………………………………	54
	3.6.3	sort 演算子 ………………………………………………………………………………	54
	3.6.4	each 演算子 ………………………………………………………………………………	55
3.7		スカラーコンテキストとリストコンテキスト ……………………………	56
	3.7.1	リストを生成する式をスカラーコンテキストで使う ………………	57
	3.7.2	スカラーを生成する式をリストコンテキストで使う ………………	58
	3.7.3	スカラーコンテキストを強制する …………………………………………	59
3.8		リストコンテキストで <STDIN> を使う ………………………………………	59
3.9		練習問題 ………………………………………………………………………………………	60

4章 サブルーチン ……………………………………………………………………………… 61

4.1		サブルーチンを定義する ……………………………………………………………	61
4.2		サブルーチンを起動する ……………………………………………………………	62
4.3		戻り値 …………………………………………………………………………………………	62
4.4		引数 ……………………………………………………………………………………………	64
4.5		サブルーチン内でプライベートな変数 ………………………………………	66
4.6		可変長のパラメータリスト ………………………………………………………	67
	4.6.1	改良版の &max サブルーチン ……………………………………………………	67
	4.6.2	空のパラメータリスト ………………………………………………………………	68
4.7		レキシカル変数（my 変数）についての注意事項 …………………	69
4.8		use strict プラグマ …………………………………………………………………	70
4.9		return 演算子 ………………………………………………………………………………	71
	4.9.1	アンパーサンドを省略する ………………………………………………………	72
4.10		スカラー以外の戻り値 ………………………………………………………………	74
4.11		永続的なプライベート変数 ………………………………………………………	74
4.12		サブルーチンシグネチャ ……………………………………………………………	76
4.13		練習問題 ………………………………………………………………………………………	78

5章 入力と出力 ... 81
- 5.1 標準入力からの入力 ... 81
- 5.2 ダイヤモンド演算子からの入力 ... 83
  - 5.2.1 ダブルダイヤモンド演算子 ... 85
- 5.3 起動引数 ... 85
- 5.4 標準出力への出力 ... 86
- 5.5 printf によるフォーマット付き出力 ... 89
  - 5.5.1 配列と printf ... 91
- 5.6 ファイルハンドル ... 92
- 5.7 ファイルハンドルをオープンする ... 94
  - 5.7.1 ファイルハンドルに対して binmode を適用する ... 97
  - 5.7.2 無効なファイルハンドル ... 97
  - 5.7.3 ファイルハンドルをクローズする ... 98
- 5.8 die によって致命的エラーを発生させる ... 98
  - 5.8.1 warn によって警告メッセージを表示する ... 100
  - 5.8.2 自動的に die する ... 100
- 5.9 ファイルハンドルを使う ... 101
  - 5.9.1 デフォルトの出力ファイルハンドルを変える ... 101
- 5.10 標準ファイルハンドルを再オープンする ... 102
- 5.11 say を使って出力する ... 103
- 5.12 ファイルハンドルをスカラー変数に入れる ... 104
- 5.13 練習問題 ... 106

6章 ハッシュ ... 107
- 6.1 ハッシュとは？ ... 107
  - 6.1.1 なぜハッシュを使うのか？ ... 109
- 6.2 ハッシュの要素にアクセスする ... 110
  - 6.2.1 ハッシュ全体を扱う ... 111
  - 6.2.2 ハッシュの代入 ... 112
  - 6.2.3 太い矢印 ... 113
- 6.3 ハッシュ関数 ... 115
  - 6.3.1 keys 関数と values 関数 ... 115
  - 6.3.2 each 関数 ... 116
- 6.4 ハッシュの利用例 ... 117
  - 6.4.1 exists 関数 ... 118
  - 6.4.2 delete 関数 ... 118
  - 6.4.3 ハッシュの要素を変数展開する ... 118

6.5	%ENV ハッシュ	119
6.6	練習問題	119

7章　正規表現　　　　　　　　　　　　　　　　　　　　　　　　121

7.1	並び	121
7.2	パターンの練習	123
7.3	ワイルドカード	125
7.4	量指定子	126
7.5	パターンをグループにまとめる	130
7.6	選択肢	133
7.7	文字クラス	135
	7.7.1　文字クラスのショートカット	136
	7.7.2　ショートカットの否定	137
7.8	Unicode 属性	137
7.9	アンカー	138
	7.9.1　ワードアンカー	139
7.10	練習問題	140

8章　正規表現によるマッチ　　　　　　　　　　　　　　　　　　　143

8.1	m// を使ってマッチを行う	143
8.2	マッチ修飾子	144
	8.2.1　大文字と小文字を区別せずにマッチする：/i	144
	8.2.2　あらゆる文字にマッチする：/s	144
	8.2.3　空白文字を追加する：/x	145
	8.2.4　マッチ修飾子をまとめて指定する	146
	8.2.5　文字の解釈を選択する	146
	8.2.6　行頭と行末のアンカー	148
	8.2.7　その他のオプション	149
8.3	結合演算子	149
8.4	マッチ変数	150
	8.4.1　キャプチャの有効期限	151
	8.4.2　キャプチャなしのカッコ	152
	8.4.3　名前付きキャプチャ	153
	8.4.4　自動マッチ変数	156
8.5	優先順位	157
	8.5.1　優先順位の例	158
	8.5.2　お楽しみはこれからだ	159

| 8.6 | パターンをテストするプログラム | 159 |
| 8.7 | 練習問題 | 160 |

9章　正規表現によるテキスト処理 … 161

- 9.1 s/// を使って置換を行う … 161
  - 9.1.1 /g によるグローバルな置換 … 162
  - 9.1.2 別のデリミタを使う … 163
  - 9.1.3 置換修飾子 … 163
  - 9.1.4 結合演算子 … 163
  - 9.1.5 非破壊置換 … 163
  - 9.1.6 大文字と小文字の変換 … 164
  - 9.1.7 メタクォート … 166
- 9.2 split 演算子 … 167
- 9.3 join 関数 … 168
- 9.4 m// をリストコンテキストで使う … 169
- 9.5 より強力な正規表現機能 … 170
  - 9.5.1 欲張りでない量指定子 … 170
  - 9.5.2 ファンシーなワード境界 … 171
  - 9.5.3 複数行のテキストに対するマッチ … 172
  - 9.5.4 たくさんのファイルを更新する … 173
  - 9.5.5 コマンドラインから書き戻し編集を行う … 175
- 9.6 練習問題 … 177

10章　さまざまな制御構造 … 179

- 10.1 unless 制御構造 … 179
  - 10.1.1 unless の else 節 … 180
- 10.2 until 制御構造 … 180
- 10.3 文修飾子 … 181
- 10.4 裸のブロック制御構造 … 182
- 10.5 elsif 節 … 183
- 10.6 オートインクリメントとオートデクリメント … 184
  - 10.6.1 オートインクリメントの値 … 184
- 10.7 for 制御構造 … 186
  - 10.7.1 foreach と for の秘められた関係 … 188
- 10.8 ループを制御する … 189
  - 10.8.1 last 演算子 … 189
  - 10.8.2 next 演算子 … 190

		10.8.3 redo 演算子	191
		10.8.4 ラベル付きブロック	192
	10.9	条件演算子	193
	10.10	論理演算子	194
		10.10.1 短絡演算子の値	195
		10.10.2 defined-or 演算子	196
		10.10.3 部分評価演算子を使って制御構造を実現する	197
	10.11	練習問題	199

11章 Perl モジュール ... 201

	11.1	モジュールを探す	201
	11.2	モジュールをインストールする	202
		11.2.1 自分のディレクトリを使う	203
	11.3	単純なモジュールを使う	205
		11.3.1 File::Basename モジュール	206
		11.3.2 モジュールの一部の関数だけを使う	207
		11.3.3 File::Spec モジュール	208
		11.3.4 Path::Class	210
		11.3.5 データベースと DBI	210
		11.3.6 日付と時刻	211
	11.4	練習問題	212

12章 ファイルテスト ... 213

	12.1	ファイルテスト演算子	213
		12.1.1 同じファイルの複数の属性をテストする	217
		12.1.2 ファイルテスト演算子を積み重ねる	219
	12.2	stat 関数と lstat 関数	220
	12.3	localtime 関数	222
	12.4	ビット演算子	223
		12.4.1 ビットストリングを使う	224
	12.5	練習問題	226

13章 ディレクトリ操作 ... 227

	13.1	カレントディレクトリ	227
	13.2	ディレクトリを移動する	228
	13.3	グロブ	229
	13.4	グロブの別の書き方	231

13.5　ディレクトリハンドル　232
13.6　ファイルとディレクトリの取り扱い　234
13.7　ファイルを削除する　234
13.8　ファイルの名前を変更する　236
13.9　リンクとファイル　237
13.10　ディレクトリの作成と削除　242
13.11　パーミッションを変更する　244
13.12　ファイルのオーナーを変更する　244
13.13　タイムスタンプを変更する　245
13.14　練習問題　245

14章　文字列処理とソート　247
14.1　index を使って部分文字列を探す　247
14.2　substr を使って部分文字列をいじる　249
14.3　sprintf を使ってデータをフォーマットする　250
　　14.3.1　sprintf を使って金額を表示する　251
14.4　高度なソート　253
　　14.4.1　ハッシュを値によってソートする　256
　　14.4.2　複数のキーでソートする　257
14.5　練習問題　258

15章　プロセス管理　261
15.1　system 関数　261
　　15.1.1　シェルの起動を避ける　263
15.2　環境変数　266
15.3　exec 関数　267
15.4　バッククォートを使って出力を取り込む　268
　　15.4.1　リストコンテキストでバッククォートを使う　270
15.5　IPC::System::Simple による外部プロセスの起動　272
15.6　プロセスをファイルハンドルとして使う　273
15.7　fork を使って低レベル処理を行う　275
15.8　シグナルを送受信する　276
15.9　練習問題　279

16章　上級テクニック　281
16.1　スライス　281
　　16.1.1　配列スライス　283

		16.1.2 ハッシュスライス	285
		16.1.3 キーと値のスライス	286
	16.2	エラーをトラップする	287
		16.2.1 eval を利用する	287
		16.2.2 高度なエラー処理	291
	16.3	grep を使ってリストから要素を選び出す	293
	16.4	map を使ってリストの要素を変換する	295
	16.5	便利なリストユーティリティ	296
	16.6	練習問題	298

付録 A　練習問題の解答 … 301

- 1 章の練習問題の解答 … 301
- 2 章の練習問題の解答 … 302
- 3 章の練習問題の解答 … 305
- 4 章の練習問題の解答 … 306
- 5 章の練習問題の解答 … 309
- 6 章の練習問題の解答 … 311
- 7 章の練習問題の解答 … 314
- 8 章の練習問題の解答 … 316
- 9 章の練習問題の解答 … 317
- 10 章の練習問題の解答 … 320
- 11 章の練習問題の解答 … 322
- 12 章の練習問題の解答 … 323
- 13 章の練習問題の解答 … 325
- 14 章の練習問題の解答 … 329
- 15 章の練習問題の解答 … 332
- 16 章の練習問題の解答 … 334

付録 B　リャマを越えて … 337

- B.1 豊富なドキュメント … 337
- B.2 正規表現 … 338
- B.3 パッケージ … 338
- B.4 Perl の機能を拡張する … 338
  - B.4.1 自分でモジュールを書く … 339
- B.5 データベース … 339
- B.6 数学 … 339
- B.7 リストと配列 … 339

- B.8 ビット操作 340
- B.9 フォーマット 340
- B.10 ネットワークと IPC 340
    - B.10.1 System V IPC 340
    - B.10.2 ソケット 340
- B.11 セキュリティ 341
- B.12 デバッグ 341
- B.13 コマンドラインオプション 341
- B.14 組み込み変数 342
- B.15 リファレンス 342
    - B.15.1 複雑なデータ構造 342
    - B.15.2 オブジェクト指向プログラミング 342
    - B.15.3 無名サブルーチンとクロージャ 343
- B.16 タイ変数 343
- B.17 演算子オーバーロード 343
- B.18 Perl から他の言語を使う 343
- B.19 Perl を他のプログラムに組み込む 343
- B.20 find コマンドラインを Perl に変換する 344
- B.21 コマンドラインオプションを受け取る 344
- B.22 ドキュメントを埋め込む 345
- B.23 ファイルハンドルをオープンする他の方法 345
- B.24 グラフィカルユーザインタフェース（GUI） 345
- B.25 そしてまだまだ続く… 345

付録 C　Unicode 入門 347
- C.1 Unicode 347
- C.2 UTF-8 と仲間たち 348
- C.3 みんなの同意を取り付ける 348
- C.4 ファンシーな文字 349
    - C.4.1 ソースコードで Unicode を使う 350
    - C.4.2 さらにファンシーな文字 351
- C.5 Perl での Unicode の扱い方 353
    - C.5.1 ファンシーな文字を名前で指定する 353
    - C.5.2 STDIN からの入力、STDOUT と STDERR への出力 354
    - C.5.3 ファイルの入出力 355
    - C.5.4 コマンドライン引数の扱い 355
- C.6 データベースの扱い 356

		C.7	参考文献 ………………………………………………………	356

付録 D　実験的機能 …………………………………………………… 357

- D.1　Perl 開発小史 ……………………………………………… 357
    - D.1.1　Perl 5.10 以降 …………………………………… 358
- D.2　新しい Perl をインストールする ………………………… 360
- D.3　実験的機能 ………………………………………………… 361
    - D.3.1　実験的警告をオフにする ……………………… 362
    - D.3.2　実験的機能を限定的に有効または無効にする … 362
    - D.3.3　実験的機能を信頼してはいけない …………… 363

索引 ……………………………………………………………………… 365

1章 Perl入門

「リャマ本」へようこそ！「リャマ本」というのは、Perl 5 をカバーするわれわれの本に付けられた愛称です。

本書は、1993年に出版されて以来、何百万人もの読者に楽しんでいただいた『初めての Perl』（Learning Perl）の第7版です。少なくとも楽しんでいただいたと、われわれ筆者は思っています。われわれが執筆を大いに楽しんだのは確かです。少なくとも、われわれが覚えているのは、本の形にまとめて書店に現れるのを数か月待ったことです。書店というのは、オンラインの書店ということですが。

本書は Perl 6 のリリース後に、広く使われている Perl 5 について初めて発刊される書籍です。Perl 6 は、Perl をベースにスタートしましたが、現在は独自の道を歩んでいます。残念ながら、Perl 5 と Perl 6 は少ししか関連がないにもかかわらず、両方とも言語名に「Perl」がついていることが混乱を招いています。あなたは Perl 5 について知りたいから、本書を手に取ったのでしょう（そうでなかったらごめんなさい）。いまから本書で「Perl」というときは Perl 5 のことを指します。本書でいう Perl とは、数十年にわたって仕事をしてきたあの Perl です。

1.1 質疑応答

あなたには Perl に関して質問したいことがいくつかあるでしょう。また、本書についても質問したいことがあるかもしれません。特に、本書の中身にざっと目を通した場合にはなおさらです。ですから、この章では、まずそのような質問にお答えするとともに、本書で解答が**得られない**場合にどこを探せばよいかも説明しましょう。

1.1.1 この本は私に向いていますか？

本書はリファレンスではありません。本書は Perl の初級レベルのチュートリアルで、主に自分で使うシンプルなプログラムを書くのに十分な基礎を学ぶための本です。あらゆる話題のすべての細部をカバーしているわけではありません。また、いくつかのトピックは複数の章に分けて説明しているので、必要に応じて概念を少しずつ学んでいくことができます。

本書で想定している読者は、少なくともプログラミングについて多少なりとも理解していて、さらに Perl を学ぶ必要がある人です。予備知識として、ターミナルの使い方、ファイルの編集、

（Perl 以外の）プログラムを実行する方法について、ある程度理解していることを前提としています。すでに変数やサブルーチンなどの概念を理解していて、Perl ではそれらをどうやって使うかを知りたい、という人を想定しています。

　ターミナルプログラムに触ったことがないとか、生まれてからコードを 1 行も書いたことがないといった、完全な初心者の方であっても、本書がまったく不向きだというわけではありません。そのような人は、本書を初めて読むときには、書かれていることすべてを理解できないかもしれません。しかし、多くの初心者がほとんど不満を感じずに本書で Perl を学んでいます。その秘訣は、多少理解できないことがあっても気にせずに、コアとなる概念だけに集中することです。経験豊富なプログラマに比べると、少し多めに時間がかかるかもしれませんが、「千里の道も一歩から」という諺もあります。

　われわれは読者の方々が Unicode について少しは知っていることを前提としているので、あまり細部まで掘り下げて説明はしません。しかし付録 C で Unicode についてより詳しく説明しています。本文を読む前に付録 C を読んで、必要に応じて参照してもよいでしょう。

　この第 7 版では、初めて実験的な機能に関する付録を追加しました（付録 D）。第 6 版が出版されてから、エキサイティングな新機能がいくつか追加されましたが、われわれは新機能を使うことを強制しません。可能な限り、いままで通りの古く平凡な方法を使って、新機能と同じことを実現する方法を紹介します。

　また、Perl を身に付けるのに、本書だけで済まそうとは思わないでください。本書は、チュートリアルにすぎません。Perl の全分野を扱っているわけでもありません。本書を読んだ後は、われわれが執筆した、他の本へ進むとよいでしょう。『続・初めての Perl 改訂版』〔Intermediate Perl〕、さらに準備ができたら『マスタリング Perl』〔Mastering Perl〕へと読み進んでください。Perl の決定版のリファレンスは『プログラミング Perl』です。この本は、「ラクダ本」〔Camel Book〕とも呼ばれています。

　また、本書は Perl 5.24 対応をうたっていますが、以前のバージョンを使っている人にも有用です。あなたの環境ではクールな新機能は利用できませんが、Perl の基本を身に付けることができます。想定している最も古いバージョンは Perl 5.8 ですが、このバージョンがリリースされてからすでに約 15 年が経過しています[†]。

　先ほど述べたように、Perl 6 と呼ばれる別の言語があります。Perl 6 は Perl 5 の後継ではありません。Perl 6 は Perl 5 を置き換えていたかもしれないものの、そうはならなかった歴史があるために、残念ながら同じ名前を共有することになりました。本書は Perl 5 について解説しています。Perl 6 については一切触れていません。

1.1.2　練習問題と解答について教えてください

　各章の末尾には練習問題を用意してあります。われわれ 3 人の著者は、本書と同じ内容の教材を用いて、数千人を相手に教育コースの講師を務めました。その際、練習問題を解いて間違えることが学習には一番効果的でした。本書の練習問題は、間違える機会を与えるように、巧みに作って

[†] 訳注：Perl 5.8 は 2002 年 7 月にリリースされました。

あります。

　わざと間違わせようとは思っていませんが、あなたには間違える機会が必要です。あなたのPerlプログラマ人生において、これらの間違いの大部分を犯すことになるでしょうが、今のうちに間違っておくことができます。本書を読んで出会った間違いについては、納期の直前に間違うことはないでしょう。われわれは、いつも読者の側にいます。うまくいかない場合には、付録A「練習問題の解答」を見てください。そこでは、各問題の解答に加えて、あなたが犯した誤りと犯さなかった誤りについて解説しています。問題が解けてから解答に目を通してください。

　解答を見るのは、十分に問題に取り組んでからにしてください。すぐに解答を見てしまうよりは、自分の頭で考えるほうが、身につきます。問題が解けなくても、壁に頭をゴンゴンぶつけたりしないでください。あまり気に病まずに次の章に進みましょう。

　まったく間違えなかった場合でも、解き終えた後に解答に目を通すべきです。なぜなら、ちょっと見ただけでは気付かないような、プログラムの細部についても説明しているからです。

　あなたの答えとわれわれの答えはやり方が異なるかもしれません。やり方が異なっていても正解です。同じ方法で解く必要はありません。場合によっては、複数の解答を用意しています。さらに、この本を一度読み終えていれば、同じ問題を別の方法で解くかもしれません。われわれはその時点までに説明したことだけを使って答えるように制限していたからです。後で登場する他の機能を使えば、問題をさらに簡単に解けるかもしれません。

　次に示すように、練習問題の先頭には、ブラケットで囲んだ数字が置かれています。

- ［37］この問題文の先頭にある、ブラケットで囲んだ数字37は何を意味しているのでしょうか？

　この数字は、その問題を解くために必要な時間を表しています（かなり大まかな見積りです）。これは大まかな数字なので、問題を解く（プログラムを書いて、テストして、デバッグする）のに半分の時間で済んだり、倍の時間がかかったりしても驚かないでください。また、どうしてもわからないときには、付録Aの解答を見ても構いません。誰にも告げ口しませんからご安心ください。

　もしもっと問題を解きたければ、『Learning Perl Student Workbook』を参照してください。この本は、各章に対して数個ずつの問題を用意しています。

1.1.3　私はPerlコースの講師ですが、アドバイスをいただけますか？

　あなたがPerlの講師で、本書をテキストとして採用するなら（多くの講師がそうしています）、45分から1時間ぐらいの時間を与えれば、ほとんどの受講者は、章末の練習問題をすべて解いて、さらに残り時間に少し休憩できる、ということを知っておくとよいでしょう。中には、短い時間で済む章も、よぶんに時間がかかる章もあります。これは、すべての問題の所要時間を決めた後で、加える方法がわからないことに気付いたからです（幸い、コンピュータに加えてもらう方法は知っています）。

　本書の副読本として、『Learning Perl Student Workbook』があります。この本では、各章に対して数問ずつ追加の問題を用意しています。もしお持ちのものが以前の版対応のものであれば、章の番号を適宜読み替えてください。

1.2 Perlとは何の略でしょうか？

Perlとは「Practical Extraction and Report Language」（実用データ取得レポート作成言語）の略ですが、それ以外にもいろいろな説があり、特に「Pathologically Eclectic Rubbish Lister」（病的折衷主義のがらくた出力機）とも呼ばれます。実際には、これは略称というよりは、こじつけたものです。なぜなら、Perlの創造主であるLarryは、まず最初にPerlという名前を考えつき、それに合わせて元となる長い名前を作り出したからです。そのため、「Perl」は、全部を大文字では書かないのです。Perlがどちらの略称なのかを議論しても意味がありません。Larryは、両方とも認めています。

先頭のpを小文字にして、「perl」と表記することもあります。一般的には、大文字のPで始まる「Perl」は言語を表し、小文字のpで始まる「perl」は、あなたのプログラムをコンパイルして実行するインタプリタを表します。

1.2.1 なぜLarryはPerlを創ったのでしょうか？

Larryは、1980年代の中頃に、Perlを創り出しました。その経緯は次のようなものです。彼は、バグレポートシステムのUsenetニュース風のファイル階層から、レポートを作成しようとしていましたが、awkでは力不足であることが判明しました。Larryは怠惰なプログラマだったので、最低でも他の場所1か所で使える汎用のツールを作って、問題を過剰に解決することにしました。こうして産み出されたのがPerlのバージョン0なのです。

「怠惰」（lazy）という言葉で、Larryを侮辱しているわけではありません。怠惰は、美徳なのです。またLarryが『プログラミングPerl』の第1版で書いていますが、短気（impatience）と自信過剰（hubris）も美徳です。手で物を持って運ぶのが面倒だと思った怠惰な人間が、手押し車を発明しました。暗記するのが面倒だと思った怠惰な人間が、文字を発明しました。新しいコンピュータ言語を作らずに仕事をこなすのは面倒だと思った怠惰な人間が、Perlを作り出したのです。

1.2.2 なぜLarryは他の言語を使わなかったのでしょうか？

プログラミング言語が不足して困っているという話は、聞いたことがありません。しかし、当時は、Larryのニーズにぴったり合うようなプログラミング言語は存在しませんでした。もし、現在あるようなプログラミング言語が、当時存在していたとしたら、たぶんLarryはそのどれかを使っていたことでしょう。彼が必要としていたのは、シェルやawkのように手早くコードを書けて、Cのような言語に頼らずに、grep、cut、sort、sedのような高度で強力なツールの機能を利用できるような言語でした。

Perlは、低水準プログラミング（C、C++、アセンブリ言語など）と高水準プログラミング（「シェル」プログラミングなど）の隙間を埋めるものです。低水準プログラミングでは、コードは書きにくく不格好ですが、実行は高速で制限を受けません。同じマシン上では、上手に書かれた低水準プログラムには、スピードでは勝てません。また、低水準プログラミングでは、できないことはほとんどありません。その対極にある高水準プログラミングは、実行が遅く、コードは書きにくく不格好で、制限を受けます。もし使っているシステムに、必要な機能を提供するコマンドがなかったら、シェルやバッチプログラミングでは手も足も出ないことがたくさんあります。Perlは、

簡単で、ほとんど制限を受けず、たいていの場合は高速で、ちょっと不格好です。

いま挙げた Perl に関する 4 つの主張を検討してみましょう。

まず第 1 に、**Perl は簡単**です。しかし、これは簡単に**使える**という意味です。特に簡単に**学べる**わけではありません。自動車の運転について考えてみましょう。あなたは何週間も何か月もかけて自動車の運転を学んだおかげで、自動車を簡単に運転することができます。Perl のプログラミングに、自動車の運転を学ぶのと同じくらいの時間を費やせば、Perl を簡単に使えるようになるはずです。

Perl は、ほとんど制限を受けません。Perl にできないことは、ごくわずかです。割り込み駆動されるマイクロカーネルレベルのデバイスドライバを Perl で書こうとは思わないでしょうが（実はすでに書いた人がいます）、普通の人間が思いつくほとんどの仕事——ちょっとした小さな使い捨てプログラムから、業務用の大規模アプリケーションまで——は Perl の守備範囲です。

Perl は、ほとんどの場合、高速です。なぜなら、Perl の開発者たちは、全員が Perl を使っているからです。高速な実行こそが開発者共通の願いです。とても素晴らしいけれど、他のプログラムが遅くなるような機能を追加したい、という提案があったとしましょう。たいていの場合、Perl の開発者たちは、十分高速に実行できる手段が見つかるまでは、その新機能を追加することを拒否します。

Perl は、ちょっと不格好です。これは事実です。Perl のシンボルはラクダです。これは、ラクダ本（『プログラミング Perl』）——本書のリャマ（および姉妹書のアルパカ）のいとこです——の表紙に由来しています。ラクダも、ちょっと不格好です。しかしラクダは、苛酷な環境でもよく働いてくれます。ラクダは、見てくれは良くないし、いやな匂いがするし、ときどき唾を吐きかけますが、あらゆる困難を乗り越えて働いてくれます。Perl は、ラクダにちょっと似ています。

1.2.3　Perlはやさしいでしょうか難しいでしょうか？

Perl を使うのは簡単ですが、ときには学ぶのが難しいこともあります。もちろん、これは一般論にすぎません。Perl を設計する際に、Larry はたくさんのトレードオフを考慮しなければなりませんでした。学ぶことが難しくなる代わりに、何かが簡単にできるようになるという機会があれば、ほとんどの場合、簡単にできることを優先させました。なぜなら、Perl を学ぶのは 1 回限りのことですが、何回も何回も繰り返し使うからです。

1 週間または 1 か月当たり数分間しかプログラミング言語を使わない人は、簡単に学べる言語を好むでしょう。なぜなら、次にプログラミング言語を使うときまでに、ほとんど忘れてしまっているでしょうから。Perl は、少なくとも毎日 20 分間はプログラムを（ほとんど Perl で）書く人向けの言語です。

Perl は、プログラマの時間を節約する便利な仕組みを多数用意しています。例えば、ほとんどの関数にはデフォルトがあります。このデフォルトはあなたの使い方に合っていることが多いはずです。次の Perl のコードを見てください。

```
while (<>) {
  chomp;
```

```
    print join("\t", (split /:/)[0, 2, 1, 5] ), "\n";
}
```

このコードの意味がわからなくても大丈夫です。Perlのデフォルトやショートカットをまったく使わずに書いたとすると、このコードはざっと 10 〜 12 倍くらい長くなり、読むのにも書くのにも時間がかかるでしょう。また、変数が増えるために、保守やデバッグにも労力がかかるようになるでしょう。すでに Perl のことを少し知っている人は、このコードにまったく変数が現れないことに気付くはずです。これが重要なポイントです。変数はすべてデフォルトとして使われているのです。けれども、プログラマの労力を軽減するには、学習時にその代価を払う必要があります。つまり、このようなデフォルトやショートカットを覚えなければならないのです。

良いアナロジーとして、英語で頻繁に使われる短縮形について考えてみてください。「will not」は「won't」と同じ意味ですが、ほとんどの人は、会話では「will not」ではなく「won't」を使います。なぜならそのほうが時間を節約できるし、みんなが知っていて意味が通じるからです。同じように、Perl の「短縮形」はよく使われる「フレーズ」を短縮することにより、コーディングの時間を節約するとともに、メンテナンスする人が、複数ステップの処理ではなく、1 個のイディオムとして理解できるようにします。

ひとたび Perl に慣れてしまえば、シェルのクォート（あるいは C の宣言）と格闘する時間が減って、その代わりにネットサーフィンする時間を多くとれるようになるでしょう。なぜなら、Perl は「てこ」のように力を何倍にも増幅してくれるツールだからです。Perl の簡潔な構文のおかげで、とってもクールな使い捨てプログラムや汎用のツールを（どたばたせずに）書くことができます。また、Perl 本体は非常に移植性が高くどこででもすぐに利用できるので、手になじんだツールをかついで、次の仕事場に向かうこともできます。だから、ネットサーフィンの時間が多くとれるという寸法です。

Perl は超高級言語（VHLL：very high-level language）です。これは、コードの密度が極めて高いことを意味します。Perl プログラムは、同じ処理を行う C で書いたプログラムに比べて、だいたい 1/4 から 3/4 の長さに収まります。そのために、Perl を使えば速く書くことができ、速く読むことができ、速くデバッグすることができ、速く保守することができます。プログラムを少し書いてみると、サブルーチン全体が 1 画面に収まれば、いちいち画面を前後にスクロールしないでも内容を把握できることがわかるでしょう。また、プログラムのバグの数は、（プログラムの機能ではなく）ソースコードの長さにほぼ比例するので、Perl で書いた短いソースコードでは、平均で発生するバグの数も少なくなります。

他のあらゆる言語と同様に、Perl でも「write-only」なプログラム――つまり、読むことが不可能なプログラム――を書けてしまいます。しかし、ちゃんと注意をすれば、そのような非難を浴びることはないでしょう。Perl プログラムは、不慣れな人には、回線ノイズのように見えることがあります。しかし、経験を積んだ Perl プログラマには、壮大な交響曲の楽譜に見えるのです。本書のガイドラインに従えば、あなたが書くプログラムは、読みやすく、保守しやすいものになるはずです。その代償として「難読 Perl コンテスト」（The Obfuscated Perl Contest）での優勝はおぼつかなくなるでしょうが。

1.2.4　Perlはどのようにしてこんなに人気を得るようになったのですか？

　Larryは、Perlで少し遊んであれこれと機能を追加した上で、Usenet読者のコミュニティ（一般に「the Net」として知られています）に対して公開しました。世界中に散らばった（数万台もの）システムから構成される梁山泊に巣食うユーザたちは、これはどうやればいいのか、あれはどうやればいいのか、それはどうやればいいのか、とLarryに質問を浴びせ、フィードバックを返しました。質問の多くは、彼の小さなPerlが扱えるとは想像だにしないようなものでした。

　しかしその結果として、Perlは、成長し、また成長し、そしてまたまた成長しました。機能も豊富になりました。移植性も上がりました。その昔はほんの数種のUnixシステムだけで使えるちっぽけな言語だったものが、今や、数千ページのフリーのオンラインドキュメント、数十冊もの書籍、無数の読者を持つ数個のメインストリームのUsenetニュースグループ（および10以上もの非メインストリームのニュースグループとメーリングリスト）、そして現在使われているほとんどすべてのシステム用の実装を擁するまでに至りました。おっと、この「リャマ本」も忘れてはいけませんね。

1.2.5　いまPerlに何が起こっているのでしょうか？

　多くの人がPerl 6という後継バージョンを待っている間に、Perl 5の開発は驚くほど活発になりました。今ではこれら2つは実質的にまったく異なる言語になっていますが、Perl 5はまだまだ多くの素晴らしい役割を世界中で果たしており、現在でも改良され続けています。不運なことに、どちらも「Perl」という名前を持っています。

　Perl 5.10以降では、既存のプログラムに影響を与えずに、言語に新しい機能を追加する方法が導入されました。本書では、このような新機能を利用できるようにする方法、および実験的な機能を有効にする方法を説明します。

　Perl 5 Portersも正式なサポートポリシーを採用しました。20年の開発を経て、Perl 5 Portersたちは、2つの最新安定版をサポートすることに決めました。この本の発刊時点での最新安定版はv5.22とv5.24になるでしょう。ドットの後ろが奇数のバージョンは開発版に予約されています。

　第6版の発刊後に、いくつものエキサイティングな機能が登場しました（また消えた機能もあります）。新機能について学ぶためにこのまま読み続けてください。

1.2.6　Perlはどんなことが得意でしょうか？

　Perlは、3分間で書き上げるようなやっつけ仕事のプログラムに適しています。また、12人のプログラマが3年間がかりで完成させるような、大規模で本格的なプログラムにも適しています。もちろん、最初のプランからテスト済みの完成バージョンができるまで1時間以内で済むようなプログラムも、Perlの得意とするところです。

　Perlは、テキスト処理が90％、それ以外の処理が10％で構成される問題に向けて最適化されています。今日のプログラミング作業の多くが、これに該当するでしょう。理想的な世界では、すべてのプログラマがあらゆる言語に精通していることでしょう。そこではプロジェクトごとに、最適な言語を選択することができます。あなたはほとんどの場合にPerlを選ぶことでしょう。

1.2.7　Perlはどんなことが苦手でしょうか？

　Perlはいろんなことが得意だということはわかりましたが、苦手なのはどんなことでしょうか？**不透明なバイナリ**（opaque binary）[†]を作成したい場合には、Perlを選ぶべきではありません。プログラムを不透明なバイナリとして、他人にあげたり売ったりした場合、その人は、ソースプログラムに記述された、あなたの秘密のアルゴリズムを見ることができません。ですから、保守やデバッグをあなたに依頼する以外ありません。Perlプログラムを他人に渡す場合、通常は、不透明なバイナリではなく、ソースファイルを渡すことになります。

　あなたが透明なバイナリを求めているのなら、実はそんなものは存在しないと答えざるを得ません。もし誰かがあなたのプログラムをインストールして実行できるとすれば、その人はソースコードを復元することができます。こうして得られたソースコードは、必ずしもあなたが書いたオリジナルと同一ではないでしょうが、ソースコードには違いありません。あなたのアルゴリズムの秘密を守る本当の方法は、十分な人数の弁護士を雇うことです。弁護士は次のようなライセンスを書いてくれるでしょう。「あなたはコードに対してこれをしてもよいが、あれをしてはならない。もしこのルールを破れば、われわれの弁護士団は、きっとあなたを後悔させるでしょう。」

1.3　どうすればPerlが手に入りますか？

　たぶんあなたの使っているシステムにはすでにPerlが用意されています。少なくともわれわれの経験では、どこに行こうとも、Perlがありました。多くのシステムは、あらかじめPerlを組み込んで出荷されていますし、システム管理者はしばしばサイトの全マシンにPerlをインストールします。もしあなたのシステムにPerlが入っていなくても、無料で入手できます。Perlは、ほとんどのLinux、*BSDシステム、macOSなどにあらかじめインストールされています。ActiveState（http://www.activestate.com）のような会社が、Windowsを含む、数種類のプラットフォーム向けに、ビルド済みで機能強化したディストリビューションを提供しています。また、Windows用のStrawberry Perl（http://www.strawberryperl.com）を入手することもできます。Strawberry Perlには、通常のPerlの内容すべてに加えて、サードパーティーモジュールをコンパイルしてインストールするためのツールが付属しています。

　Perlは2種類の異なるライセンスのもとで配布されています。ほとんどの人は、Perlを使うだけなので、どちらのライセンスを選んでも違いはありません。しかし、もしPerl自体に手を加えるつもりなら、ライセンスを熟読したほうがよいでしょう。なぜなら、2種類のライセンスは、手を加えたコードの配布に関して、小さな制限をいくつか設けているからです。Perl自体に手を加えない人にとっては、これらのライセンスは本質的には「これは無料です。お楽しみください」というものです。

　実際に、Perlは無料なだけではなく、Unixだと自称している、Cコンパイラを備えたほとんどすべてのシステムで動作します。Perlをダウンロードして、1個か2個のコマンドをタイプすれば、コンフィギュレーションが行われ、自動的にビルドされます。あるいは、いっそのこと、パッケージマネージャを入手してビルドしてもよいでしょう。Perlに魅了された人たちによって、

[†] 訳注：不透明なバイナリとは、ソースコードをコンパイルして作成した、機械語や仮想マシン用のプログラムのことです。例えば、Cで記述したプログラムを、Cコンパイラでコンパイルして得られたプログラムは、不透明なバイナリになっています。

Unix や Unix 風システム以外のもの、VMS、OS/2、MS-DOS でさえ、そして最近のさまざまな Windows——にも、Perl は移植されています。あなたが本書を手にするまでに、さらに多くのシステムに移植されていることでしょう。これらのポートの多くにはインストールプログラムが付属しており、Unix にインストールするよりも、簡単にインストールできます。CPAN の「ports」節にあるリンクをチェックしてください。

　Unix システムでは、ほとんどの場合、Perl をソースからコンパイルするほうがよいでしょう。Unix 以外のシステムでは、C コンパイラやコンパイルに必要なツールがないことがあるので、CPAN はバイナリを提供しています。ローカルのパッケージマネージャを使う場合には、システムが処理を行うのに使用する perl を変えることになります。そのためシステムが混乱してしまうかもしれません。ですから perl を自分専用にインストールすることをお勧めします。しかし、本書を読み進むには、自分専用の perl をインストールする必要はありません。

1.3.1　CPAN とは何でしょうか？

　CPAN とは総合 Perl アーカイブネットワーク（Comprehensive Perl Archive Network）のことで、そこでは Perl に関するあらゆるものが手に入ります。CPAN には、Perl のソースコード、すぐにインストールできるあらゆる非 Unix システム向けのポート、コードサンプル、ドキュメント、Perl のエクステンション、Perl に関するメッセージのアーカイブがあります。ひとことで言えば、CPAN は総合的なのです。

　CPAN の複製が世界中に散らばった数百のミラーサイトに用意されています。CPAN（http://search.cpan.org/）または metacpan（http://www.metacpan.org）にアクセスすれば、アーカイブをブラウズしたり検索したりすることができます。

　もし ActivePerl をお使いなら、ActiveState 社は PPM（Perl Package Manager）を提供しています。ActiveState は、同じコンパイル設定でコンパイル済みのモジュールを、ppm ツール経由で提供しています。

1.3.2　サポートはあるのでしょうか？

　もちろんです。われわれのお気に入りの 1 つは Perl Mongers（http://www.pm.org）です。これは Perl ユーザグループの世界規模の連合です。あなたの近くにも、エキスパート、またはエキスパートと知り合いのメンバーがいるグループがあるはずです。もし近くにユーザグループがなければ、新しいグループを始めることは簡単です。

　もちろん、サポートの第一線として、ドキュメントを無視するわけにはいきません。付属のドキュメントに加えて、CPAN（http://www.cpan.org）、metacpan（http://www.metacpan.org）やその他のサイトにもドキュメントがあります。http://perldoc.perl.org には Perl ドキュメントがあり、http://faq.perl.org/ には perlfaq の最新版があります[†]。

　もう 1 つの権威のある情報源は、書籍『Programming Perl』（邦題『プログラミング Perl 第 3 版』Vol.1、Vol.2）です。この本は、表紙の動物の絵から「ラクダ本」（the Camel book）という

[†] 訳注：日本では Japanized Perl Resources Project（JPRP）の方々が、Perl の公式ドキュメントとモジュールドキュメントを日本語に翻訳しています（http://perldoc.jp）。

愛称で呼ばれています（同様にして、本書は「リャマ本」〔the Llama book〕と呼ばれます）。ラクダ本は、完全なリファレンス、若干のチュートリアル、そして Perl に関するさまざまな情報を収録しています。また、ポケットサイズの『Perl 5 Pocket Reference』（Johan Vromans 著、O'Reilly 刊、邦題『Perl5 デスクトップリファレンス第 3 版』）も用意されているので、手元（またはポケットの中）に置くと便利でしょう。

もし誰かに質問をしたければ、たくさんのメーリングリストが http://lists.perl.org にあります。Perl Monastery（http://www.perlmonks.org）[†] と Stack Overflow（http://www.stackoverflow.com）[‡] も参考になります。昼夜を問わず、さまざまな時間帯で生活している Perl エキスパートが起きていて、投稿された質問に答えてくれるでしょう。われらが Perl 帝国に日の没することなし。これは、質問をすると、数分以内に答えが得られることを意味します。そして、もしドキュメントや FAQ をチェックせずに質問を出すと、あなたは数分以内に罵られることになるでしょう。

また、http://learn.perl.org/ とそれに関連するメーリングリスト beginners@perl.org も見てみましょう。多くの著名な Perl プログラマはブログを持っていて Perl に関連した記事を定期的にポストしていますが、そのほとんどは Perlsphere（http://perlsphere.net/）で読むことができます。

もし、Perl に関するサポート契約を結ぶ必要があるなら、予算に合わせて対応してくれる会社がたくさんあります。ほとんどの場合は、ここで紹介したサポート手段が、無料であなたの面倒を見てくれるでしょう。

1.3.3　Perl のバグを発見したらどうすればよいでしょうか？

Perl が初めてなら、Perl に何か問題があるのではないかと疑うような状況になる可能性があります。あなたはよく知らない大規模な言語を使用しているのですから、予期しない動作に対して誰に責任があるのかがまだわからないでしょう。困りました。

バグを発見したときにまず最初にすべきことは、ドキュメントをもう一度チェックすることです。いや二度あるいは三度チェックしたほうがいいでしょう。われわれは、予期せぬ動作の原因を知るために、ドキュメントを調べていたら、新しい微妙な振る舞いを発見して、それが講演や雑誌記事のネタになったということを何回も経験しています。Perl には特殊な機能や、規則に対する例外が非常に多いので、あなたが見つけたのは、バグではなく（れっきとした）機能なのかもしれません。また、使っている Perl が古いバージョンでないことも確認してください。あなたが見つけたバグは、より新しいバージョンではすでに直されているかもしれません。

本当にバグを発見したと 99% 確信できたら、周りの人たちにたずねてみましょう。職場の人、近くの Perl Mongers の会合、あるいは Perl カンファレンスで誰かに質問してみましょう。それでもやはり機能であって、バグではない可能性があります。

本当にバグを発見したと 100% 確信できたら、テストケースを用意しましょう（え、まだ用意していないの？）。理想的なテストケースは、自己完結した小さなプログラムで、Perl ユーザなら誰でもそれを実行して、あなたが見つけた（誤）動作を確認できるようなものです。バグが明白にわ

[†] 訳注：Perl Monastery とは、Perl 修道院という意味です。
[‡] 訳注：日本語版のスタック・オーバーフローがあります（https://ja.stackoverflow.com）。

かるようなテストケースを用意したら、perlbug ユーティリティ（Perl に付属しています）を使ってそのバグを報告してください。perlbug は、あなたから Perl 開発者宛てに電子メールを送るので、テストケースが用意できるまでは、perlbug を使わないでください。

バグレポートを送ったら、すべてがうまくいけば、数分以内にレスポンスが返って来ることも珍しくありません。典型的なケースでは、あなたはシンプルなパッチを当てて、仕事を続けることができます。もちろん、（最悪のケースでは）まったくレスポンスが返って来ないこともあります。Perl の開発者たちには、あなたのバグレポートを読む義務はありません。しかし、われわれはみんな Perl を愛しているので、わざとバグを見過ごそうとする人はいません。

1.4　どうやってPerlのプログラムを作るのでしょうか？

さて、いよいよ本題に入ることにしましょう。Perl のプログラムはテキストファイルです。お気に入りのテキストエディタを使って、作成して編集することができます。さまざまなベンダーが開発環境を商品化していますが、それを使わなくてもプログラムは書けます。われわれは、このような開発環境をあまり使ったことがないので、どれが良いかは推薦できません（しかし、ある程度使った上で、使うのを止めています）。それに開発環境は個人の好みです。どれを使うべきか3人のプログラマに尋ねてみれば、8通りの答えが得られるでしょう。

一般に、普通のテキストエディタではなく、プログラマ用のテキストエディタを使うべきです。どこが違うのでしょうか。プログラマ用のテキストエディタでは、プログラムが必要とすること――コードのブロックをインデントする／インデントを元に戻す、開きブレースに対応する閉じブレースを見つける、など――を簡単に行えます。

Unix システムで最も人気があるプログラマ用エディタは、emacs と vi（およびその変種やクローン）です。BBEdit、TextMate、Sublime は macOS 用の優れたエディタです。また、Windows については、多くの人が UltraEdit、SciTE、Komodo Edit、PFE（Programmer's Favorite Editor）を奨めています。perlfaq3 ドキュメントにも他のエディタがいくつかリストアップされています。使っているシステムのテキストエディタについては、近くのエキスパートに相談してください。

本書の練習問題のような簡単なプログラムは、せいぜい20～30行くらいに収まるので、どんなテキストエディタを使っても問題ないでしょう。

初心者の中には、テキストエディタの代わりに、ワープロソフトを使おうとする人もいます。ワープロソフトはお奨めしません。ワープロソフトは、うまくいった場合でも不便で、最悪の場合には使用に耐えません。しかし、絶対にワープロソフトを使うな、というわけではありません。ワープロソフトでファイルをセーブする際には、「テキストのみ」（text only）でセーブするように指定してください。ワープロソフトの専用フォーマットでセーブしたものは、まず使えません。ほとんどのワープロソフトは、あなたの書いた Perl プログラムにはスペルミスがあり、セミコロンを使いすぎだと指摘することでしょう。

場合によっては、プログラムをあるマシンで作成してから、別のマシンに転送して実行しなければならないことがあります。その際には、転送を「バイナリ」モードではなく、「テキスト」または「ASCII」モードで行ってください。マシンによってテキストフォーマットが違うために、こ

のような手順が必要になるのです。これを行わないと、結果が首尾一貫しないことがあります——Perl のバージョンによっては、行末の文字が不一致の場合には、実行が中止されてしまいます。

1.4.1 単純なプログラム

書物の世界には、「Unix に起源を持つコンピュータ言語に関する書物は、まず冒頭で『Hello, world』プログラムを提示しなければならない」という古くから伝わる不文律[†]があります。偉大なる伝統を尊重して、まずそのプログラムを Perl で書いたものを示しましょう。

```
#!/usr/bin/perl
print "Hello, world!\n";
```

さてテキストエディタを使って、これを入力したとしましょう（個々のパーツの意味や動作については、まだわからなくて構いません。この後すぐに説明します）。このプログラムに、好きな名前を付けてセーブしてください。Perl は、特別なファイル名や拡張子を使うことを強制しません。むしろ拡張子は付けないほうがよいでしょう。しかし、システムによっては、.plx（PerL eXecutable の意）のような拡張子が必須なものもあります。

このファイルが実行可能なプログラム（つまりコマンド）であることをシステムに伝えるために、さらに作業が必要になることがあります。何をすべきかは、使っているシステムごとに異なります。システムによっては、ある決められた場所にプログラムをセーブするだけで良いこともあります（たいていはカレントディレクトリにセーブすれば大丈夫です）。Unix システムでは、次のように chmod コマンドを使って、そのプログラムに、実行可能であるという印を付ける必要があります。

```
$ chmod a+x my_program
```

この行の先頭にあるドル記号（とその次のスペース）は、シェルプロンプトを表しています。あなたのシステムでは、この部分が違っているかもしれません。もちろん、chmod のパラメータを、a+x のようなシンボルではなく、755 のような数値で指定するのに慣れているなら、それでも構いません。どちらの書き方でも、このファイルがプログラムであることをシステムに知らせることができます。

さてここで次のようにタイプすれば、このプログラムを実行できます。

```
$ ./my_program
```

このコマンドの先頭のドットとスラッシュは、PATH を調べるのではなく、カレントディレクトリからプログラムを探すことを意味しています。これはすべてのケースで必要なわけではありませんが、その働きを完全に理解するまでは、コマンドの起動には必ずドットとスラッシュを付けるようにしてください。

明示的に最初に perl を指定してこのプログラムを実行することもできます。Windows の場合

[†] 訳注：『プログラミング言語 C——ANSI 規格準拠——第 2 版』（共立出版）を参照。

は、実行するプログラムを推測してくれないので、コマンドラインで perl を指定する必要があります。

```
C:\> perl my_program
```

もしすべてがうまくいったとすれば、それは一種の奇跡です。たいていは、プログラムにバグがあることに気付くでしょう。プログラムを編集してもう一度挑戦しましょう。しかし、chmod は毎回実行する必要はありません。なぜなら、実行可能であるという属性はファイルに「くっつく」からです（もちろん、正しく chmod しなかったというバグの場合には、シェルから「permission denied」〔パーミッションが拒否された〕というメッセージが表示されるので、上に説明したやり方で chmod をやり直してしてください）。

Perl 5.10 以降では、この単純なプログラムを別のやり方で書く方法があります。ここでそれについても紹介しましょう。それには、print の代わりに、say を使います。say はほとんど同じことをしてくれますが、タイプする文字数が少なくて済みます。また、say は文字列の末尾に改行文字を追加してくるので、その分の手間も省けます。これは Perl 5.10 の新機能なのですが、お使いの Perl がまだ Perl 5.10 でない可能性があるので、次に示すように use v5.10 という文によって、新機能を使うことを Perl に伝えてやります。

```
#!/usr/bin/perl
use v5.10;

say "Hello World!";
```

このプログラムは Perl 5.10 以降でのみ動作します。本書では、Perl 5.10 以降で導入された機能を紹介する際には、本文中でそれが新機能であることを明記し、さらにコードに use v5.10 という文を入れるようにしています。

通常は、必要とする機能が利用できる、最も古いバージョンを指定します。本書では Perl 5.24 までを扱っているので、このことを忘れないために、新しい機能を扱うときはサンプルコードの先頭に次の行を置くようにしています。

```
use v5.24;
```

バージョン要件の v は省略できますが、マイナー番号は 3 桁であることを忘れてはなりません。

```
use 5.024;
```

本書ではマイナー番号をこのように 3 桁で書かずに、v を使う書き方を採用しています。

1.4.2　このプログラムの中身はどうなっているのでしょうか？

他の自由書式（free-form）の言語と同様に、Perl では、無視される空白文字（スペース、タブ、改行文字など）を使って、プログラムを読みやすくすることができます。しかし、ほとんどの Perl プログラマは、本書で示すような標準的なフォーマットに従ってプログラムを書きます。perlstyle ドキュメントには、一般的なアドバイス（規則ではありません！）が示されています。

プログラムをきちんとインデント（字下げ）して書くことを、強くお勧めします。なぜなら、プログラムが読みやすくなるからです。良いテキストエディタを使えば、自動的にインデントしてくれます。また、良いコメント（注釈）もプログラムを読みやすくしてくれます。Perlでは、シャープ記号（#）から、その行の終わりまでがコメントになります。

Perlには「ブロックコメント」はありません。しかし、ブロックコメント相当のことを行う方法がいくつかあります。詳しくは一連のperlfaqドキュメントをご覧ください。

本書では、プログラムの前後の本文で動作を説明しているので、コメントをあまり入れていませんが、あなたが書くプログラムでは必要に応じてコメントを入れるようにしてください。

先ほどの「Hello, world」プログラムの別の書き方（実際には「とても変わった書き方」と言えるでしょう）は、次のようになります。

```
#!/usr/bin/perl
    print    # これはコメントです
"Hello, world!\n"
;    # こんな書き方はしないでください！
```

実は、1行目は非常に特殊なコメントです。Unixシステムでは、テキストファイルの最初の2文字が#!（shebang：シバンまたはシェバンと発音します）だったら、その後ろに続くものが、ファイルの残り部分を実際に実行するプログラムの名前となります。このケースでは、そのプログラムは、ファイル /usr/bin/perl に格納されています。

この#!行は、Perlプログラムのうち最も移植性が低い部分です。なぜなら、マシンごとに、ここに何を書くかを調べなければならないからです。幸い、ほとんどのケースでは /usr/bin/perl か /usr/local/bin/perl となります。もしこれらの場所にperlがなければ、システムのどこに隠されているかを調べて、そのパスを使ってください。Unixシステムの中には、#!行に次のように書くと、perlを探してくれるものもあります。

```
#!/usr/bin/env perl
```

もし検索パスで指定したディレクトリの中にperlが置かれていなければ、システム管理者か、同じシステムを使っている誰かに教えてもらう必要があるでしょう。しかし注意してください。この仕組みは、最初に見つかったperlを起動してくれますが、それはあなたが欲しかったものではないかもしれません。

Unix以外のシステムでは、1行目に#!perlと書くのが慣例になっています（またこれは有用です）。これだけを書いておけば、プログラムをメンテナンスする人が一目見ただけでPerlプログラムだとわかります。

もし#!行の内容が間違っていたら、たいていはシェルからエラーが報告されます。報告されるエラーは、「file not found」（ファイルが見つからない）または「bad interpreter」（インタプリタの指定が正しくない）のような、予期せぬものかもしれません。しかし、見つからなかったのは、あなたのプログラムではありません。存在するはずの /usr/bin/perl が見つからなかったのです。

できることならわかりやすいメッセージを表示したいのですが、あいにくこのメッセージを表示するのは Perl ではありません。文句を言っているのはシェルなのです。

　起こりうるもう 1 つの問題は、システムによっては、#! 行をまったくサポートしていないものもあるということです。その場合には、シェル（あるいはそのシステムでシェルに相当するもの）が、あなたのプログラムを自分で実行しようとします。得られる結果は、惨憺たるものでしょう。もし表示されるエラーメッセージの意味が理解できない場合には、perldiag ドキュメントの中を探してみてください。

　「メイン」プログラムは、通常の Perl 文（ただし、後ほど説明するように、サブルーチン内のものは除きます）から構成されます。C や Java 言語のような「メイン」ルーチンという概念は存在しません。実際には、多くの Perl プログラムにはルーチン（サブルーチン）が 1 つもありません。

　また、Perl では、他のいくつかの言語とは違って、変数宣言セクションは必須ではありません。いままで変数を必ず宣言しなければならない言語を使ってきた人は、このことを聞いて驚くとともに落ち着かない気分になるかもしれません。しかし、宣言が必須でないので、やっつけ仕事の Perl プログラムを書くことができます。2 行しかないプログラムでは、変数を宣言するためだけに貴重な 1 行を費やしたくはないでしょう。もし本当に変数を宣言したいと思うなら、それはそれで良いことです。そのやり方は 4 章で説明しましょう。

　ほとんどの**文**（statement）は、式の後ろにセミコロンを置いたものです。次に示すのは、これまでに何回かお目にかかった文です。

```
print "Hello, world!\n";
```

セミコロンは文を区切るためにのみ必要です。文を終わらせるものではありません。次に続く文がない場合（またはスコープ内の最後の文の場合）は、セミコロンなしでも構いません。

```
print "Hello, world!\n"
```

すでにお気付きだと思いますが、この 1 行は、Hello, world! というメッセージを表示します。このメッセージの最後にあるショートカット \n は、C や C++ や Java などの言語の経験がある読者にとっては、すでにおなじみでしょう。\n は、改行文字（newline）を表します。メッセージの直後に改行文字を表示すると、画面上の表示位置が次の行の先頭に移ります。その結果、シェルプロンプトが、メッセージの直後ではなく、次のまっさらな行に表示されます。出力するすべての行は、改行文字で終わるようにすべきです。改行文字ショートカットや、それ以外のいわゆるバックスラッシュエスケープについては、2 章で詳しく取り上げます。

1.4.3　どうやってPerlプログラムをコンパイルするのでしょうか？

　それには、Perl のプログラムを実行するだけです。perl インタプリタは、次のワンステップで、あなたのプログラムをコンパイルして実行してくれます。

```
$ perl my_program
```

プログラムを実行すると、まず最初に Perl 内部のコンパイラが、ソースプログラム全体を処理

して、それをバイトコード（bytecode：そのプログラムを表す内部データ構造）に変換します。それをPerlのバイトコードエンジンが受け取って実行します。もしソースプログラムの200行目に文法エラーがあったら、2行目の実行を開始する前に、エラーメッセージが表示されるでしょう。もし5,000回実行されるループがあったとしても、それがコンパイルされるのは1回だけです——実際のループの処理は最高速で実行されます。プログラムを読みやすくするためにコメントや空白文字をたくさん入れても、実行速度が低下することはありません。また、定数だけからなる計算式を使っても何の問題もありません。その計算式は——ループを実行するたびに毎回計算されるのではなく——プログラムの実行開始時に1回だけ計算されて、得られた値が使われるからです。

　厳密な話をすれば、このコンパイル処理にはそれなりの時間がかかります。(たくさんの機能を持った) 巨大なPerlプログラムを起動して、すぐ終わる簡単な機能を1個だけ実行して終了する、というのは非効率です。なぜなら、プログラムを実行する時間に比べて、コンパイルする時間のほうが圧倒的に長いからです。しかし、コンパイラは非常に高速です。ほとんどの場合、コンパイル処理は、実行時間全体のわずかな部分を占めるにすぎません。

　しかし、CGIスクリプトとして実行するプログラム——毎分数百～数千回実行されるもの——は、この例外となることがあります（これは、非常に高い実行頻度です。もしあなたのプログラムが、ウェブ上の大部分のプログラムと同様に、1日に数百～数千回実行されても、さほど心配する必要はありません)。このようなプログラムの多くは実行時間が非常に短いので、コンパイルにかかる時間が無視できなくなります。このようなケースでは、プログラムを起動してから次に起動するまでの間、メモリに常駐させるというテクニックを利用することができます。Apacheウェブサーバの`mod_perl`エクステンション（http://perl.apache.org）や`CGI::Fast`のようなPerlモジュールが役立つでしょう。

　もし、コンパイル処理のオーバーヘッドを回避するために、コンパイルしたバイトコードを保存できたとしたらどうでしょうか。あるいは、バイトコードをさらに別の言語（例えばC）に変換して、それをコンパイルしてバイナリにできたとしたらどうでしょうか。実は、いくつかのケースでは、両方とも可能です。しかし、ほとんどのプログラムでは、使いやすくなったり、保守やデバッグやインストールがしやすくなったりはしません。また、かえって時間がかかるかもしれません。

1.5　Perl早わかりツアー

　そろそろ、実際に何かを行う本物のPerlプログラムを見たくなった頃だと思います（見たくない人も、お付き合いください）。次のコードをご覧ください。

```perl
#!/usr/bin/perl
@lines = `perldoc -u -f atan2`;
foreach (@lines) {
  s/\w<([^>]+)>/\U$1/g;
  print;
}
```

もし perldoc がない場合、おそらくあなたのシステムはコマンドラインインタフェースを備えていないか、あるいはあなたのシステムでは perldoc は別のパッケージに入っているのでしょう。

　Perl のコードを初めて見る人は、ちょっと奇妙だという印象を受けることでしょう（実際には、このような Perl コードを見るたびに、毎回そう感じるかもしれません）。コードを 1 行ずつ順に追いながら、このプログラム例が何をしているかを説明しましょう。ここでは説明は極力手短かにすませます。何といっても、「早わかりツアー」なのですから。ここで利用するすべての機能は、本書に登場します。今の時点では、すべてを理解できなくても一向に構いません。

　1 行目は、すでに紹介した #! 行です。先ほど説明したように、お使いのシステムによっては、この行を変えなければならないことがあります。

　2 行目は、バッククォート（` `）で囲んだ外部コマンドを実行します（バッククォートキーは、フルサイズのアメリカのキーボードでは、数字の 1 のキーの隣にあります†。バッククォート（`）を、シングルクォート（'）と間違えないように気を付けてください）。ここでは、perldoc -u -f atan2 というコマンドを指定しています。このコマンドを実際にコマンドラインからタイプして、得られる出力を見てみてください。perldoc コマンドは、ほとんどのシステムで、Perl および Perl に関連したエクステンションやユーティリティのドキュメントを表示するのに使われます。普通はこのコマンドがあるはずです。このコマンドは、三角関数 atan2 に関する情報を表示します。ここでは単に外部コマンドを起動して、その出力を処理する目的で使っています。

　バッククォートで囲んだコマンドの出力は、@lines という名前の配列変数に格納されます。3 行目から、@lines に入っている各行を順に処理するループが始まります。ループの中に置かれている文は、インデント（字下げ）されています。Perl ではインデントは必須ではありませんが、良いプログラマは必ずインデントするものです。

　ループの中の最初の行は、このプログラムで最も複雑な部分で s/\w<([^>]+)>/\U$1/g; という内容になっています。詳しい説明は省きますが、これは、山カッコ（< >）を使った特別なマーカーを含む行があれば、その行の内容を変更します。perldoc コマンドの出力には、このようなマーカーが少なくとも 1 つは含まれているはずです。

　次の行では、予想外の一手によって、各行（内容が変更されている可能性あり）を表示します。このプログラムの出力は、perldoc -u -f atan2 の出力と似ていますが、このようなマーカーが現れる場所に変更が加えられています。

　この例では、たった数行のコードによって、別プログラムを起動して、その出力をメモリに取り込んで、その内容を変更した上で出力しています。Perl は、この種のプログラム——あるデータを、別の形式のデータに変換する——を書く際によく利用されます。

---

† 訳注：日本語のキーボードでは、P の右隣にあるキー（@ と刻印されています）を、シフトと同時に押すことにより、バッククォートを入力できます。

1.6 練習問題

　各章の末尾には練習問題を用意してあります。また、解答は付録Aにあります。しかし本章では、実際にプログラムを書く必要はありません。プログラムはすでに本文に掲載されています。

　もしあなたのマシンでうまく動かなければ、二重にチェックした上で、身近にいるエキスパートに相談してみてください。本文で説明したようにして、各プログラムに少し手を加える必要があるかもしれません。

1. [7]「Hello, world」プログラムを入力して、実際に動かしてみましょう！ プログラムの名前は何でも構いませんが、1章の問題1なので、ex1-1という名前を付けるとよいでしょう。経験を積んだプログラマでも、主にシステムが正しくセットアップされたことを確認するために、このプログラムを書くことがあります。もしこのプログラムを実行できたら、perlは正しく動作しています。

2. [5] コマンドプロンプトから perldoc -u -f atan2 というコマンドを実行して、その出力を見てみましょう。もしうまく行かなければ、ローカルサイトのシステム管理者に教えてもらうか、使っているPerlのバージョンのドキュメントを調べるかして、perldocまたはその代替物の起動法を調べてください。これは、次の問題で必要になります。

3. [6] 2つ目のサンプルプログラム（「**1.5　Perl早わかりツアー**」のもの）を入力して、何が表示されるか見てみましょう。ヒント：記号を間違えずにそのまま入力してください！ perldocコマンドの出力がどのように変わりましたか？

2章
スカラーデータ

　Perlのデータ型は単純です。**スカラー**（scalar）は、単に1個の「何か」（つまり単数形）です。物理や数学やその他の分野で使われているスカラーのことなら知っているかもしれませんが、Perlにおける定義は異なります。なぜ「何か」という単語を使うかというと、Perlにおけるスカラーがどのようなものであるかを説明するための良い方法がないからです。重要なことなので、もう一度説明します。スカラーは1個の「何か」を表します。

　スカラー値に対して、演算子（加算や文字列の連結など）を作用させることができます。たいていの場合、その結果としてスカラー値が得られます。スカラー値は、スカラー変数に格納することができます。スカラー値を、ファイルやデバイスから読み込んだり、書き出したりすることができます。

　Perl以外のプログラミング言語の経験がある人は、いろいろ異なる種類の「単品」の考えに慣れているでしょう。Cではchar、intなどが「単品」です。Perlは「単品」を区別しないので、戸惑う人もいます。しかし、本書で紹介するように、データを柔軟に扱うことができます。

　この章では、値そのものである**スカラーデータ**と、スカラー値を格納することができる**スカラー変数**の2つについて説明します。スカラーデータとスカラー変数の区別は重要です。値そのものは固定で変更できません。しかし、変数に格納されているものは変更できます（だから変数と呼ばれます）。プログラマは両者を区別せずに「スカラー」とだけ言うことがあります。われわれもこの区別が重要である場合を除いて、両者を「スカラー」呼ぶことがあります。この違いは3章でより重要になります。

2.1　数値

　スカラーは、ほとんどの場合、数値か文字列なのですが、最初はこれらを別々に取り上げたほうが話がわかりやすくなります。まず初めに数値について説明して、その次に文字列について説明しましょう。

2.1.1　すべての数値は同じ内部形式で表現される

　Perlは数値を扱う際に、基礎となるCライブラリに依存しており、数値の格納には倍精度浮動小数点値を使います。詳しく知る必要はありませんが、言語自体の制限によるものではなく、perl

インタプリタをコンパイルしインストールした環境における数値の精度とサイズによる制限を受けます。Perl は、ローカルプラットフォームとライブラリの最適化を利用して数値演算を行うことで、処理ができるだけ速く行えるようにしています。

　これから説明するように、Perl では整数（255、2,001 など）と浮動小数点数（3.14159、1.35 × 1025 のように小数点を含むような実数）の両方を使うことができます。しかし Perl の内部では計算は倍精度浮動小数点数で行われます。これはつまり、Perl 内部では、整数値というものが存在しないことを意味しています。すなわち、プログラム中に現れる整数の定数は、内部的にはそれと等価な浮動小数点数として扱われるのです。あなたが、この変換に気付く（あるいは意識する）ことは、おそらくないでしょう。（浮動小数点数用の演算子に対応するものとして）整数用の演算子もあるだろうと考えるかもしれませんが、そのようなものは存在しません。

　このことは Perl 内部では、整数値というものが存在しないことを意味しています。プログラム中に現れる整数の定数は、内部的にはそれと等価な浮動小数点数として扱われているのです。Perl では数値は単なる数値です。数値の大きさと型をプログラマが決定しなければならない他の言語とは違います。

2.1.2　整数リテラル

　リテラル（literal）とは、Perl ソースコードの中で値を表現する方法のことです。リテラルは、演算や I/O 操作の結果ではなく、プログラムに直接書かれたデータです。整数リテラルは次に示すように単純なものです。

```
0
2001
-40
137
61298040283768
```

　最後の例は、少し読みにくいかもしれません。Perl では、整数リテラルにアンダースコア _ をはさんで読みやすくすることができます。ですから、この数は、読みやすいようにアンダースコアをはさみ込んで、次のようにも書けます。

```
61_298_040_283_768
```

　これらは、人間の目には別物に見えますが、同じ値を表します。アンダースコアではなく、カンマを使うべきだと考える人もいらっしゃるでしょう。しかし、Perl では、すでにカンマには重要な役割が与えられているのです（これについては 3 章で説明します）。それに、誰もがカンマを使って数字を区切るわけではありません[†]。

2.1.3　10 進数以外の整数リテラル

　多くのプログラミング言語と同様に、Perl では、10 進数以外でも、数値を指定できます。8 進

[†] 訳注：ヨーロッパでは桁区切りにピリオドを使います。

リテラル（octal literal）は 0 で始まり、0 から 7 までの数字を使って表します。

  0377 # 8 進数の 377、10 進数で表すと 255

16 進リテラル（hexadecimal literal）は 0x で始まり、0 から 9 までの数字と A から F（または a から f）までの文字を使って（10 進数での）0 から 15 までの値を表します。

  0xff # 16 進数の FF、これも 10 進数で表すと 255

2 進リテラル（binary literal）は 0b で始まり、0 と 1 だけを使って表します。

  0b11111111 # これも 10 進数で表すと 255

私たち人間の目には、これらの値はすべて別物に見えますが、Perl から見れば、これら 3 つはすべて同じ値を表しています。0377 と書こうとも 0xFF と書こうとも 255 と書こうとも、Perl にとっては何の違いもありません。ですから、自分にとって、最もわかりやすい書き方を選ぶように心がけてください。Unix の世界では、多くのシェルコマンドは 8 進数を前提としています。Perl での 8 進数の利用例は、12 章と 13 章に登場します。

 「先頭の 0」を特別扱いするのは、リテラルの場合だけです。本章の節「**2.2.4 数値と文字列の自動変換**」で解説している、文字列から数値への自動変換の際には、特別扱いしません。

非 10 進数リテラルの長さが 5 文字以上になると、読みにくいかもしれません。その場合には、アンダースコアをはさめばよいでしょう。

  0x1377_0B77
  0x50_65_72_7C

2.1.4　浮動小数点数リテラル

 Perl の浮動小数点数リテラルの書き方はすでにおなじみかもしれません。小数点はあってもなくても構いません（先頭には、プラスまたはマイナスの符号を付けることができます）。数の後ろには 10 の何乗かを表す E 記法（**指数記法**）を付けることができます。例えば、次のようになります。

```
1.25
255.000
255.0
7.25e45   # 7.25 かける 10 の 45 乗（とても大きな数）
-6.5e24   # マイナス 6.5 かける 10 の 24 乗
          # （絶対値が大きな負の数）
-12e-24   # マイナス 12 かける 10 のマイナス 24 乗
          # （絶対値が非常に小さい負の数）
-1.2E-23  # 上と同じ数を別の書き方をしたもの。E は大文字でもよい
```

 Perl 5.22 では 16 進浮動小数点数リテラルが追加されました。10 の何乗かを表すのに e を使う

代わりに、pを使って2の何乗かを表します。16進整数と同様、先頭に0xを付けます。

```
0x1f.0p3
```

16進浮動小数点数リテラルは、Perlが使用する格納形式の数値を正確に表したものです。その値にあいまいさはありません。10進整数の場合、Perl（あるいはCまたは浮動小数点数を使用するあらゆる言語）は、2のべき乗でない場合には正確に数値を表現することができません。ほとんどの人はこれに気付かないのですが、非常にわずかな丸め誤差が生じるのです。

2.1.5 数値演算子

演算子はPerlの動詞です。名詞をどのように扱うかを決定します。Perlは、よく使う加減乗除用の演算子を用意しています。数値演算子は常にオペランド[†]を数値として扱い、意味を示す記号で表記します。

```
2 + 3       # 2足す3、つまり5
5.1 - 2.4   # 5.1引く2.4、つまり2.7
3 * 12      # 3かける12、つまり36
14 / 2      # 14割る2、つまり7
10.2 / 0.3  # 10.2割る0.3、つまり34
10 / 3      # 割り算は常に浮動小数点演算で行われるので3.3333333…
```

Perlの数値演算子は、あなたが電卓で計算したときに得られる結果を返します。Perlは1種類の数値だけしか持たず、整数、分数、浮動小数点数を区別しません。整数、分数、浮動小数点数を細かく指定するような言語に慣れている人は戸惑うことがあります。例えば、整数型の計算という考えに慣れていると、10/3の答えは、整数（3）になると考えるかもしれません。

Perlは、**剰余演算子**（%：modulus operator）も持っています。式10 % 3の値は、10を3で割ったときの余り、すなわち1になります。この演算子は、まず両方のオペランドを整数値に変換してから、剰余演算を行います。ですから、10.5 % 3.2は10 % 3として計算されます。

負の数を扱う場合（つまり、片方あるいは両方のオペランドが負であるとき）には、Perlの実装によって、剰余演算子の結果が変わる可能性があります。なぜなら使用するライブラリによって、別の流儀で計算されるからです。-10 % 3の場合、-12から2離れていると考えるか、-9から1離れていると考えるかがその違いです。このような計算は避けるのが最善です。

さらにPerlはFORTRAN風の**べき乗演算子**（exponentiation operator）を持っています。べき乗演算子は、アスタリスク2個で表現します。つまり、2**3——は2の3乗ですから8になります。この他にも多くの数値演算子が用意されていますが、必要に応じて、その都度、紹介していきます。

[†] 訳注：演算子の対象となる変数や値のことをオペランド（operand）と言います。例えば、式2 + 3では、2と3がオペランドです。また二項演算子においては、演算子の左側にあるものを左オペランド、右側にあるものを右オペランドと呼びます。式10 * $xでは、左オペランドは10、右オペランドは$xとなります。

2.2 文字列

文字を並べたもの（例えば、helloや♀★C♏）を**文字列**（string）と言います。文字列には、任意の文字を任意の組み合わせで並べることができます。最も短い文字列は、文字を1個も含まない文字列で、**空文字列**（empty string）と呼ばれます。最も長い文字列は、利用可能なメモリを使い果たすような文字列です（もっとも、そんなに長い文字列が相手では、ほとんど何もできないでしょう）。これは、Perlが常に従う「組み込まれた制限が存在しない」という原則によるものです。日常よく使われる文字列は、英文字、数字、区切り文字、空白文字（whitespace）といった、印字可能な文字から構成されています。しかし、文字列にはあらゆる文字が使えるので、文字列という形式を利用することによって、バイナリデータを作成したり、スキャンしたり、操作したりすることができます。これは、多くのユーティリティが苦手とする分野です。例えば、グラフィックイメージやコンパイルされたプログラムを修正するには、まずPerlの文字列として読み込んでから、変更を加えて書き戻せばよいことになります。

PerlはUnicodeをフルサポートしています。文字列には、任意の有効なUnicode文字を含めることができます。しかし、歴史的な理由から、自動的にはソースコードをUnicodeとして解釈してくれません。プログラムでUnicodeをリテラルとして使いたい場合には、utf8プラグマを指定する必要があります。指定したくない理由が理解できるまでは、常にこのプラグマを指定するのが良い習慣でしょう。

    use utf8;

これから先は、このプラグマが指定されていると仮定して話を進めていきます。指定しなくても問題がないケースもありますが、ソースファイルにASCII範囲外の文字が入っているなら、このプラグマが必要です。また、ファイルは、UTF-8エンコーディングでセーブしてください。1章のUnicodeに関するアドバイスに従わなかった人は、付録Cを読んでUnicodeについて学んでおくとよいでしょう。

プラグマとはPerlコンパイラにどのように動作するかを教えるものです。

数値と同じように、文字列にもリテラル表現——Perlプログラム中で文字列を表記する方法——があります。文字列リテラルには、2種類の書き方、すなわち**シングルクォート文字列リテラル**（single-quoted string literal）と**ダブルクォート文字列リテラル**（double-quoted string literal）があります。

2.2.1 シングルクォート文字列リテラル

シングルクォート文字列リテラル（single-quoted string literal）は、文字の並び（シーケンス）をシングルクォート（'）で囲んだものです。シングルクォート自身は、文字列には含まれません。シングルクォートは、文字列の開始と終了をPerlに知らせるためのものです。

```
'fred'          # 4つの文字: f, r, e, d
'barney'        # 6つの文字
''              # 空文字列（文字を1つも含まない）
'‰∞☃☠'         # 数個の「ワイドな」Unicode 文字
```

シングルクォートの間に置かれたすべての文字（ただしシングルクォートとバックスラッシュは除きます）が、そのまま文字列の内容になります。バックスラッシュを入れるには、バックスラッシュを2つ連続して置いてください。シングルクォートそのものを入れるには、バックスラッシュとシングルクォートを続けて置いてください。例を次に示します。

```
'Don\'t let an apostrophe end this string prematurely!'
'the last character is a backslash: \\'
'\'\\'     # シングルクォート、その後ろにバックスラッシュ
```

文字列は2行以上にすることもできます。シングルクォート内で改行すると、文字列内で改行文字として認識されます。

```
'hello
there'     # hello, 改行文字 , there（全部で11文字）
```

シングルクォート文字列中の \n は、改行文字とは認識されずに、バックスラッシュとnという2個の文字として認識されるので注意してください。

```
'hello\nthere'    # hellonthere
```

バックスラッシュが特別な意味を持つのは、その直後にバックスラッシュかシングルクォートが置かれている場合だけです。

2.2.2　ダブルクォート文字列リテラル

ダブルクォート文字列リテラル（double-quoted string literal）は文字を並べたものですが、こちらはダブルクォートで囲みます。ダブルクォート文字列では、バックスラッシュは、コントロール文字を指定したり、8進表現や16進表現によって任意の文字を指定したりと大活躍します。ダブルクォート文字列の実例をいくつか見てみましょう。

```
"barney"                # 'barney' と同じ
"hello world\n"         # hello world、その後ろに改行文字
"The last character of this string is a quote mark: \""
"coke\tsprite"          # coke, タブ, sprite
"\x{2668}"              # Unicode のコードポイントを指定：HOT SPRINGS（温泉マーク）
"\N{SNOWMAN}"           # Unicode の雪だるま
```

Perlにとっては、ダブルクォート文字列リテラル "barney" とシングルクォート文字列リテラル 'barney' は、まったく同じ6文字長の文字列を表します。

バックスラッシュの直後に文字が続くと、元のリテラルとは別の意味を持つようになります（通

常これをバックスラッシュエスケープ〔backslash escape〕と呼びます）。ダブルクォート文字列で利用可能なエスケープのほぼ完全なリストを**表2-1**に示します。

表2-1　ダブルクォート文字列で使用できるバックスラッシュエスケープ

記法	意味
\n	改行（newline）
\r	復帰（return）
\t	タブ（tab）
\f	改ページ（formfeed）
\b	バックスペース（backspace）
\a	ベル（bell）
\e	エスケープ（escape）、ASCIIのエスケープ文字
\007	8進数でASCIIコードを指定（この例は007＝ベル）
\x7f	16進数でASCIIコードを指定（この例は7f＝削除文字）
\x{2744}	16進数でUnicodeコードポイントを指定（この例はU+2744＝雪の結晶:snowflake）
\N{CHARACTER NAME}	名前でUnicodeコードポイントを指定
\cC	コントロール文字（この例はCtrl C)
\\	バックスラッシュそのもの
\"	ダブルクォート
\l	次の1文字を小文字にする
\L	これ以降、\Eまでを小文字にする
\u	次の1文字を大文字にする
\U	これ以降、\Eまでを大文字にする
\Q	これ以降、\Eまでのすべての非単語構成文字の前にバックスラッシュを挿入する
\E	\L、\U、\Qの効果を終了させる

　ダブルクォート文字列のもう1つの特徴は、**変数展開**（variable interpolation）が行われるということです。変数展開とは、文字列が使用されるときに、文字列中に現れる変数名を、そのときの変数の値で置き換えるという機能です。変数がどんな姿なのかは、まだ正式に説明していませんが、これについてはこの章の後ほどで取り上げることにします。

2.2.3　文字列演算子

　文字列値は . 演算子（そう、ピリオド1個です）を使って連結（または結合とも言います）することができます。この演算子を適用しても、演算の対象となった文字列の値は変化しません。これは、2+3によって、2や3の値が変わらないのと同じ理屈です。結果として得られた（より長くなった）文字列は、さらに別の演算を行ったり、変数に代入したりすることができます。例えば、次のようになります。

```
"hello" . "world"       # "helloworld"と同じ
"hello" . ' ' . "world" # 'hello world'と同じ
'hello world' . "\n"    # "hello world\n"と同じ
```

　文字列を連結するには、明示的に連結演算子を使わなければなりません。他の言語のように、文字列同士を隣り合わせに置いても、連結されないので注意してください。

　特別な文字列演算子として、**文字列繰り返し演算子**（string repetition operator）があります。この演算子は1個の小文字xによって表されます。この演算子は、左オペランド（文字列）を、

右オペランド（数値）で指定した回数だけ繰り返したものを返します。例えば、次のようになります。

```
"fred" x 3       # "fredfredfred" になる
"barney" x (4+1) # "barney" x 5、つまり "barneybarneybarneybarneybarney" になる
5 x 4.8          # 実際には "5" x 4、つまり "5555" になる
```

最後の例は、詳しく精査する価値があります。文字列繰り返し演算子は左オペランドに文字列を期待しているので、数値 5 は（後ほど詳しく説明する規則によって）"5" という 1 文字の文字列へと変換されます。x 演算子がこの文字列を 4 回コピーして、4 文字からなる文字列 5555 が得られるのです。もし x 演算子のオペランドを入れ替えて 4 x 5 のようにしたとすれば、文字列 4 を 5 回コピーすることになり、結果は 44444 となります。このことからわかるように、文字列繰り返し演算子は可換ではないので注意してください（つまり、左右のオペランドを入れ替えることはできません）。

繰り返し回数（右オペランド）は、まず切り捨てによって整数値に変換されてから使用されます（4.8 は 4 になります）。繰り返し回数が 1 未満の場合には、結果は空文字列（長さ 0 の文字列）になります。

2.2.4　数値と文字列の自動変換

たいていの場合、Perl は、必要に応じて、数値と文字列との間で自動的に変換を行ってくれます。Perl はどちらを使うかをどのように判定するのでしょうか。それは、スカラー値に適用される演算子によって決まります。もし演算子が数値を期待するのなら（例えば +）、Perl は値を数値として扱います。もし演算子が文字列を期待するのなら（例えば .）、Perl は値を文字列として扱います。ですから、数値と文字列の違いについて、心配する必要はまったくないのです。適切な演算子を指定してやれば、あとは Perl が面倒を見てくれます。

数値を受け取る演算子（例えば乗算）に文字列値を渡した場合、Perl は、自動的にその文字列を等価な数値へと変換して、その値が最初から 10 進浮動小数点数で指定されていたかのように扱います。ですから、"12" * "3" の値は 36 になります。末尾にある数字以外の文字、および先頭の空白文字は黙って捨てられます。ですから、"12fred34" * " 3" も、まったく警告メッセージを表示せずに（ただし、警告を表示するように設定した場合を除く。設定する方法は、このあとすぐに説明します）36 になります。極端なケースとして、まったく数になっていないような文字列は 0 に変換されます。例えば、文字列 "fred" を数値として使うと 0 として扱われます。

先頭に 0 を付けることによって 8 進数を表すという約束事は、リテラルに対してのみ有効で、このケースのような自動的に行われる変換では無効です。自動的な変換では、文字列は常に 10 進数として扱われます。

```
0377     # 8 進数と解釈される。つまり 10 進数の 255
'0377'   # 10 進数の 377 と解釈される
```

後ほど、文字列値を 8 進数として変換する oct を紹介します。同様に、文字列が必要なところ

（例えば、文字列連結演算子）に数値を与えると、その数値の表示に使われるのと同じ文字列に変換されます。例えば、次のように書くだけで、文字列Zの後ろに、5かける7の結果を連結することができます。

```
"Z" . 5 * 7 # # "Z" . 35 と同じこと、つまり "Z35"
```

別の言い方をすれば、実際には（ほとんどの場合）値が数値なのか文字列なのかを意識する必要はありません。Perlが、あなたの代わりにすべての変換を行ってくれます。過去の変換を記憶しているため、次回からより速くなることもあります。

2.3　Perlに組み込まれている警告メッセージ

プログラムが何か怪しげなことをしようとしたときに、Perlに警告させることができます。Perl 5.6以降では、プラグマを使って警告を有効にすることができます（しかし、それより古いバージョンでは、このやり方は使えないので注意してください）。

```
#!/usr/bin/perl
use warnings;
```

プログラム全体で警告を有効にするには、コマンドラインで -w オプションを指定してください。他人が書いたモジュールを使っている場合には、他人が書いたコードが原因で警告メッセージが表示されることがあります。

```
$ perl -w my_program
```

次のように、#! 行にコマンドラインスイッチを指定することもできます。

```
#!/usr/bin/perl -w
```

警告が有効になっている状態で、'12fred34' を数値として使うと、Perlは次のような警告メッセージを表示します。

```
Argument "12fred34" isn't numeric
```

warnings が -w より優れているのは、warnings プラグマの場合、プラグマを use したファイルについてのみ警告が有効になるという点です。それに対して、-w の場合、プログラム全体で警告が有効になってしまいます。

この警告が表示される場合でも、Perl は通常の規則に従って、数値として有効でない '12fred34' を 12 に変換してくれます。

もちろん、警告はプログラムに対して発せられるもので、エンドユーザ向けのものではありません。もし警告メッセージがプログラムの目に触れなければ、ほとんど意味がありません。また、ときどき文句を言うようになるという点を除けば、警告によってプログラムの振る舞いが変わることはありません。警告メッセージの意味がわからない場合には、diagnostics プラグマを指定すれば、より詳しい解説が表示されるようになります。perldiag ドキュメントには、短い警告メッセー

ジとより詳細な診断メッセージが収録されています。また有用な diagnostics プラグマもこのドキュメントを利用しています。

```
use diagnostics;
```

プログラムに use diagnostics プラグマを追加すると、起動時に一瞬止まっているように見えることがあります。これは、誤りを見つけたときに、即座にドキュメントを表示できるように、プログラムがたくさん準備作業を行う必要がある（そして、大量のメモリを消費する）からです。このことから、ユーザに影響を与えずにプログラムの起動を高速化する（そしてメモリ使用量を減らす）ことができます。つまり、プログラムが表示する警告メッセージに関するドキュメントを読む必要がなくなったら、use diagnostics プラグマを削除すればよいのです。プログラムを修正して、警告メッセージが表示されないようにすれば、なお良いでしょう。しかし、diagnostics プラグマの表示をやめるだけで十分です。

さらに最適化を図るには、Perl の -M コマンドラインオプションを使って、必要なときだけ diagnostics プラグマをロードするようにすれば、診断メッセージの表示を切り替えるたびにいちいちソースコードを編集せずに済みます。

```
$ perl -Mdiagnostics ./my_program
Argument "12fred34" isn't numeric in addition (+) at ./my_program line 17 (#1)
    (W numeric) The indicated string was fed as an argument to
    an operator that expected a numeric value instead.  If you're
    fortunate the message will identify which operator was so unfortunate.
```

このメッセージの (W numeric) という部分に注目してください。W は、メッセージが警告（warning）であることを示し、numeric は警告のクラスを表します。この例では、何か数値（numeric）に関係することについて警告されたことがわかります。

本書では、Perl が、コードの誤りについて警告する可能性がある場合には、その旨を説明するようにしています。しかし、Perl の将来のリリースにおいても、警告メッセージの文面や動作が変わる可能性があるので注意してください。

2.3.1　10進数以外の数を解釈する

10進数以外の数を表す文字列は、hex() や oct() 関数を使って、正しく解釈することができます。不思議なことに、oct() 関数は、プレフィックスを指定してやれば、16進数や2進数も認識してくれます。ただし、16進数として認識されるプレフィックスは 0x のみです。

```
hex('DEADBEEF')     # 10 進数の 3_735_928_559
hex('0xDEADBEEF')   # 10 進数の 3_735_928_559

oct('0377')         # 10 進数の 255
oct('377')          # 10 進数の 255
oct('0xDEADBEEF')   # 10 進数の 3_735_928_559、先頭の 0x を認識する
oct('0b1101')       # 10 進数の 13、先頭の 0b を認識する
oct("0b$bits")      # $bits を 2 進数として変換する
```

こうした文字列表現は人間の読みやすさのためです。コンピュータにとっては、その数について
われわれがどのように考えているかはどうでもいいのです。ある数値を 10 進数で指定しようが 16
進数で指定しようが、Perl にとっては同じことです。われわれが数値の**基数**を正しく指定してや
れば、Perl はそれを内部形式に変換してくれます。

Perl の自動変換の対象になるのは 10 進数だけです。また、hex() と oct() 関数が扱う対象は文
字列のみです。ですから、これらの関数にリテラルの数値を渡した場合、まず Perl がそれを内部
形式に変換してしまうので、間違った結果が得られることがあります。Perl は数値を文字列に変
換してから、それを 16 進数の文字列として解釈して、その値を 10 進数に変換するのです。

```
hex( 10 );   # 10 進数の 10、"10" に変換されるので、結果は 10 進数の 16 になる
hex( 0x10 ); # 16 進数の 10、"16" に変換されるので、結果は 10 進数の 22 になる
```

数値を 10 進数以外で表示する方法については 5 章で説明します。

2.4　スカラー変数

変数（variable）とは、1 個以上の値を格納できる入れ物に付けた名前のことです。これから紹
介するスカラー変数は、きっかり 1 個の値を保持します。次章以降では、他の種類の変数——配列
やハッシュ——が登場しますが、これらは複数の値を保持することができます。変数の名前はプロ
グラム全体を通して変わることはありませんが、変数が保持する値は、プログラムの実行につれて
何度も変更することが可能です。

スカラー変数（scalar variable）は、あなたが期待するように、1 個のスカラー値を格納します。
スカラー変数の名前は、ドル記号（**シジル**〔sigil〕[†]と呼ばれます）の後ろに、**Perl 識別子**（Perl
identifier）を置いたものです。Perl 識別子とは、英文字またはアンダースコアで始まり、さらに
その後ろに（必要に応じて）英文字、数字、アンダースコアを並べたものです。別の言い方をすれ
ば、Perl 識別子は、英数字とアンダースコアを任意の個数並べたものです（ただし、先頭には数
字は使えません）。大文字と小文字は別の文字として扱われます。つまり、変数 $Fred は、$fred
とは別の変数になります。また、名前に含まれるすべての英文字、数字、アンダースコアが有効で
す（つまり、意味を持ちます）。ですから、以下のすべては別の変数として扱われます。

```
$name
$Name
$NAME

$a_very_long_variable_that_ends_in_1
$a_very_long_variable_that_ends_in_2
$A_very_long_variable_that_ends_in_2
$AVeryLongVariableThatEndsIn2
```

Perl では、変数名は ASCII 文字に限定されません。utf8 プラグマを有効にすると、さらに広範
囲のアルファベットや数字を、識別子に使えるようになります。

[†] 訳注：Perl の変数の先頭に付ける記号 $、@、% のことをシジル（sigil）と言います。これらの記号は変数の種類を表すもので、
$ はスカラー、@ は配列、% はハッシュを意味します（@ は 3 章で、% は 6 章で登場します）。

```
$résumé
$coördinate
```

　Perlはシジルによって、変数を、変数以外のものと区別します。ですから、変数名を決める際に、すべてのPerl関数と演算子を覚えていなくても構いません。

　さらに、Perlはシジルを使って、その変数に何を行うかを表します。$シジルは実際には「単品」または「スカラー」を意味します。スカラー変数は常に単品なので、先頭に「単品」を表すシジルを付けます。3章では、別のタイプの変数、つまり配列に対して、この「単品」を表すシジルを使う例が登場します。これはPerlでは非常に重要です。シジルは変数の型を示すのではありません。シジルはその変数にどのようにアクセスするかを示すのです。

2.4.1　良い変数名を選ぶ

　変数には、用途がわかるような名前を付けるようにしましょう。例えば、$rという名前では用途がよくわかりませんが、$line_lengthという名前ならわかります。前後2、3行だけで使う変数ならば、$nのような単純な名前を付けても構いませんが、プログラム全体にわたって使用する変数には、用途がわかるような名前を付けるべきです。これは、その変数の目的を、自分が思い出せるようにするだけでなく、他人にも知らせるためです。

　また、Perlでは、アンダースコアを適度にはさみ込むことによって、変数名を読みやすく理解しやすくすることができます。これは特に、あなたのプログラムを、別の自然言語を喋る人がメンテナンスするような場合に有効です。例えば、$super_bowlのほうが、$superbowlよりも良い名前だと言えます。なぜなら、後者は$superb_owlのように読めてしまうからです。$stopidは、$sto_pid（ある種のプロセスIDをストア〔格納〕する変数？）でしょうか、それとも$s_to_pid（何かをプロセスIDに変換する？）でしょうか、それとも$stop_id（何かの停止〔ストップ〕オブジェクトのID？）でしょうか、それとも単なるスペルミス（$stupid？）でしょうか？

　私たちがPerlプログラムで使用するほとんどの変数名は、小文字のみからなるものです。本書に登場する変数もほとんどが小文字のみのものです。いくつかの特別なケースに限り、大文字が使われます。大文字のみの名前（例えば$ARGV）は、一般に、その変数が何か特別なものであることを示します。

　変数名が複数の単語から構成される場合には、$underscores_are_coolとする流儀と$giveMeInitialCapsとする流儀があります。どちらでも構いませんので、一貫性を保つようにしてください。変数に、すべて大文字の名前を付けることもできますが、Perlが予約している特殊変数と同じ名前になってしまう可能性があります。大文字のみの名前を避けることにより、この問題を回避できます。

perlvarドキュメントに、Perlの特殊な変数名の一覧があります。perlstyleにはプログラミングスタイルについての一般的なアドバイスが書かれています。

もちろん、良い名前を選んでも悪い名前を選んでも、Perl からすれば何の違いもありません。あなたのプログラムで最も重要な 3 つの変数に、$OOOOOOOOO、$OOOOOOOO、$OOOOOOOOO という名前を付けたとしても、Perl はへっちゃらです。しかし、われわれは、こんなコードのメンテナンスはまっぴら御免です。

2.4.2　スカラーの代入

スカラー変数に対して最も頻繁に行われる操作は、変数に値を設定する**代入**（assignment）です。Perl の代入演算子は、（他の言語と同じように）イコール記号で表します。代入演算子の左側の変数名に対して、右側の式の値が代入されます。例えば、次のようになります[†]。

```
$fred   = 17;           # $fred に値 17 を代入する
$barney = 'hello';      # $barney に 5 文字の文字列 'hello' を代入する
$barney = $fred + 3;    # $barney に、現在の $fred に 3 を加えた値 (20) を代入する
$barney = $barney * 2;  # $barney は、$barney の値を 2 倍した値 (40) になる
```

最後の行では、変数 $barney が 2 回——値を取り出すために（イコール記号の右側で）1 回、計算した式の値を入れる場所を指定するために（イコール記号の左側で）1 回——使われていることに注意しましょう。このような代入は、まったく正当かつ安全なものであり、頻繁に行われます。実際に、このような操作はよく行われるので、短縮形が用意されています。次のセクションで紹介しましょう。

2.4.3　複合代入演算子

$fred = $fred + 5 のように、同じ変数が代入の両側に現れる式は頻繁に使われるので、Perl は（C や Java と同様に）変数の値を変更するための短縮形——**複合代入演算子**（compound assignment operator）——を用意しています。ほとんどすべての二項演算子に対して、その後ろにイコール記号を付けた複合代入演算子が用意されています。例えば、次の 2 行は等価です。

```
$fred  = $fred + 5;  # 複合代入演算子を使わない書き方
$fred += 5;          # 複合代入演算子を使った書き方
```

また、次の 2 行も等価です。

```
$barney = $barney * 3;
$barney *= 3;
```

どちらの例も、単に変数を新しい値で上書きするのではなく、変数の元の値を何らかの方法で変えています。

よく使われるもう 1 つの代入演算子は、文字列連結演算子（.）をベースにした（文字列の末尾への）追加演算子（.=）です。

[†] 訳注：ここに出てくる人名、Fred、Barney、Wilma、Betty、Dino、Slate などは、テレビアニメ「原始家族フリントストーン」(The Flintstones) の登場人物です。

```
$str = $str . " "; # $strの末尾にスペースをくっつける
$str .= " ";        # 代入演算子を用いて同じことをする
```

ほとんどの複合演算子は、このような使い方ができます。例えば、「（変数を）*x*乗する」という演算は、**= と書くことができます。ですから、$fred **= 3 は、「変数 $fred の値を 3 乗して、その結果を $fred に代入する」という意味になります。

2.5　printによる出力

　一般論として、プログラムから何かを出力するのは、良い考えだと言えます。さもなければ、何も仕事をしていないと誤解される可能性があるからです。Perl では、出力を行うには、print 演算子を使います。print 演算子は、スカラーの引数を受け取って、何も手を加えずにそのまま標準出力へ送ります。何か特別なことをしていなければ、標準出力はターミナルの画面になっています。例えば、次のようにして使います。

```
print "hello world\n"; # hello worldと表示してから、改行する

print "The answer is ";
print 6 * 7;
print ".\n";
```

カンマで区切って、print に複数の値を渡すことができます。

```
print "The answer is ", 6 * 7, ".\n";
```

　これは、本当は**リスト**（list）と呼ばれるものですが、リストについてはまだ説明していません。これについては後ほど改めて取り上げます。

　Perl 5.10 では say という、print より少し優れたものが追加されています。say は、自動的に行末に改行を入れてくれます。

```
use v5.10;
say "The answer is ", 6 * 7, '.';
```

可能なら say を使うようにしてください。本書では、まだ Perl 5.8 を使っている人でも動かせるように、print を使い続けています。

2.5.1　スカラー変数を文字列の中に展開する

　ダブルクォートで囲んだ文字列リテラルでは、（バックスラッシュエスケープに加えて）**変数展開**（variable interpolation）が行われます。つまり、文字列の中に、スカラー変数名があれば、その変数の値で置き換えられるのです。変数展開の例を以下に示します。

```
$meal   = "brontosaurus steak";
$barney = "fred ate a $meal";    # $barneyは "fred ate a brontosaurus steak" になる
$barney = 'fred ate a ' . $meal; # 同じことを別のやり方で行う
```

最後の行に示したように、**ダブルクォート**を使わなくても同じ結果が得られますが、たいていはダブルクォート文字列を使ったほうが便利です。また、変数展開は、**ダブルクォート展開**（double-quote interpolation）と呼ばれることもあります。なぜなら、ダブルクォートを使うと、変数展開が行われるからです（シングルクォートでは変数展開は行われません）。この他にも、変数展開が行われる文字列がありますが、それについてはその都度説明しましょう。

もしスカラー変数にまだ値がセットされていなければ、代わりに空文字列が使われます。

```
$barney = "fred ate a $meat";  # $barney は "fred ate a " になる
```

このことについては、この章の後ろのほうで undef を紹介して詳しく説明します。

変数 1 個だけを、わざわざ変数展開する必要はありません。

```
print "$fred";  # ダブルクォートは不要
print $fred;    # 良い書き方
```

上の 1 行目のように、単独の変数をダブルクォートで囲んでも何も悪いことはないのですが、大きな文字列を構成するわけではないので、変数展開は必要ありません。

ダブルクォート文字列の中に、ドル記号そのものを入れるには、ドル記号の前にバックスラッシュを置いてください。直前にバックスラッシュを置くことによって、ドル記号の特別な意味が打ち消されます。

```
$fred = 'hello';
print "The name is \$fred.\n";   # ドル記号を表示する
```

あるいは、文字列のうち問題となる部分（ドル記号が使われている部分）では、ダブルクォートを使わない書き方をしてもよいでしょう。

```
print 'The name is $fred' . "\n"; # 同じこと
```

変数名は、意味をなす限り、できるだけ長くなるように解釈されます。そのために、変数名の直後に、英文字や数字やアンダースコアを置いたときに問題が発生します。

Perl が変数名を探す際に、あなたの意図に反して、その直後に続く文字も変数名の一部だと思い込んでしまいます。Perl は、シェルと同様に、変数名を区切るデリミタを用意しています。具体的には、変数の名前部分を 1 対のブレースで囲んでください。また、文字列を 2 つに分割して、それらを連結演算子でくっつけるというやり方もあります。

```
$what = "brontosaurus steak";
$n = 3;
print "fred ate $n $whats.\n";          # ステーキではなく $whats を食べてしまう
print "fred ate $n ${what}s.\n";        # これは $what を食べる
print "fred ate $n $what" . "s.\n";     # 別のやり方で同じことをする
print 'fred ate ' . $n . ' ' . $what . "s.\n"; # とても面倒なやり方
```

スカラー変数名の後ろに開きブラケットや開きブレースが続く場合には、その直前にバックスラッシュを置く必要があります。変数名の直後に、アポストロフィー（シングルクォート）または 2 個連続するコロンが続く場合にも、バックスラッシュを付けるか、あるいはブレースで囲む方法を使う必要があります。

2.5.2　コードポイントで文字を生成する

　キーボードにない文字（é、å、α、אなど）を含むような文字列を作りたいことがあります。このような文字をプログラムに入力する方法は、使用するシステムとエディタに依存します。しかし、場合によっては、タイプ入力する代わりに、コードポイントを chr() 関数に渡して文字を生成するほうが簡単です。

```
$alef  = chr( 0x05D0 );
$alpha = chr( hex('03B1') );
$omega = chr( 0x03C9 );
```

本書では Unicode を利用することを想定しているので、コードポイント（code point）を使います。ASCII では、**順序値**（ordinal value）によって、文字の数字位置を示します。Unicode に関して知りたい人は付録 C を読んでください。

　逆方向の変換には ord() 関数を使います。これは、文字をコードポイントに変換します。

```
$code_point = ord( 'א' );
```

　chr() 関数で生成した文字は、ほかの変数と同様に、ダブルクォート文字列に変数展開することができます。

```
"$alpha$omega"
```

　いちいち変数を経由しなくても、\x{} に 16 進表現を指定してやれば、文字列に直接埋め込むことができます。

```
"\x{03B1}\x{03C9}"
```

2.5.3　演算子の優先順位と結合

　演算子の**優先順位**（precedence）とは、演算子を組み合わせたグループの中で、どの演算子を最初に実行するかを決める規則です。例えば、2+3*4 という式では、加算と乗算のどちらを先に行うのでしょうか。もし加算を先に行えば、5*4 となり、答えは 20 になります。しかし、もし（算数の授業で教わったように）乗算を先に行えば、2+12 となり、答えは 14 になります。幸いなことに、Perl は普通の算数と同じ規則を採用しているので、乗算から先に計算します。これを、「乗算は加算よりも優先順位が高い」と言います。

　カッコは最も高い優先順位を持っています。カッコの内側に置かれた演算子は、カッコの外側の演算子よりも先に計算されます（これも、算数の授業で教わった通りですね）。ですから、本当に

乗算よりも先に加算を行いたければ、(2+3)*4 と書いてやれば、20 という答えが得られます。また、乗算が加算よりも先に実行されることをあえて明示したければ、形だけで実際には不要なカッコを用いて、2+(3*4) と書けばよいでしょう。

加算と乗算に関しては優先順位は直観的でわかりやすいのですが、文字列連結演算子とべき乗演算子の関係はどうだろう、などと考えだすと、途端に話がややこしくなってきます。正しい答えを知るには、perlop ドキュメントに収録されている Perl の公式な演算子優先順位表を調べる必要があります。演算子優先順位表の抜粋を**表 2-2** に示します。

表2-2 演算子の結合と優先順位（高いものから低いものの順）

結合	演算子
左	カッコ、リスト演算子の引数
左	->
	++ -- （オートインクリメント、オートデクリメント）
右	**
右	\ ! ~ + - （単項演算子）
左	=~ !~
左	* / % x
左	+ - . （二項演算子）
左	>> <<
	名前付き単項演算子 (-X ファイルテスト、rand)
	< <= > >= lt le gt ge （「非等値性」比較演算子）
	== != <=> eq ne cmp （「等値性」比較演算子）
左	&
左	| ^
左	&&
左	|| //
	.. ...
右	?: （条件演算子）
右	= += -= .= （およびその他の代入演算子）
左	, =>
	リスト演算子（右側）
右	not
左	and
左	or xor

この一覧表では、各演算子は、それより下にあるすべての演算子よりも高い優先順位を持ち、上にあるすべての演算子よりも低い優先順位を持っています。同じ優先順位を持つ演算子の間では、実行順序は**結合**（associativity）によって決まります。

結合は、同じ優先順位を持つ2個の演算子が、3個のオペランドに対して作用する順序を決めます。

```
4 ** 3 ** 2    # 4 ** (3 ** 2)、つまり 4 ** 9（右結合）
72 / 12 / 3    # (72 / 12) / 3、つまり 6/3 となり、結果は 2 になる（左結合）
36 / 6 * 3     # (36/6)*3、つまり 18
```

最初の例では、** 演算子は右結合なので、右側の ** がカッコで囲まれているものとして計算されます。これに対して、* と / は左結合なので、左側がカッコで囲まれているものとして計算され

ます。
　この優先順位表を丸暗記しなければならないのでしょうか。そんなことはありません。実際には丸暗記している人なんていないでしょう。演算が行われる順序を思い出せなかったり、優先順位表を調べる時間がなかったら、カッコを使えばよいのです。たとえ、がんばって優先順位表と首っ引きでカッコを使わずに式を書いたとしても、後ほどプログラムをメンテナンスする人が、優先順位表と首っ引きで解読する破目になるのが関の山です。メンテナンスプログラマには、やさしく接するようにしましょう。あなた自身がその役目を務めるかもしれませんから。

2.5.4　比較演算子

　数値を比較するために、Perlは、あなたが代数で学んだような、**数値比較演算子**（numeric comparison operator）`<`、`<=`、`==`、`>=`、`>`、`!=`を用意しています。これらはいずれも真（`true`）か偽（`false`）の値を返します。真と偽については、次の節で詳しく説明しましょう。比較演算子の中には、他の言語とは違っているものもあります。例えば、Perlでは、「等しい」ことを確認するのに、`=`ではなく、`==`を使います。なぜなら、`=`は代入演算子として使われているからです。また、Perlでは、「等しくない」ことを確認するのに`!=`を使います。なぜなら、`<>`は別の用途で使われているからです。また、「より大きいか等しい」には`=>`ではなく、`>=`を使います。これもやはり`=>`が別の用途で使われるからです。事実、Perlでは、ほとんどの記号の並びは何らかの用途に使われています。ですから、プログラムの開発に行き詰まったら、猫にキーボードの上を歩かせて、入力されたコードをデバッグすればよいでしょう。

　文字列を比較するために、Perlは、風変わりな短い単語風の**文字列比較演算子**（string comparison operator）`lt`、`le`、`eq`、`ge`、`gt`、`ne`を用意しています。これらは、2つの文字列を先頭から1文字ずつ突き合わせて、それらが等しいか、あるいは標準の文字列ソート順でどちらが前に来るかを調べます。ASCIIやUnicode文字のソート順は、あなたにとって意味のない順番かもしれないことに注意してください。自分の好きな順番でソートする方法については14章で説明します。

　比較演算子（数値用と文字列用）の一覧を**表2-3**に示します。

表2-3　数値と文字列の比較演算子

比較	数値の比較	文字列の比較
等しい（equal）	`==`	`eq`
等しくない（not equal）	`!=`	`ne`
より小さい（less than）	`<`	`lt`
より大きい（greater than）	`>`	`gt`
より小さいか等しい（less than or equal to）	`<=`	`le`
より大きいか等しい（greater than or equal to）	`>=`	`ge`

　比較演算子を使った式の例をいくつか示しましょう。

```
35 != 30 + 5         # 偽
35 == 35.0           # 真
'35' eq '35.0'       # 偽（文字列として比較するため）
```

```
'fred' lt 'barney'    # 偽
'fred' lt 'free'      # 真
'fred' eq "fred"      # 真
'fred' eq 'Fred'      # 偽
' ' gt ''             # 真
```

2.6　if制御構造

さて2つの値を比較する方法がわかったところで、今度は、比較した結果をもとに判定を行う方法を説明しましょう。ほとんどのプログラミング言語と同様に、Perlは、条件式が真を返した場合にのみ実行する **if制御構造**（if control structure）を備えています。

```
if ($name gt 'fred') {
  print "'$name' comes after 'fred' in sorted order.\n";
}
```

二者択一を行うには、`else` キーワードを使います。

```
if ($name gt 'fred') {
  print "'$name' comes after 'fred' in sorted order.\n";
} else {
  print "'$name' does not come after 'fred'.\n";
  print "Maybe it's the same string, in fact.\n";
}
```

（あなたがCをご存知かどうかはさておき）C言語とは違って、条件に応じて実行されるコードは、必ずブレースで囲まなければなりません。上の例のように、コードのブロックの中身をインデント（字下げ）するのは、良い考えです。コードが理解しやすくなります。もしプログラマ用のテキストエディタ（1章で説明しました）を使っていれば、インデントの面倒を見てくれるはずです。

2.6.1　ブール値

実際には、`if`制御構造の条件には、任意のスカラー値を使うことができます。これは、次のように、変数に真または偽の値を格納しておく場合に便利です。

```
$is_bigger = $name gt 'fred';
if ($is_bigger) { ... }
```

ところで、Perlはどのようにして、ある値が真（true）なのか偽（false）なのかを決めるのでしょうか。プログラミング言語の中には、このような値を表す「ブール型」（Boolean datatype）というデータ型を持つものがありますが、Perlは独立したブール型を持っていません。その代わりに、次に示すような単純な規則を使います。

- もし値が数値であれば、0は偽を意味します。それ以外の数値はすべて真を意味します。
- そうでなければ、もし値が文字列であれば、空文字列（''）と文字列 '0' は偽を意味します。

それ以外の文字列はすべて真を意味します。
- 変数にまだ値が格納されていない場合、それは偽です。

ブール値を反転させるには、単項の**否定演算子**！を使います。否定演算子は、その後ろに置かれたものが真であれば偽を返し、偽であれば真を返します。

```
if (! $is_bigger) {
  # $is_bigger が真でなければ何かを行う
}
```

ここで便利なテクニックを紹介しましょう。！演算子は、真を偽に、偽を真に変えてくれます。また、Perl では、ブール型というものは存在しないので、！演算子は、真あるいは偽を表す何らかのスカラー値を返さなければなりません。この用途には 1 と 0 が適切な値だと考えられるので、これらの値に正規化する人もいます。これを実現するには、！演算子を 2 度使って、真を偽に変換してから、さらに真に変換してやります（偽についても同様です）。

```
$still_true  = !! 'Fred';
$still_false = !! '0';
```

このイディオムが常に必ず 1 か 0 を返すとは明示的にドキュメントに記載されてはいません。しかし、われわれ著者は、近い将来にこの動作が変わることはないと考えています。

2.7　ユーザからの入力を受け取る

ここまで来れば、そろそろキーボードから値を入力する方法を知りたくなることでしょう。最も簡単な方法を紹介しましょう。それは行入力演算子 <STDIN> を使うことです。

実際には、これはファイルハンドル STDIN に対して行入力演算子を適用したものです。しかし、詳しいことは（5 章で）ファイルハンドルを解説してから取り上げることにします。

Perl がスカラー値を期待している場所で <STDIN> を使うたびに、Perl は**標準入力**（standard input）から、次の 1 行（つまり最初に現れる改行文字まで）を読み込んで、それを <STDIN> の値として返します。標準入力はいろんなものを表す可能性がありますが、何か変わったことをしない限り、プログラムを起動したユーザ（たぶんあなた自身）が使っているキーボードになっています。読み込むべきデータが <STDIN> になければ（まるまる 1 行分のデータを先打ちしていなければこうなります）、Perl プログラムは停止して、ユーザが何か文字をタイプして改行（リターン）キーを押すまで待ちます。

通常、<STDIN> が返す文字列には、末尾に改行文字が付いているので、次のように書くこともできます。

```
$line = <STDIN>;
if ($line eq "\n") {
  print "That was just a blank line!\n";
} else {
  print "That line of input was: $line";
}
```

しかし、実際には、この改行文字は不要なことが多いので、その場合には chomp() 演算子の力を借りることになります。

2.8　chomp演算子

あなたが chomp() 演算子を初めて知ったときには、特殊化しすぎていると感じるかもしれません。この演算子は、変数に対して作用します。変数には、文字列が入っている必要があります。そして、もしその文字列の末尾に改行文字があれば、chomp() はその改行文字を削除します。chomp() が行う処理は（ほぼ）これだけです。例えば次のように使います。

```
$text = "a line of text\n";   # あるいは同じものを <STDIN> から読み込む
chomp($text);                 # 末尾の改行文字を取り除く
```

しかし chomp() 演算子はとても便利なので、あなたが書くほとんどのプログラムで使うことになるはずです。これは、変数に格納されている文字列から、末尾の改行文字を取り除く最良の手段です。実際には、さらに簡単なやり方があります。なぜなら、Perl には「変数が必要とされるあらゆる場所で、その代わりに代入を使うことができる」という単純な規則があるからです。Perl はまず最初に代入を行い、次にその変数を使って指定された操作を行います。ですから、chomp() の最もよくある使い方は次のようになります。

```
chomp($text = <STDIN>);  # テキストを読み込んで、末尾の改行文字を削除する

$text = <STDIN>;         # 同じことを...
chomp($text);            # ...2ステップに分けて行う
```

一見したところ、代入と組み合わせた1行目の chomp() のほうがむしろ複雑で、簡単とは思えないかもしれません。これを2つの操作——行を読み込む、chomp() する——だと考えれば、2つの文に分けて書くほうが自然でしょう。しかしこれを1つの操作——テキストを読み込む、ただし改行文字は不要——と考えると、1つの文で書くほうが自然です。いずれにせよ、ほとんどの Perl プログラマは、これを1つの文で書くので、今から慣れておいたほうがよいでしょう。

実際には chomp() は関数なので、値を返します。取り除いた文字の個数を返してくれるのですが、この値はほとんど役に立ちません。

```
$food = <STDIN>;
$betty = chomp $food;  # 1が返される――でもそんなことは先刻承知だ！
```

この例からわかるように、chomp() を呼び出す際には、カッコはあってもなくても構いません。

これは Perl のもう 1 つの一般則「カッコがなければ意味が変わってしまう場合を除き、いつでもカッコを省略できる」によるものです。

　文字列の末尾に 2 個以上の改行文字がある場合には、chomp() は改行文字を 1 個だけ取り除きます。末尾に改行文字がない場合には、chomp() は何もしないで、0 を返します。ほとんどの場合、chomp() が何を返すかを気にする必要はありません。

2.9　while制御構造

　ほとんどのプログラミング言語と同様に、Perl は、ループ（繰り返し）を行うための制御構造を複数用意しています。while ループは、条件が真である間、コードのブロックを繰り返し実行します。

```
$count = 0;
while ($count < 10) {
  $count += 2;
  print "count is now $count\n"; # 値 2 4 6 8 10 を表示する
}
```

　ここでは、if の条件と同じように、真偽の判定が行われます。また、if 制御構造と同様に、コードのブロックは必ずブレース {} で囲まなければなりません。条件式は、最初の繰り返しを行う前に、評価されます。ですから、最初にいきなり条件式が偽になった場合には、ループは完全にスキップされます。

プログラマなら誰しも、誤って無限ループを作ってしまうことがあります。そのシステムで他のプログラムを停止させるのと同じ方法を使えば、あなたのプログラムを止めることができます。多くのシステムでは、Ctrl-C を押せば、暴走したプログラムを止めることができます。念のため、使っているシステムのドキュメントを見て確認しておきましょう。

2.10　未定義値

　まだ値をセットしていないスカラー変数を使うと何が起こるでしょうか。何も深刻なことは起こりませんし、ましてや致命的エラーが発生するわけでもありません。変数は、最初に値を代入されるまでは、特別な値 undef（未定義値：undefined value の意）を持っています。これは、Perl が「ここには何もないよ——さあ行った行った」ということを示すのに用いる特別な値です。この「何もない値」を数値として扱うと、0 として振る舞います。また、文字列として扱うと、空文字列として振る舞います。しかし、undef は数値でも文字列でもありません。それらとは違う別種のスカラー値なのです。

　undef を数値として使ったときは自動的に 0 として振る舞うので、数値の和を求める変数を（0で初期化せずに）使い始めることができます。$sum を使う前に何もしなくてもよいのです。

```
# 数個の奇数の和を計算する
$n = 1;
while ($n < 10) {
  $sum += $n;
```

```
    $n += 2; # 次の奇数を求める
  }
  print "The total was $sum.\n";
```

ループが始まる前に、$sum が undef であれば、このコードはうまく動作します。ループを最初に実行するときには $n は 1 になっているので、ループ本体の 1 行目では、$sum に 1 を加えます。これは、すでに 0 が入っている変数（undef を数値として使っているので、このように扱われます）に、1 を加えるのと同じことです。その結果、$sum の値は 1 になります。それ以降は、$sum がちゃんと値を持つように初期化されたので、通常通りに処理が行われます。

同様に、まっさらな変数に対して、文字列を連結していくことができます。

```
  $string .= "more text\n";
```

もし $string が undef であれば、空文字列が入っているかのように振る舞います。その結果、$string には "more text\n" という値が入ります。しかし、もしすでに $string に何か文字列が入っていれば、新しいテキストはその末尾に追加されます。

Perl プログラマはよくこのようにして、まっさらな変数に 0 や空文字列が入っているものとして扱います。

多くの演算子は、引数が範囲外であったり、意味がない引数を渡されたりすると、undef を返します。つまり、特別なことをしなければ、特に問題なく、0 または空文字列が得られることになります。実用上は、これでまず問題ありません。実際、ほとんどのプログラマはこの振る舞いを利用しています。しかし、警告をオンにしている場合には、未定義値を普通でない使い方をすると警告メッセージが表示される、ということを覚えておきましょう。なぜなら、それはバグの存在を暗示しているからです。例えば、ある変数から別の変数へと undef をコピーしても何ら問題はありませんが、undef が入っている変数を print で表示しようとすると、警告が表示されます。

2.11　defined関数

undef を返す可能性がある演算子の 1 つとして、行入力演算子 <STDIN> があります。通常、この演算子は次の行を読み込んで返します。しかし、これ以上読み込む行が存在しないとき（ファイルの終わりに到達した場合）には、そのことを伝えるために undef を返すのです。値が undef であり、空文字列ではないことを確かめるには、defined 関数を使用します。この関数は、引数が undef ならば偽を返し、それ以外の値ならば真を返します。

```
  $next_line = <STDIN>;
  if ( defined($next_line) ) {
    print "The input was $next_line";
  } else {
    print "No input available!\n";
  }
```

未定義値 undef を得るには、undef 演算子を使います。

```
$next_line = undef;  # まっさらな状態にする
```

2.12 練習問題

解答は付録Aの節「2章の練習問題の解答」にあります。

1. [5] 半径12.5の円の円周の長さを求めるプログラムを書いてください。円周の長さは半径の2π倍（だいたい2 × 3.141592654）です。答えは、78.5くらいになるはずです。

2. [4] 問題1のプログラムを改造して、まずプロンプトを表示して、プログラムを起動した人に半径を入力してもらうようにしてください。もし半径として12.5を入力すれば、問題1と同じ値が表示されるはずです。

3. [4] 問題2のプログラムを改造して、ユーザが0より小さい数を入力した場合には、円周として、（負の値ではなく）0を表示するようにしてください。

4. [8] プロンプトを表示して、数を2個読み込んで（1行に1個ずつ別々に読み込みます）、それらの積を表示するプログラムを書いてください。

5. [8] プロンプトを表示して、文字列と数を（別々の行で）読み込んで、その文字列を1行に1つずつ、数で指定した回数だけ表示するプログラムを書いてください（ヒント：x演算子を使います）。もしユーザが「fred」と「3」を入力したとすると、「fred」という行が3行表示されるはずです。もしユーザが「fred」と「299792」を入力したら、大量の出力が表示されるでしょう。

3章
リストと配列

2章の冒頭で、スカラーはPerlにおける「単数形」であると説明しましたが、「複数形」はリストと配列によって表現されます。

リスト（list）とは、スカラーの集合に順序を付けて並べたものです。**配列**（array）とは、リストを格納する変数のことです。これらの用語はしばしば区別せずに使われますが、実は大きな違いがあります。リストはデータであり、配列はそのデータを格納する変数です。配列でないリスト値というものは存在しますが、すべての配列変数はリストを格納しています（しかし、そのリストは空でも構いません）。図3-1はリストを図で示したものです（配列に格納されているかどうかにかかわらず、この同じ図で表されます）。

リストと配列に対しては、多くの共通な操作を適用できます。これは、ちょうどスカラー値とスカラー変数の関係と同様です。ですから、この章では、リストと配列を同時に並行して扱っていきます。しかし、これらの違いを忘れないでください。

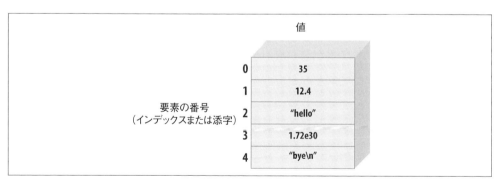

図3-1　5個の要素を持つリスト

配列やリストを構成する**要素**（element）は、それぞれ別々のスカラー値です。これらの値は順序付けされています。つまり、要素は、最初のものから最後のものまで、ある特定の順番に並んでいます。配列やリストの要素は、0から始まり1ずつ増加する整数によって**添字付け**（インデックス〔index〕とも言います）されています。つまり、すべての配列とリストにおいて、先頭の要素

は、常に要素0となります。また最後の添字は、リスト内の要素数より1少ない数となります。

各要素はそれぞれ独立したスカラー値なので、リストや配列は、数値、文字列、undef（未定義値）、あるいはさまざまなスカラー値を任意に組み合わせたもの、を持つことができます。とはいうものの、多くの場合、すべての要素は同じ型——例えば本の書名（すべて文字列）、三角関数コサイン値のデータ（すべて数値）——になっています。

配列やリストには、要素が何個あっても構いません。最小のものは、要素が1つもないものです。最大のものは、使用可能なメモリすべてを占有するようなものです。このようになっているのは、以前に紹介した「不必要な制限は設けない」というPerlの哲学によるものです。

3.1 配列の要素にアクセスする

他の言語で配列を使った経験がある人なら、Perlでは、配列の要素にアクセスするのに、数値インデックスで添字付けするということを知っても、特に驚かないでしょう。

以下に示すように、配列の要素には、0から始まって1ずつ増加する整数が振られます。

```
$fred[0] = "yabba";
$fred[1] = "dabba";
$fred[2] = "doo";
```

配列名（この例ではfred）は、スカラー変数とは完全に独立した別の名前空間に置かれます。もし同じプログラムで$fredという名前のスカラー変数を使ったとしても、Perlはこれらをまったく別物として認識するので、混乱することはありません（しかし、プログラムをメンテナンスする人が混乱するおそれがあるので、気の向くままに同じ名前を重複して使うのはやめましょう）。

スカラー変数を使うことができるほぼすべての場所では、代わりに$fredのような配列要素を使うことができます。例えば、配列要素の値を取得したり、2章で紹介したような式を使って配列要素に値をセットすることができます。

```
print $fred[0];
$fred[2]  = "diddley";
$fred[1] .= "whatsis";
```

添字には、数値を与えるようなどんな式でも使えます。式の値が整数になっていなければ、Perlは自動的に切り捨てて（四捨五入ではありません！）、整数部だけを使います。

```
$number = 2.71828;
print $fred[$number - 1]; # $fred[1]を表示する
```

添字が、配列の末尾より後ろの要素を指している場合には、対応する値はundefになります。これは普通のスカラー変数と同じ扱いです。つまり、変数に値を格納したことがなければ、その変数の値はundefとなるのです。

```
$blank = $fred[ 142_857 ];  # 未使用の配列要素は undef になっている
$blanc = $mel;              # 未使用のスカラー変数 $mel も undef になっている
```

3.2 配列の特別なインデックス

配列の末尾よりも後ろの要素に値をセットすると、必要に応じて配列は自動的に拡張されます。Perl が使えるメモリがある限り、配列の長さは制限を受けません。途中に新たな要素を作る必要がある場合、それらの要素には undef 値がセットされます。

```
$rocks[0]  = 'bedrock';       # 1 個の要素 ...
$rocks[1]  = 'slate';         # もう 1 つ要素を追加する ...
$rocks[2]  = 'lava';          # さらにもう 1 つ要素を追加する ...
$rocks[3]  = 'crushed rock';  # さらにもう 1 つ要素を追加する ...
$rocks[99] = 'schist';        # ここで 95 個の undef の要素が作られる
```

ときには、配列の最後の要素のインデックスを知りたいこともあるでしょう。上の例で使っている rocks という配列の最後の要素のインデックスは $#rocks で表されます。ところで、この値は、要素の個数とは等しくないので注意してください。なぜなら、インデックス 0 の要素があるからです。

```
$end = $#rocks;                # 99, つまり最後の要素のインデックス
$number_of_rocks = $end + 1;   # OK、だけど後ほど良い方法を紹介しましょう
$rocks[ $#rocks ] = 'hard rock'; # 最後の岩
```

上の最後の例のように、$#name の値はインデックスとして使われることが多いので、短い書き方が用意されています。配列に対して負のインデックスを指定すると、要素を末尾から先頭に向かって数えてくれます。しかし、このようなインデックスは「ラップアラウンド」しません。配列に要素が 3 個あったとすれば、使用できる負のインデックスは -1（最後の要素）、-2（真ん中の要素）、-3（最初の要素）だけです。-4 以下を指定すると、単に undef が得られます。しかし、実際には、-1 以外の負のインデックスは誰も使わないようです。

```
$rocks[ -1 ]   = 'hard rock';   # 1 つ前の例の最後の行と同じことをもっと簡単に行う
$dead_rock     = $rocks[-100];  # 'bedrock' が得られる
$rocks[ -200 ] = 'crystal';     # 致命的エラー！
```

3.3 リストリテラル

リストリテラル（list literal）は、プログラムにリスト値を書くための表記法で、値をカンマで区切って並べてカッコで囲んだものです。これらの値はリストを構成する要素になります。リストリテラルの例を次に示します。

```
(1, 2, 3)       # 3 つの値 1, 2, 3 からなるリスト
(1, 2, 3,)      # 同じ 3 つの値のリスト（最後のカンマは無視される）
("fred", 4.5)   # 2 つの値 "fred" と 4.5
( )             # 空リスト―要素がない
```

値が連続している場合は、すべての値をタイプする必要はありません。**範囲演算子**（range operator）..は、左のスカラー値から右のスカラー値までの範囲で、1ずつ増加する値のリストを生成します。

```
(1..100)        # 100個の整数のリスト
(1..5)          # (1, 2, 3, 4, 5) と同じ
(1.7..5.7)      # 同じこと―まず両方の値に対して切り捨てを行う
(0, 2..6, 10, 12) # (0, 2, 3, 4, 5, 6, 10, 12) と同じ
```

範囲演算子は数を増やす方向にしか働かないので、次のコードの範囲演算子は機能せず空リストとなります。

```
(5..1)          # 空リストになる―増加する方向にしか働かないため
```

リストリテラルの要素は、必ずしも定数である必要はありません。要素が式の場合には、リテラルが使われるたびにその式が新たに評価されます。例えば、次のようになります。

```
($m, 17)            # 2つの値：現在の $m の値と 17
($m+$o, $p+$q)      # 2つの値
($m..$n)            # $m と $n の現在の値で範囲が決まる
(0..$#rocks)        # 前節の rocks 配列のインデックスのリスト
```

3.3.1　qwショートカット

リストには任意のスカラー値を含めることができます。次に示すのは、典型的な文字列のリストです。

```
("fred", "barney", "betty", "wilma", "dino")
```

Perlプログラムでは、このような単純なワードのリストが頻繁に使われます。qwショートカットを使えば、いちいちクォート記号をタイプしなくても、同じことを簡単に書けます。

```
qw( fred barney betty wilma dino )  # 前の例と同じだが、楽に入力できる
```

qwとは、「quoted words」（クォートした単語）であるという人もいれば、「quoted by whitespace」（空白文字でクォートしたもの）であるという人もいます。いずれにせよ、Perlは、これをシングルクォートで囲まれた文字列として扱います（ですから、qwリストの中では、ダブルクォート文字列とは違って、\nや$fredは使えません）。まず空白文字（スペース、タブ、改行文字などの文字）が消されて、残ったものがリストの要素になります。空白文字は消されるので、同じリストを（普通ではありませんが）次のようにも書けます。

```
qw(fred.
    barney      betty
  wilma dino)   # 前の例と同じだが、変わった空白文字を使っている
```

qwはクォートの一種なので、qwリストの中にコメントを埋め込むことはできません。読みやす

いように、要素を1行に1個だけ置くという書き方をする人もいます。

```
qw(
    fred
    barney
    betty
    wilma
    dino
)
```

これまでに示した2つの例では、デリミタにカッコを使っていますが、実際には任意の記号文字をデリミタとして使うことができます。よく使われるデリミタを以下に示します。

```
qw! fred barney betty wilma dino !
qw/ fred barney betty wilma dino /
qw# fred barney betty wilma dino #    # コメントに似ている！
```

2つのデリミタに別の文字を使うこともできます。もし開始デリミタが「開く」文字であれば、対応する「閉じる」文字が終了デリミタになります。

```
qw( fred barney betty wilma dino )
qw{ fred barney betty wilma dino }
qw[ fred barney betty wilma dino ]
qw< fred barney betty wilma dino >
```

もし文字列の中に、終了デリミタと同じ文字を入れなければならないとしたら、おそらくデリミタの選択が適切ではありません。しかし、デリミタを別の文字に変えられなかったり、変えたくない場合には、バックスラッシュを使えば、デリミタと同じ文字を含めることができます。

```
qw! yahoo\! google ask msn ! # yahoo! という要素を入れる
```

シングルクォート文字列の場合と同様に、2個連続したバックスラッシュは、リストの要素では1個のバックスラッシュになります。

```
qw( This as a \\ real backslash );
```

いくらPerlのモットーが「やり方は何通りもある」だからといって、こんなにたくさんのやり方がなくてもいいじゃないか、と思われる人もいらっしゃるでしょう。後ほど、これと同じ規則を使う、さらに別のクォートの方法を紹介しましょう。それはなかなか役に立ちます。しかし、この記法も、Unixのファイル名のリストが必要な場合にはとても便利です。

```
qw{
    /usr/dict/words
    /home/rootbeer/.ispell_english
}
```

もしデリミタとしてスラッシュしか使えなかったとしたら、このコードを読んだり、書いたり、

メンテナンスするのは、かなり面倒なことになるでしょう。

3.4 リスト代入

スカラー値を変数に代入するのと同じようなやり方で、リスト値を変数に代入することができます。

```
($fred, $barney, $dino) = ("flintstone", "rubble", undef);
```

左辺のリスト中の3つの変数には、あたかも代入を3回行ったかのように、それぞれ新しい値が代入されます。右辺のリストは代入を行う前に作成されるので、このことを利用すれば、2つの変数の内容を簡単に入れ替えることができます。

```
($fred, $barney) = ($barney, $fred);  # これらの変数の値を交換する
($betty[0], $betty[1]) = ($betty[1], $betty[0]);
```

ところで、代入の対象になる変数（イコール記号の左側にあるもの）の個数と、値（イコール記号の右側にあるもの）の個数が一致しない場合には、何が起こるでしょうか。リスト代入では、余った値は黙って捨てられます。もし必要な値ならば、それを格納する場所が指定されているはずだ、と Perl は考えるのです。反対に、変数が多すぎる場合には、余った変数には undef（あるいはこのあとすぐに説明するように空リスト）が代入されます。

```
($fred, $barney) = qw< flintstone rubble slate granite >;  # 2つの値が捨てられる
($wilma, $dino)  = qw[flintstone];                         # $dino は undef になる
```

リストの代入ができるようになったので、次のようにすれば、1行のコードで文字列の配列を作ることができるでしょう。

```
($rocks[0], $rocks[1], $rocks[2], $rocks[3]) = qw/talc mica feldspar quartz/;
```

しかし、Perl は、配列全体を表すもっと簡単な書き方を用意しています。配列の名前の前にアットマーク（@）を付けると、配列全体を表すことになるのです（名前の後ろにはブラケットは置きません）。これを「〜すべて」と読むことができます。例えば、@rocks は「rocks すべて」と読めます。この記法は、代入演算子の左右どちら側でも使うことができます。

```
@rocks  = qw/ bedrock slate lava /;
@tiny   = ( );                          # 空リスト
@giant  = 1..1e5;                       # 100,000 個の要素を持つリスト
@stuff  = (@giant, undef, @giant);      # 200,001 個の要素を持つリスト
$dino   = "granite";
@quarry = (@rocks, "crushed rock", @tiny, $dino);
```

最後の行の代入では、@tiny は 1 個も要素を持っていないので、@quarry には (bedrock, slate, lava, crushed rock, granite) という5要素のリストがセットされます（特に、@tiny によって、リストに undef が挿入されるわけではないことに注意してください。しかし、4行目の @stuff へ

の代入の右辺のようにすれば、リストに明示的にundefを入れることができます)。また、配列名は、その配列に入っているリストに展開されることにも注目してください。配列自体は、リストの要素にはなりません。なぜなら、配列が要素として持てるのはスカラーなので、他の配列を要素に持つことはできないからです。まだ何も代入していない配列変数の値は( )、すなわち空リストになっています。新しいまっさらなスカラー変数がundefでスタートするのと同様に、新しいまっさらな配列は空リストでスタートするのです。

『続・初めてのPerl改訂版』〔Intermediate Perl〕では、リファレンス (reference) と呼ばれる特別な種類のスカラーが登場します。リファレンスを使えば、さまざまな興味深い有用なデータ構造、特に通称「リストのリスト」と呼ばれるものを作ることができます。perldscドキュメントは一読の価値があります。

配列を別の配列にコピーする場合も、やはりリスト代入になります。このケースでは、リストは配列に格納されています。例えば、次のようになります。

    @copy = @quarry;   # リストを配列から別の配列にコピーする

3.4.1 pop演算子とpush演算子

配列の末尾に新しい要素を追加するには、より大きなインデックスを持った要素に、新たに値を格納してもよいでしょう。

配列は、情報を格納する**スタック**（stack）としてよく用いられます。スタックでは、新しい値を加えたり、古い値を取り除いたりする操作は、リストの右端に対して行われます。右端は、配列の「最後尾」であり、インデックス値が最大となります。これらの操作は頻繁に行われるので、専用の関数が用意されています。お皿が積まれているのをイメージすると良いでしょう。あなたは取り出すときは一番上のお皿から取り、戻すときは一番上に置きます（あなたが普通の人であれば）。

pop演算子は、配列から最後の要素を取り除いて、それを返します。

    @array   = 5..9;
    $fred   = pop(@array);   # $fredは9になり、@arrayは(5, 6, 7, 8)となる
    $barney = pop @array;   # $barneyは8になり、@arrayは(5, 6, 7)となる
    pop @array;   # @arrayは(5, 6)となる(7は捨てられる)

最後の例では、popを**無効コンテキスト**（void context）で使っています。無効コンテキストとは、「返された値をどこにも代入しないで捨てる」ことを表す気取った言い方です。本当に値を捨てたければ、popをこのように使っても問題ありません。

もし配列が空ならば、popはそのまま何もせずに（なぜなら、取り除くべき要素がありませんから）、undefを返します。

popを呼び出す際には、カッコを使っても使わなくてもよい、ということにお気付きでしょうか。これはPerlの一般的なルールです。カッコを取り除いても意味が変わらない限り、カッコは省略可能です。この反対の操作を行うのがpushです。pushは、要素（または要素のリスト）を配

列の末尾に追加します。

```
push(@array, 0);      # @array は (5, 6, 0) になる
push @array, 8;       # @array は (5, 6, 0, 8) になる
push @array, 1..10;   # @array はこれら 10 個の新しい要素も持つ
@others = qw/ 9 0 2 1 0 /;
push @array, @others; # @array はこれら 5 個の新しい要素も持つ（全部で 19 要素）
```

push の最初の引数と pop の唯一の引数は、配列変数でなければなりません。リテラルリストに対して push や pop をしようとしても、それは無意味です。

3.4.2　shift演算子とunshift演算子

push 演算子と pop 演算子は配列の末尾（見方によって、配列の右端、あるいは最大の添字が指す部分）に対して作用します。unshift 演算子と shift 演算子は、配列の「先頭」（あるいは配列の「左」端、または最小の添字が指す部分）に対して、同様な操作を行います。次に実行例をいくつか示しましょう。

```
@array = qw# dino fred barney #;
$m = shift(@array);       # $m は "dino" になり、@array は ("fred", "barney") になる
$n = shift @array;        # $n は "fred" になり、@array は ("barney") になる
shift @array;             # @array は空になる
$o = shift @array;        # $o は undef になり、@array は空のまま
unshift(@array, 5);       # @array は 1 要素のリスト (5) になる
unshift @array, 4;        # @array は (4, 5) になる
@others = 1..3;
unshift @array, @others;  # @array は (1, 2, 3, 4, 5) になる
```

pop と同様に、空の配列変数に対して shift を実行すると、undef が返されます。

3.4.3　splice演算子

push と pop、そして shift と unshift 演算子は、配列の端に対して操作を行うものでした。ところで、配列の中ほどにある要素を取り除いたり、追加したりするにはどうすればよいでしょうか。ここで splice 演算子の出番となります。splice は 4 個の引数を受け取りますが、そのうち 2 個は省略可能です。最初の引数には必ず配列を指定します。2 番目の引数には、処理を開始する位置を指定します。これら 2 個の引数だけを指定すると、開始位置から末尾までのすべての要素を配列から取り除いて返します。

```
@array = qw( pebbles dino fred barney betty );
@removed = splice @array, 2;  # fred 以降の全要素を取り除く
                              # @removed は qw(fred barney betty) になる
                              # @array は qw(pebbles dino) になる
```

第 3 引数では、長さを指定することができます。ここで、前の文をもう一度お読みください。多くの人たちは第 3 引数は終了位置を表すと勘違いしていますが、そうではありません。第 3 引数は長さを表します。第 3 引数を指定することによって、配列から途中の要素を取り除き、末尾

寄りのいくつかの要素を残すことができます。

```perl
@array = qw( pebbles dino fred barney betty );
@removed = splice @array, 1, 2; # dino と fred を取り除く
                                # @removed は qw(dino fred) になる
                                # @array は qw(pebbles barney betty) になる
```

第4引数は、置き換えリストです。配列から要素を取り除くと同時に、指定した要素を配列に挿入します。置き換えリストの要素数は、取り除かれる要素の個数と一致しなくても構いません。

```perl
@array = qw( pebbles dino fred barney betty );
@removed = splice @array, 1, 2, qw(wilma); # dino と fred を取り除く
                                           # @removed は qw(dino fred) になる
                                           # @array は qw(pebbles wilma barney betty) になる
```

要素を取り除かなくても構いません。長さとして0を指定すれば、要素を1つも取り除かずに、「置き換え」リストを挿入することができます。

```perl
@array = qw( pebbles dino fred barney betty );
@removed = splice @array, 1, 0, qw(wilma); # 何も取り除かない
                                           # @removed は qw() になる
                                           # @array は qw(pebbles wilma dino fred barney betty) になる
```

wilma が dino の前に挿入されることに注意してください。Perl は、置き換えリストを、指定されたインデックス1に挿入して、それより後にあるすべての要素を後ろにずらします。

splice は大した機能でないと感じるかもしれませんが、言語によっては、このような処理を実現するのにかなり手間がかかります。多くの人々が、連結リストのような複雑なテクニックを使って、これを実現していますが、連結リストを間違えずに扱うには細心の注意が必要です。Perl があなたに代わって細かいことを処理してくれます。

3.5 配列を文字列の中に展開する

スカラーと同様に、配列をダブルクォート文字列の中に変数展開することができます。Perl は、配列の各要素の間にスペースをはさんだものを、文字列の中に埋め込みます。

```perl
@rocks = qw{ flintstone slate rubble };
print "quartz @rocks limestone\n";  # スペースで区切って岩を5つ表示する
```

展開された配列の直前と直後にはスペースは挿入されません。必要ならば、自分でスペースを入れてください。

```perl
print "Three rocks are: @rocks.\n";
print "There's nothing in the parens (@empty) here.\n";
```

配列がこのように変数展開されるのを忘れていると、ダブルクォート文字列の中にEメールアドレスを書いたときに驚かされることになります。

```
$email = "fred@bedrock.edu";   # 誤り！@bedrockを展開しようとする
```

Eメールアドレスを書いたつもりなのに、Perlはそれを配列名@bedrockだと解釈して、変数展開しようとします。使用するPerlのバージョンにもよりますが、たぶん次のような警告メッセージが表示されるでしょう。

```
Possible unintended interpolation of @bedrock
```

この問題を回避するには、ダブルクォート文字列の中では@をバックスラッシュでエスケープするか、あるいはシングルクォート文字列を使うようにしてください。

```
$email = "fred\@bedrock.edu"; # 正しい
$email = 'fred@bedrock.edu';  # 別の正しいやり方
```

配列の単独の要素は、スカラー変数の場合と同じように、その値に展開されます。

```
@fred = qw(hello dolly);
$y = 2;
$x = "This is $fred[1]'s place";    # "This is dolly's place" になる
$x = "This is $fred[$y-1]'s place"; # 同じこと
```

インデックスの式は、文字列の外部に置かれているものとして扱われ、普通に評価されることに注意してください。先にインデックスの式が変数展開されるわけではありません。言い換えれば、上の例で、もし$yに文字列"2*4"が入っていたとしても、インデックス7ではなく、インデックス1の要素が対象になります。なぜなら"2*4"を数値として解釈する（$yの値は数値式で使われているため）と、2になるからです。

単純なスカラー変数の直後にブラケット（[）を置く際には、配列要素と解釈されないように、次に示す方法でブラケットを区切ってやる必要があります。

```
@fred = qw(eating rocks is wrong);
$fred = "right";                # "this is right[3]" と表示したい
print "this is $fred[3]\n";     # $fred[3] を使って "wrong" と表示してしまう
print "this is ${fred}[3]\n";   # "right" と表示（ブレースで保護した）
print "this is $fred"."[3]\n";  # これも right と表示（別の文字列にした）
print "this is $fred\[3]\n";    # これも right と表示（バックスラッシュでエスケープした）
```

3.6　foreach制御構造

Perlは、配列やリスト全体を処理するための制御構造を用意しています。foreachループは、値のリストを受け取り、それぞれの値に対して1回ずつコードのブロックを繰り返し実行します。

```
foreach $rock (qw/ bedrock slate lava /) {
  print "One rock is $rock.\n";  # 3つの岩の名前を表示する
}
```

制御変数（control variable、この例では$rock）は、繰り返しのたびにリストから新しい値を受

け取ります。ループの1回目の実行では、値は"bedrock"になり、3回目の実行では"lava"になります。

制御変数は、リスト要素のコピーではありません。実際には制御変数はリストの要素そのものになっています。つまり、次の例のように、ループ中で制御変数を変更すると、リストの要素そのものが変更されます。これは正式にサポートされている有用な機能ですが、忘れていると意表を突かれることになります。

```
@rocks = qw/ bedrock slate lava /;
foreach $rock (@rocks) {
    $rock = "\t$rock";      # @rocks の各要素の前にタブを挿入する
    $rock .= "\n";          # 各要素の後ろに改行文字を付ける
}
print "The rocks are:\n", @rocks; # 要素を1行に1個ずつインデントして表示する
```

ループ終了後には、制御変数の値はどうなるでしょうか。ループを開始する前の値に戻っています。Perl は foreach の制御変数の値を自動的に保存して元に戻します。ループの実行中は、保存された値を使ったり変えたりすることはできません。ですから、ループの終了後には、その変数は、ループの実行前の値（あるいは値を持っていなかった場合には undef）になります。

```
$rock = 'shale';
@rocks = qw/ bedrock slate lava /;

foreach $rock (@rocks) {
    ...
}

print "rock is still $rock\n"; # 'rock is still shale' と表示する
```

ですから、例えばループ制御変数に $rock という名前を付ける際に、その名前が使われていないことを確かめる必要はありません。4章でサブルーチンを紹介した後に、これをもっとうまく扱う方法を説明しましょう。

 上のコード例で使われているドット3個（...）は、実際に正しい Perl のコードです。これは、Perl 5.12 でプレースホルダとして追加されました。これは何の問題もなくコンパイルされますが、この部分を実行しようとすると致命的エラーが発生します†。同じ形をしたものとして範囲演算子がありますが、ここでは単独で使われており、yada yada 演算子と呼ばれます。

3.6.1　Perlお気に入りのデフォルト：$_

foreach ループで制御変数を省略すると、Perl はお気に入りのデフォルト変数 $_ を制御変数として使います。この変数は、風変わりな名前であることを別にすれば、他のスカラー変数と（ほとんど）違いはありません。例えば、次のように使います。

---

† 訳注：つまり処理がまだ実装されていないことを示すのに使われます。

```
foreach (1..10) {   # デフォルトで $_ を使う
  print "I can count to $_!\n";
}
```

これは Perl の唯一のデフォルトというわけではありませんが、最も頻繁に利用されるデフォルトです。これ以外の多くの局面でも、変数や値を指定しなかったときに、Perl は自動的に $_ を使用します。このデフォルトを使えば、新しい変数名を考案してタイプするという苦役を避けることができます。その一例として print を紹介しましょう。print は、引数に何も指定しないと $_ の値を表示します。

```
$_ = "Yabba dabba doo\n";
print;   # デフォルトでは $_ を表示する
```

3.6.2　reverse演算子

reverse 演算子は、値のリスト（配列も指定できます）を受け取って、そのリストを逆順に並べたものを返します。ですから、範囲演算子が値を増加させる方向にのみ働くという欠点を、次のように解決することができます。

```
@fred   = 6..10;
@barney = reverse(@fred);   # 10, 9, 8, 7, 6 が得られる
@wilma  = reverse 6..10;    # 配列を使わずに同じ値を得る
@fred   = reverse @fred;    # 結果を元の配列に戻す
```

最後の行では、@fred を 2 回使っていることに注目してください。Perl は、実際に代入を開始する前に、まず代入される値（右辺）を計算するのです。

reverse は逆順に並べたリストを返す、ということを覚えておきましょう。引数の値は変えません。reverse が返した値をどこにも代入しなければ、無意味です。

```
reverse @fred;            # 誤り―@fred の値は変わらない
@fred = reverse @fred;    # こうしなければならない
```

3.6.3　sort演算子

sort 演算子は、値のリスト（配列も指定できます）を受け取って、それを内部の文字順に従ってソートして返します。文字列については、コードポイント順にソートします。Unicode 導入以前の Perl では、ソートは ASCII コード順で行われました。しかし、Unicode は、ASCII コード順を保った上で、さらに多数の文字の並び順を定義しています。ですから、コードポイント順は、すべての大文字がすべての小文字よりも前に置かれ、数字が英文字よりも前に置かれ、記号はあちらこちらに置かれる、というちょっと変わった並び順です。しかし、この並び順にソートするというのは、**デフォルト**の振る舞いにすぎません。あなたの望んだ順番でソートする方法は 14 章で説明しましょう。sort 演算子は、入力としてリストを受け取って、それをソートした新しいリストを返します。

```
@rocks   = qw/ bedrock slate rubble granite /;
@sorted  = sort(@rocks);         # bedrock, granite, rubble, slate となる
@back    = reverse sort @rocks;  # slate が最初で bedrock が最後になる
@rocks   = sort @rocks;          # ソートした結果を @rocks に戻す
@numbers = sort 97..102;         # 100, 101, 102, 97, 98, 99 が得られる
```

最後の例からわかるように、数値を文字列として扱ってソートしても、意味のある結果は得られません。しかし、デフォルトのソート順に従えば、1 で始まる文字列は、9 で始まる文字列よりも前に置かれるのは当然のことなのです。また、sort では、reverse と同様に、引数そのものは変更されません。ですから、配列をソートしたければ、結果を元の配列に戻してやる必要があります。

```
sort @rocks;          # 誤り――@rocks の値は変わらない
@rocks = sort @rocks; # 岩のコレクションはソートされた
```

3.6.4　each演算子

Perl 5.12 からは、each 演算子を配列に対して適用できるようになりました。それより古いバージョンでは、each 演算子はハッシュのみに適用可能でした。each でハッシュを扱う方法については 6 章で解説しましょう。

配列を渡して each を呼び出すたびに、その配列の次の要素に関する 2 つの値――要素のインデックスと要素の値そのもの――を返してくれます。

```
require v5.12;

@rocks = qw/ bedrock slate rubble granite /;
while( ( $index, $value ) = each @rocks ) {
    print "$index: $value\n";
}
```

use v5.12 を使うと「strict」モードが有効となってしまうため、ここでは require を使っています。この修正については 4 章で解説します。

同じことを each を使わずに行うには、配列のすべてのインデックスについて繰り返しを行い、インデックスを使って各要素の値を取り出す必要があります。

```
@rocks   = qw/ bedrock slate rubble granite /;
foreach $index ( 0 .. $#rocks ) {
    print "$index: $rocks[$index]\n";
}
```

やりたい処理によって、each を使う方が便利な場合も、この方法の方が便利な場合もあります。

3.7 スカラーコンテキストとリストコンテキスト

ここが、本章で最も重要な節です。本書の中で最も重要な節だといえるでしょう。実際に、Perlをうまく使いこなせるかどうかは、まさにこの節の理解にかかっていると言っても過言ではありません。ですから、これまで流し読みしていた人も、ここから先に書いてあることを、きっちり頭にたたき込んでください。

だからといって、この節の内容が特に難解なわけではありません。実際にはとても単純なことです。それは「式は、置かれている場所と使い方によって、意味が変わることがある」ということです。これは何も目新しいことではありません。自然言語では当たり前なことです。例えば、英語において、誰かに「flies」という単語の意味を質問されたとしましょう。単語「flies」は、使い方によって、別の意味を持ちます†。コンテキスト（文脈）がわからなければ、持つ意味を確定することはできません。

コンテキスト（context）は、式をどのように使うかを表す概念です。実は、数値と文字列のコンテキストに関連する操作がすでに登場しています。数値にかかわる操作を行うと、数値の結果が得られます。文字列にかかわる操作を行うと、文字列の結果が得られます。そして、何をするかを決めるのは、演算子であって、値ではありません。2*3 の * は数値の乗算なのに対して、2x3 の x は文字列繰り返し演算子です。前者では 6 が得られ、後者では 222 が得られます。これは、コンテキストの作用によるものです。

Perl が式を解析する際には、必ずスカラー値かリスト値（または本書では扱わない void）のどちらかを期待します。Perl が期待しているものが、その式のコンテキストと呼ばれます。

```
42 + something   # something はスカラーでなければならない
sort something   # something はリストでなければならない
```

自然言語と同じで、もし私が文法上の誤りを犯したとしても、あなたはそこにどんな単語が来るはずかわかるので、誤りに気付くでしょう。いつの日か、あなたは Perl コードをこうやって読むようになりますが、最初の内はいちいち頭を働かせて考えなければなりません。

もし、上の 2 つの例で、something という部分が字面上まったく同じだったとしても、1 行目では 1 個のスカラー値が得られ、2 行目ではリストが得られるかもしれません。Perl においては、式は常にコンテキストに適合した値を返します。例えば、配列の「名前」は、リストコンテキストでは、要素のリストを返します。しかしスカラーコンテキストでは、配列に入っている要素の個数を返します。

```
@people = qw( fred barney betty );
@sorted = sort @people;    # リストコンテキスト: barney, betty, fred
$number = 42 + @people;    # スカラーコンテキスト: 42 + 3 で 45 になる
```

ありふれた通常の代入でさえ、代入の対象がスカラーかリストかに応じて、異なるコンテキストを与えます。

---

† 訳注：flies は、名詞 fly（ハエ）の複数形であるとともに、動詞 fly（飛ぶ）の三人称単数現在形でもあります。文脈がわからなければ、どちらの意味かは決められません。

```
@list = @people;  # 3人のリスト
$n = @people;     # 3という数値
```

しかし、スカラーコンテキストでは、リストコンテキストで返すはずのリストの要素数を必ず返す、とは早合点しないでください。リストを生成する式のほとんどは、もっと役に立つ値を返してくれます。

どんな式でも、コンテキストに応じて、リストかスカラーを生成することができます。われわれが「リストを生成する式」と言う場合、それは「通常はリストコンテキストで使用される式」という意味です。そのような式（例えばreverseや@fred）を、予期せずにスカラーコンテキストで使うと驚かされることになります。

それに加えて、どの式にも適用できるような一般的なルールは存在しません。式はそれぞれ独自のルールを持つことができます。あるいは、実際には、「そのコンテキストで最も意味が通ることを行う」という全般的な規則（それほど助けにならないかもしれません）に従います。Perlは、最も常識的な、たいていは正しい処理を行ってくれる言語です。

3.7.1　リストを生成する式をスカラーコンテキストで使う

通常はリストを生成するために使うような式はたくさんあります。そのような式をスカラーコンテキストで使うと何が得られるでしょうか。それを知るには、作った人が言っていることを調べてください。通常、その人物とはLarryであり、ドキュメントを読めばすべてが記述されています。事実、Perlを学ぶことのうち大きな部分を占めるのは、Larryの考え方を学ぶことなのです。ですから、Larryのように考えられるようになれば、Perlが何をするかが理解できるようになるはずです。しかし学習の途中では、おそらくドキュメントに当たる必要があるでしょう。

式の中には、スカラーコンテキスト用の値がないものもあります。例えば、sortはスカラーコンテキストで何を返すべきでしょうか。要素の個数を数えるためにわざわざソートを行う人はいないでしょうから、将来何かが実装されるまでは、sortはスカラーコンテキストでは常にundefを返します。

もう1つ別の例としてreverseを紹介しましょう。リストコンテキストでは、reverseはリストを逆順にしたものを返します。スカラーコンテキストでは、文字列を逆順にして返します（リストを与えた場合には、すべての要素を連結した文字列を逆順にして返します）。

```
@backwards = reverse qw/ yabba dabba doo /;
    # doo, dabba, yabba になる
$backwards = reverse qw/ yabba dabba doo /;
    # oodabbadabbay になる
```

最初のうちは、ある式が、スカラーコンテキストとリストコンテキストのどちらで評価されるのか、はっきりとわからないこともあるでしょう。しかし——私たちの言うことを信じてください——最終的には身についた第二の天性になるでしょう。

まず最初に、よく現れるコンテキストをいくつか見てみましょう。

```
$fred = something;            # スカラーコンテキスト
@pebbles = something;         # リストコンテキスト
($wilma, $betty) = something; # リストコンテキスト
($dino) = something;          # これもリストコンテキスト！
```

1要素のリストにだまされないように気を付けましょう。最後の例は、リストコンテキストであって、スカラーコンテキストではありません。ここではカッコが重要で、カッコで囲むことによって1行目とは別の扱いを受けます。リストに対する代入は（要素の個数にかかわらず）リストコンテキストになるのです。配列に対する代入も、リストコンテキストになります。

これまでに登場した式と、それらが提供するコンテキストをまとめて示しましょう。まず最初に、somethingにスカラーコンテキストを提供するものを示します。

```
$fred = something;
$fred[3] = something;
123 + something
something + 654
if (something) { ... }
while (something) { ... }
$fred[something] = something;
```

次に、リストコンテキストを提供するものを示します。

```
@fred = something;
($fred, $barney) = something;
($fred) = something;
push @fred, something;
foreach $fred (something) { ... }
sort something
reverse something
print something
```

3.7.2 スカラーを生成する式をリストコンテキストで使う

こちらは話が簡単です。もし式がリスト値を持たないのなら、その式のスカラー値が自動的に1要素のリストに変換されます。

```
@fred = 6 * 7; # 1要素のリスト (42) が得られる
@barney = "hello" . ' ' . "world";
```

しかし、落とし穴があるので注意してください。undefはスカラー値なので、配列にundefを代入しても、その配列の内容をクリアすることはできません。正しい方法は、空リストを代入することです。

```
@wilma = undef; # しまった！1要素のリスト (undef) になってしまう
                # これは次の行と等価ではない：
@betty = ( );   # 配列を空にする正しい方法
```

3.7.3　スカラーコンテキストを強制する

ときには、Perlがリストを期待している場所で、強制的にスカラーコンテキストを適用したいことがあります。そのようなケースでは、擬似関数 scalar を使います。scalar は本物の関数ではなく、Perl にスカラーコンテキストを提供させるためだけのものです。

```
@rocks = qw( talc quartz jade obsidian );
print "How many rocks do you have?\n";
print "I have ", @rocks, " rocks!\n";        # 誤り、岩の名前を表示する
print "I have ", scalar @rocks, " rocks!\n"; # 正しい、個数を表示する
```

奇妙なことですが、これとは反対にリストコンテキストを強制する関数は存在しません。なぜならほとんど必要ないからです。どうか私たちの言うことを信じてください。

3.8　リストコンテキストで<STDIN>を使う

これまでに登場した演算子のうち、リストコンテキストで別の値を返すものに、行入力演算子 <STDIN> があります。すでに説明したように、スカラーコンテキストでは、<STDIN> は次の1行を読み込んで返します。これに対して、リストコンテキストでは、残りのすべての行をファイルの終わりまで読み込んで、各行が個別の要素になっているリストを返します。例えば次のように使います。

```
@lines = <STDIN>; # リストコンテキストで標準入力を読む
```

ファイルから入力している場合には、これによってファイルの残りすべてが読み込まれます。ところでキーボードから入力している場合には、「ファイルの終わり」を示すにはどうすればよいでしょうか。Unix と類似のシステム（Linux や macOS を含む）では、Ctrl-D をタイプすることによって、これ以上入力がないことをシステムに伝えることができます。この特殊文字（Ctrl-D）は、画面に表示されるかもしれませんが、Perl からは見えません。DOS/Windows システムでは、代わりに Ctrl-Z を使います。それ以外のシステムについては、付属のドキュメントを調べるか、身近のエキスパートに質問してください。

いくつかの DOS/Windows 用の Perl ポートでは、Ctrl-Z を使った後に、最初にターミナルに出力する行がうまく表示されないバグがあります。このようなシステムでは、入力を読み込んだ後に、空行（"\n"）を表示することにより、この問題を回避できます。

プログラムを起動した人が、3行入力してから、ファイルの終わりを表すキーを押したとすると、配列には3個の要素がセットされます。配列の各要素は、それぞれ入力された3つの行に対応する文字列（末尾に改行文字が付いています）になっています。

これらの行を読み込んでから、すべての要素の改行文字を一気に chomp できれば、とても便利でしょう。実は、行のリストが入っている配列を chomp に渡すと、すべての要素の改行文字を取り除いてくれます。例えば次のようにします。

```
@lines = <STDIN>;   # 行をすべて読み込む
chomp(@lines);      # すべての行から改行文字を取り除く
```

しかし、たいていの場合、次のような書き方をします。

```
chomp(@lines = <STDIN>); # 行をすべて読み込む、ただし改行文字は取り除く
```

どちらの書き方をしようとも、それはあなたの自由ですが、ほとんどの Perl プログラマは、後者のコンパクトな書き方を期待しています。

読者のみなさんには明らかなことでしょうが（しかし、誰にとっても明らかというわけではありません）、入力をいったん読み込んでしまうと、それを再び読むことはできません。いったんファイルの終わりに到達してしまったら、それ以上読み込むべきデータは存在しません。

また、読み込む対象が、4テラバイトのログファイルだったら何が起こるでしょうか。行入力演算子はすべての行を読み込んで、大量のメモリを占有してしまうでしょう。Perl は、あなたがすることに制限を加えたりしませんが、（システム管理者はいうまでもなく）同じシステムを使っている他のユーザがあなたの行為に猛反対するでしょう。巨大な入力データを扱う場合には、メモリ上にすべてを読み込まずに処理する方法を考えるべきです。

3.9　練習問題

解答は付録 A の節「**3 章の練習問題の解答**」にあります。

1. [6] 文字列のリストを（1 行に 1 個ずつ）入力の終わりになるまで読み込んで、そのリストを逆順に表示するプログラムを書いてください。キーボードから入力する場合には、入力の終わりを示すために、Unix では Ctrl-D、Windows では Ctrl-Z を押す必要があるでしょう。

2. [12] 数のリストを（1 行に 1 個ずつ）入力の終わりになるまで読み込んで、以下に示す人名のリストから、数に対応する人名を表示するプログラムを書いてください（この人名のリストは、プログラム中にハードコードしてください。つまり、プログラムのソースコードの中に、人名のリストが直接書かれていることになります）。例えば、入力された番号が 1、2、4、2 だとすると、出力される名前は fred、betty、dino、betty となります。

    ```
    fred betty barney dino wilma pebbles bamm-bamm
    ```

3. [8] 文字列のリストを（1 行に 1 個ずつ）入力の終わりになるまで読み込んで、読み込んだ文字列をコードポイント順に表示するプログラムを書いてください。つまり、文字列 fred、barney、wilma、betty を入力したら、出力では barney betty fred wilma の順に表示されるはずです。すべての文字列が 1 行に出力されますか、それとも別々の行に出力されますか。出力を両方のスタイルで表示できますか？

4章
サブルーチン

すでにこれまでに chomp、reverse、print などの組み込みのシステム関数を紹介して、実際に使ってきました。しかし、他の言語と同様に、Perl では、**サブルーチン**（subroutine）——つまりユーザが定義した関数——を定義することができます。サブルーチンを利用することにより、1つのプログラムの中で、コードのかたまりを、何回もリサイクル（再利用）することができます。サブルーチンの名前は、Perl 識別子（英文字、数字、アンダースコアから構成されますが、先頭には数字は使えません）の前に、アンパーサンド（&）を付けたものです。アンパーサンドは、省略できる場合とできない場合があり、規則が定められています。本章を読み終えれば、その規則を理解できるでしょう。今のところは、禁止されている場所を除いて、必ずアンパーサンドを付けることにしましょう。これは常に安全なやり方です。もちろん、禁止されている場所では、その都度お知らせします。

サブルーチン名は独立した専用の名前空間で管理されるので、同じプログラムの中で &fred という名前のサブルーチンと $fred という名前のスカラー変数を使っても、Perl が混乱することはありません。しかし、通常、積極的にそのようにする理由はありません。

4.1　サブルーチンを定義する

自分でサブルーチンを定義するには、まずキーワード sub とサブルーチンの名前（アンパーサンドは付けません）を置き、その後ろに、サブルーチンの**本体**となるコードのブロック（ブレースで囲みます）を置きます。

```
sub marine {
  $n += 1;  # グローバル変数 $n
  print "Hello, sailor number $n!\n";
}
```

サブルーチンの定義はプログラムのどこに置いても構いませんが、C や Pascal のような言語で育った人はファイルの先頭のほうに置くのを好みます。また、メインの処理がファイルの先頭に来るように、サブルーチン定義をファイルの最後のほうに置くのを好む人もいます。どちらにするかはあなた次第です。いずれにせよ、通常はフォワード宣言は不要です。サブルーチン定義はグローバルです。強力なトリックを用いない限り、プライベートなサブルーチンは存在しません。もし同

じ名前のサブルーチン定義が2個あったとすると、後ろにあるものが前のものを上書きします。しかし、警告をオンにしていれば、Perlは警告メッセージを表示します。一般に、これはまずい書き方をしているか、あるいはメンテナンス担当プログラマが混乱しているためと考えられます。

別のパッケージにあるの同名のサブルーチンについては、『続・初めてのPerl改訂版』〔Intermediate Perl〕で解説しています。

上の例からわかるように、サブルーチン本体の中では、すべてのグローバル変数を使うことができます。実のところ、これまでに登場した変数はすべてグローバルなものです。つまり、プログラムのどの部分からでもアクセスできるのです。これは、言語純粋主義者たちの心胆を寒からしめることですが、何年も前に、Perl開発チームは松明を手に蜂起して、彼らを放逐しています。後ほど「4.5 サブルーチン内でプライベートな変数」で、プライベートな変数を作成する方法を紹介しましょう。

4.2 サブルーチンを起動する

式の中から、サブルーチン名（アンパーサンドを付けます）を使って、サブルーチンを呼び出すことができます。

```
&marine;   # Hello, sailor number 1! と表示する
&marine;   # Hello, sailor number 2! と表示する
&marine;   # Hello, sailor number 3! と表示する
&marine;   # Hello, sailor number 4! と表示する
```

多くの場合、サブルーチンを起動する（invoke）ことを、「サブルーチンを呼び出す（call）」と言います。この章では、サブルーチンの他の呼び出し方も紹介していきます。

4.3 戻り値

サブルーチンは——その式の結果を使わなかったとしても——必ず式の一部分として起動されます。先ほどお見せした &marine を呼び出す例では、&marine の呼び出しを含んだ式の値を計算しますが、その結果は捨てています。

多くの場合、サブルーチンを呼び出してから、それによって得られた結果に対して何か処理を行います。これは、サブルーチンの**戻り値**（return value）に何か処理を行うことを意味します。Perlのサブルーチンはすべて戻り値を返します。戻り値を返すものと返さないものという区別はありません。しかし、すべてのサブルーチンが有用な戻り値を返すわけではありません。

Perlのサブルーチンは、戻り値を必要とするような呼び出し方ができるので、大半のケースで値を「返す」ために、わざわざ特別な構文で宣言するのはちょっと無駄です。そこで、Larryは簡単にできるようにしました。Perlがサブルーチンを実行する際には、一連の動作として値を計算していきます。そして、サブルーチンの中で**最後**に行われた計算の結果が、**自動的**に戻り値になるのです。

例えば、次のサブルーチンは、加算が最後の式になっています。

```
sub sum_of_fred_and_barney {
  print "Hey, you called the sum_of_fred_and_barney subroutine!\n";
  $fred + $barney;    # これが戻り値になる
}
```

このサブルーチン本体の中で最後に評価されるのは、$fred と $barney の和を求める式です。ですから、$fred と $barney の和が戻り値になります。このサブルーチンを実際に使ってみましょう。

```
$fred   = 3;
$barney = 4;
$wilma  = &sum_of_fred_and_barney;      # $wilma は 7 になる
print "\$wilma is $wilma.\n";

$betty  = 3 * &sum_of_fred_and_barney;  # $betty は 21 になる
print "\$betty is $betty.\n";
```

このコードを実行すると、次のように表示されます。

```
Hey, you called the sum_of_fred_and_barney subroutine!
$wilma is 7.
Hey, you called the sum_of_fred_and_barney subroutine!
$betty is 21.
```

サブルーチン内の print 文はデバッグを手助けするもので、サブルーチンが確かに呼び出されたことがわかるようにします。通常、このような文は、プログラムをデプロイする際に取り除きます。しかし、もし次のようにして、サブルーチンの最後にもう 1 つ print を追加したとしましょう。

```
sub sum_of_fred_and_barney {
  print "Hey, you called the sum_of_fred_and_barney subroutine!\n";
  $fred + $barney;   # これは戻り値にはならない！
  print "Hey, I'm returning a value now!\n";    # しまった！
}
```

ここでは最後に評価される式はもはや加算でありません。最後に評価されるのは print 文です。print の戻り値は通常は「表示が成功した」ことを示す 1 になりますが、これはあなたが欲しかった戻り値ではありません。このように、サブルーチンにコードを追加する際には、最後に**評価された式が戻り値になる**ことに注意してください。

print の戻り値は、成功した場合には真、失敗した場合には偽となります。失敗の種類を識別する方法は、5 章で説明しましょう。

さて、この 2 番目の（誤りがある）サブルーチンでは、$fred と $barney の和はどうなってしまうのでしょうか。この値をどこにも代入していないので、Perl はそれを捨ててしまいます。警告を有効にしていた場合には、Perl は――2 つの変数を加算してその結果を捨ててしまうのは、何の

役にも立たないことに気付いて——「a useless use of addition in a void context」(無効コンテキストで加算を行っても意味がない)という警告メッセージを表示します。**無効コンテキスト**(void context)という用語は、「得られた結果を変数に格納しないし、他の使い方もしない」ことを表すちょっと気取った言い方です。

「最後に評価された式」とは、サブルーチンの最後に置かれている行ではなく、実際に最後に**評価された式**のことを意味します。例えば、次のサブルーチンは、$fred と $barney のうち、大きいほうの値を返します。

```
sub larger_of_fred_or_barney {
  if ($fred > $barney) {
    $fred;
  } else {
    $barney;
  }
}
```

最後に評価される式は $fred か $barney なので、どちらかの値が戻り値になります。戻り値が $fred になるか $barney になるかは、実行時にこれらの変数に入っている値によって決まります。

これまでに紹介したのは、ささいな例ばかりでした。ところで、グローバル変数を使わずに、サブルーチンを起動するたびに別の値を渡せれば、もっと便利になるでしょう。これからその方法を紹介しましょう。

4.4 引数

この larger_of_fred_or_barney という名前のサブルーチンは、グローバル変数 $fred と $barney を使わずに済めば、もっと便利になるでしょう。もし $wilma と $betty の大きいほうの値を知りたい場合、現状ではこれらの値を $fred と $barney にコピーしてから larger_of_fred_or_barney を呼び出す必要があります。また、すでに $fred や $barney に何か値が入っていたら、まず最初にそれらの値をどこか——例えば $save_fred と $save_barney——にコピーしておかなければなりません。そして、サブルーチンの呼び出しが終わった後で、これらの値を $fred と $barney に戻してやる必要があります。

うまいことに、Perl はサブルーチンの**引数**(argument)をサポートしています。引数リストをサブルーチンに渡すには、次のようにして、サブルーチン名の直後にカッコで囲んだリスト式を置きます。

```
$n = &max(10, 15);   # このサブルーチン呼び出しでは 2 つの引数を渡している
```

Perl はこのリストをサブルーチンに**渡**します。つまり、Perl は、そのリストをサブルーチンが自由に使えるようにします。もちろん、このリストをどこかに格納する必要があるので、Perl は、サブルーチンを実行している間、自動的にこのパラメータリスト(引数リストをこう呼ぶこともあります)を、@_ という名前の特別な配列変数に格納します。この配列にアクセスすることによって、引数の個数と値を得ることができます。

つまり、サブルーチンの最初の引数は $_[0]、2 番目の引数は $_[1] という具合になります。しかし――ここが重要なポイントです。これらの変数は $_ とは無関係です。これは、$dino[3]（配列 @dino の要素）が $dino（まったく別のスカラー変数）とは無関係なのと同じことです。パラメータリストを配列変数に入れる必要があり、Perl は配列 @_ をその用途に使うというだけの話です。

さて、ここで、サブルーチン &larger_of_fred_or_barney と少し似た、サブルーチン &max を書くことができます。このサブルーチンでは、$fred の代わりにサブルーチンの最初のパラメータ $_[0] を使い、$barney の代わりにサブルーチンの 2 番目のパラメータ $_[1] を使います。コードは次のようなものになるでしょう。

```
sub max {
  # これを &larger_of_fred_or_barney と比較せよ
  if ($_[0] > $_[1]) {
    $_[0];
  } else {
    $_[1];
  }
}
```

さて、先ほど、このように書くことも「できる」と述べました。しかし、このコードは、添字付けを多用して見苦しいので、読んだり、書いたり、チェックしたり、デバッグしたりするのが困難です。この後すぐに、もっとましな書き方を紹介しましょう。

このサブルーチンには別の問題もあります。&max は適切で簡潔な名前ですが、この名前からは、きっかり 2 個のパラメータを渡した場合だけ正しく動作する、ということは読み取れません。

```
$n = &max(10, 15, 27);   # しまった！
```

&max は、余ったパラメータを無視します。そもそも &max は $_[2] を使わないからです。Perl にとっては、あってもなくても知ったことではありません。また Perl はパラメータが足りなくても、やはり無視します。配列 @_ の末尾を越えて要素にアクセスすると、他の配列と同様に、undef が返されるだけのことです。後ほど、任意の個数のパラメータを受け取れるような、改良版の &max を紹介しましょう。

配列 @_ はサブルーチンに対してプライベートなものです。もし @_ にグローバルな値が入っていれば、Perl は、次のサブルーチンを起動する直前にその値を保存し、そのサブルーチンから戻ってきた時点で元に戻します。またこれは、サブルーチンが、自分の @_ の値が失われることを心配せずに、別のサブルーチンに引数を渡せることを意味します。サブルーチンをネストして呼び出すと、それぞれが自分専用の @_ を持つことになります。サブルーチンが自分自身を再帰的に起動したとしても、起動のたびに新しい @_ が用意されるので、@_ には常に現在のサブルーチン呼び出し用のパラメータが入っていることになります。

これは、3 章で紹介した、foreach ループの制御変数と同じメカニズムだと気付いた方もいらっしゃるでしょう。どちらのケースでも、Perl によって、自動的に変数の値が保存され、元に戻されます。

4.5 サブルーチン内でプライベートな変数

　Perl はサブルーチンを起動するたびに新しい @_ を作ってくれますが、あなたが使うための変数は作ってくれないのでしょうか。もちろん作ってくれます。

　デフォルトでは、Perl のすべての変数はグローバル変数です。つまり、プログラム内のどこからでもアクセスできます。しかし my 演算子を使えば、**レキシカル変数**（lexical variable）と呼ばれるプライベートな変数をいつでも作ることができます。

```
sub max {
    my($m, $n);        # このブロック用の新しいプライベート変数
    ($m, $n) = @_;     # パラメータに名前を付ける
    if ($m > $n) { $m } else { $n }
}
```

　このような変数は、それを取り囲むブロックの中においてプライベートです（また「取り囲むブロックをスコープに持つ」、「取り囲むブロック内で有効である」という言い方もします）。他の $m や $n は、これら2個の変数の影響は受けません。またその逆も同様です。偶然であれ故意であれ、ブロック外部のコードからはこれらのプライベート変数の値を取得することも、変更することもできません。ですから、このサブルーチンを、どんな Perl プログラムに付け加えたとしても、そのプログラムの $m や $n（もしあれば）を壊すことはありません。もちろん、そのプログラムにすでに &max というサブルーチンがあったとしたら、それを壊してしまいますが。

　また、if のブロックの中では、戻り値の式の後ろにセミコロンがなくてもよい、という点にも注目してください。セミコロンは、本当は文のセパレータ[†]であって、文のターミネータ[‡]ではありません。Perl ではブロックの最後のセミコロンは省略できますが、実際には、コードが単純でブロックが1行に収まる場合に限って、最後のセミコロンを省くのが通例です。

　この例のサブルーチンは、さらに簡単に書くことができます。リスト ($m, $n) が2回現れることにお気付きでしょうか。my 演算子は、リスト代入の左辺にある、カッコで囲んだ変数のリストにも適用できるので、このサブルーチンの最初の2つの文は、次のようにまとめて書くのが普通です。

```
my($m, $n) = @_;    # サブルーチンのパラメータに名前を付ける
```

　この文ではプライベートな変数を作成して値をセットして、最初のパラメータには $m、2番目のパラメータには $n というわかりやすい名前を付けます。ほとんどすべてのサブルーチンは、冒頭でこのようなコードによってパラメータに名前を付けます。この行を見れば、サブルーチンが2個のスカラーパラメータを期待していて、サブルーチン内ではパラメータはそれぞれ $m、$n と呼ばれることがわかります。

[†] 訳注：セパレータ（separator）とは、文の間を区切るものです。
[‡] 訳注：ターミネータ（terminator）とは、文を終了させるものです。ターミネータはすべての文の末尾に必要となります。

4.6　可変長のパラメータリスト

　実世界の Perl のプログラムでは、しばしば任意の長さのパラメータリストを、サブルーチンに渡します。このようなことができるのは、すでに紹介した、Perl の「不必要な制限を導入しない」という哲学によるものです。もちろん、この点では、Perl は多くの伝統的なプログラミング言語とは違っています。多くのプログラミング言語では、すべてのサブルーチンが厳格に型付けされていることを要求します。つまり、あらかじめ決められた型を持つ、決められた個数のパラメータだけが許されるのです。このような Perl の柔軟性は素晴らしいものですが、(先ほど &max サブルーチンの例で見たように) サブルーチンが期待している引数の個数と、実際に渡された引数の個数が一致しないと問題が発生します。

　もちろん、配列 @_ を調べれば、引数の個数が正しいかどうかを容易に確認できます。例えば、次のようにして、引数リストをチェックするように &max を書くこともできるでしょう。

```perl
sub max {
  if (@_ != 2) {
    print "WARNING! &max should get exactly two arguments!\n";
  }
  # これ以降は先ほどと同じ
}
```

　この if のテストでは、配列の「名前」をスカラーコンテキストに置くことによって、要素の個数を得ています。この使い方は、3 章で説明しましたね。

　しかし実世界の Perl プログラミングでは、このようなチェックを行う人はほとんどいません。むしろ、サブルーチンをパラメータに適応させるほうが好ましいのです。

4.6.1　改良版の&maxサブルーチン

　それでは、&max を、何個でも引数を受け取れるように書き換えて、次のように呼び出せるようにしてみましょう。

```perl
$maximum = &max(3, 5, 10, 4, 6);

sub max {
  my($max_so_far) = shift @_;    # 最初は、第 1 引数がこれまでの最大値になる
  foreach (@_) {                 # 残りの引数を順に見ていく
    if ($_ > $max_so_far) {      # この引数のほうが大きいか？
      $max_so_far = $_;
    }
  }
  $max_so_far;
}
```

　このコードは、「最高水位線」(high-water mark) と呼ばれるアルゴリズムを使っています——洪水が終わり水が退いたときに、最高水位線は水がどこまで上がったかを示しています。このサブルーチンでは、$max_so_far が最高水位線の役割を持っており、それまでに現れた最大値が $max_ so_far に記録されています。

1行目では、パラメータの配列 @_ をシフトして、$max_so_far には3（最初のパラメータ）がセットされます。3を取り除いたので、@_ の値は (5, 10, 4, 6) になります。そして、これまでに現れた唯一の値3——つまり最初のパラメータが、これまでに現れた最大の数になります。

次に、foreach ループによって、パラメータリスト @_ に残っている値を1つずつ処理していきます。このループの制御変数はデフォルトの $_ です（しかし、@_ と $_ とはまったく無関係なことを思い出してください。これらは、たまたま名前が似ているにすぎません）。ループの1回目の繰り返しでは $_ は5になっています。if テストでは、$_ のほうが $max_so_far よりも大きいので、$max_so_far に5を代入します。これが新しい最高水位線となります。

ループの次の繰り返しでは、$_ は10になっています。これは新記録ですから、$max_so_far に10をセットします。

次は、$_ は4になります。これは $max_so_far よりも小さいので、if テストは失敗して、if の本体はスキップされます。

最後に、$_ は6になり、やはり if の本体はスキップされます。また、これが最後の繰り返しなので、これでループの実行が終了します。

ここで、$max_so_far が戻り値となります。これは遭遇した最大の数であり、またすべての数を見終わっているので、この変数には、リストの最大の値——すなわち10——が入っていることになります。

4.6.2 空のパラメータリスト

この改良版の &max のアルゴリズムは、パラメータが3個以上でも正しく動作します。しかし、パラメータが1個もない場合はどうなるでしょうか？

最初は、こんなことを心配しても意味がないと思えるかもしれません。そもそもパラメータを1個も渡さずに &max を呼び出す人がいるとは思えません。しかし、次のようなコードを書く人はいるでしょう。

```
$maximum = &max(@numbers);
```

ここで配列 @numbers が空リストであるかもしれません。例えば、ファイルの内容を @numbers に読み込んでいて、ファイルが空だったというケースが考えられます。ですから、「その場合に &max は何を行うか」を知っておく必要があります。

サブルーチンの1行目では、shift によってパラメータ配列 @_（これは空になっています）から値を取り出して、$max_so_far にセットします。これはまったく無害です。配列 @_ は空のままであり、shift は undef を返し、それが $max_so_far にセットされます。

それから、foreach ループは @_ に対して繰り返しを行おうとしますが、@_ は空なので、ループの本体は1回も実行されません。

Perl は直ちに $max_so_far の値——つまり undef ——をサブルーチンの戻り値として返します。ある意味でこれは正しい答えです。なぜなら、空リストの中には、最大の値などないからです。

もちろん、このサブルーチンを呼び出す側は、戻り値が undef になる可能性があることを知ら

なければなりません。あるいは、パラメータリストが決して空にならないようにすればよいでしょう。

4.7　レキシカル変数（my変数）についての注意事項

　実際には、レキシカル変数は、サブルーチンのブロックに限らず、あらゆるブロックの中で使うことができます。例えば、if、while、foreach のブロックの中でも使えます。

```
foreach (1..10) {
  my($square) = $_ * $_;   # このループにプライベートな変数
  print "$_ squared is $square.\n";
}
```

　変数 $square は、それを取り囲むブロックでのみ有効です。この例では、foreach ループのブロックでのみ有効となります。もし取り囲むブロックがなければ、変数はそのソースファイル全体で有効となります。

　今のところ、プログラムが 2 個以上のソースファイルを使うことはないので、問題ないでしょう。しかし、ここで重要なことは、レキシカル変数の名前の**スコープ**（scope）は、それを取り囲む最も小さいブロックあるいはファイルに限定されるという点です。$square と書いてこの変数を表すことができるのは、このスコープ内のコード**だけ**です。

　この仕組みによってコードの保守性が劇的に向上します。もし $square に間違った値が入っていたとしても、ソースコードの限られた部分を探せば必ず犯人が見つかるのですから。ベテランのプログラマが（ときには大きな犠牲を払って）学んだように、変数のスコープを 1 ページ、もっと言えば数行に限定することによって、開発とテストのサイクルが短縮されます。

　ファイルもスコープなので、あるファイルのレキシカル変数は別のファイルからは見えません。再利用可能なライブラリとモジュールについては本書では扱いませんが、『続・初めての Perl 改訂版』〔Intermediate Perl〕で解説しています。

　また、my 演算子は、代入のコンテキストを変えないことに注意してください。

```
my($num) = @_;   # リストコンテキスト、($num) = @_; と同じこと
my $num   = @_;  # スカラーコンテキスト、$num = @_; と同じこと
```

　1 行目では、代入はリストコンテキストで行われ、$num には最初のパラメータが入ります。2 行目では、代入はスカラーコンテキストで行われ、$num にはパラメータの個数が入ります。どちらのコードも、プログラマが望んだことである可能性があります。この行だけを見ても（本来どちらをやりたかったのかは）わからないので、もしあなたが間違っていたとしても、Perl は警告を出すことはできません（もちろん、同じサブルーチンの中でこの 2 行を同時に使うことはできません。なぜなら、同一スコープ内で、同じ名前を持った 2 個のレキシカル変数を宣言することはできないからです。ここに示したのは単なるコード例にすぎません）。このようなコードがあったら、my という単語を取り去って考えれば、代入のコンテキストがわかります。

　カッコがない場合には、my はレキシカル変数を **1** 個しか宣言できない、ということも覚えておいてください。

```
my $fred, $barney;      # 誤り！ $barney は宣言されない
my($fred, $barney);     # 両方の変数を宣言する
```

もちろん、my を使って、新しいプライベートな配列を作成することもできます。

```
my @phone_number;
```

新しい変数はすべて空の状態——スカラーなら undef、配列なら空リスト——でスタートします。

通常の Perl プログラミングでは、my を使って、スコープに新しい変数を導入することになります。3 章では、foreach 制御構造で、自分で制御変数を定義する方法を説明しました。この制御変数を、レキシカル変数にすることもできます。

```
foreach my $rock (qw/ bedrock slate lava /) {
  print "One rock is $rock.\n";   # 3 つの岩の名前を表示する
}
```

このやり方は、次の節で、すべての変数を宣言しなければならないようにする機能を使う際に重要です。

4.8　use strictプラグマ

Perl は、かなり寛容な言語です。しかし、もう少し厳しくしたいと思う人もいらっしゃるでしょう。それには use strict プラグマを使います。

プラグマ (pragma) とは、コンパイラに対して与える、コードの扱いに関するヒントのことです。このケースでは、use strict プラグマは、そのブロックあるいはソースファイルの残り部分に対して、良いプログラミングルールを強制するように、Perl 内部のコンパイラに指示します。

なぜこれが重要なのでしょうか。プログラムを書いているときに、次のような行を入力したとしましょう。

```
$bamm_bamm = 3;   # Perl はこの変数を自動的に作り出す
```

そして、さらにプログラムを書き続けます。画面がスクロールしてこの行が見えなくなった後で、この変数の値を増加させるために次の行を入力したとしましょう。

```
$bammbamm += 1;   # しまった！
```

新しい変数名が現れたので（変数名ではアンダースコアが意味を持ちます）、Perl は新しい変数を作り出して、その値を 1 つ増加させます。あなたが運が良くて賢明であれば、警告を有効にしているでしょうから、Perl は、これらのグローバル変数の一方または両方が、プログラムに 1 回しか出現しない、という警告メッセージを表示するでしょう。しかし、あなたが賢明なだけで、運が悪ければ、これらの変数名を 2 回以上使っているため Perl は警告してくれないでしょう。

Perl を厳格にするには、プログラムの先頭（あるいは厳格なルールを適用したいブロックやファイルの先頭）に use strict プラグマを置いてください。

```
    use strict;   # いくつかの良いプログラミングルールを強制する
```

Perl 5.12 以降では、次のようにして、プラグマで最低限必要なバージョンを指定すると、暗黙のうちに strict プラグマも有効になります。

```
    use v5.12;  # strict プラグマも有効になる
```

strict プラグマを指定すると、Perl は、他の制約に加えて、新しい変数はすべて宣言すること——通常は my を用います——を強要するようになります。

```
    my $bamm_bamm = 3;   # 新しいレキシカル変数
```

逆の見方をすれば、あなたが $bammbamm という変数を宣言していなければ、Perl は問題があることに気付いて、文句を付けます。ですから、タイプミスは自動的にコンパイル時に発見されます。

```
    $bammbamm += 1;   # そのような変数はない：コンパイル時に致命的エラーになる
```

もちろん、この対象になるのは新しい変数だけです。Perl の組み込み変数——$_ や @_ など——は宣言する必要はありません。もし、既存のプログラムに後から use strict を追加すると、警告メッセージが怒涛のごとく表示されるでしょう。ですから、必要ならば、最初からこのプラグマを指定しておきましょう。

 use strict は $a と $b という名前の変数をチェックしません。なぜなら sort はこれらのグローバル変数を使用するからです。いずれにせよ、これらはとても良い変数名というわけではありません。

ほとんどの人たちは、1 画面に収まらないプログラムには、use strict を指定することを奨めています。われわれ筆者も、それに同意します。

これ以降、ほとんどのプログラム例（すべてではありません）では、そこに use strict と書いていなくても、use strict が有効であると仮定してコードを書いています。つまり、それが妥当であれば、変数を my で宣言するようにしています。本書では必ずそうしているわけではありませんが、あなたが書くプログラムでは、可能な限り use strict を入れるようにしてください。長い目で見れば、きっとこのアドバイスに感謝することになるでしょう。

4.9　return演算子

サブルーチンの実行をいますぐやめるには、どうすればよいでしょうか。return 演算子は、サブルーチンから、即座に値を返します。

```
    my @names = qw/ fred barney betty dino wilma pebbles bamm-bamm /;
    my $result = &which_element_is("dino", @names);

    sub which_element_is {
```

```
    my($what, @array) = @_;
    foreach (0..$#array) {        # @arrayの要素のインデックス
      if ($what eq $array[$_]) {
        return $_;                # 見つかったら、実行を打ち切って戻る
      }
    }
    -1;                           # 見つからなかった（ここではreturnは省略できる）
}
```

このサブルーチンを使って、配列 @names の中から、dino のインデックスを見つけます。まず最初に、my 宣言によって、パラメータに名前を与えています。$what は探そうとするもの、@array は探索の対象となる値の配列です。このケースでは、@array は、配列 @names のコピーになっています。foreach ループは、@array のインデックスを順に使って繰り返しを行います（3 章で説明したように、最初のインデックスは 0、最後のインデックスは $#array です）。

foreach ループ本体を実行するたびに、$what に入っている文字列が、@array の現在のインデックスの要素と等しいかどうかチェックします。もし等しければ、return で即座にそのインデックスを返します。この例のように「サブルーチンの残りを実行せずに、即座に値を返す」というのが、return の最も多い使い方です。

ところで、もし $what と等しい要素が見つからなかったらどうなるでしょうか。ここでは、そのような場合には、「値が見つからなかった」ことを示すコードとして -1 を返しています。たぶんこのようなケースでは undef を返すほうがより「Perl らしい」コードになりますが、このプログラマは -1 を選んでいます。最後の行は return -1 と書いてもよいのですが、ここでは return を省略しています。

戻り値であることがわかるように、戻り値には必ず return を使うという流儀のプログラマもいます。例えば、本章ですでに紹介したサブルーチン &larger_of_fred_or_barney のように、戻り値がサブルーチンの最後の行でないケースでは、return を使うことによって戻り値であることを強調できます。この場合、return は必須ではありませんが、あったからといって何の不都合もありません。しかし、多くの Perl プログラマは、わざわざ 7 文字[†]をタイプするのは、無駄な労力だと考えています。

4.9.1　アンパーサンドを省略する

先ほど約束したように、「どんな場合にサブルーチン呼び出しのアンパーサンドを省略できるか」についての規則を説明しましょう。コンパイラが、サブルーチン呼び出しの前にその定義を見ている場合、あるいは構文からそれがサブルーチン呼び出しであることがわかる場合には、アンパーサンドなしで——つまり組み込み関数と同じように——サブルーチンを呼び出すことができます（しかし、この後すぐに説明するように、この規則には隠れた落とし穴があります）。

これは、アンパーサンドがなくても構文だけからサブルーチン呼び出しと判定できるなら、たいていは大丈夫ということを意味します。つまり、カッコで囲んでパラメータリストを指定すると、

[†] 訳注：return は 6 文字ですが、スペースも必要なので 7 文字となります。

それは関数呼び出しとして扱われるのです。

```
my @cards = shuffle(@deck_of_cards);   # shuffle に & を付ける必要はない
```

このケースでは、関数とは、サブルーチン &shuffle のことです。しかし、この後すぐに説明するように、組み込み関数である可能性もあります。

あるいは、Perl 内部のコンパイラが、すでにそのサブルーチンの定義を見ている場合にも、たいてい大丈夫です。このケースでは、引数リストを囲むカッコも省略できます。

```
sub division {
   $_[0] / $_[1];                 # 第1パラメータを第2パラメータで割る
}

my $quotient = division 355, 113;   # &division を呼び出す
```

これがうまくいくのは、「省略してもコードの意味が変わらないのなら、カッコはいつでも省略できる」という規則があるからです。しかし、& を使う場合はカッコを省略することはできません。

しかし、サブルーチンの宣言を、サブルーチンの呼び出しより後ろに置いてはいけません。そうしてしまうと、Perl は、起動される division の正体を知ることができないからです。サブルーチンを組み込み関数と同じように呼び出すためには、コンパイラは、サブルーチンの呼び出しより前に、その定義を見ておかなければなりません。さもなければ、コンパイラは division が何であるかを知らないので、その式の意味を理解できません。

本書のおける他のことがらと同様に、ここで紹介している & の使用法は、熟練の Perl プログラマを養成するというよりは、教えやすいように説明をはしょっています。このやり方に賛成しない人もいるでしょう。詳しくは、ブログ記事「Why we teach the subroutine ampersand」(http://www.learning-perl.com/2013/05/why-we-teach-the-subroutine-ampersand/) で述べています。

しかし、これは落とし穴ではありません。本当の落とし穴は次のようなものです。「もしサブルーチン名が Perl の組み込み関数と同じ名前ならば、そのサブルーチンを呼び出す際には必ずアンパーサンドを付けなければならない。」アンパーサンドを付ければ、必ずあなたのサブルーチンが呼び出されます。アンパーサンドを付けなければ、同名の組み込み関数がない場合に限って、あなたのサブルーチンが呼び出されます。

```
sub chomp {
   print "Munch, munch!\n";
}

&chomp;   # このアンパーサンドは省略できない！
```

アンパーサンドが付いていないと、サブルーチン &chomp を定義してあっても、組み込み関数 chomp を呼び出してしまいます。ですから、本当の規則は次のようなものになります。「Perl の組み込み関数の名前をすべて暗記するまでは、サブルーチン呼び出しの際にはアンパーサンドを付けること。」つまり、あなたが書く最初の 100 個くらいのプログラムではアンパーサンドを使うこと

になるでしょう。しかし、他人が書いたプログラムでアンパーサンドが付いていなかったとして
も、それは誤りではありません。たぶん、そのプログラムの作者は、Perlには同名の組み込み関
数が存在しないことを知っているのでしょう。

4.10　スカラー以外の戻り値

サブルーチンが返す値は、スカラーに限られるわけではありません。サブルーチンをリストコン
テキストで呼び出した場合には、値のリストを返すこともできます。

　　wantarray関数を使えば、サブルーチンが、スカラーコンテキストとリストコンテキストのどちらで呼
　　び出されたかを判別できます。これを利用すれば、コンテキストに応じて、スカラー値を返したり、リ
　　スト値を返したりするサブルーチンを簡単に書けます。

ある範囲に収まる一連の数値（範囲演算子..が返すような値）を生成することを考えてみま
しょう。また、数値は増加だけでなく、減少する方向にも生成できるようにします。範囲演算子
は、増加する方向にしか働きませんが、この弱点は容易に克服できます。

```
sub list_from_fred_to_barney {
  if ($fred < $barney) {
    # $fred から $barney まで増やしていく
    $fred..$barney;
  } else {
    # $fred から $barney まで減らしていく
    reverse $barney..$fred;
  }
}

$fred = 11;
$barney = 6;
@c = &list_from_fred_to_barney; # @c は (11, 10, 9, 8, 7, 6) になる
```

このケースでは、範囲演算子で6から11までの数列を生成させて、それをreverse演算子で逆
順にすることにより、$fred（11）から$barney（6）までのリストを得ています。

返す値が一番少ないのは、何も返さないケースです。引数なしのreturnは、スカラーコンテキ
ストではundefを返し、リストコンテキストでは空リストを返します。これは、サブルーチンから
エラーで戻る際に、呼び出し元に対して、意味のある値が返せないことを伝えるのに役立ちます。

4.11　永続的なプライベート変数

myを使うことにより、サブルーチンにプライベートな変数を作ることができましたが、サブルー
チンを呼び出すたびに、変数は新たに作り直されます。stateを使えば、サブルーチンをスコープ
に持ち、呼び出しから次の呼び出しまでの間、値を保持し続けるようなプライベート変数を作るこ
とができます。

この章の最初のコード例は、変数を増加させるmarineという名前のサブルーチンでした。

```perl
sub marine {
  $n += 1;  # グローバル変数 $n
  print "Hello, sailor number $n!\n";
}
```

さて、すでに strict について学んでいるので、それをプログラムに追加してみましょう。すると、グローバル変数 $n のこのような使い方はコンパイルエラーになります。$n を my によってレキシカル変数にすることはできません。なぜなら、レキシカル変数は、次に呼び出されるときまで値を保持してくれないからです。

変数を state で宣言すると、Perl はその変数の値を、サブルーチンの呼び出しが終わってから次に呼び出されるまで保存しておいてくれます。また、変数はサブルーチンにプライベートとなります。この機能は、Perl 5.10 で登場したものです。

```perl
use v5.10;

sub marine {
  state $n = 0;  # プライベートで永続的な変数 $n
  $n += 1;
  print "Hello, sailor number $n!\n";
}
```

これで、strict でエラーにならず、グローバル変数を使わずに同じ出力を得ることができます。サブルーチンを最初に呼び出したときには、Perl は変数 $n を宣言して初期化します。2 回目以降は、Perl はこの文を無視します。サブルーチンの処理が終わってから、次に呼び出すまでの間、Perl は $n の値を保存しておいてくれます。

スカラー変数だけに限らず、どんなタイプの変数でも state 変数にすることができます。次に示すサブルーチンでは、state 配列を利用して、引数を記憶しておき、累計を表示します。

```perl
use v5.10;

running_sum( 5, 6 );
running_sum( 1..3 );
running_sum( 4 );

sub running_sum {
  state $sum = 0;
  state @numbers;

  foreach my $number ( @_ ) {
    push @numbers, $number;
    $sum += $number;
  }

  say "The sum of (@numbers) is $sum";
}
```

このサブルーチンを呼び出すたびに、それまでにすべての引数の値に、新たに渡した引数（複数でもよい）の値を加えて、合計を表示します。

```
The sum of (5 6) is 11
The sum of (5 6 1 2 3) is 17
The sum of (5 6 1 2 3 4) is 21
```

しかしながら、配列とハッシュを state 変数として使う際には、ほんのわずかですが制限を受けます。Perl 5.10 の時点では、これらをリストコンテキストで初期化することはできません。

```
state @array = qw(a b c); # エラー！
```

このコードを実行すると、将来のバージョンで可能になることをほのめかすようなエラーメッセージが表示されます。しかし、Perl 5.24 ではまだ実現されていません。

```
Initialization of state variables in list context currently forbidden ...
```
リストコンテキストにおける state 変数の初期化は現在禁止されています。

4.12　サブルーチンシグネチャ

　Perl 5.20 では、待望のサブルーチンシグネチャと呼ばれる新機能が追加されました。いまのところ実験的ですが（付録 D を参照）、間もなく安定すると期待しています。われわれは簡単に紹介するだけでも価値があると思うので、この節を書きました。

　サブルーチンシグネチャはプロトタイプとは異なるものです。プロトタイプは、多くの人がサブルーチンシグネチャと同じ目的で使おうとしていた機能ですが、大きく異なります。プロトタイプのことを知らなくても問題ありません。あなたは、少なくともこの本ではプロトタイプについて知る必要はありません。

　これまで登場したサブルーチンは、@_ で引数のリストを受け取って、変数に代入していました。これまでに次のような max サブルーチンが登場しました。

```
sub max {
  my($m, $n);
  ($m, $n) = @_;
  if ($m > $n) { $m } else { $n }
}
```

まず、この実験的な機能を有効にします（付録 D を参照）。

```
use v5.20;
use feature qw(signatures);
no warnings qw(experimental::signatures);
```

有効にしたら、変数宣言をサブルーチン名の直後のブレースの外に移動することができます。

```
sub max ( $m, $n ) {
  if ($m > $n) { $m } else { $n }
}
```

これはとても快適な構文です。変数はサブルーチンのプライベート変数のままですが、宣言と代入のためのタイプ量が少なくて済みます。Perlがあなたの代わりに処理してくれるからです。宣言と代入以外は、サブルーチンはまったく変わりません。

いや、ほぼ同じというべきかもしれません。前のバージョンでは第1引数と第2引数だけを使用していたとしても、任意個の引数を &max に渡すことができましたが、このバージョンではできません。

```
&max( 137, 48, 7 );
```

というコードを実行すると、エラーが発生します。

```
Too many arguments for subroutine    サブルーチンへの引数が多すぎます。
```

シグネチャ機能は、あなたに代わって引数の個数をチェックしてくれます。しかし、不定個の数のリストを受け取って、その最大値を得るにはどうすればよいでしょうか。先ほど同様なやり方で、サブルーチンを修正することができます。次の例のように、シグネチャの中で配列を使えばよいのです。

```
sub max ( $max_so_far, @rest ) {
  foreach (@rest) {
    if ($_ > $max_so_far) {
      $max_so_far = $_;
    }
  }
  $max_so_far;
}
```

しかしながら、残りの引数をすべて読み込むために、配列を定義する必要はありません。単に @ を使うことによって、Perlはサブルーチンが可変個の引数を受け取れることを知ります。この場合でも引数リストは @_ で参照できます。

```
sub max ( $max_so_far, @ ) {
  foreach (@_) {
    if ($_ > $max_so_far) {
      $max_so_far = $_;
    }
  }
  $max_so_far;
}
```

このやり方で引数が多すぎる場合でも処理できるのはわかりましたが、逆に引数が少なすぎる場合はどうでしょうか。シグネチャでは、デフォルト値を指定することもできます。

```
sub list_from_fred_to_barney ( $fred = 0, $barney = 7 ) {
  if ($fred < $barney) { $fred..$barney }
  else                 { reverse $barney..$fred }
}


my @defaults    = list_from_fred_to_barney();
my @default_end = list_from_fred_to_barney( 17 );

say "defaults: @defaults";
say "default_end: @default_end";
```

このコードを実行すると、デフォルト値が使われていることがわかります。

```
defaults: 0 1 2 3 4 5 6 7
default_end: 17 16 15 14 13 12 11 10 9 8 7
```

デフォルト値を持たないオプション引数を使いたい場合があります。その場合は $= プレースホルダを使用して、オプション引数を指定することができます。

```
sub one_or_two_args ( $first, $= ) { ... }
```

Perl の特殊変数にフォーマットで使う $= がありますが、これはそれとはまったくの別物です。

そしてときには、引数を受け取らないこともあるでしょう。次のようにすれば定数を作ることができます。

```
sub PI () { 3.1415926 }
```

シグネチャについて詳しくは perlsub ドキュメントを読んでください。また、われわれはブログ記事「Use v5.20 subroutine signatures」(http://www.effectiveperlprogramming.com/2015/04/use-v5-20-subroutine-signatures/) でもシグネチャについて書いています。

シグネチャは実験的な機能なので、変更される可能性があります。シグネチャを業務のコードで使う場合は、注意深く検討してください。

4.13 練習問題

解答は付録 A の節「**4 章の練習問題の解答**」にあります。

1. [12] 数値のリストを受け取って、その合計を返すサブルーチン total を書いてください。（ヒント：このサブルーチンでは、I/O を行ってはいけません。受け取ったパラメータを処理して値を返すようにしてください。）書き上げたサブルーチンを、以下に示すサンプルプログラムに入れて、動かしてみましょう。このプログラムは、サブルーチンを呼び出して、動作することを確認するだけのものです。最初の呼び出しで渡した数値のリストの和は、25 になるはずです。

```
my @fred = qw{ 1 3 5 7 9 };
my $fred_total = total(@fred);
print "The total of \@fred is $fred_total.\n";
print "Enter some numbers on separate lines: ";
my $user_total = total(<STDIN>);
print "The total of those numbers is $user_total.\n";
```

このようにリストコンテキストで `<STDIN>` を使用する際は、使用するシステムごとに適切な方法で入力を完了させる必要があることに注意してください。

2. [5] 問題 1 で作成したサブルーチンを使用して、1 から 1,000 までの合計を求めるプログラムを書いてください。

3. [18] 追加点用の問題：数のリストを受け取って、その中から平均よりも大きなもののリストを返すサブルーチン &above_average を書いてください（ヒント：数の合計を個数で割って平均を計算する、別のサブルーチンを作りましょう）。作成したサブルーチンを、以下のテストプログラムに入れて動かしてみましょう。

```
my @fred = above_average(1..10);
print "\@fred is @fred\n";
print "(Should be 6 7 8 9 10)\n";
my @barney = above_average(100, 1..10);
print "\@barney is @barney\n";
print "(Should be just 100)\n";
```

4. [10] 人の名前を渡すと、その人に挨拶するサブルーチン greet を書いてください。挨拶の際には、最後に会った人の名前も知らせるようにしてください。

```
greet( "Fred" );
greet( "Barney" );
```

上のように 2 回続けて呼び出すと、次のように表示されるはずです。

```
Hi Fred! You are the first one here!
Hi Barney! Fred is also here!
```

5. [10] 問題 4 のプログラムを改造して、新しく会った人に、それまでに挨拶した全員の名前を知らせるようにしてください。

```
greet( "Fred" );
greet( "Barney" );
greet( "Wilma" );
greet( "Betty" );
```

上のように続けて呼び出すと、次のように表示されるはずです。

```
Hi Fred! You are the first one here!
Hi Barney! I've seen: Fred
Hi Wilma! I've seen: Fred Barney
Hi Betty! I've seen: Fred Barney Wilma
```

5章
入力と出力

すでにこれまでに、練習問題を解けるようにするために、若干のI/O（input/output）操作[†]を紹介しました。本章では、I/O操作についてさらに詳しく解説します。その内容は、あなたが書く大部分のプログラムで必要となるI/O操作の80％をカバーしています。標準入力、標準出力、標準エラーストリームについてすでに知識を持っている方は、一歩リードしています。これらを知らなくても、本章を最後まで読めば追い付けるのでご安心ください。当面のところは、「標準入力」（standard input）は「キーボード」、「標準出力」（standard output）は「ディスプレーの画面」だと思っていただけばよいでしょう。

5.1　標準入力からの入力

標準入力ストリーム（standard input stream）からデータを読み込むのは簡単です。すでに<STDIN>演算子を使う方法を紹介しました。この演算子をスカラーコンテキストで評価すると、入力から次の1行を読み込んで返します。

```
$line = <STDIN>;            # 次の行を読み込む
chomp($line);               # 行末の改行文字を取り除く

chomp($line = <STDIN>);     # 同じことを、Perlらしいやり方で行う
```

ここで行入力演算子と呼んでいる<STDIN>は、実際には、行入力演算子（山カッコ<>で表現されます）で**ファイルハンドル**（filehandle）を囲んだものです。ファイルハンドルについては、本章の後半で説明します。

行入力演算子は、**ファイルの終わり**（end-of-file）に到達するとundefを返すので、次のようにすれば、ループから抜け出すことができます。

```
while (defined($line = <STDIN>)) {
  print "I saw $line";
}
```

[†] 訳注：inputのことを入力、outputのことを出力と言います。またI/Oのことを入出力と言います。

1行目ではいろいろなことを行っています。入力を変数に読み込んで、それが定義された値かどうかを調べて、もしそうならば（まだ入力の終わりに到達していないので）while ループの本体を実行します。つまり、入力を1行ずつ順に変数 $line に入れて、ループの本体を繰り返し実行することになります。このような処理は頻繁に行われるので、当然のように、Perl はショートカットを用意しています。ショートカットを使えば、次のようになります。

```perl
while (<STDIN>) {
  print "I saw $_";
}
```

さて、Larry は、このショートカットを用意するために、役に立たない構文を選びました。つまり、これを**字義通り**に解釈すると、「入力から1行読み込んで、それが真であることを確認せよ（通常は真になります）。そして真であれば、while ループ本体を実行せよ。ただし、**読み込んだ行は捨ててしまえ！**」ということになります。Larry は、これは役に立たない処理だとわかっていました。本物の Perl プログラムでは、こんなことを行うわけがありません。ですから、Larry は、この無用な構文を、有用なショートカットに流用することにしたのです。

このコードの**実際**の意味は、1つの前の例で示したループと同じ動作をしなさいということです。入力を変数に読み込んでから、（その結果が定義済みの値である限り、つまりファイルの終わりに到達していなければ）while ループの本体を実行します。しかし、読み込んだ行は、$line の代わりに、Perl お気に入りのデフォルト変数 $_ に格納します。つまり、あたかも次のコードのように振る舞うのです。

```perl
while (defined($_ = <STDIN>)) {
  print "I saw $_";
}
```

さて、先に進む前に、はっきりとさせておきたいことがあります。それは、このショートカットは、いま説明した書き方をした場合にだけ有効だということです。行入力演算子を他の場所に置いた場合（特に、単独で文として使った場合）には、読み込んだ行は $_ に格納されません。このショートカットは、while ループの条件部に行入力演算子を単独で置いた場合にだけ有効なのです。もし、条件式に、行入力演算子以外のものが含まれていると、このショートカットは適用されません。

行入力演算子（<STDIN>）と、Perl お気に入りのデフォルト変数（$_）の間には、これ以外には何のつながりもありません。このケースでは、たまたま Perl が入力を $_ に格納するだけの話です。

これに対して、行入力演算子をリストコンテキストで評価すると、（残りの）行をすべて読み込んでリストにして返します。リストの各要素が入力の1行に対応しています。

```perl
foreach (<STDIN>) {
  print "I saw $_";
}
```

ここでもやはり、行入力演算子と、Perl お気に入りのデフォルト変数 $_ の間には、何のつながりもありません。しかし、このケースでは、foreach ループのデフォルトの制御変数が $_ になっています。ですからこのループでは、入力の各行が 1 行ずつ順番に $_ にセットされることになります。

　これはどこかで聞いたような動作ですよね。そうそう、while ループの動作と同じです。そうでしょう？

　実は、違いは見えない部分にあります。while ループの場合には、Perl は入力を 1 行だけ読んで、それを変数にセットしてループの本体を実行します。そして、次の行を読みにいきます。それに対して foreach ループの場合には、行入力演算子をリストコンテキストで使っています（なぜなら、foreach は繰り返しの対象となるリストを要求するからです）。ですから、foreach は、ループ本体の実行を始める前に、まず入力をすべて読み込んでしまいます。もし入力データが、400 メガバイトもあるウェブサーバのログファイルだったとしたら、その違いは火を見るよりも明らかでしょう！　一般論としては、可能な限り、while ループのショートカットのようなコードを使って、1 行ずつ読むのがベストです。

5.2　ダイヤモンド演算子からの入力

　入力を読むもう 1 つの方法は、**ダイヤモンド演算子**（diamond operator）<> を使うことです。これは、起動引数を、標準の Unix ユーティリティと同じように扱うプログラムを書く際に便利です（これについては、この後すぐに説明します）。もし、cat、sed、awk、sort、grep、lpr などのコマンドと同じように起動できる Perl プログラムを書きたければ、ダイヤモンド演算子があなたの良き伴侶となるでしょう。それ以外のものを書く場合には、ダイヤモンド演算子はたぶん役に立たないでしょう。

　　　　ある日、Randal は、自分が書いたトレーニングコース用の教材を見せるために、Larry の自宅を訪問しました。そして、「それ」の呼び名がなくて不便だと Larry にこぼしました。Larry も、「それ」の名前を考えていませんでした。そこに Heidi ちゃん（当時 8 才でした）が割り込んできて、「これってダイヤモンドよ、お父さん」と言いました。そして、<> にはダイヤモンド演算子という名前が与えられたのです。ありがとう、Heidi ちゃん！

　起動引数（invocation argument）とは、コマンドラインで、プログラム名の後ろに置かれた数個の「ワード」のことを言います。次の例では、起動引数には、プログラムが順に処理すべきファイルの名前を指定しています。

```
$ ./my_program fred barney betty
```

　これは、（カレントディレクトリにあるはずの）コマンド my_program を実行して、3 つのファイル fred、barney、betty をこの順に処理しなさい、という意味です。

　起動引数を指定しなかった場合、プログラムは標準入力ストリームを処理しなければなりません。また、特別なケースとして、引数にハイフンを単独で指定した場合にも、標準入力を意味します。ですから、もし起動引数が fred - betty だったとすると、プログラムは、まず最初にファイ

ル fred、次に標準入力ストリーム、その次にファイル betty を処理します。

　プログラムにこのような動作をさせると、入力をどこから読むかを、実行時に選べるという利点があります。例えば、プログラムをパイプライン（後ほど説明します）の中で使おうとしたときに、わざわざ書き変える必要がありません。Larry がこの機能を Perl に与えたのは、標準 Unix ユーティリティと同じ動きをするプログラムを——Unix マシン以外でも——簡単に書けるようにしたかったからです。実際に、彼がこの機能を用意したのは、自分のプログラムを、標準 Unix ユーティリティと同じように振る舞わせるためでした。それというのも、あるベンダーの提供するユーティリティの動作が、別のベンダーのものと違う、ということがよくあったので、Larry は自分が書いたユーティリティを多数のマシンにデプロイすることによって、同じ動作が得られることを保証しようと考えたのです。もちろん、これは、彼が見つけたすべてのマシンに Perl を移植することを意味しました。

　実際には、ダイヤモンド演算子は特別な種類の行入力演算子です。しかし、入力を、キーボードではなく、ユーザが指定した場所から読み込んでくれます。

```
while (defined($line = <>)) {
  chomp($line);
  print "It was $line that I saw!\n";
}
```

　ですから、fred、barney、betty という 3 個の起動引数を渡してこのプログラムを起動すると、「It was [ファイルfredの1行目] that I saw!」、「It was [ファイルfredの2行目]that I saw!」のような表示を、ファイル fred の末尾に到達するまで行います。次に、自動的にファイル barney の内容を 1 行ずつ順に表示していき、その次にファイル betty の内容を表示します。あるファイルから次のファイルに移る際に、中断することはありません。ダイヤモンド演算子を使うと、あたかも入力ファイルすべてを連結した 1 個の大きなファイルから読んでいるような扱いとなります。ダイヤモンド演算子が undef を返す（そして、while ループから抜け出す）のは、すべての入力を読み終えたときだけです。

ちなみに、現在入力しているファイルの名前は、Perl の特殊変数 $ARGV に入っています。ただし、標準入力ストリームから読んでいる場合には、この変数の値は、実際に読んでいるファイル名ではなく、"-" となります。

　実際にはダイヤモンド演算子は特別な種類の行入力演算子なので、先ほどのショートカットと組み合わせると、読み込んだ入力を $_ に格納するようになります。

```
while (<>) {
  chomp;
  print "It was $_ that I saw!\n";
}
```

　これは、上のループと同じ動作をしますが、タイプする文字数がさらに少なくて済みます。また、chomp のデフォルトを使っていることに気付いた方もいらっしゃるでしょう。引数を省略すると、chomp は $_ に作用します。こうしてどんどんタイプする文字数が減っていきます！

一般に、ダイヤモンド演算子は、入力すべてを処理するために使われます。ですから、プログラム中で2か所以上使うのは、たいていの場合誤りです。1つのプログラムで2つのダイヤモンド演算子を使う場合、特に1個目のダイヤモンド演算子から入力するwhileループの中に2個目が置かれている場合には、ほぼ確実にあなたの予想とは違った動作をします。われわれの経験では、初心者は、本当は$_を使うべきところに、（誤って）2個目のダイヤモンド演算子を使ってしまうことが多いようです。ダイヤモンド演算子は入力を読み込むためのものであり、読み込まれたデータは（通常、デフォルトでは）$_に入っている、ということを忘れないでください。

　もしダイヤモンド演算子が、ファイルのどれかをオープンして読むことができなかったら、次のようなわかりやすい診断メッセージを表示してくれます。

```
can't open wilma: No such file or directory
```

　そして、ダイヤモンド演算子は、catなどの標準ユーティリティと同じように、自動的に次のファイルに移って処理を続けます。

5.2.1　ダブルダイヤモンド演算子

　ダイヤモンド演算子には問題があるため、Perl 5.22でダブルダイヤモンド演算子が追加されました。コマンドラインで与えたファイル名に|のような特殊文字が含まれていると、ダイヤモンド演算子は「パイプをオープンして」（15章を参照）、外部プログラムを実行し、そのプログラムの出力をファイルであるかのように読み込む可能性があります。ダブルダイヤモンド演算子<<>>は特殊文字を特別扱いしません。ダブルダイヤモンド演算子は、「外部プログラムを実行することがない」という点を除けば、ダイヤモンド演算子と同じ動作をします。

```
use v5.22;

while (<<>>) {
  chomp;
  print "It was $_ that I saw!\n";
}
```

　使用しているPerlがv5.22以降であれば、ダイヤモンド演算子の代わりにダブルダイヤモンド演算子を使いましょう。古き良きダイヤモンド演算子を修正すればよかったのかもしれませんが、それによって既存のプログラムが動かなくなる可能性がありました。その代わりに、Perl開発者たちは後方互換性を維持することにしたのです。

　どちらのダイヤモンド演算子を使うかは読者にお任せしますが、本書ではこれ以降、どちらも「ダイヤモンド演算子」と呼ぶことにします。本書では、古いバージョンのPerlでも動かせるように、ダブルではないほうのダイヤモンド演算子を使っていきます。

5.3　起動引数

　技術的な話をすれば、ダイヤモンド演算子は、起動引数そのものを見て動作するわけではありません。代わりに@ARGVという配列の内容を見るのです。@ARGVは特別な配列で、perlインタプリタ

によって、あらかじめ起動引数のリストがセットされています。別の言い方をすれば、@ARGV は、（大文字だけの名前を持つ点以外には）他のすべての配列と何の違いもありませんが、プログラムの実行開始時にすでに起動引数のリストがセットされているのです。

@ARGV は、他の配列と同じように扱うことができます。shift を使って要素を取り出したり、foreach ループによって繰り返しを行うことができます。引数のうちハイフンで始まるものをチェックして、それを起動オプション（例えば Perl 自身の -w オプションのようなもの）として扱うことも可能です。

このようなオプションが 1～2 個より多ければ、モジュールを利用して、標準的なやり方で扱うようにすべきです。標準配布キットに含まれている、Getopt::Long および Getopt::Std モジュールのドキュメントを参照してください。

ダイヤモンド演算子は、読むべきファイル名を得るために、@ARGV の内容を調べます。もし @ARGV が空リストであれば標準入力ストリームを使い、そうでなければ @ARGV に入っているファイル名のリストを使います。これはつまり、プログラムを実行開始してから、ダイヤモンド演算子を初めて使うまでの間に、@ARGV の内容をいじってもよいということを意味します。例えば、次のようにすれば、ユーザがコマンドラインで何を指定しようとも、常に決まった 3 つのファイルを処理させることができます。

```
@ARGV = qw# larry moe curly #;   # 強制的にこれら3つのファイルを読ませる
while (<>) {
  chomp;
  print "It was $_ that I saw in some stooge-like file!\n";
}
```

5.4　標準出力への出力

print 演算子は、値のリストを受け取って、そのリストの要素を（もちろん文字列として）1 つずつ順番に標準出力に送ります。要素の前後や要素の間に何かを付け加えることはありません。ですから、もし項目の間にスペースを入れて末尾で改行したければ、そのように明示的に指定しなければなりません。

```
$name = "Larry Wall";
print "Hello there, $name, did you know that 3+4 is ", 3+4, "?\n";
```

当然のことですが、配列を（直接に）表示するときと、変数展開した配列を表示するときとでは、異なる結果が得られることになります。

```
print @array;      # 要素のリストを表示する
print "@array";    # 文字列 ( 配列が変数展開されている ) を表示する
```

1 番目の print 文は、項目のリストを 1 個ずつ順に間を空けずに表示します。2 番目の print 文は、1 個の項目——空文字列の中に配列 @array を変数展開して得られる文字列——を表示します。

つまり、配列 @array の各要素を、間にスペースをはさんで表示するのです。ですから、例えば @array に qw/ fred barney betty / という値が入っていたら、1 番目は fredbarneybetty と表示し、2 番目は fred barney betty と間にスペースを空けて表示します。しかし、いつでも 2 番目の書き方をすればよいかというと、そうは問屋が卸しません。@array の中に、入力から読み込んで chomp していない行のリストが入っているものとしましょう。つまり、配列に入っている個々の文字列の末尾には改行文字が付いているわけです。その場合には、1 番目の print 文は、fred、barney、betty を 3 つの別々の行に表示します。しかし、2 番目の print 文は、次のように表示します。

```
fred
 barney
 betty
```

　2 行目と 3 行目の行頭のスペースがどこから湧き出してきたかおわかりでしょうか。Perl は配列を変数展開する際に、各要素の間にスペースをはさみ込みます（実際には変数 $" の内容をはさみ込みます）。ですから、配列の最初の要素（fred と改行文字）、その次にスペース、その次に配列の 2 番目の要素（barney と改行文字）、その次にスペース、そして配列の最後の要素（betty と改行文字）が表示されます。その結果、先頭以外の行が 1 文字分インデントされて表示されてしまうのです。

　1 〜 2 週間ごとに、「Perl が、2 行目以降をすべてインデントしてしまいます」という質問を見かけます。われわれはメッセージ本文を読まなくても、このタイトルを見ただけで、そのプログラムでは、chomp していない文字列が入った配列をダブルクォートで囲んでいる、と原因を特定できます。「ひょっとして、ダブルクォート文字列の中に、chomp していない文字列が入った配列を置いていませんか？」と質問すると、いつもその答えは「はい」です。

　一般的に、文字列に改行文字が含まれている場合には、次のように、それをそのまま表示すればよいでしょう。

```
print @array;
```

しかし、改行文字が含まれていない場合には、たいていは、次のようにして、末尾に改行文字を付け加えたほうがよいでしょう。

```
print "@array\n";
```

ですから、ダブルクォートを使う場合には、（たいていは）文字列の末尾に \n を付けることになります。これで、どちらを使えばよいか覚えやすくなったでしょう。

　通常、プログラムの出力はバッファリングされます。つまり、出力するデータを少しずつちびちびと送り出す代わりに、バッファ（buffer）と呼ばれる場所に貯めておいて、ある程度の分量になったらまとめて出力するのです。

　出力を（例えば）ディスクに書き込むことを考えると、ファイルに 1 〜 2 文字を追加するたびにディスクの回転待ちをするのでは（相対的に）時間がかかり非効率です。ですから、一般に、出

力を一時的にバッファに入れておき、バッファが満杯になったとき、あるいは出力が終わったとき（例えば、実行が終了したとき）に、**フラッシュ**†します（つまり、実際にディスクなどに書き込みます）。通常、これはあなたが望んでいる動作です。

　しかし、あなた（またはプログラム）が、出力されるまで待ち切れない場合には、性能の低下を承知の上で、print を呼び出すたびに出力バッファをフラッシュすることも可能です。このようなバッファリングの制御に関しては、Perl のドキュメントの情報を参照してください‡。

　print は、表示する文字列のリストを受け取ります。ですから、print の引数はリストコンテキストで評価されます。（行入力演算子の特別な種類である）ダイヤモンド演算子はリストコンテキストでは行のリストを返すので、これらを次のように組み合わせて使うことができます。

```
print <>;          # /bin/cat の実装

print sort <>;     # /bin/sort の実装
```

　公正を期せば、上に示したコードは、標準 Unix コマンド cat や sort が持つ付加的な機能を提供していません。しかし、それを上回る価値があります。このようなやり方で、すべての標準 Unix ユーティリティを Perl で再実装できるので、Perl が動くマシン（Unix でも Unix 以外でも）であれば手間をかけずにそれを移植することができます。そして、移植したプログラムは、すべてのマシン上で、完全に同じ動作をすることが保証されているのです。

クラシックな Unix ユーティリティすべてを Perl で実装することを目標とした、Perl Power Tool プロジェクト（http://www.perlpowertools.com/）は、ほとんどすべてのユーティリティを完成させました。Perl Power Tool のおかげで、このような標準ユーティリティが、Unix 以外の多くのシステムでも使えるようになりました。

　見ただけでは明らかではありませんが、print ではカッコを使うこともできます。しかし、このカッコはしばしば混乱の原因になります。Perl では「カッコがないと文の意味が変わる場合を除けば、カッコはいつでも省略可能である」ことを思い出してください。次に示すように、同じ物を表示するのに、2 通りの書き方ができます。

```
print("Hello, world!\n");
print "Hello, world!\n";
```

　ここまでは、何の問題もありません。しかし Perl にはもう 1 つのルールがあります。それは「print の起動が関数呼び出しのように見えるなら、それは関数呼び出しである」というものです。これは単純なルールですが、関数呼び出しのように見えることによってどんな影響が生じるのでしょうか？

　関数呼び出しでは、次のように、関数名の直後に引数を囲むカッコが置かれます。

---

† 訳注：フラッシュ（flush）には、「（水を）どっと流す」という意味があります。トイレに書かれているのを見た方もいるでしょう。

‡ 訳注：例えば、http://perldoc.jp/variable/$%7C を参照。

```
    print (2+3);
```

これは関数呼び出しのように見えるので、関数呼び出しとして扱われます。これは 5 と表示しますが、それに加えて、他の関数と同様に値を返してくれます。print は、出力が成功したかどうかに応じて、真または偽を返します。I/O エラーが発生しない限り、print はほとんど常に成功します。ですから、次の文を実行すると、通常は $result は 1 になります。

```
    $result = print("hello world!\n");
```

ところで、print の結果を他のやり方で使うと何が起こるでしょうか。例えば、戻り値に 4 をかけてみましょう。

```
    print (2+3)*4;   # しまった！
```

Perl はこの 1 行のコードを実行すると、あなたが求めた通りに 5 と表示します。それから print の戻り値、つまり 1 を受け取って、それに 4 をかけます。そして、「なぜ得られた積に対して何もしないのだろう？」と思いつつその値を捨ててしまいます。ここで、あなたの肩越しに一部始終を見ていた野次馬は「おい、Perl は算数も満足にできないのかい！ 答えは 5 じゃなくて、20 だろ！」と言うのです。

これは、カッコが省略できるために引き起こされた悲劇です。往々にしてわれわれ人類はカッコがどこにくっついているか忘れてしまうのです。カッコがない場合には、print はリスト演算子であり、その後ろにあるリストの全要素を表示します。あなたはこの動作を期待していたはずです。しかし print のすぐ後ろに開きカッコがある場合には、print は関数呼び出しになり、カッコで囲んだものだけを表示します。この例では print の直後にカッコがあるので、Perl から見れば、次のように書いたのと同じことになるのです。

```
    ( print(2+3) ) * 4;   # しまった！
```

ありがたいことに、警告を有効にしておけば、たいていの場合、Perl が警告メッセージを表示してくれます。ですから、少なくともプログラムの開発とデバッグ中には、必ず -w または use warnings を指定してください。修正するには、さらに多くのカッコを使って次のようにします。

```
    print( (2+3) * 4 );
```

実際には、「関数呼び出しのように見えるものは、関数呼び出しである」という規則は、print に限らず、すべてのリスト関数に適用されます。ただ、この罠に落ちるのは、ほとんどが print を使ったときなのです。もし print（あるいは他の関数名）の後ろに開きカッコがあるなら、対応する閉じカッコが、その関数のすべての引数の後ろに置かれていることを確認するようにしてください。

5.5　printfによるフォーマット付き出力

print が提供する機能では不十分で、出力をさらにきめ細かく制御したいこともあります。「C の printf 関数のフォーマット付き出力の便利さが忘れられない」という人もいらっしゃるでしょ

う。心配御無用。Perl は同じ名前で同等の機能を提供しています。

printf 演算子は、テンプレート文字列と表示すべき値のリストを受け取ります。テンプレート文字列は空欄に値を埋め込むためのテンプレートで、どんな形で出力したいかを指定します。

```
printf "Hello, %s; your password expires in %d days!\n",
    $user, $days_to_die;
```

このテンプレート文字列には、**変換**（conversion）と呼ばれるものが何個か含まれています。変換はパーセント記号（%）で始まり、英文字で終わります（これからお見せするように、これら 2 つの文字の間に、何らかの意味を持った文字が置かれることがあります）。テンプレート文字列の後ろには、変換の個数と同数の要素がなければなりません。もし個数が合わなければ、正しく動作しません。前の例では、2 個の要素と 2 個の変換があるので、次のような出力が得られます。

```
Hello, merlyn; your password expires in 3 days!
```

printf で使える変換にはたくさんの種類がありますが、ここでは最もよく使われるものをいくつか紹介しましょう。完全な詳しい解説については perlfunc ドキュメントをご覧ください。

数値をきれいに表示するには、%g を使います。%g は、必要に応じて自動的に浮動小数点形式、整数、指数形式のいずれかを選んでくれます。

```
printf "%g %g %g\n", 5/2, 51/17, 51 ** 17;   # 2.5 3 1.0683e+29
```

%d フォーマットは、10 進整数を意味します（必要ならば小数点以下を切り捨てます）：

```
printf "in %d days!\n", 17.85;   # in 17 days! と表示
```

小数点以下を、四捨五入ではなく、切り捨てるという点に注意してください。四捨五入する方法は、この後すぐに紹介しましょう。

この他に 16 進数を意味する %x（heXadecimal）と 8 進数を意味する %o（Octal）があります。

```
printf "in %x days!\n", 17;   # in 11 days! と表示
printf "in %o days!\n", 17;   # in 21 days! と表示
```

Perl では、printf は、出力のカラムを揃えたいときによく用いられます。なぜなら、ほとんどのフォーマットで、フィールド幅を指定できるからです。データがフィールド幅に収まらない場合、たいていは必要に合わせてフィールドが拡張されます。

```
printf "%6d\n", 42;           # ````42 と表示する（`はスペースを表す）
printf "%2d\n", 2e3 + 1.95;   # 2001
```

%s 変換は文字列を意味します。これは、指定された値を文字列として、指定されたフィールド幅で埋め込みます。

```
printf "%10s\n", "wilma";   # `````wilma と表示
```

負のフィールド幅を指定すると左寄せになります（他の変換でも同様です）。

```
printf "%-15s\n", "flintstone";   # flintstone`````と表示
```

%f 変換は浮動小数点数への変換で、必要に応じて出力を四捨五入します。また、小数点以下の桁数を指定することもできます。

```
printf "%12f\n", 6 * 7 + 2/3;     # ```42.666667 と表示
printf "%12.3f\n", 6 * 7 + 2/3;   # `````42.667 と表示
printf "%12.0f\n", 6 * 7 + 2/3;   # ``````````43 と表示
```

パーセント記号そのものを表示するには %% を使いますが、これは、リストの要素を消費しないことに注意してください。

```
printf "Monthly interest rate: %.2f%%\n",
    5.25/12;  # この値は "0.44%" のように表示される
```

パーセント記号の前にバックスラッシュを置けばよい、と考える人もいらっしゃるでしょう。しかし、それではダメです。なぜうまくいかないかというと、フォーマットは式であり、"\%" という式は 1 文字からなる文字列 '%' を意味するからです。フォーマット文字列の中にバックスラッシュそのものを入れたとしても、printf はバックスラッシュを特別扱いしてくれません。

いままで、フォーマット文字列に直接フィールド幅を書いて指定しましたが、フィールドの幅は引数として指定することもできます。フォーマット文字列中の * は、次の引数をフィールド幅として取ります。

```
printf "%*s", 10, "wilma";        # `````wilma と表示
```

* を 2 つ使えば、浮動小数点数をフォーマットする幅と小数点以下の桁数を取得できます。

```
printf "%*.*f", 6, 2, 3.1415926; # ```3.14 と表示
printf "%*.*f", 6, 3, 3.1415926; # ``3.142 と表示
```

この他にも多くのことが可能です。perlfunc の sprintf ドキュメントを参照してください。

5.5.1 配列とprintf

一般に、配列を printf の引数に使うことはないでしょう。なぜなら、配列に入っている要素の個数は一定でないのに、フォーマット文字列は一定の個数の要素を必要とするからです。

しかし、フォーマットを実行時に組み立ててはならない、という決まりはありません。なぜならフォーマットには任意の式が使えるからです。これをきちんと行うのは少々骨ですが、（特にデバッグ時には）フォーマットを変数に格納すると扱いやすくなります。

```
my @items = qw( wilma dino pebbles );
my $format = "The items are:\n" . ("%10s\n" x @items);
## print "the format is >>$format<<\n"; # デバッグ用
printf $format, @items;
```

ここでは、x 演算子（第 2 章で学びました）を使って、文字列を、（スカラーコンテキストに置いた）@items で得られた回数だけ繰り返しています。この例では、@items には 3 つの要素が入っているので、@items で得られる値は 3 になり、フォーマット文字列に "The items are:\n%10s\n%10s\n%10s\n" と指定したのと同じことになります。そして出力では、まず見出し行が表示され、その後ろに、各要素が 10 文字幅のカラムに右寄せされて、1 行に 1 個ずつ表示されます。なかなかのものでしょう。でも、まだちょっとひねりが足りません。さらに短く次のように書くことができます。

```
printf "The items are:\n".("%10s\n" x @items), @items;
```

このコードでは、@items を、要素の個数を求めるためにスカラーコンテキストで 1 回使い、内容を得るためにリストコンテキストでもう 1 回使っています。コンテキストは重要です。

5.6　ファイルハンドル

ファイルハンドル（filehandle）とは、Perl プロセスと外部世界の間の I/O コネクション（結び付き）に対して、Perl プログラムが付けた名前のことです。ファイルハンドルは**コネクション**の名前であって、ファイルの名前ではない、という点に注意してください。実際、Perl はファイルハンドルをほぼあらゆるものに結び付けられるメカニズムを備えています。

Perl 5.6 より古いバージョンでは、ファイルハンドル名は裸のワード（bareword）でしたが、Perl 5.6 ではファイルハンドルへのリファレンスを、普通のスカラー変数に格納できるようになりました。この章では、まず最初に、裸のワードのバージョンを紹介します。特殊ファイルハンドルについては、今でも裸のワードを使うからです。そして、この章の後ろのほうで、スカラー変数を使ったバージョンを紹介しましょう。

裸のワードのファイルハンドルには、他の Perl 識別子と同じような名前——英文字と数字とアンダースコア（先頭は数字以外）——を付けます。裸のワードのファイルハンドルは、先頭に特別な文字がないので、現在あるいは将来の予約語や、ラベル（10 章で紹介します）と衝突するおそれがあります。Larry は、ラベルと同じように、ファイルハンドルの名前には大文字のみを使うことを推奨しています。これは目立つだけでなく、将来新たな（すべて小文字の）予約語が導入されても、プログラムがちゃんと動作し続けることを保証してくれます。

ところで、Perl 自身が使用する 6 つの特別なファイルハンドル——STDIN、STDOUT、STDERR、DATA、ARGV、ARGVOUT——が存在します。ファイルハンドルには好きな名前を付けられるとはいえ、これら 6 つの名前は、特別なファイルハンドルを利用する場合を除いて、選んではいけません。

あなたは、これらの名前のうちいくつかをすでに知っているかもしれません。プログラムの開始時には、STDIN は、Perl プロセスと、プログラムが入力を得る場所との間のコネクション——**標準入力ストリーム**（standard input stream）と言います——を表すファイルハンドルになっていま

す。通常、STDINはユーザのキーボードを表しますが、ユーザが別の入力元を指定した場合——ファイル、あるいはパイプを経由した別プログラムの出力など——には、それを表します。

この章で説明する3つのI/Oストリームのデフォルトの振る舞いは、UnixのシェルのデフォルトでのⒶ動作です。もちろん、プログラムを起動するのは、シェルだけではありません。15章では、Perlから別プログラムを起動する際に行われる処理を解説します。

また**標準出力ストリーム**（standard output stream）というものもあり、STDOUTで表します。デフォルトでは、ユーザのディスプレー画面に送られますが、ユーザは、これをファイルに書き出したり、別プログラムに送ったりすることができます。これらの標準ストリームは、Unixの「標準I/O」ライブラリ（standard I/O library）に由来しますが、ほとんどの近代的なオペレーティングシステムでは同じ動作をします。一般的な考え方として、プログラムは、ユーザ（あるいはそのプログラムを起動したプログラム）が適切な設定をしてくれると信じて、STDINを読んでSTDOUTに書くようにすべきです。そうすれば、ユーザはシェルプロンプトから次のようなコマンドをタイプすることができます。

```
$ ./your_program <dino >wilma
```

このコマンドはシェルに対して、プログラムの入力をファイルdinoから読み、出力をファイルwilmaに書き込むように指示します。あなたのプログラムが、入力をSTDINから読み、それを（必要なやり方で）処理して、出力をSTDOUTに書くようにしていれば、すべてがうまくいきます。

また追加料金を払わなくても、このプログラムは**パイプライン**（pipeline）の中でもちゃんと動作します。パイプラインとはUnix起源のもう1つの概念で、コマンドラインに次のように書くことができるというものです。

```
$ cat fred barney | sort | ./your_program | grep something | lpr
```

これらのUnixコマンドを知らなくても心配いりません。意味は次の通りです。まずcatコマンドは、ファイルfredのすべての行を出力してから、次にファイルbarneyのすべての行を出力します。そして、その出力はsortコマンドの入力となります。sortコマンドは、入力した行をソートしてから、あなたの書いたプログラムyour_programに渡します。your_programが処理して出力したデータは、grepに渡されます。grepは、データの中の一部の行を取り除き、残りの行をlprコマンドに渡します。lprコマンドは受け取ったデータすべてをプリンタで印刷します。お疲れ様！

このようなパイプラインは、Unixでも、他の多くのシステムでもよく使われます。なぜなら、パイプラインを使うことによって、シンプルな標準の基本部品をもとにして、強力で複雑なコマンドを組み立てられるからです。それぞれの基本部品は1つの作業を上手にこなすようになっており、それらをうまく組み合わせて使うのがあなたの仕事です。

標準I/Oストリームはもう1つあります。もし（上の例で）プログラムyour_programが警告や診断メッセージを出力したとすると、それはパイプラインに送るべきではありません。grepコマンドは、探すように指示されたもの以外はすべて捨ててしまうので、警告メッセージを渡されたとしても捨ててしまうでしょう。もし警告メッセージが捨てられなかったとしても、それをパイプラ

インの下流のプログラムに渡したくありません。そのために、**標準エラーストリーム**（standard error stream）の STDERR が用意されているのです。もし標準出力が他のプログラムやファイルに送られたとしても、エラー出力はユーザが希望する場所に送られます。デフォルトでは、エラー出力はユーザのディスプレー画面に表示されますが、次のようなシェルコマンドを使えばエラーメッセージをファイルに書き出すこともできます。

```
$ netstat | ./your_program 2>/tmp/my_errors
```

一般に、エラー出力はバッファリングされません。そのために、もし標準エラーと標準出力ストリームを同じ場所（例えばディスプレー画面）に送ったすると、エラーのほうが、通常の出力よりも先に表示されることがあります。例えば、もしプログラムがテキストを 1 行 print してから、0 で除算を行ったとすると、先に 0 による除算エラー（divide by zero）のメッセージが表示されて、次にテキストが表示されるかもしれません。

5.7 ファイルハンドルをオープンする

すでに説明したように、Perl は、あらかじめ 3 つのファイルハンドル STDIN、STDOUT、STDERR を用意してくれます。これらのファイルハンドルは、プログラムの親プロセス（通常はシェル）によって、自動的にファイルやデバイスに対してオープンされています。これら以外のファイルハンドルが必要ならば、open 演算子を使って、プログラムと外界との間のコネクションをオープンするようにオペレーティングシステムに依頼します。次に open の使用例をいくつか示しましょう。

```
open CONFIG, 'dino';
open CONFIG, '<dino';
open BEDROCK, '>fred';
open LOG, '>>logfile';
```

1 番目の例は、CONFIG というファイルハンドルを、dino という名前のファイルに対してオープンします。つまり、（既存の）ファイル dino をオープンして、そのファイルの中身を、CONFIG という名前のファイルハンドルを通して読み込むことになります。これは、コマンドラインでシェルリダイレクト <dino を指定すると、そのファイルの内容が STDIN から読み込まれるのと似ています。実際に 2 番目の例では、まさに <dino を使っています。2 番目の例は 1 番目の例と同じことをしますが、小なり記号（<）によって「このファイル名を入力用に使う」（これはデフォルトです）ということを明示的に指定しています。

これはセキュリティ上の理由から重要です。この後で説明しますが、ファイル名には、さまざまなマジック文字†を使うことができます（15 章でさらに詳しく解説します）。例えば、$name にユーザが選んだファイル名が入っていたとすると、そのまま $name をオープンしてしまうと、そこに含まれているマジック文字が、効力を発揮してしまう可能性があります。常に 3 引数形式の open（この後で紹介します）を使うことをお勧めします。

---

† 訳注：特別な意味を持つ文字。

ファイルを入力用にオープンする際には小なり記号（<）はなくても構わないのですが、それを紹介するのは、3番目の例が示すように、大なり記号（>）がファイルを出力用に新規作成するという意味だからです。3番目の例は、出力用のファイルハンドルBEDROCKを、新しく作ったファイルfredに対してオープンします。シェルのリダイレクトで大なり記号（>）を指定したのと同じように、出力はfredという名前の新しいファイルに送られます。もし同じ名前のファイルがすでに存在していたら、既存のファイルの中身はすべて消去されて、新しい内容で置き換えられます。

4番目の例は、2個の大なり記号（>>）を指定して、ファイルを追加書き込み用にオープンする方法です（これもシェルと同じ記法です）。つまり、すでにそのファイルが存在していれば、新しいデータはその末尾に追加されます。もしファイルが存在しなければ、大なり記号1個（>）の場合と同じように、新たにファイルが作成されます。これはログファイルを扱う際に便利です。プログラムを実行するたびに、ログファイルの末尾に数行のデータを追加することができます。4番目の例で、ファイルハンドルがLOG、ファイル名がlogfileなのは、このためです。

ファイル名の指定には任意のスカラー式が使えますが、通常は、入出力の方向を明示的に指定したほうがよいでしょう。

```
my $selected_output = 'my_output';
open LOG, "> $selected_output";
```

大なり記号（>）の直後にスペースがあることに注目してください。Perlはこのスペースを無視しますが、このスペースは、例えば$selected_outputが">passwd"であった場合に、予期せぬ事態の発生（スペースがなければ、新規作成でなく追加書き込みになってしまいます）を防いでくれます。

Perlの最近のバージョン（Perl 5.6以降）では、「3引数」のopenを使うことができます。

```
open CONFIG, '<', 'dino';
open BEDROCK, '>', $file_name;
open LOG, '>>', &logfile_name();
```

この書き方の利点は、Perlが、モード（第2引数）を、ファイル名（第3引数）の一部だと誤って解釈することがないという点です。これは、セキュリティ面で利点となります。別々の引数で指定するのですから、間違えることがないわけです。

3引数形式には、もう1つの小さな利点があります。モードに加えて、**エンコーディング**（encoding）を指定できるのです。もし入力ファイルがUTF-8であることがわかっていれば、ファイルモードの後ろにコロンを置いて、エンコーディングを指定することができます。

```
open CONFIG, '<:encoding(UTF-8)', 'dino';
```

データを特定のエンコーディングでファイルに書き出したければ、出力モードについて同じような指定を行います。

```
open BEDROCK, '>:encoding(UTF-8)', $file_name;
open LOG, '>>:encoding(UTF-8)', &logfile_name();
```

ショートカットも用意されています。フルに encoding(UTF-8) と書く代わりに、:utf8 と書くこともあります。実際にはこれはフルバージョンのショートカットでありません。なぜなら、:utf8 は、入力が有効な UTF-8 であることを確認しないからです。encoding(UTF-8) を使った場合には、データが正しくエンコードされていることを確認してくれます。:utf8 を使った場合には、受け取ったものが、たとえ正しい UTF-8 文字列でなくても、UTF-8 文字列と印を付けてしまうので、後ほど問題が発生する可能性があります。それにもかかわらず、次のように書く人もいます。

```
open BEDROCK, '>:utf8', $file_name;   # たぶん正しくない
```

encoding() では、他のエンコーディングを指定することもできます。次のワンライナーで、使用している Perl が扱えるすべてのエンコーディングのリストが得られます。

```
$ perl -MEncode -le "print for Encode->encodings(':all')"
```

表示されたリストに含まれているすべての名前は、ファイルを読んだり書いたりする際に、エンコーディングとして指定することができます。すべてのエンコーディングがあらゆるマシンで利用できるわけではありません。なぜなら、このリストは、インストールしてあるもの（または除外したもの）に依存するからです。

リトルエンディアンバージョンの UTF-16 を使うには、次のようにします。

```
open BEDROCK, '>:encoding(UTF-16LE)', $file_name;
```

あるいは、Latin-1 を使いたければ、次のようにします。

```
open BEDROCK, '>:encoding(iso-8859-1)', $file_name;
```

入出力に対して変換を行う他の**レイヤー**（layer）もあります。例えば、ときには、DOS の行末──各行が復帰文字 / 改行文字（CR-LF）のペア（普通は "\r\n" と書きます）で終了します──になっているファイルを扱う必要があるでしょう。Unix の行末には、改行文字だけを使います。例えば、DOS の行末を持つファイルを Unix で扱う（またはその反対）と、奇妙なことが起こる可能性があります。:crlf エンコーディングは、この面倒を見てくれます。各行の末尾に CR-LF が付くようにするには、ファイルに対してこのエンコーディングを指定してやります。

```
open BEDROCK, '>:crlf', $file_name;
```

このようにすれば、各行を print するごとに、このレイヤーは、改行文字を CR-LF に変換してくれます。しかし、もしすでに CR-LF があったとしたら、CR が 2 個連続してしまうので、注意してください。

DOS の行末になっている可能性があるファイルを読み込む際にも、同様のことが行えます。

```
open BEDROCK, '<:crlf', $file_name;
```

このようにすれば、ファイルを読む際に、PerlはすべてのCR-LFを、改行文字に変換してくれます。

5.7.1 ファイルハンドルに対してbinmodeを適用する

あらかじめエンコーディングを知っている必要はありませんし、もし知っていたとしても指定する必要もありません。古いPerlでは、行末を変換したくない場合——例えば、ランダムな値を持つバイナリファイルは改行文字と同じ順序値を含む可能性があります——には、binmodeを使えば行末の変換処理を抑止することができました。

```
binmode STDOUT; # 行末を変換しない
binmode STDERR; # 行末を変換しない
```

Perl 5.6ではこれを**ディシプリン**（discipline）と呼んでいましたが、その後、**レイヤー**と改名されました。

Perl 5.6以降では、binmodeの第2引数として、レイヤーを指定できるようになりました。STDOUTにUnicodeを出力したければ、次のようにして、そのことをSTDOUTに伝えてやります。

```
binmode STDOUT, ':encoding(UTF-8)';
```

これを行わないと、STDOUTはどのようにエンコードしてほしいのかわからないので、次のような警告メッセージが表示されます（これは警告をオンにしていなくても表示されます）。

```
Wide character in print at test line 1.
```

入力用と出力用のどちらのファイルハンドルに対しても、binmodeを使うことができます。標準入力がUTF-8であることを期待しているなら、次のようにすればそれをPerlに伝えることができます。

```
binmode STDIN, ':encoding(UTF-8)';
```

5.7.2 無効なファイルハンドル

実際には、Perlは独力ではファイルをオープンできません。他のプログラミング言語と同様に、Perlはオペレーティングシステムに対して、ファイルをオープンするように依頼するだけです。もちろんオペレーティングシステムは、パーミッションの設定、不正なファイル名、あるいはその他の理由で、ファイルのオープンを拒否することがあります。

もし無効なファイルハンドル（正しくオープンされなかったファイルハンドルやクローズされたネットワーク接続）から読もうとすると、即座にファイルの終わり（end-of-file）になります（本章で後ほど紹介するI/Oメソッドを使えば、ファイルの終わりは、スカラーコンテキストではundef、リストコンテキストでは空リストによって示されるようになります）。もし無効なファイル

ハンドルに対して書き込みをすると、データは黙って捨てられてしまいます。

しかし幸運にも、このような悲惨な事態は、容易に回避できます。まず第1に、-w または warnings プラグマを指定して警告を有効にしておけば、無効なファイルハンドルを使おうとしたときに、警告を発してくれます。しかしそれ以前に、open は、成功か失敗かを必ず教えてくれます。つまり、open は成功したら真を、失敗したら偽を返します。ですから、次のようにすることができます。

```perl
my $success = open LOG, '>>', 'logfile';  # 戻り値を変数に入れる
if ( ! $success ) {
    # open が失敗した
    ...
}
```

実は、このように書いてもよいのですが、もっとよい書き方を次の節で紹介しましょう。

5.7.3　ファイルハンドルをクローズする

ファイルハンドルを使い終わったら、close 演算子によってクローズすることができます。

```perl
close BEDROCK;
```

ファイルハンドルをクローズすると、Perl はオペレーティングシステムに対して、「データストリームの操作が完了しました。誰かが待っているかもしれないので、残っている出力データをディスクに書き込んでください」と依頼します。オープン済みのファイルハンドルを再びオープンしようとすると（つまり、同じファイルハンドル名を新たに open すると）、Perl は（オープンを行う前に）自動的にそれをクローズしてくれます。

ファイルハンドルをクローズすると、Perl は出力バッファをフラッシュし、そのファイルのロックを解除します。誰かがそれらを待っているかもしれないので、長時間実行し続けるプログラムでは、一般に使い終わったファイルハンドルは、できるだけ速やかにクローズすべきです。しかし、私たちが書くプログラムの多くは、1、2秒で実行が終わるので、これは問題にならないでしょう。ファイルハンドルをクローズすると限られたリソースが解放されるので、きちんと後片付けする以上の意義があります。

また、プログラムが終了する際にも、Perl は自動的にファイルハンドルをクローズしてくれます。ですから、多くの単純な Perl プログラムは、わざわざ close を呼び出しません。しかし、きちんと後片付けをしたい人は、それぞれの open に対して1個ずつ close を対応させるようにしてください。一般論としては、ファイルハンドルを使い終えたらすぐにクローズするのがベストです。もっとも、たいていの場合、その後ほどなくプログラムが終了してしまうのですが。

5.8　dieによって致命的エラーを発生させる

ここでちょっと脇道にそれましょう。この節で取り上げるのは、I/O と直接関係がある（または I/O に限られる）話題ではなく、プログラムを途中で終了させる方法です。

Perl の中で致命的エラーが発生すると（例えば、0 で除算したり、正しくない正規表現を使った

り、未定義のサブルーチンを呼び出した場合)、プログラムはその理由を示すエラーメッセージを表示して停止します。しかし die 関数を使うことにより、私たちプログラマも独自の致命的エラーを発生させることができます。

die 関数は、渡されたメッセージを (このようなメッセージの送り先である標準エラーストリームに) 表示してから、0 以外の終了ステータスでプログラムを終了させます。

まだ知らない人もいらっしゃるかもしれませんが、Unix (および現在の多くのオペレーティングシステム) で実行されるすべてのプログラムは、成功したか否かを示す**終了ステータス** (exit status) を返します。別のプログラムを実行するようなプログラム (例えば make ユーティリティプログラム) は、この終了ステータスを見て、うまくいったかどうかを判定します。終了ステータスは 1 バイトのデータなので、あまり多くの情報は持っていません。伝統的に、成功した場合には 0、失敗した場合には 0 以外の値となっています。例えば、1 はコマンド引数の構文エラーを示し、2 は処理中に何かまずいことが起こったことを示し、3 は設定ファイルが見つからなかったことを示す、といった具合です。ただし、具体的な値はコマンドごとに違っているので注意してください。しかし、常に終了ステータス 0 はうまくいったことを示します。終了ステータスが失敗を示していたら、make のようなプログラムは次のステップに進んではいけないと判断します。

ですから、先ほどの例は、次のように書き換えることができるでしょう。

```
if ( ! open LOG, '>>', 'logfile' ) {
  die "Cannot create logfile: $!";
}
```

もし open が失敗したら、die は、ログファイルが作成できなかったと表示してプログラムを終了させます。ところでメッセージの中に現れる $! とは何者でしょうか。これはシステムからの「苦情」を人間が読める文字列にしたものです。一般に、システムがわれわれの要求 (ファイルのオープンなど) を拒否した場合には、$! にはその理由 (このケースではおそらく「permission denied」〔パーミッションがない〕または「file not found」〔ファイルが見つからない〕) がセットされます。これは、C などの言語で perror によって得られる文字列です。このような人間が読める形の苦情メッセージは、Perl では特殊変数 $! で参照できます。

どこが悪かったのかがユーザにわかるように、メッセージに $! を含めておくと良いでしょう。しかし、die を使って、システムへの要求の失敗以外のエラーを通知するときには、メッセージに $! を入れないでください——なぜなら、そのようなケースでは、$! には、Perl の内部処理の結果を示す無関係なメッセージが入っているからです。$! に意味のある値が入っているのは、システムに対する要求が失敗した直後だけです。要求が成功した場合、$! には有用な情報はセットされません。

die が行うことはもう 1 つあります。メッセージの末尾に、Perl プログラムの名前と行番号を自動的に付けてくれるのです。

```
Cannot create logfile: permission denied at your_program line 1234.
```

これはとても役に立ちます。実際の話、最初にエラーメッセージに含めた情報だけでは不十分

だったと、後になって必ず思うものです。もしメッセージにファイル名と行番号を含めたくなければ、メッセージの末尾に改行文字を入れてください。つまり、dieは、メッセージの末尾に改行文字を入れて、次のように使うこともできます。

```perl
if (@ARGV < 2) {
  die "Not enough arguments\n";
}
```

コマンドライン引数が少なくとも2個なければ、このプログラムはメッセージを表示して停止します。メッセージにはファイル名も行番号も含まれません。なぜなら、ユーザにとっては無用だからです。結局のところ、これはユーザが起こしたエラーなのですから。大まかな基準は次のようになります。「使い方の誤りを示すメッセージには改行文字を入れ、デバッグ中に追跡したいエラーならば改行文字を入れない」。

open の戻り値は必ずチェックしなければなりません。なぜなら、プログラムの残り部分を実行するには、open が成功していなければならないからです。

5.8.1　warnによって警告メッセージを表示する

die を利用すれば、Perl自身のエラー（例えば0による除算）と同様の動作をする致命的エラーを発生させることができますが、同じようにして、warn 関数を利用すれば、Perl自身の警告（例えば、警告が有効な状態で、undef 値を定義済みの値として扱った）と同様の動作をする警告を発生させることができます。

warn 関数は die と同じように動作しますが、最後のステップだけが違います。warn はプログラムを終了させません。しかしそれ以外の点は die と同じで、必要に応じてプログラム名と行番号をメッセージ末尾に追加して、標準エラーストリームに出力します。

5.8.2　自動的にdieする

Perl 5.10以降では、autodie プラグマが標準ライブラリに入りました。これまでのコード例では、次のように、open の戻り値を自分でチェックしてエラーを自前で処理していました。

```perl
if ( ! open LOG, '>>', 'logfile' ) {
  die "Cannot create logfile: $!";
}
```

ファイルハンドルをオープンするたびに毎回これを行うのは、退屈な仕事です。その代わりに、autodie プラグマを1回だけ書いておけば、open が失敗した場合に自動的に die してくれるようになります。

```perl
use autodie;

open LOG, '>>', 'logfile';
```

このプラグマは、どの Perl 組み込み関数がシステムコール——プログラムからコントロールできない理由で失敗する可能性があります——なのかを認識して動作します。このようなシステムコールが失敗したら、autodie はあなたの代わりに die を起動してくれるのです。表示されるエラーメッセージは、あなたが表示したいと思うものと似ています。

```
Can't open('>>', 'logfile'): No such file or directory at test line 3
```

さて、死亡通知や口うるさい警告の話はこれくらいで切り上げて、本筋の I/O の話題に戻ることにしましょう。どうぞこの先へお進みください。

5.9 ファイルハンドルを使う

ファイルハンドルを入力用にオープンすれば、STDIN から標準入力を読むのと同じようにして、そこから行を読み込むことができます。例えば、Unix のパスワードファイルを行単位で読むには次のようにします。

```perl
if ( ! open PASSWD, "/etc/passwd") {
  die "How did you get logged in? ($!)";
}

while (<PASSWD>) {
  chomp;
  ...
}
```

この例の die メッセージの中では、$! をカッコで囲んでいます。このカッコは、出力されるメッセージ中にそのままカッコとして表示されます（記号が、単なる記号として使われることもあるのです）。このコードからわかるように、これまで「行入力演算子」と呼んでいたものは、実は 2 つの部品から構成されています。つまり、山カッコ <> (本当の行入力演算子) が、入力ファイルハンドルをはさんでいるのです。

出力用や追加書き込み用にオープンしたファイルハンドルに対して、print や printf を行う場合には、print (または printf) と引数リストの間にファイルハンドルを置いてください。

```perl
print LOG "Captain's log, stardate 3.14159\n";  # 出力は LOG へ送られる
printf STDERR "%d percent complete.\n", $done/$total * 100;
```

ところで、ファイルハンドルと表示する項目の間にはカンマを置かないことにお気付きでしょうか？ 特にカッコを使った場合には、奇妙な感じがします。次の書き方はいずれも正しいものです。

```perl
printf (STDERR "%d percent complete.\n", $done/$total * 100);
printf STDERR ("%d percent complete.\n", $done/$total * 100);
```

5.9.1 デフォルトの出力ファイルハンドルを変える

デフォルトでは、print (あるいは printf、ここで print について述べることは、すべて printf にもそのまま適用されます) にファイルハンドルを指定しないと、出力は STDOUT に送られます。

しかし、このデフォルトは、select 演算子を使って変更することができます。次の例では、出力を BEDROCK に送っています。

```
select BEDROCK;
print "I hope Mr. Slate doesn't find out about this.\n";
print "Wilma!\n";
```

あるファイルハンドルを出力用デフォルトとしていったん選んでしまえば、その後もそれがずっとデフォルトのままになります。しかし、プログラムの他の部分を混乱させてはまずいので、自分の作業が終わったらすみやかにデフォルトを STDOUT に戻すべきです。また、デフォルトでは、各ファイルハンドルに対する出力はバッファリングされます。特殊変数 $| に 1 をセットすると、現在セレクトされているファイルハンドル（つまり、変数 $| に値をセットした時点でセレクトされていたファイルハンドル）は、出力するたびに必ずバッファをフラッシュするようになります。処理の進行状況をログファイルを書き込むような、時間がかかるプログラムがあったとしましょう。ログファイルを読むことによって、プログラムの進行を監視したいのなら、次のようにすれば、ログファイルに出力したエントリが（バッファリングされずに）即座に書き込まれるようになります。

```
select LOG;
$| = 1;   # LOG のエントリがバッファにたまらないようにする
select STDOUT;
# ... 時は流れ、赤ちゃんは歩きはじめ、大陸プレートは移動し、そして……
print LOG "This gets written to the LOG at once!\n";
```

5.10　標準ファイルハンドルを再オープンする

先ほど、ファイルハンドルを再オープンする場合（例えば、すでに FRED という名前のファイルハンドルがオープンされているときに、ファイルハンドル FRED を新たにオープンしようとした場合）には、古いファイルハンドルが自動的にクローズされると説明しました。また、6 つの標準ファイルハンドルの名前（STDIN、STDOUT、STDERR、DATA、ARGV、ARGVOUT）は、その特別な機能を使いたい場合を除き、再使用すべきでないと説明しました。そして、die と warn が出力するメッセージは、Perl 内部から通知されたメッセージとともに、自動的に STDERR に送られるということも説明しました。これら 3 つの情報を合わせると、エラーメッセージを、プログラムの標準エラーストリームの代わりに、ファイルに出力するには、どうすればよいかがわかるでしょう。

```
# エラーをプライベートなエラーログファイルに送る
if ( ! open STDERR, ">>/home/barney/.error_log") {
  die "Can't open error log for append: $!";
}
```

STDERR を再オープンした後は、Perl からのすべてのエラーメッセージはこの新しいファイルに書き込まれます。しかし、もし die が実行されたら、何が起こるでしょうか——メッセージを受け取るはずの新しいファイルがオープンできなかったら、そのメッセージはどこに送られるでしょう

か？

　答えは次の通りです。3つのシステムファイルハンドル（STDIN、STDOUT、STDERR）の再オープンに失敗した場合には、親切なことにPerlは元の状態に戻してくれるのです。つまり、Perlは、新しいコネクションのオープンが成功した場合に限り、元のファイルハンドル（これら3つのいずれか）をクローズするのです。ですから、このテクニックを利用すれば、これら3つのシステムファイルハンドルのどれでも（あるいは、すべてを）リダイレクトすることができます。このようにしてシステムファイルハンドルをリダイレクトすれば、始めからシェルによってI/Oリダイレクトされた上で、そのプログラムが起動されたように見えます。

5.11　sayを使って出力する

　Perl 5.10は、現在開発中のPerl 6から、say組み込み関数を借用しています（Perl 6のsayは、Pascalのprintlnを借用したものかもしれません）。sayは、printと同じようなものですが、末尾に改行文字を付け加えます。次の各行は同じものを出力します。

```
use v5.10;

print "Hello!\n";
print "Hello!", "\n";
say "Hello!";
```

　変数の値を表示して改行するだけなら、わざわざ文字列を作ったり、リストをprintする必要はありません。単にその変数をsayすればよいだけです。sayは、何かを表示してから改行したいというケースで、特に便利です。

```
use v5.10;

my $name = 'Fred';
print "$name\n";
print $name, "\n";
say $name;
```

　配列を変数展開するには、クォートで囲まなければなりません。クォートで囲むことによって、要素の間にスペースが挿入されます。

```
use v5.10;

my @array = qw( a b c d );
say @array;     # "abcd\n"
say "@array";   # "a b c d\n";
```

　printと同様に、sayでもファイルハンドルを指定することが可能です。

```
use v5.10;

say BEDROCK "Hello!";
```

say は Perl 5.10 の機能なので、本書では、それ以外にも Perl 5.10 の機能を使っている場合に限り、say を使うことにします。信頼のおける旧友 print は、これまで同様に素晴らしい働きをしてくれますが、中には、4 文字節約できる（名前の 2 文字と \n）という目先の御利益に目がくらむ Perl プログラマもいるに違いありません。

5.12 ファイルハンドルをスカラー変数に入れる

Perl 5.6 からは、ファイルハンドルをスカラー変数に入れられるようになったので、裸のワードを使う必要はありません。スカラー変数を利用することにより、ファイルハンドルをサブルーチンに引数として渡したり、配列やハッシュに格納したり、そのスコープを管理したりすることが容易にできます。とはいうものの、やはり裸のワードについても知っておく必要があります。なぜなら、依然として Perl のコードでは裸のワードが使われていますし、ファイルハンドルを変数に入れるメリットがないような短いスクリプトでは裸のワードのほうが手軽だからです。

open で、裸のワードの代わりに、値を持っていないスカラー変数を指定すると、作成されたファイルハンドルがその変数にセットされます。普通は、レキシカル変数を指定します。なぜなら、値を持たないことが保証されるからです。また、変数がファイルハンドル用だということを示すために、変数名の末尾に _fh を付ける人もいます。

```
my $rocks_fh;
open $rocks_fh, '<', 'rocks.txt'
    or die "Could not open rocks.txt: $!";
```

この 2 つの文を 1 つにまとめて、open の引数部分でレキシカル変数を宣言することもできます。

```
open my $rocks_fh, '<', 'rocks.txt'
    or die "Could not open rocks.txt: $!";
```

オープンしたファイルハンドルをスカラー変数にセットしてしまえば、あとは裸のワードを使う場合と同じ場所に、その変数（シジルも付けます）を使うことができます。

```
while( <$rocks_fh> ) {
  chomp;
  ...
}
```

出力用のファイルハンドルについても同様です。ファイルハンドルをオープンする際に、適切なモードを指定して、裸のワードのファイルハンドルの代わりに、スカラー変数を指定します。

```
open my $rocks_fh, '>>', 'rocks.txt'
    or die "Could not open rocks.txt: $!";
foreach my $rock ( qw( slate lava granite ) ) {
```

```
    say $rocks_fh $rock
}

print $rocks_fh "limestone\n";
close $rocks_fh;
```

これまでに示した例では、ファイルハンドルの直後には、やはりカンマを置いていないことに注意してください。Perlは、printの次に現れる物の直後にカンマがないことによって、$rocks_fhがファイルハンドルだと判断するのです。もしファイルハンドルの直後にカンマを置いたとすると、出力は妙なことになります。これはたぶんあなたが望んだ結果ではないでしょう。

```
print $rocks_fh, "limestone\n"; # 間違い
```

このコードを実行すると、次のような感じで表示されます。

```
GLOB(0xABCDEF12)limestone
```

何が起こったのでしょうか。ファイルハンドルを示すスカラー変数の後ろにカンマを置いたために、Perlはそれをファイルハンドルではなく、表示すべき文字列が入っている第1引数として扱ったのです。リファレンスは本書の続編に当たる『続・初めてのPerl改訂版』〔Intermediate Perl〕まで登場しませんが、ここでは、意図せぬ使い方をしてしまったために、リファレンスが文字列化されたものが表示されています。これは、次の2つには、微妙な違いがあることを意味します。

```
print STDOUT;
print $rocks_fh;   # たぶん間違い
```

1行目のケースでは、Perlは、STDOUTが裸のワードなので、ファイルハンドルと認識します。他に引数がないので、デフォルトで$_を表示します。2行目のケースでは、実際にこの文を実行するまで、$rock_fhに何が入っているかわかりません。ファイルハンドルが入っていることが前もってわからないので、常にprintは、$rock_fhには出力すべき値が入っているものと仮定します。これを回避するには、ファイルハンドルとして扱うべきものをブレースで囲んでやれば、Perlは正しく扱ってくれます。配列やハッシュに格納したファイルハンドルでも大丈夫です。

```
print { $rocks[0] } "sandstone\n";
```

ブレースを使うとデフォルトでは$_を表示してくれません。ですから明示的に$_を指定する必要があります。

```
print { $rocks_fh } $_;
```

どんなプログラミングをするかにもよりますが、裸のワードとスカラー変数のファイルハンドルのどちらかを使うかを選ばなければならない局面もあるでしょう。短いプログラム――例えばシステム管理に用いるもの――では、裸のワードを使ってもほとんど問題にならないでしょう。大規模なアプリケーションの開発では、オープンしたファイルハンドルのスコープを制御するために、レ

キシカル変数を使いたいと思うでしょう。

5.13 練習問題

解答は付録Aの節「**5章の練習問題の解答**」にあります。

1. [7] cat のような振る舞いをするプログラムを書いてください。ただし、このプログラムは、行を逆順に出力します（システムによっては、これと同じ動作をするユーティリティ tac を備えているものもあります）。このプログラムを ./tac fred barney betty として起動すると、まず最初に、betty の内容が末尾の行から先頭に向かって表示され、次に barney と fred が、同様にそれぞれ末尾の行から先頭に向かって表示されます（特にプログラムに tac という名前を付けた場合には、誤ってシステムのユーティリティを起動しないように、起動の際には先頭の ./ を忘れないでください）。

2. [8] 文字列のリストを1行に1個ずつ読み込んで、文字列それぞれを20文字幅のカラムに右寄せで表示するプログラムを書いてください。出力が正しくカラムに合っていることを確認するために、目盛り付きの「物差し」も出力してください（これは単なるデバッグ用です）。誤って19カラムで出力しないように注意しましょう！ 例えば、hello、good-bye と入力すると、次のような出力が得られるはずです。

    ```
    1234567890123456789012345678901234567890
                   hello
                good-bye
    ```

3. [8] 問題2のプログラムを改造して、ユーザがカラムの幅を指定できるようにしてください。例えば、30、hello、good-bye を（それぞれ別の行に）入力すると、30文字幅のカラムに右寄せで表示します（ヒント：変数展開については、2章の節「**2.5.1 スカラー変数を文字列の中に展開する**」を参考にしてください）。長い幅を指定されたときには、それに合わせて定規も伸びるようにした人には、追加点を差し上げましょう。

6章
ハッシュ

　この章では、Perlを世界で最も優れた言語の1つたらしめている機能である**ハッシュ**（hash）について説明しましょう。ハッシュは強力で便利な機能ですが、他の言語を長年使っていて、ハッシュという言葉を耳にしたことがない方もいらっしゃることでしょう。けれども、今後あなたが書くほとんどすべてのPerlプログラムでは、ハッシュを利用することになるはずです。ハッシュは、それほどまでに重要な機能なのです。

6.1　ハッシュとは？

　ハッシュはデータ構造の1つで、配列と同様に、任意個の値を格納して自由に取り出すことができます。しかし、格納した個々の値を指定するのに、配列とは違って、**数値**ではなく**名前**を使います。つまり、ハッシュではインデックス——ハッシュの場合には**キー**（key）と呼びます——として、数値ではなく、任意のユニークな文字列を使うことができるのです（**図6-1**）。

　ハッシュのキーは文字列ですから、例えば、配列のように要素番号3の要素を取り出す代わりに、`wilma`という名前のハッシュ要素にアクセスすることになります。

　キーには任意の文字列を使えます。ハッシュのキーには、どんな文字列式でも使うことができます。ハッシュのキーは**ユニーク**（unique）[†]な文字列でなければなりません。ある配列には要素番号3の要素は1個しか存在しませんが、それと同様に、`wilma`という名前を持つハッシュの要素は1個だけしか存在しません。

　また別のとらえ方として、ハッシュを、データが入った樽のようなものだと考えるとよいでしょう。それぞれのデータには、名札が付けられています。樽の中から名札を探して、その名札が付いたデータを取り出して見ることができます。ところで、樽の中には「最初」のアイテムなどというものは存在しません。樽の中には、データがごちゃ混ぜに入っているのです。配列の場合には、要素0から始まり、その次は要素1、その次は要素2という順番でデータが並んでいます。しかしハッシュの場合、データは一定の順番で並んでいるわけではないので、最初の要素というものは存在しないのです。ハッシュは、キー／値のペアが集まったものにすぎません。

[†] 訳注：ここで言うユニークとは、「重複しない別々の値を持つ」という意味です。「一意的」という訳語を用いることもあります。

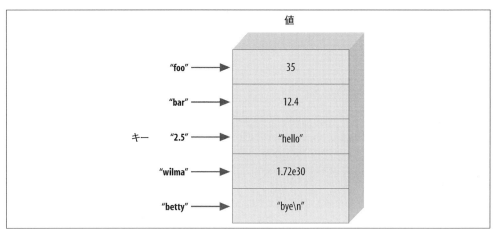

図6-1 ハッシュのキーと値

　キーにも値にも任意のスカラーが使えますが、キーは常に文字列に変換されます。したがって、数値式 50/20 をキーとして使うと、3文字長の文字列 "2.5" に変換されます（これは図6-2のキーの1つになっています）。

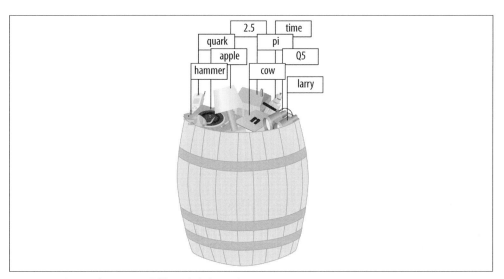

図6-2 ハッシュはデータが入った樽のようなものである

　例によって、Perlの「不必要な制限を持ち込まない」という哲学が、ここでも適用されます。ハッシュの大きさには制限はありません。キー／値のペアが1個もない空のハッシュから、メモリすべてを埋め尽くすような巨大なハッシュまで、どんな大きさのハッシュでも作ることができます。

ハッシュの実装の中には（例えば、Larryがそのアイデアを拝借したawk言語のように）、ハッシュが大きくなればなるほど処理に時間がかかるものがあります。しかしPerlは違います。Perlは、効率が良くスケーラブルな優れたアルゴリズムを採用しています。もしハッシュにキー／値のペアが3組しかなければ、それらを素早く「樽の中から探して」取り出せます。もしハッシュにキー／値のペアが300万組入っていたとしても、同じくらいの時間で取り出せるはずです。巨大なハッシュも恐るるに足らずです。

ここで、同じ値が何個あってもよいのに対して、キーは必ずユニークでなければならないことを強調しておきましょう。ハッシュの値は、すべてが数値であっても、すべてが文字列であっても、undef値であっても、あるいはそれらが混ざっていても構いません。しかし、キーは、すべて任意のユニークな文字列でなければなりません。

6.1.1　なぜハッシュを使うのか？

ここで初めてハッシュという物を知った人——特にハッシュを持たないプログラミング言語で長年プログラマの経験を積んでいる人——は、この妙ちくりんな代物が何の役に立つのか不思議に思われることでしょう。ハッシュの根底にある考え方は、あるデータの集合を別のデータの集合に「関連付けする」ということです。実例として、Perlの典型的なアプリケーションにおけるハッシュの用途をいくつか紹介しましょう。

運転免許証番号、名前

John Smithという名前の人間は世の中にごまんといますが、それぞれのJohn Smithさんは、別々の運転免許証番号を持っているはずです。ですから、運転免許証番号をユニークなキーとして、名前を値とするハッシュを作れば、うまく管理できるでしょう。

単語、その単語の出現回数

これは最もありふれたハッシュの利用法です。あまりにありふれているので、この章の練習問題の題材にもなっています！

ある文書の中で、それぞれの単語が何回ずつ出現したかを調べたかったとしましょう。多数の文書がある時、それらのインデックスをあらかじめ作成しておけば、ユーザがfredをサーチしたときに、あるドキュメントではfredが5回現れ、別のドキュメントではfredが7回現れ、さらに別のドキュメントではfredはまったく現れない、といった情報を知ることができます。これにより、ユーザがどの文書を欲しいのかある程度見当がつきます。インデックスを作成するプログラムは、与えられた文書を読みながら、fredが現れるたびに、キーfredに対応する値に1を加算します。もしこの文書にfredがすでに2回現れていたとすれば、値は2ですから、それが増やされて3になります。もしfredがまだ1回も現れていなければ、値はundef（デフォルト値）から1に変わります。

ユーザ名、使用（浪費）しているディスクブロック数

システム管理者はこのようなものを好みます。1つのシステム上では、ユーザ名はすべてユニークな文字列になっているので、それをハッシュのキーにすれば、各ユーザに関する情報を

取得できます。

ハッシュのことを、極めてシンプルなデータベース——各キーに対して、データを 1 個だけ格納できる——と考えることもできます。実際、あなたが行おうとしている処理の説明に、「重複を見つける」「ユニークな」「クロスリファレンス（相互参照）」「テーブルサーチ」といった語句が含まれるならば、その実装にはハッシュが役立つことでしょう。

6.2　ハッシュの要素にアクセスする

ハッシュの要素にアクセスするには、次のような構文を使います。

```
$hash{$some_key}
```

これは、配列の要素にアクセスする構文と似ていますが、添字（キー）を囲むのに、ブラケット [ ] の代わりにブレース {} を使います。ブラケットの代わりにブレースを使う理由は、普通の配列要素のアクセスよりもしゃれたことを行うのだから、しゃれた記号を使うべきだからです。また、キーには、数値でなく、文字列を使います。

```
$family_name{'fred'}  = 'flintstone';
$family_name{'barney'} = 'rubble';
```

このコードを実行すると、図 6-3 のように、ハッシュのキーに代入が行われます。

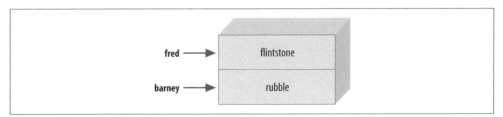

図6-3　代入されたハッシュのキー

このハッシュに対して、次のコードを実行することができます。

```
foreach my $person (qw< barney fred >) {
  print "I've heard of $person $family_name{$person}.\n";
}
```

ハッシュの名前は、他のすべての Perl 識別子と同様です。また、ハッシュの名前は独立した専用の名前空間に置かれます。ですから、例えば、ハッシュ要素 $family_name{"fred"} とサブルーチン &family_name の間には何の関係もありません。だからといって、あらゆるものに同じ名前を付けて、みんなを混乱させるのはやめてください。けれども、Perl にとっては、ハッシュ以外に、スカラー変数 $family_name と配列要素 $family_name[5] があったとしても、まったく問題はあり

ません。われわれ人類も Perl と同じように振る舞う必要があります。すなわち、識別子の意味を知るには、前後にある記号文字をもとに判定するのです。名前の前にドル記号があり後ろにブレースがあるのなら、ハッシュ要素にアクセスします。

ハッシュの名前を選ぶ際には、ハッシュ名とキーの間に単語「for」が置かれていると考えるとよいでしょう。つまり、「the family_name for fred is flintstone」(「fred の family_name〔姓〕は flintstone である」) となります。ですから、ハッシュには family_name という名前を付けます。このようにすれば、キーと値の間の関係が明確になります。

もちろん、次の例が示すように、キーには、文字列リテラルや単純なスカラー変数だけでなく、任意の式を使うことができます。

```
$foo = 'bar';
print $family_name{ $foo . 'ney' };   # 'rubble' と表示する
```

すでに存在するハッシュ要素に何かを格納すると、それまでの値を上書きします。

```
$family_name{'fred'} = 'astaire';    # 既存の要素に新しい値を与える
$bedrock = $family_name{'fred'};     # 'astaire' が得られる; 古い値は失われる
```

この振る舞いは、配列やスカラーの場合と同じです。$pebbles[17] や $dino に何か新しい値を格納すると、古い値が新しい値によって置き換えられます。同様にして、$family_name{'fred'} に何か新しい値を格納すると、古い値が新しい値によって置き換えられるのです。

ハッシュの要素は、初めて代入されたときに新たに生成されます。

```
$family_name{'wilma'} = 'flintstone';           # 新しいキー(と値)を追加する
$family_name{'betty'} .= $family_name{'barney'};  # 必要なら要素を作成する
```

これは要素の**自動生成**(autovivification)と呼ばれる機能です。これについては、『続・初めての Perl 改訂版』〔Intermediate Perl〕でさらに詳しく解説しています。これも、配列やスカラーの場合と同じです。それまでに $pebbles[17] や $dino が存在しなければ、代入を行うことによってそれらが生成されます。もし $family_name{'betty'} が存在しなければ、代入を行うことによってそれが生成されるのです。

またハッシュに存在しない要素にアクセスすると undef が得られます。

```
$granite = $family_name{'larry'};   # larry はここにいない: undef
```

やはり、ここでも配列やスカラーと同じことが起こります。$pebbles[17] や $dino に何も格納していない場合、それらにアクセスすると undef が得られます。$family_name{'larry'} に何も格納していない場合、それにアクセスすると undef が得られるのです。

6.2.1 ハッシュ全体を扱う

ハッシュ全体を表すには、先頭の文字をパーセント記号 (%) にします。ですから、これまで数ページにわたって扱ってきたハッシュの本当の名前は %family_name です。

扱いを容易にするために、ハッシュをリストに変換したり、その逆にリストをハッシュに変換したりすることができます。ハッシュに対する代入（次の例では、**図6-1**のハッシュを作成しています）はリストコンテキストの代入になります。代入されるリストは、キー／値のペアを並べたものです。

```
%some_hash = ('foo', 35, 'bar', 12.4, 2.5, 'hello',
        'wilma', 1.72e30, 'betty', "bye\n");
```

どんなリスト式でも構いませんが、ハッシュはキー／値の**ペア**から構成されるので、要素は偶数個でなければなりません。要素が奇数個の場合には何かおかしなことをしている可能性が高いので、警告の対象となります。

（リストコンテキストにおける）ハッシュの値は、キー／値のペアから構成されるリストになります。

```
@any_array = %some_hash;
```

上のコードのように、ハッシュをキー／値のペアのリストに戻すことを、「ハッシュをほどく（unwind）」と言います。もちろん、キー／値のペアは、元のリストと同じ順番に並ぶとは限りません。

```
print "@any_array\n";
    # 次のように表示されるかもしれない：
    # betty bye（ここで改行）wilma 1.72e+30 foo 35 2.5 hello bar 12.4
```

順番が変わってしまうのは、Perlは、高速に検索できるような並び方で、キー／値のペアを格納しているからです。ハッシュを使うのは、要素の並び順がどうなっていても構わない場合、あるいは必要な順番に簡単に並べ換えられる場合です。

もちろん、キー／値のペアの並び順が保存されないといっても、得られるリストの中では、各キーの直後には対応する値があることが保証されています。つまり、得られたリストの中で、どこにキー foo が現れるかは予測できませんが、その直後には必ず対応する値の 35 が置かれます。

6.2.2　ハッシュの代入

これはめったに行いませんが、次のようにハッシュを別のハッシュに代入することによって、ハッシュ全体を丸ごとコピーできます。

```
my %new_hash = %old_hash;
```

これは、簡単そうに見えますが、Perl にとってはなかなかの重労働です。Pascal や C のような言語では、このような処理はメモリのブロックをそのままコピーするだけですが、それに比べると Perl のデータ構造はもっと複雑です。この 1 行のコードを実行するのに、Perl は、まず最初に %old_hash をほどいてキー／値ペアのリストにしてから、そのリストを %new_hash に代入します。この代入は、キー／値のペアを 1 つずつ順に追加することによって行われます。

しかし、ハッシュを何らかの形で変換するという処理は、もっと頻繁に行われます。例えば、次のようにすれば、逆引き用のハッシュを作ることができます。

```
my %inverse_hash = reverse %any_hash;
```

まず%any_hashをほどいて、キー／値ペアのリスト(キー, 値, キー, 値, キー, 値, ……)にします。次にreverseがこのリストを引っくり返して、(値, キー, 値, キー, 値, キー, ……)というリストにします。その結果、キーがあった場所には値が置かれ、値があった場所にはキーが置かれるようになります。これを%inverse_hashに代入することによって、%any_hashの値になっていた文字列――今は%inverse_hashのキーになっています――を検索することができます。検索で得られる値は、もともと%any_hashのキーになっていた文字列です。ですから、「値」(%inverse_hashではキーになっています) から「キー」(%inverse_hashでは値になっています) を逆引きできるわけです。

もちろん、これがうまくいくのは、元のハッシュの値がユニークな場合だけだと推測できるでしょう（頭の良い人は科学上の原理から証明できるでしょう）[†]――そうでない場合には、新しいハッシュでは同じキーが重複してしまいますが、ハッシュにおいてはキーは常にユニークでなければなりません。Perlは「最後のものが勝つ」という規則に従います。つまり、リストの中で最後に現れたものが、以前に現れたものを上書きします。

もちろん、このリストの中で、キー／値のペアが並ぶ順番は予測できないので、どれが勝ち残るかわかりません。ですから、このテクニックが使えるのは、元のハッシュの値が重複していない場合に限ります。先ほど紹介したIPアドレスとホスト名の例はこれに該当します。

```
%ip_address = reverse %host_name;
```

このようにすれば、ホスト名からIPアドレスを得ることも、反対にIPアドレスからホスト名を得ることも、簡単に行えるようになります。

6.2.3 太い矢印

リストをハッシュに代入する際に、どれがキーでどれが値なのかわかりにくいことがあります。例えば、次のような代入（先ほどの例と同じです）では2.5がキーなのか値なのかを知るには、われわれ人間がリストの先頭から「キー、値、キー、値、……」と要素を順に追っていかなければなりません。

```
%some_hash = ('foo', 35, 'bar', 12.4, 2.5, 'hello',
    'wilma', 1.72e30, 'betty', "bye\n");
```

このようなリストのときは、キーと値を結び付けて読みやすくする手段をPerlが用意してくれたらいいのに、と思いませんか。Larryもそう考えたので、太い矢印（=>）という記号を発明した

[†] 訳注：数学の言葉で言うと、元のハッシュのキー／値のペアにおいて、キーの集合から値の集合への写像を考えるとき、値の集合がユニークであることから写像が単射であることがわかり、値の集合は写像の値域そのものであるので全射でもある、よって写像は全単射であり、逆写像が存在するので逆引きのハッシュを作ることができる。

のです。Perlにとっては、これはカンマの別の「書き方」にすぎません。そのため「太ったカンマ」（fat comma）と呼ぶこともあります。つまり、Perlの文法では、カンマ（,）が必要な局面では、常に太い矢印（=>）を代わりに使うことができます。どちらを使っても、Perlからすれば同じことです。ですから、名前から姓を引くためのハッシュは、次のようにして作ることもできます。

```perl
my %last_name = (    # ハッシュはレキシカル変数であってもよい
  'fred'   => 'flintstone',
  'dino'   => undef,
  'barney' => 'rubble',
  'betty'  => 'rubble',
);
```

このようにすれば、1行に複数のペアを書いたとしても、名前と姓の対応が一目でわかります。また、リストの末尾に、よぶんなカンマが置かれていることに注目してください。以前も説明したように、これは無害ですが、役に立ちます。このハッシュにさらに人物を追加する必要が生じた場合、各行にキー／値のペアと末尾のカンマがあることを確認するだけで済みます。Perlから見れば、各アイテムと次のアイテムの間にカンマがあり、リストの末尾によぶんな（無害な）カンマがあることになります。

ずいぶん良くなりました。Perlはプログラマを手助けするいろいろなショートカットを提供しています。ここで1つ便利なものを紹介しましょう。太ったカンマ——これは左側の値を自動的にクォートします——を使う場合には、ハッシュキーのクォート記号を省略することができるのです。

```perl
my %last_name = (
  fred   => 'flintstone',
  dino   => undef,
  barney => 'rubble',
  betty  => 'rubble',
);
```

もちろん、ハッシュのキーにはあらゆる文字列が使えるので、常にクォート記号を省略できるわけではありません。太ったカンマの左側の値がPerl演算子のように見える場合には、Perlが混乱してしまう可能性があります。次の例では、Perlは + を、文字列ではなく、加算演算子と解釈してしまいます。

```perl
my %last_name = (
  +   => 'flintstone',   # 誤り！コンパイルエラー！
);
```

しかし、多くの場合、キーは単純なものです。もしハッシュキーが、英文字、数字、アンダースコアだけから構成され、先頭が数字でなければ、クォート記号を省くことができます。クォート記号がない、この種の単純な文字列は、**裸のワード**（bareword）と呼ばれます。なぜなら、クォート記号で囲まずに「裸のまま」だからです。

このショートカットが許されるもう1つの場所は、最も頻繁にハッシュキーが使われる場所——ハッシュ要素を参照する際のブレースの内側——です。例えば、$score{'fred'} の代わりに、$score{fred} と書くことができます。ハッシュキーの多くはこのように単純なものなので、クォートを省略できるのはとても便利です。しかし注意してください。もしブレースの内側に裸のワード以外のものがあったら、Perlはそれを式として解釈するのです。例えば、もしピリオドが1個含まれていたら、それは文字列の連結と解釈されます。

```
$hash{ bar.foo } = 1;   # これは 'barfoo' というキーになる
```

6.3　ハッシュ関数

当然のことですが、ハッシュ全体をまとめて扱う便利な関数がいくつか用意されています。

6.3.1　keys関数とvalues関数

keys 関数はハッシュに含まれているすべてのキーからなるリストを返し、values 関数は対応する値のリストを返します。ハッシュに要素が1つもなければ、どちらの関数も空リストを返します。

```
my %hash = ('a' => 1, 'b' => 2, 'c' => 3);
my @k = keys %hash;
my @v = values %hash;
```

このコードを実行すると、@k には 'a'、'b'、'c' が、@v には 1、2、3 が——何らかの順番で——入ります。Perl では、ハッシュの要素の順序が保存されないことを思い出してください。しかし、キーがどんな順番に並んでいようとも、値は必ずキーに対応する順番に並びます。もし 'b' がキーのリストの最後にあれば、2 も値のリストの最後にあります。もし 'c' が最初のキーであれば、3 も最初の値になります。ただし、これが成り立つのは、keys 関数でキーを取り出してから、values 関数で値を取り出すまでの間に、ハッシュの内容を変えなかった場合に限ります。もしハッシュに要素を追加したとすると、Perl はアクセスを高速に保つために、必要に応じて要素の順番を入れ換える可能性があります。スカラーコンテキストでは、これらの関数はハッシュに入っている要素（キー／値のペア）の個数を返します。これらの関数は効率良く実装されており、ハッシュの全要素にアクセスしたりはしないので、安心してお使いください。

```
my $count = keys %hash;   # キー／値のペアが3組あるので、3を返す
```

次のように、ハッシュをブール値（真または偽）を返す式として使うこともあります。

```
if (%hash) {
  print "That was a true value!\n";
}
```

これは、ハッシュが、キー／値のペアを1組以上持っている場合に限り、真になります。つま

り、「ハッシュが空でなければ……」という意味になります。しかし、このような使い方はめったにしません。実際に返される値は、Perl をメンテナンスする人向けの内部デバッグ情報の文字列です。この値は「4/16」のような形をしていますが、ハッシュが空でなければ真になり、空であれば偽になることが保証されています。ですから、私たち部外者でも安心して使うことができます。

6.3.2 each関数

ハッシュ全体に対して繰り返しを行う（つまり、ハッシュの全要素を処理する）際に、よく使われる方法の1つに each 関数があります。each 関数は、キー／値のペアを2要素のリストとして返します。この関数を同じハッシュに対して評価するたびに、次のキー／値のペアを返します。すべての要素をアクセスし終わって、これ以上キー／値のペアが存在しないときには、each は空リストを返します。

次のような while ループが、each の唯一の実用的な使用法です。

```
while ( ($key, $value) = each %hash ) {
  print "$key => $value\n";
}
```

このコードでは、さまざまなことが行われています。まず最初に、each %hash は、ハッシュから、キー／値のペアを2要素のリストとして返します。もしキーが "c" で値が3だったとすれば、返されるリストは ("c", 3) となります。このリストが ($key, $value) というリストに代入されるので、$key は "c" になり、$value は3になります。

ところで、このリスト代入は while ループの条件式で行われていますが、そこはスカラーコンテキストを与えます（厳密には、真か偽を期待するブール値コンテキストです。ブール値コンテキストは、スカラーコンテキストの一種です）。スカラーコンテキストにおいては、リスト代入の値は、代入元のリストの要素数――この場合は2――になります。2は真と解釈されるので、ループの本体を実行して、c => 3 というメッセージを表示します。

次のループの実行では、each %hash は新しいキー／値のペアを返します。それが ("a", 1) だったとしましょう（each 関数はハッシュ内の現在の「位置」を記憶しているので、前回とは違う別の値を返します。技術用語で表現するなら、各ハッシュは反復子〔iterator：イテレータ〕を持っています）。これら2つの要素は ($key, $value) に代入されます。代入元のリストの要素数は今回も2なので、真であると解釈され、ループ本体が再び実行されて a => 1 と表示します。

ハッシュはそれぞれ自分専用の反復子を持っているので、別のハッシュを対象とするものであれば、each によるループをネストすることができます。同じハッシュに対して別々の場所で each を呼び出すと、相互に干渉するため予期しない結果が生じるでしょう。

そして、賢明な読者のみなさんは先刻ご承知だと思いますが、ループをもう1回実行すると b => 2 と表示します。

しかし、この繰り返しは永遠に続くわけではありません。この時点で Perl が each %hash を評価

すると、キー／値のペアはもう残っていないので、each は空リストを返します。この空リストが ($key, $value) に代入されるので、$key と $value はともに undef になります。

しかし、ここではそれは本題ではありません。なぜなら、この式全体は while ループの条件式として評価されるからです。スカラーコンテキストにおけるリスト代入の値は、代入元リストの要素の個数になります。ですから、このケースでは 0 になります。0 は偽と解釈されるので、while ループは終了して、プログラムの残り部分の実行に移ります。

もちろん、each は、キー／値のペアを、不特定な順番で返します（これは keys や values が返す順番――ハッシュの「自然な」順番――と同じです）。もしハッシュの要素をある決まった順番で処理したければ、次のようにようにして、キーをソートしてください。

```perl
foreach $key (sort keys %hash) {
  $value = $hash{$key};
  print "$key => $value\n";
  # あるいは、変数 $value を使わずに次のように書くこともできる：
  #   print "$key => $hash{$key}\n";
}
```

ハッシュをソートする方法については、後ほど 14 章で取り上げます。

6.4　ハッシュの利用例

ここで、より具体的なハッシュの利用例をお見せしましょう。

Bedrock 図書館で使っている Perl プログラムでは、利用者が何冊の本を借りているかを、他の情報とともにハッシュによって記録しています。

```perl
$books{'fred'} = 3;
$books{'wilma'} = 1;
```

ハッシュのある要素が真か偽かを調べるのは簡単です。例えば次のようにします。

```perl
if ($books{$someone}) {
  print "$someone has at least one book checked out.\n";
}
```

しかし、ハッシュの要素の中には、真でないものもあります。

```perl
$books{"barney"}  = 0;       # 現在本を借りていない
$books{"pebbles"} = undef;   # 今まで一度も本を借りていない―新しい貸し出しカード
```

Pebbles は、今まで一度も本を借りたことがないので、彼女のエントリは、0 ではなく、undef になっています。

このハッシュの中には、貸し出しカードを持っているすべての人に対して、キーが存在します。各キー（つまり、図書館の各利用者）に対する値は、その人に貸し出し中の本の冊数、あるいは undef（今までに貸し出しカードを一度も使ったことがない場合）です。

6.4.1　exists関数

あるキーがハッシュの中に存在するかどうか（つまり、ある人が貸し出しカードを持っているかどうか）を知るには、exists 関数を使います。この関数は、そのキーがハッシュの中に存在すれば——対応する値が真であっても偽であっても——真を返します。

```
if (exists $books{"dino"}) {
  print "Hey, there's a library card for dino!\n";
}
```

つまり、exists $books{"dino"} は、keys %books が返すリストの中に dino が含まれている場合に限って、真を返します。

6.4.2　delete関数

delete 関数は、ハッシュから、指定されたキー（と対応する値）を削除します（もし指定されたキーが存在しなければ、delete の役目はすでに済んでいます。その場合には、警告もエラーも発生しません）。

```
my $person = "betty";
delete $books{$person};   # $personの貸し出しカードを無効にする
```

delete 関数の働きは、ハッシュ要素に undef を代入することとは等価ではないので注意しましょう。実際には、まったく正反対なのです！ どちらを行うかによって、exists($books{"betty"}) は正反対の結果を返します。delete の後では、ハッシュにそのキーはもはや存在しません。それに対して、undef を代入した後では、そのキーは必ず存在します。

この例では、delete と、undef の代入を比べると、前者は Betty の貸し出しカードを取り上げることに相当し、後者は Betty に、貸し出しを 1 回もしていないまっさらなカードを渡すことに相当します。

6.4.3　ハッシュの要素を変数展開する

すでに予想されているかもしれませんが、ダブルクォート文字列の中に、ハッシュの個別の要素を変数展開することができます。

```
foreach $person (sort keys %books) {        # 各利用者を順に処理する
  if ($books{$person}) {
    print "$person has $books{$person} items\n";   # fred は 3 冊借りている
  }
}
```

しかし、ハッシュ全体を丸ごと変数展開する方法は用意されていません。"%books" は、文字通り %books という 6 文字の文字列になります。これで、ダブルクォート文字列内で、バックスラッシュでエスケープしなければならない文字がすべて登場しました。$ と @ は変数展開される変数を表すので、バックスラッシュでエスケープしなければなりません。また " はそのままではダブル

クォート文字列を終わらせてしまうので、前にバックスラッシュを付けなければなりません。また、バックスラッシュそのものも、バックスラッシュでエスケープする必要があります。ダブルクォート文字列の中では、これら以外のすべての文字は、特別な働きを持たずに、そのままその文字自体を表します。しかしダブルクォート文字列の中で、アポストロフィー（'）、開きブラケット（[）、開きブレース（{）、細い矢印（->）、コロン2個（::）が、変数名の直後に置かれている場合には注意してください。これらは、あなたが意図していないものを表す可能性があります。

6.5　%ENVハッシュ

すぐに使えるハッシュがあります。あなたの Perl プログラムは、他のすべてのプログラムと同様に、ある**環境**（environment）のもとで実行されます。プログラムから環境を覗くことによって、周囲の状況についての情報を得ることができます。Perl は、この情報を %ENV ハッシュに格納しています。例えば、%ENV の中には、おそらく PATH キーが見つかるはずです。

```
print "PATH is $ENV{PATH}\n";
```

あなたの設定とオペレーティングシステムに依存しますが、次のような表示が得られるでしょう。

```
PATH is /usr/local/bin:/usr/bin:/sbin:/usr/sbin
```

これらのほとんどは自動的に設定されますが、自分で環境変数に追加することもできます。その方法は、オペレーティングシステムとシェルによって異なります。bash シェルでは、export を使います。

```
$ export CHARACTER=Fred
```

Windows では set を使います。

```
C:\> set CHARACTER=Fred
```

これらの環境変数を Perl プログラムの外部であらかじめセットしておけば、Perl プログラムの中からアクセスすることができます。

```
print "CHARACTER is $ENV{CHARACTER}\n";
```

%ENV についてはさらに 15 章で取り上げます。

6.6　練習問題

解答は付録 A の節「**6 章の練習問題の解答**」にあります。

1. [7] ユーザから名前を入力してもらって、その人の姓を表示するプログラムを書いてください。あなたの知り合いの姓と名前を使うか、あるいは（コンピュータにハマりすぎて知り合いがいない人は）**表 6-1** に示すデータを使ってください。

表6-1 サンプルデータ

入力	出力
fred	flintstone
barney	rubble
wilma	flintstone

2. [15] 一連の単語を（1行に1個ずつ）ファイルの終わりになるまで読み込んで、各単語が何回出現したかを表示するプログラムを書いてください（ヒント：未定義値を数値のように扱うと、Perlは自動的にそれを0に変換してくれることを思い出しましょう。出現回数をカウントする部分は、これまでの練習問題が参考になるでしょう）。ですから、もし入力した単語がfred、barney、fred、dino、wilma、fred（すべてを別々の行で与えます）だとしたら、出力ではfredが3回現れたことが示されるはずです。追加点が欲しい人は、単語をコードポイント順にソートして表示してください。

3. [15] %ENVのすべてのキーとその値を表示するプログラムを書いてください。結果は2カラムでASCIIコード順で表示するようにします。追加点が欲しい人は、出力する際に2つのカラムが縦に揃うようにしてください。最初のカラムの幅を決める際には、length関数が役に立つでしょう。プログラムが動くようになったら、新しい環境変数を何個かセットして、それらもちゃんと表示されることを確認しましょう。

7章
正規表現

Perlは**正規表現**（regular expression、regexとも呼びます）を強力にサポートしています。正規表現とは、パターンにマッチする文字列群を記述するための簡潔で強力なミニ言語で、Perl人気を押し上げた要因の1つでもあります。

今では多くの言語でこの強力なツール（おそらく「Perl互換正規表現」〔Perl-Compatible Regular Expression〕またはPCREと呼ばれているもの[†]）を使うことができますが、Perlは依然として強力さと表現力の豊かさで一歩リードしています。

多くのプログラムで使われる正規表現の主な機能を、7章から9章で紹介します。この7章では、正規表現構文の基本を紹介し、8章ではマッチ演算子とより洗練されたパターンの使用方法を紹介します。最後に9章ではパターンを使ってテキストを加工する方法を紹介します。

きっと正規表現はPerlの中でもお気に入りの機能の1つになるでしょう。しかし、正規表現は強力かつ簡潔なので、慣れるまではイライラするかもしれません。誰でも最初はそうです。7章から9章を読み進むときには、例として挙げられている正規表現を実際に試してみましょう。後のほうで登場する複雑なパターンは、すでに登場したパターンを利用して作られています。

7.1　並び

Perlの正規表現は、文字列にマッチするか、しないかのいずれかになります。部分的にマッチするということはありません。また、Perlは最良のマッチを探すこともありません。その代わりに、パターンを満たすような、最も左にある、最も長い文字列にマッチします。

他の言語の正規表現エンジンの中には、動作が異なるものがあり、適合するものを見つけた後でも、「より良いマッチ[‡]を探そうとします。正規表現について詳しく知りたい人には、O'Reilly刊のJeffrey Friedl著『詳説 正規表現 第3版』〔Mastering Regular Expressions〕をお薦めします。

最も単純なパターンは**並び**（sequence）です。文字をその順序でマッチさせたいときは、リテラル文字を並べて置きます。並び**abba**にマッチさせたい場合、それをスラッシュの間に置きます。

[†] 訳注：C言語で実装されたPerl 5互換の正規表現ライブラリ（https://www.pcre.org/）
[‡] 訳注：より多くの文字列とマッチしようとすることです。

```
$_ = "yabba dabba doo";
if (/abba/) {
  print "It matched!\n";
}
```

if 文の条件式のスラッシュは、**マッチ演算子**（match operator）です。$_ に入っている文字列にパターンを適用します。スラッシュに囲まれた部分がパターンです。値の前後に置く演算子は、この本ではここで初めて登場するものなので、奇妙に思えるかもしれません。

$_ に入っている文字列がパターンとマッチすれば、マッチ演算子は真を返し、そうでなければ偽を返します。マッチ演算子は文字列の1番目の位置に対して、パターンがマッチするかを確認します。$_ の1番目の文字は y ですが、パターンの最初の文字は a です。両者はマッチしないので、Perl は検索を続けます。

次に、マッチ演算子は1文字右にずれて、次の位置でマッチするかを確認します。$_ の2文字目は a にマッチしました。並びの次の文字 b がマッチするかを確認します。文字列の最初の b にマッチしました。さらに、並びの2つ目の b も、最後の a もマッチしました。マッチ演算子は、文字列の中から並び abba を見つけることができたので、パターンはマッチしました。

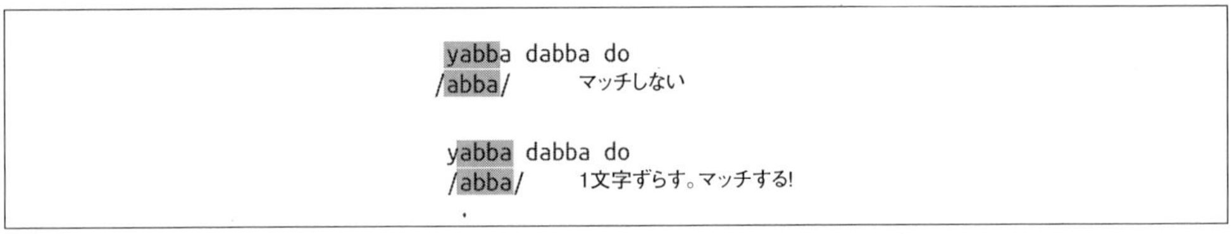

```
yabba dabba do
/abba/      マッチしない

yabba dabba do
/abba/      1文字ずらす。マッチする!
```

図7-1　パターンを文字列に沿って移動してマッチを探す

パターンマッチが成功すると、マッチ演算子は真を返します。この処理は、最も左にある対象にマッチしました。dabba の中にある2番目のマッチを探す必要はありません（しかし8章ではグローバルマッチについて説明します）。

Perl のパターンでは、中に含まれる空白文字は意味を持ちます。パターンに空白文字を入れると、それは $_ の中の同じ空白文字にマッチしようとします。次の例では、2つの b の間にスペースが置かれているので、マッチが失敗します。

```
$_ = "yabba dabba doo";
if (/ab ba/) {   # マッチしない
  print "It matched!\n";
}
```

次の例では、$_ に入っている文字列には、ba と da の間にスペースがあるため、このパターンはマッチします。

```
$_ = "yabba dabba doo";
if (/ba da/) {  # マッチする
  print "It matched!\n";
}
```

マッチ演算子のパターンはダブルクォートコンテキストになっています。つまり、ダブルクォート文字列と同じ機能を持ちます。\t や \n などの特殊並びは、ダブルクォート文字列と同様、タブと改行を意味します。タブ文字にマッチさせる方法はたくさんあります。

```
/coke\tsprite/                        # タブ文字 \t
/coke\N{CHARACTER TABULATION}sprite/  # \N{charname}
/coke\011sprite/                      # 8進数の文字番号
/coke\x09sprite/                      # 16進数の文字番号
/coke\x{9}sprite/                     # 16進数の文字番号
/coke${tab}sprite/                    # スカラー変数
```

Perl は最初にすべてをパターンに展開してから、パターンをコンパイルします。パターンが有効な正規表現でない場合は、エラーが発生します。例えば、カッコが1つしかないパターンは有効ではありません（本章でこのあと理由を説明します）。

```
$pattern = "(";
if (/$pattern/) {
  print "It matched!\n";
}
```

すべての文字列にマッチするパターンがあります。空の文字列があるのと同じように、0文字の並びを指定することができます。

```
$_ = "yabba dabba doo";
if (//) {
  print "It matched!\n";
}
```

最も左にある、最も長くマッチするものを探すという規則に従うと、文字列の先頭で0文字の並びが必ず見つかるので、空のパターンは文字列の先頭にマッチします。

7.2　パターンの練習

ここまでで、最も単純な形式の正規表現がわかったと思うので、自分自身で試してみましょう（特に正規表現が初めての人は、読むだけでなく実際に手を動かした方がより多くのことを学べます）。

あなたはすでにパターンをテストする簡単なプログラムを書けるくらい十分に Perl の知識を持っています。PATTERN_GOES_HERE という部分を、テストするパターンで置き換えてください。

```
while( <STDIN> ) {
  chomp;
  if ( /PATTERN_GOES_HERE/ ) {
    print "\tMatches\n";
```

```
    }
    else {
      print "\tDoesn't match\n";
    }
  }
```

fred をテストしたいとしましょう。プログラムのパターンを次のように変更します。

```
  while( <STDIN> ) {
    chomp;
    if ( /fred/ ) {
      print "\tMatches\n";
    }
    else {
      print "\tDoesn't match\n";
    }
  }
```

このプログラムを実行すると、入力を待ちます。1行入力するごとに、マッチするかをチェックして、結果を表示します。

```
% perl try_a_pattern
Capitalized Fred should not match
    Doesn't match
Lowercase fred should match
    Matches
Barney will not match
    Doesn't match
Neither will Frederick
    Doesn't match
But Alfred will
    Matches
```

 IDE の中には、正規表現の作成とテストを手助けするツールを備えているものもあります。また、オンラインでも利用できる同様のツールがあります。

入力した文字列の F が大文字の場合には、マッチしないことに注意してください。まだパターンの大文字小文字を無視する方法は説明していません。また、Alfred に含まれる fred は、長い単語の中に含まれているのにマッチしてしまいます。これを直す方法もあとで説明しましょう。

新しいパターンを試す際には、必ずプログラムを変更する必要がありますが、これは面倒です。パターンの中に変数展開することができるので、コマンドラインの第 1 引数でパターンを指定するようにしましょう。

```perl
while( <STDIN> ) {
  chomp;
  if ( /$ARGV[0]/ ) {       # あなたの健康に良くないかもしれない
    print "\tMatches\n";
  }
  else {
    print "\tDoesn't match\n";
  }
}
```

しかし、このコードは少し危険です。どんな引数でも渡すことができるし、Perlには任意のコードを実行する正規表現の機能があるからです。ここでは簡単な正規表現をテストすることが目的なので、あえて危険には目をつぶります。正規表現文字の中には特殊なシェル文字が含まれるかもしれないので、パターンをクォートで囲む必要があります。

```
% perl try_a_pattern "fred"
This will match fred
  Matches
But not Barney
  Doesn't match
```

プログラムを変更せずに、別のパターンで実行することもできます。

```
% perl try_a_pattern "barney"
This will match fred (not)
  Doesn't match
But it will match barney
  Matches
```

もう一度念を押しますが、この方法は少し危険です。仕事用のコードに使うことはお勧めできません。しかし、この7章では、うまく機能します。この章を読み進めていくうちに、このプログラムを使って新しいパターンを試してみたくなるかもしれません。とにかく登場する例を試してみてください。正規表現を使いこなせるようになるには練習あるのみです。

7.3 ワイルドカード

ドット（.）は、改行文字を除く、あらゆる1個の文字にマッチします。ドットは本書で登場する最初の正規表現の**メタキャラクタ**（metacharacter）です。

```perl
$_ = "yabba dabba doo";
if (/ab.a/) {
  print "It matched!\n";
}
```

唯一の例外である改行文字について、変だと思われるかもしれません。よくある使い方として、Perlは、入力行を読み込み、その文字列に対してマッチを行います。この場合、末尾の改行文字は単に行の終わりを示すものであり、文字列としての検索対象ではありません。

パターンの中では、ドットはリテラル文字ではありません。この事実を忘れてしまうこともあります。なぜなら、メタキャラクタの「`.`」は、ドットそのものにもマッチするからです。次の例がマッチするのは、ドットワイルドカードが文字列の末尾の！とマッチするためです。

```
$_ = "yabba dabba doo!";
if (/doo./) {              # マッチする
  print "It matched!\n";
}

$_ = "yabba dabba doo\n";
if (/doo./) {              # マッチしない
  print "It matched!\n";
}
```

ドットそのものにマッチさせたい場合は、バックスラッシュを付けてエスケープしてください。

```
$_ = "yabba dabba doo.";
if (/doo\./) {             # マッチする
  print "It matched!\n";
}
```

バックスラッシュは、本書に登場する2番目のメタキャラクタです（もうこれ以上は数えません）。もしバックスラッシュそのものにマッチさせたければ、バックスラッシュを2個続けてください。

```
$_ = 'a real \\ backslash';
if (/\\/) {                # マッチする
  print "It matched!\n";
}
```

Perl 5.12 では、「改行文字以外の任意の文字」を表す別の方法が追加されました。ドットを使いたくない場合は、\N を使います。

```
$_ = "yabba dabba doo!";
if (/doo\N/) {             # マッチする
  print "It matched!\n";
}

$_ = "yabba dabba doo\n";
if (/doo\N/) {             # マッチしない
  print "It matched!\n";
}
```

\N は、「7.7.1 文字クラスのショートカット」でも登場します。

7.4 量指定子

量指定子（quantifier）を使って、パターンの一部分を繰り返すことができます。これらのメタキャラクタは、直前にあるパターンの一部分に適用されます。量指定子は**繰り返し演算子**と呼ばれ

ることもあります。

　一番簡単な量指定子は疑問符？です。直前の項目が0回または1回現れることを意味します（人間の言葉で言えば、直前の項目はオプションです）。例えば、Bamm-bamm と書く人もいれば、ハイフンなしで Bammbamm と書く人もいます。- をオプションにすることで、どちらにもマッチするようになります。

```
$_ = 'Bamm-bamm';
if (/Bamm-?bamm/) {
  print "It matched!\n";
}
```

テストプログラムを使って、異なるやり方で「Bamm-Bamm」を入力してみましょう。

```
% perl try_a_pattern "Bamm-?bamm"
Bamm-bamm
    Matches
Bammbamm
    Matches
Are you Bammbamm or Bamm-bamm?
    Matches
```

　最後の行では、どちらのバージョンの Bamm-Bamm の名前がマッチしているでしょうか。Perl は左端から開始し、文字列に沿ってパターンがマッチするまで右へシフトしていきます。最初の可能なマッチの対象は Bammbamm です。Perl は一度マッチすると、文字列の後ろのほうにもっと長くマッチする部分があったとしても、そこで止めてしまいます。Perl は最も左にある部分文字列にマッチすると、以降のものについては無視します。いったんマッチすると、もうそれ以上調べる必要がないからです。

　次に登場する量指定子はアスタリスク * です。これは、直前の項目が0回以上現れることを表します。つまり、直前の項目はオプションですが、何回出現しても構わないという意味になります。

```
$_ = 'Bamm-----bamm';
if (/Bamm-*bamm/) {
  print "It matched!\n";
}
```

　ハイフンの直後に * が置かれているので、文字列にハイフンが何個あっても（0個でも！）構いません。* は可変個の空白文字がある場合に便利です。例えば、名前の間に複数のスペースがあるとしましょう。

```
$_ = 'Bamm     bamm';
if (/Bamm *bamm/) {
  print "It matched!\n";
}
```

　B と m の間に可変個の文字があるような別のパターンも書けます。

```perl
$_ = 'Bamm        bamm';
if (/B.*m/) {
  print "It matched!\n";
}
```

　最も左から始まる、最も長くマッチするものを探すという規則がここにも登場します。.*は、改行文字以外の任意の文字と0回以上マッチできるので、そのようにマッチします。このマッチの過程で、.*は文字列の残りのすべての部分に、つまり末尾までマッチします。量指定子*は**欲張り**（greedy）です。なぜなら、できるだけ多くのものにマッチしようとするからです。Perlには、欲張りでない量指定子もあります。欲張りでない量指定子は9章で登場します。

　しかし、パターンの次の部分はマッチできません。なぜならすでに文字列の末尾にいるからです。ここでPerlは、バックトラック（backtracking、あるいは「マッチを戻す」〔unmatch〕）をすることにより、パターンの残り部分をマッチさせようとします。このケースでは1文字だけ戻れば、パターンの残り部分（mだけです）はマッチします。したがって、このパターンは、可能な一番長いマッチとして、文字列先頭のBから最後のmまでにマッチします。

　これはつまり、パターンの先頭や末尾に*がある場合、必要以上の働きをしてしまうことを意味します。次の例のパターン内の.*は、0個の文字にマッチできるので、実際には不要です。

```perl
$_ = 'Bamm        bamm';
if (/B.*/) {
  print "It matched!\n";
}

if (/.*B/) {
  print "It matched!\n";
}
```

　.*は常に0個の文字にマッチするので、上の例の2つのパターンは、次のように1個のBからなるパターンと同じ意味になります。

```perl
$_ = 'Bamm        bamm';
if (/B/) {
  print "It matched!\n";
}
```

　Regexp::Debuggerモジュールはマッチのプロセスをアニメーションで表示してくれるので、正規表現エンジンが何をしているかを確認できます。モジュールをインストールする方法は11章で説明します。詳しくはブログ記事「Watch regexes with Regexp::Debugger」（http://www.learning-perl.com/2016/06/watch-regexes-with-regexpdebugger/）をお読みください。

　*が0回以上マッチするのに対して、+量指定子は1回以上マッチします。スペースが少なくとも1つ必要な場合は、次のように+を使います。

```
$_ = 'Bamm      bamm';
if (/Bamm +bamm/) {
  print "It matched!\n";
}
```

量指定子 * と + は、「決められた回数以上の繰り返し」とマッチします。回数をきっかり指定するにはどうすればよいでしょうか？ その場合は回数をブレースで囲んで指定します。ちょうど3回だけ b にマッチさせたい場合は、{3} と書きます。

```
$_ = "yabbbba dabbba doo.";
if (/ab{3}a/) {
  print "It matched!\n";
}
```

この例では、dabbba という部分に b が3個並んでいるので、そこにマッチします。これなら手作業で文字をカウントせずに済み便利です。

量指定子がパターンの末尾にある場合は、状況が少々異なります。

```
$_ = "yabbbba dabbba doo.";
if (/ab{3}/) {
  print "It matched!\n";
}
```

今度は、b が3つよりも多く並んだ yabbbba にもマッチできます。量指定子で指定する回数は、文字列中の文字の個数ではなく、パターンにマッチする文字の個数だけを制限するのです。

繰り返しの最小と最大の回数を指定したければ、**汎用量指定子**（generalized quantifier）を使います。{2,3} のように、繰り返しの最小回数と最大回数をブレースを使って指定します。前の例で、abba の中の2個または3個の b とマッチさせるにはどうすればよいでしょうか？ 次のように最小回数と最大回数を指定すればよいのです。

```
$_ = "yabbbba dabbba doo.";
if (/ab{2,3}a/) {
  print "It matched!\n";
}
```

このパターンは、最初に abbb を yabbbba にマッチさせようとします。しかし、yabbbba には3つの b の後にもう1つ b があるのでマッチしません。Perl は次のマッチを探します。dabbba には少なくても2つ、最大で3つの b があります。これが最も左から始まる最も長いマッチとなります。

ブレースの中で、最大回数を省略して、最小回数とカンマだけを指定することができます。次の例では、少なくとも b が3個あり、最も左から始まるので、yabbbba の中の abbba という部分にマッチします。

```
$_ = "yabbbba dabbba doo.";
if (/ab{3,}a/) {
  print "It matched!\n";
}
```

さてメタキャラクタがずいぶん増えましたね。?、*、+、{ をリテラルとして使いたければ、エスケープする必要があります。Perl 5.26 よりも古いバージョンでは、エスケープせずに { をリテラルとして使えるケースがあったのですが、Perl の正規表現機能が拡張されたために、{ はさらに多くの役割を持つようになりました（つまり、メタキャラクタになりました）。

表 7-1 に示すように、量指定子はすべて汎用量指定子で書き換えることができます。

表7-1　正規表現の量指定子とその汎用形

マッチする回数	メタキャラクタ	汎用量指定子を使った書き方
任意	?	{0,1}
0以上	*	{0,}
1以上	+	{1,}
最小値のみ指定		{3,}
最小値と最大値		{3,5}
回数をきっかり指定		{3}

7.5　パターンをグループにまとめる

カッコ（"( )"）を使ってパターンをグループにまとめることができます。つまり、カッコもメタキャラクタの一員なのです。

量指定子は直前の項目にのみ適用されることを思い出してください。例えば、パターン /fred+/ は fredddddddd のような文字列にマッチします。なぜなら、量指定子は文字 d だけに適用されるからです。fred が何回も繰り返される文字列にマッチさせるには、カッコで囲んでグループにまとめることができます。この例では /(fred)+/ とします。量指定子はカッコで囲んだグループ全体に適用されるので、このパターンは fredfredfred のような文字列にマッチします。これがあなたがやりたかったことでしょう。

また、カッコによって、マッチの際に文字列の一部分を直接再利用することができます。**後方参照**（back reference）を使うことによって、カッコの中にマッチしたテキストを参照することができます。これを**キャプチャグループ**（capture group）と呼びます。後方参照は、バックスラッシュの後ろに数を置いたもの（\1、\2、……）で、数によってカッコのグループを指定します。

古いドキュメントや本書の以前の版では、「メモリ」（memory）とか、「キャプチャバッファ」（capture buffer）という用語を使うこともありましたが、正式な名称は「キャプチャグループ」（capture group）です。後ほど、キャプチャしないグループの作り方も紹介しましょう。

ドットをカッコで囲むと、改行文字以外のあらゆる文字にマッチします。後方参照 \1 を使うことによって、そのカッコにマッチした文字に再びマッチさせることができます。

```
$_ = "abba";
if (/(.)\1/) {   # 'bb' にマッチする
  print "It matched same character next to itself!\n";
}
```

(.)\1 では、（後方参照 \1 は）その直前の文字そのものにマッチすることを意味します。まず最初のトライでは、(.) は a にマッチします。後方参照によってその次にも a が現れるかを調べます

が、次の文字は b なのでマッチしません。Perl は文字列を 1 つ進んで、(.) を次の文字 b にマッチさせます。今度は後方参照 \1 は、パターンの次の文字は b であると言うので、マッチは成功します。

後方参照は、キャプチャグループの直後以外でも使えます。次のパターンでは、文字 y の直後にある（改行文字以外の）任意の 4 文字にマッチさせてから、後方参照 \1 によって、d の後ろにある同じ 4 文字にマッチさせています。

```
$_ = "yabba dabba doo";
if (/y(....) d\1/) {
  print "It matched the same after y and d!\n";
}
```

カッコによるグループを複数使うこともできます。その場合には、それぞれのグループを後方参照することができます。キャプチャグループで 1 文字（改行文字以外）にマッチさせ、その次にキャプチャグループで別の 1 文字（改行文字以外）にマッチさせてみます。この 2 つのグループの後ろに、後方参照 \2 と \1 を順に並べてみましょう。その結果、abba のような回文にマッチするようになります。

```
$_ = "yabba dabba doo";
if (/y(.)(.)\2\1/) { # 'abba' にマッチする
  print "It matched after the y!\n";
}
```

グループと番号の対応はどうなっているのでしょうか。先頭から開きカッコを順に数えるだけです（ネスティングは無視します）。

```
$_ = "yabba dabba doo";
if (/y((.)(.)\3\2) d\1/) {
  print "It matched!\n";
}
```

この正規表現を、次のようにパーツに分解して書けば、わかりやすいかもしれません（ただし、これは有効な正規表現ではありません。8 章で説明する /x フラグを使えば有効になります）。

```
(         # 1 個目の開きカッコ, \1
  (.)     # 2 個目の開きカッコ, \2
  (.)     # 3 個目の開きカッコ, \3
  \3
  \2
)
```

Perl 5.10 で、後方参照の新しい記法が導入されました。この記法では、バックスラッシュと数値の代わりに、\g{N}（N は後方参照の番号）と書きます。

パターン中の数字の直前で、後方参照を使いたかったとしましょう。次の正規表現では、カッコにマッチした文字列を繰り返すために \1 を使い、その直後に文字列リテラル 11 があります。

```
$_ = "aa11bb";
if (/(.)\111/) {
  print "It matched!\n";
}
```

ここで Perl は、あなたの意図を推測しなければなりません。これは後方参照の \1 でしょうか、\11 でしょうか、それとも \111 なのでしょうか。Perl は必要に応じて後方参照を作成するので、8進エスケープ \111 を意味していると仮定します。Perl は、\1 から \9 のみを後方参照用に予約しています。それ以降については、推測を行って、後方参照なのか 8 進エスケープなのかを決定します。

\g{1} を使うことによって、後方参照とパターンのリテラル部分との曖昧さを回避できます。

```
use v5.10;

$_ = "aa11bb";
if (/(.)\g{1}11/) {
  print "It matched!\n";
}
```

\g{1} のブレースを省略して \g1 と書くこともできるのですが、この例ではブレースは必要です。少なくとも慣れるまでは、ブレースについて頭を悩ますよりも、常にブレースを書くことをお勧めします。

\g{N} 記法では、負の数を指定することも可能です。その場合には、キャプチャグループの絶対位置ではなく、**相対後方参照**（relative back reference）の指定になります。前のコードで、位置を表す 1 を -1 に書き換えても、同じことになります。

```
use v5.10;

$_ = "aa11bb";
if (/(.)\g{-1}11/) {
  print "It matched!\n";
}
```

もしキャプチャグループをもう 1 つ追加したとすると、絶対位置で指定した後方参照をすべて書き換えなければなりません。それに対して、相対後方参照の場合、置かれている場所から（絶対位置とは無関係に）先頭に向かってグループを順に数えていくので、位置を表す数 -1 は変わりません。

```
use v5.10;

$_ = "xaa11bb";
if (/(.)(.)\g{-1}11/) {
  print "It matched!\n";
}
```

7.6 選択肢

縦棒（バー、|）は、その左側か右側のどちらか一方にマッチするという意味になります。しばしばこの縦棒は「オア」（or：「または」の意）と呼ばれます。つまり、縦棒の左側の部分がマッチしなかったら、右側の部分にマッチのチャンスが与えられるのです。

```
foreach ( qw(fred betty barney dino) ) {
  if ( /fred|barney/ ) {
    print "$_ matched\n";
  }
}
```

上を実行すると2つの名前が出力されます。1つは左の選択肢にマッチしたもので、もう1つは右の選択肢にマッチしたものです。

```
fred
barney
```

選択肢はもっと増やすことができます。

```
foreach ( qw(fred betty barney dino) ) {
  if ( /fred|barney|betty/ ) {
    print "$_ matched\n";
  }
}
```

今度は3つの名前が出力されます。

```
fred
betty
barney
```

選択肢によってパターンは右側と左側に分割されますが、あなたの期待通りにならないことがあります。Flintstones の誰かにマッチさせたいが、名前は Fred でも Wilma でも構わないというケースを考えてみます。あなたは次のコードを書くかもしれません。

```
$_ = "Fred Rubble";
if( /Fred|Wilma Flintstone/ ) {   # 期待していない形でマッチしてしまう
  print "It matched!\n";
}
```

これは期待していない形でマッチしてしまいます。左側の選択肢は単なる `Fred` だけになってしまい、右側の選択肢は `Wilma Flintstone` になります。Fred は `$_` に現れるので、マッチしてしまいます。選択肢を限定したい場合は、カッコを使ってグループ化します。

```
$_ = "Fred Rubble";
if( /(Fred|Wilma) Flintstone/ ) {   # マッチしない
  print "It matched!\n";
}
```

文字列にタブとスペースが混在している場合もあるでしょう。タブとスペースにマッチする選択肢は (|\t) となります。1文字以上にマッチさせるには + 量指定子を適用してやります。

```
$_ = "fred  \t \t  barney"; # タブとスペースが混在している
if (/fred( |\t)+barney/) {
  print "It matched!\n";
}
```

カッコでまとめてグループ化した選択肢に対して量指定子を適用することと、選択肢の各項目に個別に量指定子を適用することでは、まったく別の意味になるので注意してください。

```
$_ = "fred  \t \t  barney";  # タブとスペースが混在している
if (/fred( +|\t+)barney/) {  # すべてがタブ、またはすべてがスペース
  print "It matched!\n";
}
```

さらに、カッコがない場合との違いにも注意してください。barney が $_ に現れないのにこのパターンはマッチします。

```
$_ = "fred  \t \t  wilma";
if (/fred |\tbarney/) {
  print "It matched!\n";
}
```

このパターンは fred の次にスペースがある文字列、またはタブの後に barney がある文字列とマッチします。これらはそれぞれ左側の選択肢と右側の選択肢に他なりません。選択肢の範囲を限定したい場合は、カッコを使ってください。

次に、パターンに大文字小文字を無視させる方法を考えてみましょう。Bamm-Bamm を Bamm-bamm と書く人も中にはいます。次のようにして、選択肢を使ってどちらにもマッチさせることができます。

```
$_ = "Bamm-Bamm";
if (/Bamm-?(B|b)amm/) {
  print "The string has Bamm-Bamm\n";
}
```

最後に、小文字どれかにマッチする選択肢を考えてみましょう。

```
/(a|b|c|d|e|f|g|h|i|j|k|l|m|n|o|p|q|r|s|t|u|v|w|x|y|z)/
```

これは面倒です。でもいい方法があるのです。次の節に進んでください。

7.7 文字クラス

文字クラス（character class）とは、パターン内の1つの位置にマッチすることができる文字の集合のことです。文字の集合は [abcwxyz] のように、1対のブラケットの間に置きます。これは、パターンのその位置で、これら7つの文字のどれか1つにマッチします。選択肢に少し似ていますが、個々の文字が対象となります。

また、ハイフン（-）を使って文字の範囲を指定することができます。この文字クラスはハイフンを使って [a-cw-z] と書くこともできます。この例では文字数をあまり節約できませんが、[a-zA-Z] のような文字クラスはよく使われます。これは、アルファベットの大文字小文字合わせて52文字のどれか1個にマッチします。また、[0-9] は数字1個にマッチします。

```
$_ = "The HAL-9000 requires authorization to continue.";
if (/HAL-[0-9]+/) {
  print "The string mentions some model of HAL computer.\n";
}
```

ハイフンそのものにマッチさせたい場合には、エスケープするか、あるいは先頭か末尾に置きます。

```
[-a]     # ハイフンまたは a
[a-]     # ハイフンまたは a
[a\-z]   # ハイフンまたは a または z
[a-z]    # 小文字の a から z
```

文字クラスの中のドットは、ドットそのものを表します。

```
[5.24]   # ドットあるいは 5、2、4 にマッチする
```

ダブルクォート文字列と同じ文字ショートカットを使って、文字を定義することができます。例えばクラス [\000-\177] は任意の7ビットASCII文字にマッチします。ブラケットの中でも \n は改行、\t はタブを表します。これらのパターンは独自のミニ言語を持っていて、これらのルールは Perl の他の部分には適用されず、正規表現内でのみ適用されます。

これで大文字小文字を区別せずに扱う第2の方法を手に入れました。次の例では、文字クラス [Bb] によって、そこに B または b が現れることを表しています。

```
$_ = "Bamm Bamm";
if (/Bamm-?[Bb]amm/) {
  print "The string has Bamm-Bamm\n";
}
```

場合によっては、文字クラスに含まれる文字を指定する代わりに、含まれない文字を指定するほうが楽なことがあります。文字クラスの先頭にキャレット（^）を置くと、その文字クラスの補集合（つまり、その文字クラスに含まれない文字の集合）を生成します。

```
[^def]    # d、e、f 以外
[^n-z]    # 小文字の n から z 以外
[^n\-z]   # n、ハイフン、z 以外
```

これはマッチさせたくない文字が、マッチさせたい文字よりも少ない場合に便利です。

7.7.1 文字クラスのショートカット

頻繁に使われる文字クラスに対しては、**表7-2** のようなショートカットが用意されています。先ほどの例では、スペースとタブを使って、名前の間に任意個の空白文字があってもよいようにしていましたが、それを書き換えてみましょう。\s は「あらゆる空白文字」にマッチするショートカットです。

```
$_ = "fred  \t \t  barney";
if (/fred\s+barney/) {   # あらゆる空白文字
  print "It matched!\n";
}
```

空白文字にはタブやスペース以外の文字が含まれるので、これは先ほどの例とまったく等価なわけではありません。これはあまり問題にならないでしょう。水平方向の空白文字（horizontal whitespace）のみにマッチさせたい場合は、Perl 5.10 から導入された \h ショートカットを使います。

```
$_ = "fred  \t \t  barney";
if (/fred\h+barney/) {   # あらゆる水平方向の空白文字
  print "It matched!\n";
}
```

Perl 5.18 より前のバージョンでは、\s は、垂直タブ（vertical tab）、次の行（next line）、改行しない空白（nonbreaking space）にはマッチしませんでした。詳細については、ブログ記事「Know your character classes under different semantics」（https://www.effectiveperlprogramming.com/2011/01/know-your-character-classes/）を参照してください。

すべての数字を表す文字クラスは \d と書くことができます。これを使えば、先ほどの HAL の例で使ったパターンは、/HAL-\d+/ と書くことができます。

```
$_ = 'The HAL-9000 requires authorization to continue.';
if (/HAL-\d+/) {
  print "The string mentions some model of HAL computer.\n";
}
```

\w ショートカットは、いわゆる「ワード」文字を表します。しかしこのワードは、一般世界のワード（単語）とはまったく別物です。「ワード」とは、実際には識別子に使える文字——つまり Perl の変数やサブルーチンの名前に使える文字——という意味なのです。

\R ショートカットは、Perl 5.10 から導入されたもので、あらゆる種類の行末（linebreak）にマッチします。ですから、あなたは、どのオペレーティングシステムを使っていて何が行末なのかを意識しないで済みます。なぜなら、\R が自動的に判定してくれるからです。つまり、あなたは \r\n や \n や Unicode がサポートする各種の行末について、まったく気にかける必要がないのです。DOS や Unix の行末があったとしても、まったく問題ありません。厳密には \R は文字クラスのショートカットではありませんが、ここで取り上げました。\R は 2 文字のシーケンス \r\n にも

マッチしますが、本物の文字クラスはきっかり1文字にだけマッチします。

詳しくは8章で説明します。ここで述べたことよりは少し複雑です。

7.7.2　ショートカットの否定

これまでに紹介した3つのショートカットの反対を表す文字クラスが欲しいことがあります。つまり、非数字 [^\d]、非ワード文字 [^\w]、非空白文字 [^\s] を表すショートカットがあれば便利です。Perl は、これらを表すショートカット──\D、\W、\S、\V──を用意しています。これらは、対応する小文字のショートカットに**マッチしない**文字1個とマッチします。

表7-2　ASCII文字クラスのショートカット

ショートカット	マッチするもの
\d	数字
\D	数字以外
\s	空白文字
\S	空白文字以外
\h	水平方向の空白文字（Perl 5.10 以降）
\H	水平方向の空白文字以外（Perl 5.10 以降）
\v	垂直方向の空白文字（Perl 5.10 以降）
\V	垂直方向の空白文字以外（Perl 5.10 以降）
\R	あらゆる種類の行末（Perl 5.10 以降）
\w	いわゆる「ワード」文字
\W	いわゆる「ワード」文字以外
\n	改行文字（実際はショートカットではない）
\N	改行文字以外（Perl 5.18 以降）

これらのショートカットは、文字クラスの代わりとして使うことも、文字クラスを定義するブラケットの内側で使うこともできます。例えば、[\s\d] は空白文字と数字にマッチします。文字クラスを組み合わせた別の例は [\d\D] です。これは、数字あるいは非数字にマッチします。つまり、すべての文字にマッチするのです。この書き方は、改行文字も含め、あらゆる文字にマッチさせたい場合によく使われます。

7.8　Unicode属性

Unicode 文字は、自分自身についての情報を知っています。単なるビットの並びではないのです。すべての文字は自分が何であるかだけでなく、どんな属性を持っているかも知っています。特定の文字にマッチさせる代わりに、文字の種類にマッチさせることができます。

それぞれの属性は名前を持っています。属性の名前については、perluniprops ドキュメントで知ることができます。特定の属性にマッチさせるには、属性の名前を \p{PROPERTY} で指定します。例えば、空白文字は属性名 Space となります。あらゆる空白文字にマッチさせるには、\p{Space} を使って次の例のようにします。

```
if (/\p{Space}/) { # v5.24 では 25 種類の文字にマッチする可能性がある
  print "The string has some whitespace.\n";
}
```

\p{Space} は \s よりも少し広範囲のものにマッチします。NEXT LINE と NONBREAKING SPACE にもマッチするからです。さらには、Perl 5.18 以前では \s がマッチしなかった LINE TABULATION（垂直タブ）にもマッチします。

もし数字にマッチさせたければ、Digit 属性を使います。これは \d と同じ文字にマッチします。

```
if (/\p{Digit}/) { # v5.24 では 550 種類の文字にマッチする可能性がある
  print "The string has a digit.\n";
}
```

これらはいずれも、あなたが使っている文字の集合よりも、はるかに広範囲なものです。しかし、もっと限定的な属性もあります。16 進数 [0-9A-Fa-f] が 2 桁並んだものは、次のように表現できます。

```
if (/\p{AHex}\p{AHex}/) { # 22 種類の文字にマッチする可能性がある
  print "The string has a pair of hex digits.\n";
}
```

特定の Unicode 属性を持たない文字にマッチさせることもできます。小文字の p の代わりに、大文字の P を使うと、その属性の否定となります。

```
if (/\P{Space}/) { # スペース以外（ものすごくたくさんの文字！）
  print "The string has one or more nonwhitespace characters.\n";
}
```

Perl は Unicode コンソーシアムが決めた属性名を使用しています（わずかな例外はあります）。そして便宜上いくつか独自の属性名を追加しています。属性名の一覧は、perluniprops ドキュメントで確認できます。

7.9　アンカー

デフォルトでは、もしパターンが文字列の先頭でマッチしなかったら、パターンを後ろに向かってずらしながら、他にマッチできる場所がないかを調べていきます。しかし、パターンを文字列の特定の場所に固定する働きを持った**アンカー**（anchor：いかり）が何種類も用意されています。

\A アンカーは文字列の先頭にマッチします。パターンを後ろに向かってずらすことはありません。次のパターンは、https が文字列の先頭にある場合に限りマッチします。

```
if ( /\Ahttps?:/ ) {
  print "Found a URL\n";
}
```

アンカーは**ゼロ幅アサーション**（zero-width assertion）です。これは、現在の位置で、ある条件にマッチしますが、文字にはマッチしないことを意味します。このケースでは、マッチする位置

は文字列の先頭でなければなりません。このアンカーは、Perl が最初のマッチに失敗したときに、1 文字移動してマッチを再びやり直さないようにする働きがあります。

　何かを文字列の末尾に固定するには、\z を使います。次のパターンは、.png が文字列の完全な末尾にある場合に限りマッチします。

```
if ( /\.png\z/ ) {
  print "Found a URL\n";
}
```

　なぜ「文字列の完全な末尾」(absolute end of string) という言い回しをするのでしょうか。歴史的な経緯から、\z の後ろには何もないことを強調する必要があるからです。実は、もう 1 つの「文字列の末尾」アンカー \Z があり、こちらはその後ろに改行文字があっても構いません。これを使えば、単一行の末尾にある何かにマッチさせる際に、行末の改行文字の有無を意識する必要はありません。

```
while (<STDIN>) {
  print if /\.png\Z/;
}
```

　もし改行文字について考慮する必要があるのなら、マッチを行う前にそれを除去して、出力の際に付けなければなりません。

```
while (<STDIN>) {
  chomp;
  print "$_\n" if /\.png\z/;
}
```

　ときには、パターンを文字列全体にマッチさせるために、これらのアンカーを両方使うことがあります。よく使われるパターンの例は /\A\s*\Z/ で、これは空行にマッチします。この空行は「空」と言っても、われわれ人間には見えないタブやスペースのような空白文字を含んでいても構いません。このパターンにマッチする行は紙に印刷すればすべて同じに見えるので、このパターンはすべての空行を同じものとみなします。もしアンカーがなければ、このパターンは空行以外にもマッチしてしまいます。

　\A と \Z と \z は、Perl 5 で正規表現に導入された機能ですが、みんながこれを使っているわけでありません。多くの人たちが Perl プログラミングを習得した Perl 4 の時代には、文字列先頭のアンカーはキャレット（^）で文字列末尾のアンカーは $ でした。これらは現在の Perl 5 でも動作しますが、それぞれ行先頭アンカーと行末尾アンカーという、少し違うものになっています。詳しくは 8 章で説明します。

7.9.1　ワードアンカー

　文字列の先頭と末尾以外の場所にマッチするアンカーもあります。ワード境界アンカー \b は、ワードの先頭と末尾にマッチします。したがって、パターン /\bfred\b/ を使えば、単語 fred に

はマッチしますが、frederick や alfred や manfred mann にはマッチしません。これはワープロのサーチコマンドで、「単語全体にだけマッチする」などと呼ばれる機能と似ています。

しかし、これは私たちがワードだと考えるものにはマッチしてくれません。ここで言うワードとは、普通の英文字と数字とアンダースコアから構成される、\w タイプのワードのことなのです。\b アンカーは、\w 文字のグループの先頭と末尾にマッチします。これは、本章の前のほうで説明した \w に適用される規則に従います。

図7-2 では、各「ワード」の下に灰色の下線を引き、各「ワード」に対して \b がマッチできる場所を矢印で示しています。文字列には、ワード境界が必ず偶数個存在します。なぜなら、各ワードの先頭に対して末尾が存在するからです。

「ワード」とは、英文字と数字とアンダースコアを並べたものです。つまり、ここでワードと呼んでいるのは /\w+/ にマッチするものです。図7-2 の文には、5個のワード――That、s、a、word、boundary――が含まれています。word はダブルクォートではさまれていますが、ワード境界は変わらないことに注意してください――ワードは \w 文字から構成されるのです。

それぞれの矢印は、灰色の下線の始まりか終わりを指しています。なぜなら、ワード境界アンカー \b は、ワード文字のかたまりの先頭か末尾だけにマッチできるからです。

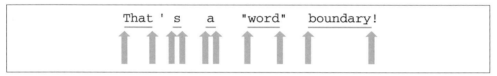

図7-2　\b によるワード境界マッチ

ワード境界アンカーを使えば、cat が delicatessen にマッチしたり、dog が boondoggle にマッチしたり、fish が selfishness にマッチしたりするのを防げます。また、場合によっては、ワード境界アンカーを1個だけ使うこともあります。例えば、hunt や hunting や hunter のような単語にマッチさせたいが、shunt にはマッチさせたくない場合には、/\bhunt/ というパターンを使います。また、sandstone や flintstone のような単語にマッチさせたいが、capstones にはマッチさせたくない場合には、/stone\b/ というパターンを使います。

非ワード境界アンカーは \B です。これは、\b がマッチしない場所すべてにマッチします。ですから、パターン /\bsearch\B/ は、searches、searching、searched にはマッチしますが、search や researching にはマッチしません。

Perl 5.22 と 5.24 にはさらに魅力的なアンカーが追加されています。しかし、その動作を理解するには正規表現の経験を多く積むことが必要です。これらは、9章で置換演算子を説明する際に登場します。

7.10　練習問題

解答は付録 A の節「**7章の練習問題の解答**」にあります。

正規表現が妙なことをやらかすのは日常茶飯事である、ということを覚えておいてください。で

すから、この章の練習問題は、他の章よりも重要です。予期せぬことが起こることを予期するようにしてください。

1. [10] 読み込んだ行のうち、fred が含まれている行をすべて表示するプログラムを書いてください（それ以外の行については、何もしません）。入力文字列として Fred や frederick や Alfred を与えるとマッチしますか？ "fred flintstone" とその友人の名前が入った、数行の小さなテキストファイルを作って、それをこのプログラムに入力として与えてください。このファイルは残りの問題のプログラムでも使います。

2. [6] 問題1のプログラムに手を加えて、Fred にもマッチするようにしてください。今度は、入力文字列に Fred や frederick や Alfred を与えるとマッチしますか？（テキストファイルに、これらの名前が入った行を追加しましょう。）

3. [6] 読み込んだ行のうち、ピリオド（.）を含んでいる行をすべて表示し、それ以外の行は無視するプログラムを書いてください。このプログラムに、問題2で使ったテキストファイルを与えて動かしてみてください。Mr. Slate は表示されましたか？

4. [8] 読み込んだ行のうち、先頭だけが大文字になっている単語（全部が大文字ではダメです）を含んでいる行をすべて表示するプログラムを書いてください。このプログラムは、Fred にはマッチして、fred や FRED にはマッチしないことを確かめましょう。

5. [8] 読み込んだ行のうち、同じ文字（空白文字を除く）が2個連続している行をすべて表示するプログラムを書いてください。このプログラムは、Mississippi、Bamm-Bamm、llama のような単語を含む行にマッチするはずです。

6. [8] 追加点用の問題：読み込んだ行のうち、wilma と fred の両方を含む行をすべて表示するプログラムを書いてください。

8章
正規表現によるマッチ

7章では、正規表現の世界を訪問しました。この章では、正規表現の世界が、Perlの世界にどのように収まるのかを解説します。

8.1　m//を使ってマッチを行う

これまで、/fred/ のように、パターンをスラッシュではさんで指定していました。しかし、実を言うと、これは m// 演算子（**パターンマッチ演算子**：pattern match operator）のショートカットなのです。以前に登場した qw// 演算子と同じように、パターンを、任意のデリミタの対ではさむことができます。ですから、/fred/ と同じことを表すのに、対になったデリミタを使って m(fred)、m<fred>、m{fred}、m[fred] と書いたり、対にならないデリミタを使って m,fred,、m!fred!、m^fred^ などと書くことができます。

対にならないデリミタとは、「左のもの」と「右のもの」が別の文字で用意されていないもののことです。この場合、両方に同じ記号を使います。

m// 演算子のショートカットとは、スラッシュがデリミタの場合には、先頭の m を省略できるというものです。Perl世界の住民はタイプする文字を減らすことに熱心ですから、ほとんどの場合、パターンマッチはスラッシュを使って /fred/ のように書きます。

もちろん、デリミタには、パターンに現れない文字を選ぶべきです。ウェブの URL の先頭部分にマッチするパターンを作る際に、あなたは、先頭の "http://" にマッチさせるためにパターンを /http:\/\// と始めるかもしれません。しかし、別のデリミタを選んで m%http://% などとしたほうが、パターンの読み書き、保守、デバッグが容易になります。デリミタとしてよく使われるのはブレースです。プログラム向けのテキストエディタならば、「開き」ブレースから、対応する「閉じ」ブレースにジャンプする機能が用意されているはずです。この機能は、コードを保守する際に便利です。

対になったデリミタを使う場合には、パターン内にデリミタと同じ文字が現れても、あまり気にすることはありません。なぜなら、たいていの場合、そのようなデリミタはパターン中でも対になって使われるからです。つまり、m(fred(.*)barney) や m{\w{2,}} や m[wilma[\n \t]+betty]

は、パターン中にデリミタと同じ文字を含んでいますが、それぞれ「左」と「右」が対応しているので、問題ありません。しかし、山カッコ（〈と〉）は正規表現のメタキャラクタではないので、対にならないことがあります。例えば m{(\d+)\s*>=?\s*(\d+)} というパターンを山カッコで囲む場合には、大なり記号（>）がパターンを終わらせてしまわないように、その直前にバックスラッシュを置かなければなりません。

8.2 マッチ修飾子

マッチ修飾子（match modifier）は**フラグ**（flag）とも呼ばれ、マッチ演算子の閉じデリミタの直後に指定します。複数の修飾子をまとめて指定することもできます。マッチ修飾子には、パターンの動作を変えるものと、マッチ演算子の動作を変えるものがあります。

8.2.1 大文字と小文字を区別せずにマッチする：/i

大文字と小文字を区別せずにパターンマッチを行うには、/i 修飾子[†]を指定します。これは、fred にも Fred にも FRED にもマッチさせたい、という場合に役に立ちます。

```
print "Would you like to play a game? ";
chomp($_ = <STDIN>);
if (/yes/i) {   # 大文字と小文字の区別をせずにマッチする
  print "In that case, I recommend that you go bowling.\n";
}
```

8.2.2 あらゆる文字にマッチする：/s

デフォルトでは、ドット（.）は改行文字にマッチしませんが、これは、「1行の中を検索する」というほとんどのパターンでは理にかなっています。もし文字列が改行文字を含んでいる可能性がある場合に、ドットを改行文字にもマッチさせたければ、/s 修飾子[‡]を指定してください。/s 修飾子を指定すると、パターン内のすべてのドットが文字クラス [\d\D]（これは改行文字も含め、あらゆる文字にマッチします）のように振る舞うようになります。もちろん、この振る舞いに違いが出るのは、改行文字を含んだ文字列に対してマッチを行う場合だけです。

```
$_ = "I saw Barney\ndown at the bowling alley\nwith Fred\nlast night.\n";
if (/Barney.*Fred/s) {
  print "That string mentions Fred after Barney!\n";
}
```

/s 修飾子を指定しなければ、このマッチは失敗します。なぜなら、2人の名前が、別々の行にあるからです。

しかし、これによって、さらに問題が生じることがあります。/s 修飾子はパターン中のすべてのドットに適用されます。もし /s 修飾子を指定した状態で、改行文字以外にマッチさせたい場合には、どうすればよいでしょうか。それには文字クラス [^\n] を使えばよいでしょう。しかし、こ

[†] 訳注：/i の i は insensitive を意味します。
[‡] 訳注：/s の s は single line を意味します。

れは長くてタイプするのが面倒なので、Perl 5.12 では、\n の否定を表すショートカット \N が追加されました。

もし /s 修飾子が、すべての . をあらゆる文字にマッチさせることが気に入らなければ、自分で任意の文字にマッチする文字クラスを作成することができます。例えば、[\D\d] あるいは [\S\s] といった文字クラスのショートカットの組を使えばいいのです。すべての非数字と数字を組み合わせると、あらゆる文字にマッチしてくれます。

8.2.3 空白文字を追加する：/x

/x 修飾子[†]は、読みやすくするために、パターンに任意の空白文字を追加できるようにするものです。パターンに適宜空白文字を入れることにより、何をしているかがわかりやすくなります。

```
/ ?[0-9]+\.?[0-9]*/      # これは何をしているの？
/ -? [0-9]+ \.? [0-9]* /x  # 少し読みやすくなった
```

/x 修飾子はパターン内に空白文字を使えるようにするもので、Perl はパターン内のスペースとタブを無視するようになります。これらの文字にマッチさせるには、「バックスラッシュ + スペース」や \t（この他にもいろいろな書き方があります）と書くこともできますが、空白文字にマッチさせるには \s（あるいは \s* や \s+）を使うのが普通です。スペースそのものをエスケープしてもよい（テキストでは見にくいですが）ですし、\x{20} または \040 と書くこともできます。

Perl は、コメントを空白文字の一種として扱います。ですから、パターン中にコメントを入れて、何をしているかをコードを読む人に説明することができます。

```
/
  -?        # オプションのマイナス記号
  [0-9]+    # 小数点の前には 1 個以上の数字
  \.?       # オプションの小数点
  [0-9]*    # 小数点の後ろにオプションでいくつかの数字
/x
```

シャープ記号はコメントの開始を表すので、シャープそのものにマッチさせるには、バックスラッシュでエスケープして \# とするか、文字クラス [#] を使ってください。

```
/
  [0-9]+   # 1 個以上の数字
  [#]      # シャープそのもの
/x
```

また、コメントの中に、パターンを閉じる文字を入れないように気を付けてください。もし入れてしまうと、そこでパターンが終わってしまいます。次のパターンは、途中で終了していまいます。

[†] 訳注：/x の x は extend を意味します。

```
    /
      -?          # with / without - <--- これはダメ！ スラッシュでパターンが終わってしまう
      [0-9]+      # 小数点の前には1個以上の数字
      \.?         # オプションの小数点
      [0-9]*      # 小数点の後ろにオプションでいくつかの数字
    /x
```

8.2.4 マッチ修飾子をまとめて指定する

もし1つのマッチ演算子に対して複数の修飾子を適用したければ、それらを続けて並べてください（並べ方はどんな順番でも変わりありません）。

```
if (/barney.*fred/is) {   # /iと/sを両方指定する
  print "That string mentions Fred after Barney!\n";
}
```

次に示す例は、さらにコメントを追加したものです。

```
if (m{
  barney    # ちっちゃいやつ
  .*        # 間にあるものすべて
  fred      # うるさいやつ
}six) {     # /s、/i、/xを3つとも指定する
  print "That string mentions Fred after Barney!\n";
}
```

ここではデリミタをブレースに変えています。ブレースを使えば、プログラマ向けのエディタで、正規表現の先頭から末尾までをひとっ飛びで移動することができます。

8.2.5 文字の解釈を選択する

Perl 5.14では、2つの重要な項目——大文字と小文字の扱い、文字クラスショートカット——に関して、マッチの際に文字をどのように解釈するかをPerlに伝えるための、数個の修飾子が追加されました。この節の内容すべては、Perl 5.14以降にのみ適用されます。

文字クラスを扱う際に、/aはASCIIコードの文字を使う、/uはUnicodeを使う、/lはロケールに従う、ということをPerlに伝えます。これらの修飾子を指定しない場合には、Perlは、perlreドキュメントに記述されている状況をもとに、正しいと判断した動作を行います。これらの修飾子を使えば、プログラムの状況にかかわらず、どう扱えばよいかをPerlに正確に伝えることができます。

```
use v5.14;

/\w+/a    # A-Z, a-z, 0-9, _
/\w+/u    # 任意のUnicodeワード文字
/\w+/l    # ASCIIバージョンに、ロケールからのワード文字を追加したもの
          # おそらくLatin-9のŒのような文字を含む
```

あなたはどれを使えばよいのでしょうか？　あなたのやりたいことがわからないので、どれが良いとお答えすることはできません。時と場合に応じて、どれもがあなたの用途に適している可能性があります。もちろん、用途に適したショートカットがなければ、やりたいことを表す文字クラスを自分で作ることができます。

次は難しい話題に入りましょう。大文字と小文字の扱いについて考えてみます。そのためには、どの大文字がどの小文字になるのかを知る必要があります。これは Perl の「Unicode bug」の一部で、内部表現によって、得られる答えが決まります。詳細は perlunicode ドキュメントのセクション「the "Unicode bug"」をご覧ください。

もし大文字と小文字の違いを無視してマッチさせたいのなら、Perl は大文字を小文字へ変換する方法を知らなければなりません。ASCII では K（0x4B）に対応するのは k（0x6B）です。ASCII では、k に対応する大文字は K（0x4B）です。これは当たり前のことに思えますが、実はそうではありません。

詳しくは「Unicode の大文字小文字変換ルール」（Unicode's case folding rules、http://unicode.org/Public/UNIDATA/CaseFolding.txt）を調べるとよいでしょう。

Unicode では、物事は単純ではありませんが、マッピングが明確に定義されているので簡単に扱うことができます。ケルビン記号 K（U+212A）も、対応する小文字が k（0x6B）になります。°K と K は同じ物に見えるかもしれませんが、コンピュータから見ればこれらは別物です。つまり、小文字への変換は 1 対 1 対応ではないのです。いったん小文字の k に変換してしまうと、これを対応する大文字に戻すことはできません。なぜなら、対応する大文字が複数あるからです。それだけではありません。文字によっては、小文字に変換すると 2 文字になるものもあります。例えば合字 ff（U+FB00）は ff になります。文字 ß は小文字では ss になりますが、これにマッチさせたくないこともあります。/a 修飾子を 1 個指定すると文字クラスショートカットに影響を与えますが、/a を 2 個指定すると、大文字と小文字の変換を ASCII についてのみ行います。

```
/k/aai    # ASCII の K と k だけにマッチして、ケルビン記号にはマッチしない
/k/aia    # /a は隣り合っていなくてもよい
/ss/aai   # ASCII の ss、SS、sS、Ss だけにマッチして、ß にはマッチしない
/ff/aai   # ASCII の ff、fF、fF、Ff だけにマッチして、合字 ff にはマッチしない
```

ロケールの場合には、話は単純ではありません。文字が何であるかを知るためには、使っているロケールを知る必要があります。順序値 0xBC の文字があるとき、それは Latin-9 の Œ でしょうか、Latin-1 の ¼ でしょうか、それとも何か他のロケールの別の文字でしょうか？　その値がそのロケールで何を表すかわからなければ、どうやって小文字に変換するかはわかりません。ここでは、エンコーディングの問題を避けて、正しいビットパターンを得るために、chr() を使って文字を生成しています。

```
$_ = <STDIN>;

my $OE = chr( 0xBC ); # 意図した文字を得る
```

```
if (/$OE/i) {          # 大文字と小文字を区別しない？ たぶんそうではない
  print "Found $OE\n";
}
```

このケースでは、$_ に入っている文字列の扱いとマッチ演算子での文字列の扱いによって、異なる結果が得られます。もしソースコードが UTF-8 で、入力されたデータが Latin-9 だったら、何が起こるでしょうか？ Latin-9 では、文字 Œ は順序値 0xBC を持ち、対応する小文字 œ は順序値 0xBD を持ちます。Unicode では、Œ はコードポイント U+0152 で、œ はコードポイント U+0153 です。Unicode では、U+00BC は ¼ であり、対応する小文字バージョンはありません。もし $_ に入っている入力データが 0xBD で、Perl が正規表現を UTF-8 として扱ったとしたら、期待した答えは得られません。しかし、/l 修飾子を指定することによって、ロケールの規則を使って正規表現を解釈させることができます。

```
use v5.14;

my $OE = chr( 0xBC ); # 意図した文字を得る

$_ = <STDIN>;
if (/$OE/li) {         # ベターな方法
  print "Found $OE\n";
}
```

もしこのマッチを常に Unicode で行いたければ（これは Latin-1 と同じです）、/u 修飾子を使うことができます。

```
use v5.14;

$_ = <STDIN>;
if (/Œ/ui) {   # Unicode を使う
  print "Found Œ\n";
}
```

もしこれを頭痛の種だと思うなら、その通りです。誰もこのような状況を好んでいるわけではありません。でも、Perl は、入力とエンコーディングの扱いに関して、ベストを尽くしてくれます。もし歴史をリセットしてやり直せるのなら、次回はこんなに多くの誤りを犯さないのですが。

8.2.6 行頭と行末のアンカー

行の先頭と文字列の先頭はどこが違うのでしょうか。結局のところ、あなたとコンピュータの行の捉え方の違いです。$_ に入っている文字列に対してマッチを行う際に、Perl は何が入っているかを意識しません。あなたにとって、（複数の）改行文字が含まれていて複数行に見えたとしても、Perl にとっては、それは単なる長い文字列にすぎないのです。私たちは文字列を区切って表示するので、人間にとって行は重要です。

```
$_ = 'This is a wilma line
barney is on another line
but this ends in fred
and a final dino line';
```

ここで、文字列全体の末尾ではなく、いずれかの行の末尾に fred があるような文字列を見つけたかったとしましょう。Perl 5 では、$ アンカー（anchor：いかり）と /m 修飾子を使えば、複数行マッチ（multiline match）を行うことができます。上に示した複数の行が入っている文字列 $_ では、fred が行末にあるので、次に示すパターンはマッチします。

/fred$/m

/m 修飾子を指定すると、古い Perl 4 のアンカーの動作が次のように変わります。文字列内のどこかに fred があって、その直後に改行文字が続いているか、あるいは fred が文字列の完全な末尾にあれば、マッチします。

/m 修飾子は、^ アンカーに対しても同じように作用します。つまり、^ アンカーは、文字列の先頭か、あるいは文字列内の改行文字の直後にマッチするようになります。次のパターンは、先ほどの複数行の文字列に対してマッチします。なぜなら、barney が行の先頭にあるからです。

/^barney/m

/m がなければ、^ と $ は、それぞれ \A と \Z と同じ意味になります。とはいうものの、もし後ほど誰かがマッチ演算子に /m 修飾子を追加したら、^ や $ の意味は、あなたの当初の意図とは違うものになってしまいます。ですから、意図したものだけを表すようなアンカーを使うほうが安全です。しかし、先ほどお話ししたように、多くのプログラマは Perl 4 時代の習慣を身に付けているので、本来なら \A と \Z を使うべきところに、^ と $ が使われているコードに出くわすことが多いはずです。本書では、これ以降は、本当に複数行のマッチを行う場合を除いて、\A と \Z を使います。

re モジュールには、スコープ内のすべてのマッチ演算子のデフォルトフラグを設定できるフラグモードがあります。/m フラグをデフォルトにする人もいるでしょう。

8.2.7　その他のオプション

ここで紹介した物以外にも、多くの修飾子が用意されています。必要に応じて、その都度紹介していきましょう。また、perlop ドキュメントにも解説があります。本章で後ほど m// 演算子やその他の正規表現演算子を解説する際に、それらを紹介しましょう。

8.3　結合演算子 =~

$_ に対してマッチが行われるのは、それがデフォルトだからにすぎません。**結合演算子**（binding operator）=~ は、その右側にあるパターンを、$_ の代わりに、左側の文字列にマッチさせます。例えば、次のように使います。

```perl
my $some_other = "I dream of betty rubble.";
if ($some_other =~ /\brub/) {
  print "Aye, there's the rub.\n";
}
```

初めて結合演算子を見た人は、代入演算子の一種だと思うかもしれません。しかし、そうではありません！ この演算子は「このパターンマッチを、デフォルトの $_ ではなく、左側の文字列に対して行いなさい」と指示するものなのです。もし結合演算子がなければ、デフォルトで $_ が使われます。

（あまり普通ではない）次の例では、プロンプトに対するユーザの応答をもとに、$likes_perl にブール値をセットします。このコードは、少々やっつけ仕事的（quick-and-dirty）な面があります。それというのも、入力した行を捨ててしまっているからです。このコードは、入力から1行を読み込み、その文字列をパターンにマッチさせてから、捨てています。この例では、$_ の値を参照したり変更したりしていません。

```perl
print "Do you like Perl? ";
my $likes_perl = (<STDIN> =~ /\byes\b/i);
...    # そして時は流れて....
if ($likes_perl) {
  print "You said earlier that you like Perl, so...\n";
  ...
}
```

Perl が入力した行を自動的に $_ に格納するのは、入力演算子（<STDIN>）を単独で while ループの条件式に置いた場合に限る、ということを思い出してください。

結合演算子はやや高い優先順位を持っているので、パターンのテストを行う式を囲むカッコは不要です。ですから、次のように書いても同じことになります。これは、（入力した行ではなく）テストの結果を変数に格納します。

```perl
my $likes_perl = <STDIN> =~ /\byes\b/i;
```

8.4　マッチ変数

カッコは、正規表現エンジンのキャプチャ機能を始動させます。キャプチャグループは、文字列のうち、カッコの内側部分にマッチした部分を記録します。カッコのペアが複数がある場合には、キャプチャグループも複数存在します。正規表現の各キャプチャには、パターンの一部分ではなく、マッチした文字列の一部が格納されます。これらのキャプチャグループは、パターンの中で後方参照によって参照することができますが、マッチが終わった後でも、その値はキャプチャ変数として残っています。

これらの変数は文字列を保持するので、スカラー変数です。Perl では、これらの変数は $1、$2 のような名前になります。このような変数は、パターンに含まれている、キャプチャするカッコと

同数存在します。あなたの予想通りに、$4 には、4 番目のカッコのペアにマッチした文字列が入っています。これはパターンマッチの際に、後方参照 \4 が表すものと同じ文字列です。しかしこれらは、同じものを表す別の記法ではありません。\4 はパターンマッチを行っている最中にキャプチャされているものを参照しますが、$4 はすでに**完了した**パターンマッチのキャプチャを参照します。後方参照についてさらに詳しく知りたい人は perlre ドキュメントを読んでください。

このようなマッチ変数を活用すると、正規表現はさらに便利になります。なぜなら、マッチ変数を利用すれば、文字列の一部分を取り出すことができるからです。

```
$_ = "Hello there, neighbor";
if (/\s([a-zA-Z]+),/) {        # スペースとカンマの間のワードを記憶する
  print "the word was $1\n";   # そのワード there を表示する
}
```

また、キャプチャを同時に 2 個以上使うこともできます。

```
$_ = "Hello there, neighbor";
if (/(\S+) (\S+), (\S+)/) {
  print "words were $1 $2 $3\n";
}
```

このコードを実行すると、words were Hello there neighbor と表示します。出力にはカンマが含まれないことに注目してください。このパターンでは、カンマはキャプチャするカッコの外側にあるので、カンマはキャプチャ 2（$2）に含まれないのです。このテクニックを使えば、必要なものだけをキャプチャに取り込み、不要なものは取り込まずに残すことができます。

パターンの対応する部分が空になる可能性がある場合には、マッチ変数が空になることがあります。つまり、マッチ変数には、空文字列が入ることもあるのです。

```
my $dino = "I fear that I'll be extinct after 1000 years.";
if ($dino =~ /([0-9]*) years/) {
  print "That said '$1' years.\n";   # 1000
}

$dino = "I fear that I'll be extinct after a few million years.";
if ($dino =~ /([0-9]*) years/) {
  print "That said '$1' years.\n";   # 空文字列
}
```

空文字列は、未定義値とは違うものです。もしパターンにカッコのペアが 3 個以下しかなければ、$4 は undef になります。

8.4.1 キャプチャの有効期限

これらのキャプチャ変数の値は、次にパターンマッチが成功するまで残っています。つまり、マッチが失敗したら以前にキャプチャされた値はそのまま残っていますが、成功したら上書きされるのです。つまり、マッチに成功しなかったら、マッチ変数を使ってはならないことを意味します。もし使ってしまうと、以前に行ったパターンマッチでキャプチャした値が得られてしまいま

す。次に示す（間違った）例は、$wilma に対してマッチしたワードを表示しようとしています。し
かし、もしマッチが失敗したら、たまたま $1 に残されていた文字列をそのまま表示してしまいます。

```perl
my $wilma = '123';
$wilma =~ /([0-9]+)/;                    # 成功、$1 は 123 になる
$wilma =~ /([a-zA-Z]+)/;                 # 失敗！ マッチの結果をテストしていない
print "Wilma's word was $1... or was it?\n";  # まだ 123 のまま！
```

　パターンマッチが、ほとんど必ずといっていいほど if や while の条件式に置かれる、もう1つ
の理由がこれです。

```perl
if ($wilma =~ /([a-zA-Z]+)/) {
  print "Wilma's word was $1.\n";
} else {
  print "Wilma doesn't have a word.\n";
}
```

　キャプチャした内容は永久に残るわけではないので、パターンマッチから2～3行以上離れた
場所で $1 などのマッチ変数を使ってはいけません。あなたのプログラムが、ある場所でパターン
マッチを行い、少し離れた場所で $1 を使っていたとしましょう。もし保守担当者が、あなたが書
いた正規表現と $1 を使っている場所の間に、新たに正規表現を追加してしまったら何が起こるで
しょうか。$1 によって得られる値は、元からあった正規表現ではなく、新規に追加した正規表現
にマッチしたものになってしまいます。このような理由から、2～3行以上離れた場所でキャプ
チャした値が必要な場合には、いったん通常の変数にコピーしておくのがベストです。また、そう
することにより、コードも読みやすくなります。

```perl
if ($wilma =~ /([a-zA-Z]+)/) {
  my $wilma_word = $1;
  ...
}
```

　後ほど9章で、$1 を使わずに、パターンマッチを行うと同時に、キャプチャした値を変数に直
接セットする方法を紹介します。

8.4.2　キャプチャなしのカッコ

　これまでに登場したカッコは、マッチした文字列の一部をキャプチャしてキャプチャ変数に記憶
するものでした。しかし、カッコを使って、グループにまとめたいだけの場合にはどうでしょう
か。正規表現で、ある部分をオプションにして、別の部分をキャプチャすることを考えてみましょ
う。この例では、「bronto」をオプションにしたいのですが、オプションにするためには、その文
字の並びをカッコで囲んでグループにまとめなければなりません。そしてパターンの後ろの方で
は、選択肢を使って「steak」か「burger」にマッチさせて、どちらが見つかったかを調べること
にしましょう。

```perl
if (/(bronto)?saurus (steak|burger)/) {
  print "Fred wants a $2\n";
}
```

「bronto」が見つからなかったとしても、パターンのその部分は `$1` に入ります。Perl は開きカッコを数えて、対応するキャプチャ変数を決めます。ですから、記憶したい部分は `$2` に入ることになります。より複雑なパターンでは、状況はとてもややこしくなるでしょう。

幸いなことに、Perl の正規表現では、カッコを使ってグループにまとめるけれどキャプチャグループを始動しない、ということが可能です。これを**キャプチャなしのカッコ**（noncapturing parentheses）と呼び、特別な記法で表します。開きカッコの直後にクエスチョン記号とコロンを置いて (?:) とすると、そのカッコはグループ化だけを行うということ表します。

先ほどの正規表現を修正して、キャプチャなしのカッコを使って「bronto」を囲んでやれば、キャプチャする部分は `$1` で表されるようになります。

```perl
if (/(?:bronto)?saurus (steak|burger)/) {
  print "Fred wants a $1\n";
}
```

後ほど、この正規表現を――おそらく brontosaurus burger にバーベキューバージョンを追加するために――変更する際には、「BBQ 」（末尾にスペースを付けます！）をオプションとして、キャプチャなしで追加してやれば、キャプチャする部分は `$1` のままで変わりません。さもなければ、グループ化するカッコを追加するたびに、すべてのキャプチャ変数の名前（番号）をずらさなければならないでしょう。

```perl
if (/(?:bronto)?saurus (?:BBQ )?(steak|burger)/) {
  print "Fred wants a $1\n";
}
```

Perl の正規表現は、この他にも先読み（look-ahead）、後読み（look-behind）、コメント埋め込み、パターン内コード実行、などの働きをする特殊なカッコシーケンスをサポートしています。詳細については、perlre ドキュメントをお読みください。

グループ化だけを何回も行いたいけれどキャプチャをしたくない場合、Perl 5.22 で追加された `/n` フラグを使うことができます。これは、すべてのカッコを、キャプチャしないグループに変換します。

```perl
if (/(?:bronto)?saurus (?:BBQ )?(?:steak|burger)/n) {
  print "It matched\n"; # もう $1 はない
}
```

8.4.3　名前付きキャプチャ

カッコを使って文字列の一部をキャプチャしてから、変数 `$1`, `$2`……によって、文字列のうちマッチした部分を取り出すことができます。このような変数の番号と内容の対応を覚えておくの

は、単純なパターンであっても面倒なものです。次の例では、正規表現は、変数 $names に入っている2つの名前に対してマッチを行います。

```
use v5.10;

my $names = 'Fred or Barney';
if ( $names =~ m/(\w+) and (\w+)/ ) { # マッチしない
  say "I saw $1 and $2";
}
```

このコードを実行しても、say のメッセージは表示されません。なぜなら、パターンが and を期待している場所で、文字列が or になっているからです。ここで and でも or でも受け付けるようにしてみましょう。それには、正規表現を修正して、and と or の両方にマッチするように選択肢を追加します。その際に、選択肢をグループにまとめるために、もう一対のカッコを追加します。

```
use v5.10;

my $names = 'Fred or Barney';
if ( $names =~ m/(\w+) (and|or) (\w+)/ ) { # マッチするようになった
  say "I saw $1 and $2";
}
```

しまった！ 今度はメッセージは表示されるものの、キャプチャするカッコを1組追加したために、2番目の名前が表示されません。変数 $2 には選択肢（つまり "or" か "and"）が入り、2番目の名前は変数 $3 に入ることになります（この変数は表示していません）。

```
I saw Fred and or
```

これを避けるにはキャプチャなしのカッコを使えばよいのですが、本当の問題は、何番目のカッコがどのデータに対応するかを覚えなければならないことです。キャプチャする対象が増えるにつれ、対応をとるのが難しくなるでしょう。

$1 などの番号を覚える代わりに、Perl 5.10 以降では、正規表現中でキャプチャしたものに、直接名前を付けることができます。マッチしたテキストは、%+ という名前のハッシュに記録されます。このハッシュでは指定したラベルがキーになり、マッチした文字列が値になります。マッチ変数にラベルを付けるには、(?<LABEL>PATTERN) という記法を使います。ここで LABEL にはラベルの名前を指定します。コードを書き換えて、1番目のキャプチャには name1、2番目には name2 というラベル名を付けましょう。値を得るにはそれぞれ $+{name1}、$+{name2} とします。

```
use v5.10;

my $names = 'Fred or Barney';
if ( $names =~ m/(?<name1>\w+) (?:and|or) (?<name2>\w+)/ ) {
  say "I saw $+{name1} and $+{name2}";
}
```

これで、正しく表示されるようになりました。

    I saw Fred and Barney

キャプチャに名前を付けてしまえば、それを移動したり、さらにキャプチャグループを追加したりしても、既存のキャプチャは影響を受けません。

```
use v5.10;

my $names = 'Fred or Barney';
if ( $names =~ m/((?<name2>\w+) (and|or) (?<name1>\w+))/ ) {
  say "I saw $+{name1} and $+{name2}";
}
```

さて、キャプチャした部分にラベルを付けることができましたが、それを後方参照する手段も必要です。これまでは後方参照には \1 や \g{1} という記法を用いました。ラベル付きのグループの場合には、ラベルを使って \g{label} と書きます。

```
use v5.10;

my $names = 'Fred Flintstone and Wilma Flintstone';

if ( $names =~ m/(?<last_name>\w+) and \w+ \g{last_name}/ ) {
  say "I saw $+{last_name}";
}
```

別の記法も用意されています。\g{label} の代わりに、\k<label> と書くこともできます。

```
use v5.10;

my $names = 'Fred Flintstone and Wilma Flintstone';

if ( $names =~ m/(?<last_name>\w+) and \w+ \k<last_name>/ ) {
  say "I saw $+{last_name}";
}
```

\k<label> は、\g{label} とは少し違います。パターン中に、同じラベルが付いたグループが 2 個以上存在する場合、\k<label> と \g{label} は常に最も左にあるグループを表しますが、\g{N} によって相対後方参照をすることもできます。

また、Python 式の構文 (?<LABEL>...) も使えます。やり方は、(?P<LABEL>...) でキャプチャして、(?P=LABEL) でそのキャプチャを参照します。

```
use v5.10;

my $names = 'Fred Flintstone and Wilma Flintstone';
```

```
if ( $names =~ m/(?P<last_name>\w+) and \w+ (?P=last_name)/ ) {
  say "I saw $+{last_name}";
}
```

8.4.4　自動マッチ変数

　キャプチャするカッコの有無にかかわらず、3個のマッチ変数が無料で提供されます。これが良い知らせです。その一方で、悪い知らせもあります。無料で手に入るマッチ変数は、妙ちくりんな名前を持っているのです。

　Larry は、$gazoo とか $ozmodiar のような、ほんの少しマシな名前を付けることもできたはずです。しかし、このような名前の変数を使いたいと思う人がいるかもしれません。駆け出しのPerl プログラマが、初めて書くプログラムで最初に使う変数の名前を選ぶ前に、Perl の特殊変数すべての名前を覚えなくても済むように、Larry は、Perl の組み込み変数の多くに、妙ちくりんな「おきて破り」の名前を付けることにしました。ここで紹介するマッチ変数は、記号が名前になっている $&、$`、$' です。これらは、奇妙で不細工で風変わりですが、れっきとした変数名なのです。文字列のうち、実際にパターンにマッチした部分が、自動的に $& に格納されます。

```
if ("Hello there, neighbor" =~ /\s(\w+),/) {
  print "That actually matched '$&'.\n";
}
```

　このコードを実行すると、マッチした部分は " there,"（スペース、単語、カンマが並びます）であると表示されます。キャプチャ1（$1 に入ります）には5文字の単語 there のみが入っていますが、$& にはマッチした部分全体が入っています。

　マッチした部分より前にあるものは $` にセットされ、後ろにあるものは $' にセットされます。別の言い方をすれば、正規表現エンジンがマッチを見つけるまでにスキップした部分が $` にセットされ、パターンにマッチされなかった残りの部分が $' にセットされるのです。これら3つの文字列を順に連結すれば、必ず元の文字列が得られることになります。

```
if ("Hello there, neighbor" =~ /\s(\w+),/) {
  print "That was ($`)($&)($').\n";
}
```

　このコードを実行すると、元の文字列は (Hello)(there,)(neighbor) であると表示されるので、これら3つの自動マッチ変数がちゃんと働いているのがわかります。少し先でこれらの変数についてまた取り上げます。

　もちろん、これら3つの自動マッチ変数のどれか、あるいはすべてが空である可能性もあります。この点は、数字を名前に持つキャプチャ変数と同様です。また、自動マッチ変数は、数字の名前を持つマッチ変数と同じスコープを持っています。つまり、次にパターンマッチが成功するまで、値を保持しています。

　さて、先ほどこれら3つの変数 $`、$&、$' は「無料」だと述べました。しかし、うまい話には

落とし穴があるのが世の常です。実は、プログラムのどこかで、3種類の自動マッチ変数をどれか1つでも使うと、すべての正規表現が少しだけ遅くなるのです。

確かに大幅にスピードダウンするわけではありませんが、多くのPerlプログラマは、それを心配して、これらの自動マッチ変数を使いません。彼らはその代わりに回避策をとります。例えば、$& だけが必要ならば、パターン全体をカッコで囲んで、$& の代わりに $1 を使います（キャプチャの番号を振り直す必要があるかもしれません）。

しかし、Perl 5.10 以降のバージョンを使っているなら、いいとこ取りが可能です。/p 修飾子を指定すれば、その正規表現についてのみ、自動マッチ変数に相当する変数を利用することができます。もちろん性能が低下するのは、その正規表現だけです。$` と $& と $' の代わりに、それぞれ ${^PREMATCH} と ${^MATCH} と ${^POSTMATCH} を使ってください。先ほどの例は、それぞれ次のように書き換えることができます。

```
use v5.10;
if ("Hello there, neighbor" =~ /\s(\w+),/p) {
  print "That actually matched '${^MATCH}'.\n";
}

if ("Hello there, neighbor" =~ /\s(\w+),/p) {
  print "That was (${^PREMATCH})(${^MATCH})(${^POSTMATCH}).\n";
}
```

これらの変数の名前は一風変わっています。名前をブレースで囲んだ上に、先頭に ^ を付けます。Perl が進化するにつれ、特殊変数に使える名前が枯渇してしまいました。^ で始まる名前は、普通に使っている変数名とぶつかることはありません（なぜならユーザ定義の変数名には ^ を使えないからです）。しかし、変数名全体をブレースで囲む必要があります。

マッチ変数（自動マッチ変数と数字の名前を持つマッチ変数）が一番よく使われるのは、置換を行うときです。置換については、9章で解説します。

8.5　優先順位

正規表現には多くの種類のメタキャラクタがあるので、それらをまとめた一覧表が欲しいところです。パターンのどの部分が最も「強く結び付く」かを示すのが、優先順位表です。演算子の優先順位表とは違い、正規表現の優先順位表はシンプルで、4つのレベルしかありません。さらにおまけとして、この節では、Perl のパターンで使われるすべてのメタキャラクタを紹介しましょう。表 8-1 に正規表現の優先順位表を示します。

1. 優先順位表の最上位にあるのは、グループ化とキャプチャに使われるカッコ ( ) です。カッコで囲まれたものは、それ以外のあらゆるものより強く結び付きます。

2. 2番目のレベルは、量指定子です。量指定子には、繰り返しを行うもの——アスタリスク (*)、プラス記号 (+)、クエスチョン記号 (?) ——と、ブレースを使って指定するもの——{5,15}、{3,}、{5} など——があります。これらは常に直前のものに結び付きます。

3. 3番目のレベルは、アンカーと並び（sequence）です。アンカーには、これまでに登場した \A、\Z、\z、^、$、\b、\B があります。アンカーには \G もありますが、この本では取り上げません。並び（順に並べたもの）は、メタキャラクタは使いませんが、実際には演算子として働きます。つまり、アンカーが文字に結び付くのと同じ強さで、ワード内の文字が互いに結び付くのです。

4. 優先順位が下から2番目なのは、選択肢を表す縦棒（|）です。これは優先順位が低いので、パターンを部分に分割します。選択肢の優先順位が低いのは、/fred|barney/ のようなパターンで、ワードを構成する文字が、選択肢よりも強く結び付くようにするためです。もし選択肢のほうが並びよりも優先順位が高かったとしたら、このパターンは、最初に fre があり、次に d または b があり、その後ろに arney があるような文字列にマッチしてしまいます。これでは困りますよね。ですから、名前に含まれる文字が結び付くように、選択肢の優先順位のほうを低く設定しているのです。

5. 表の一番下には、パターンの基本要素である**アトム**（atom）と呼ばれるものがあります。個々の文字、文字クラス、後方参照がアトムになります。

表8-1 正規表現の優先順位

正規表現の機能	例
カッコ（グループ化またはキャプチャ）	(...), (?:...), (?<LABEL>...)
量指定子	a*, a+, a?, a{n,m}
アンカーと並び	abc, ^, $, \A, \b, \z, \Z
選択肢	a|b|c
アトム	a, [abc], \d, \1, \g{2}

8.5.1 優先順位の例

複雑な正規表現を解読するには、Perl と同じことを行う必要があります。何を行っているかを知るには、優先順位表を使いましょう。

例えば、/\Afred|barney\z/ は、おそらくプログラマの意図とは違うものにマッチします。なぜなら、選択肢を表すバーは優先順位がとても低いからです。選択肢はパターンを2つの部分に分割します。このパターンは、文字列の先頭にある fred にマッチするか、あるいは末尾にある barney にマッチします。おそらく意図としては、/\A(fred|barney)\z/ というパターンを書きたかったのでしょう。このパターンは、fred だけを含む行、あるいは barney だけを含む行にマッチします。パターン /(wilma|pebbles?)/ は何にマッチするでしょうか。クエスチョン記号は、直前の文字に対して作用します。ですから、このパターンは、（アンカーがないので）おそらく長い文字列に含まれている wilma または pebbles または pebble にマッチします。

パターン /\A(\w+)\s+(\w+)\z/ は、最初に「ワード」があり、次に何個か空白文字があり、最後に別の「ワード」があり、その前後には他に何もない、という行にマッチします。これは、例えば fred flintstone という行にマッチします。ワードを囲んでいるカッコは、グループにまとめるためのものではなく、マッチした部分文字列をキャプチャするためのものです。

複雑なパターンを理解する際には、優先順位を明確にするためにカッコを書き足すとわかりやす

くなります。これでうまくいくのですが、グループ化するカッコは、自動的にキャプチャすることを忘れてはなりません。グループ化だけをしたければ、キャプチャなしのカッコを使ってください。

8.5.2　お楽しみはこれからだ

これで、正規表現の機能のうち、大部分のプログラムが日常的に使用する機能をすべて紹介しました。しかし、この他にも多くの機能が用意されています。そのいくつかは『続・初めての Perl 改訂版』〔Intermediate Perl〕でカバーしていますが、Perl の正規表現に関するさらに詳しい情報を得るには、perlre、perlrequick、perlretut ドキュメントもご覧ください。

8.6　パターンをテストするプログラム

Perl でプログラムを書くようになると、必ずといっていいほど正規表現を使うことになります。パターンの動作を理解するのに苦労することもあるでしょう。パターンが、期待しているより長いものにマッチしたり、短いものにマッチしたりすることがよくあります。あるいは、期待した場所より手前でマッチしたり、ずっと後ろでマッチしたり、マッチするはずのものがマッチしないこともあります。

次のプログラムは、パターンをいくつかの文字列に対してマッチさせて、どの文字列のどこにマッチするかを調べるのに便利です。

```
while (<>) {                        # 1行ずつ読み込む
  chomp;
  if (/パターンをここに置く/) {
    print "Matched: |$`<$&>$'|\n";  # 自動マッチ変数を利用
  } else {
    print "No match: |$_|\n";
  }
}
```

電子書籍でお読みの方はコードを直接コピーアンドペーストできますが、それ以外の方は、コンパニオンサイトのダウンロードセクション（https://www.learning-perl.com/downloads_page/）から入手することができます。

パターンをテストするこのプログラムは、エンドユーザではなく、プログラマが使うことを想定しています。ですから、プロンプトも使い方もまったく表示しません。任意の行数の入力行を読んで、その1行1行を「パターンをここに置く」という場所に置いたパターンとマッチさせます。マッチに成功するたびに、3つの自動マッチ変数（$`、$&、$'）を使って、どこでマッチしたかを表示します。もしパターンとして /match/ を指定して、入力行 beforematchafter を与えたとすると、|before<match>after| と表示されるはずです。実際にパターンにマッチした部分は、山カッコ <> で囲んで示されます。もしパターンが予期しない部分にマッチしていたら、即座にそれがわかるでしょう。

8.7 練習問題

解答は付録 A の節「**8 章の練習問題の解答**」にあります。

問題の中には、本章で紹介したテストプログラムを使うものがあります。このプログラムを自分で手入力しても構いませんが、いろんな記号が登場するので入力を間違えないように気を付けてください。本書のコンパニオンサイトのダウンロードセクション（https://www.learning-perl.com/downloads_page/）からも、このコードを入手できます。

1. ［8］パターンテストプログラムを使って、文字列 match にマッチするパターンを作ってください。プログラムに、文字列 beforematchafter を入力として与えてください。プログラムの出力には、マッチの 3 つの部分が正しい順番で表示されていますか？

2. ［7］パターンテストプログラムを使って、ワード（\w が意味する「ワード」）のどれかが a で終わっていたらマッチするようなパターンを作ってください。このパターンは wilma にはマッチして、barney にはマッチしないでしょうか。Mrs. Wilma Flintstone にはマッチしますか。wilma&fred ではどうでしょうか。7 章の練習問題で使ったサンプルテキストファイル（まだこれらの文字列を追加していなければ、追加してください）を入力として与えてみてください。

3. ［5］問題 2 のプログラムを改造して、文字 a で終わるワードを $1 にキャプチャするようにしてください。コードを書き換えて、変数 $1 の内容をシングルクォートで囲んで表示するようにしてください——例えば、$1 contains 'Wilma' のように表示します。

4. ［5］問題 3 のプログラムを改造して、$1 の代わりに、名前付きキャプチャを使うようにしてください。コードを書き換えて、そのラベル名も表示するようにしてください（例えば、'word' contains 'Wilma' のようにします）。

5. ［5］追加点用の問題：問題 4 のプログラムを改造して、文字 a で終わるワードの直後に続く最大 5 文字を別のキャプチャ変数にキャプチャするようにしてください。コードを書き換えて、両方のキャプチャ変数を表示するようにしてください。例えば、入力文字列が I saw Wilma yesterday だったら、最大 5 文字は「 yest」（先頭にスペースがあります）になります。もし入力文字列が I, Wilma! だったら、追加したキャプチャ変数は 1 文字だけを記憶するはずです。あなたが書いたパターンは、これまでと同様に、単なる wilma にもマッチしますか？

6. ［5］入力した行のうち、行末に（改行文字以外の）空白文字がある行をすべて表示する新しいプログラム（テストプログラムではありません！）を書いてください。出力する行の末尾には、何か目印になる文字を表示して、空白文字が存在することがわかるようにしましょう。

9章
正規表現によるテキスト処理

正規表現を使ってテキストを書き換えることもできます。これまでは、パターンにマッチさせる方法だけを説明してきましたが、この章ではパターンを使って文字列内の一部分を指定して、そこを書き換える方法を解説します。

9.1 s///を使って置換を行う

m//パターンマッチがワープロの「検索」機能だとすれば、「検索して置換する」機能はPerlのs///演算子になるでしょう。s///演算子（**置換演算子**〔substitution operator〕と言います）は、変数の中身のうち、パターンにマッチした部分を、置き換え文字列で置き換えます。

```
$_ = "He's out bowling with Barney tonight.";
s/Barney/Fred/;   # Barney を Fred で置き換える
print "$_\n";
```

m//はどんな文字列式に対してもマッチできるのに対して、s///はデータを書き換えるので、その対象は、**左辺値**（lvalue）に格納されているデータでなければなりません。左辺値は、ほとんどの場合は変数ですが、代入演算子の左辺に対して適用することもできます。

もしマッチに失敗すると、何も起こらず、変数の値は変わりません。

```
# 上のコードの続き；$_ の値は "He's out bowling with Fred tonight."
s/Wilma/Betty/;   # Wilma を Betty で置き換える（失敗する）
```

もちろん、パターンも置き換え文字列はもっと複雑なものでも構いません。次の例では、パターンマッチによってセットされる1番目のキャプチャ変数$1を、置き換え文字列で使っています。

```
s/with (\w+)/against $1's team/;
print "$_\n";   # "He's out bowling against Fred's team tonight." と表示する
```

次に置換のさまざまな例を示します。これらは置換の使い方を示すための例にすぎません。実際のプログラムでは、関連のない置換をこのように立て続けに行うことはまずありません。

```
$_ = "green scaly dinosaur";
s/(\w+) (\w+)/$2, $1/;   # "scaly, green dinosaur" になる
s/\A/huge, /;            # "huge, scaly, green dinosaur" になる
s/,.*een//;              # 空文字で置き換える: "huge dinosaur" になる
s/green/red/;            # マッチに失敗する: "huge dinosaur" のまま
s/\w+$/($`!)$&/;         # "huge (huge !) dinosaur" になる
s/\s+(!\W+)/$1 /;        # "huge (huge!) dinosaur" になる
s/huge/gigantic/;        # "gigantic (huge!) dinosaur" になる
```

s/// 演算子は役に立つブール値を返します。置換が成功すれば真を、失敗すれば偽を返します。

```
$_ = "fred flintstone";
if (s/fred/wilma/) {
  print "Successfully replaced fred with wilma!\n";
}
```

9.1.1 /gによるグローバルな置換

先ほどの例からわかるように、s/// は、置換を複数回行えたとしても、1回だけしか行いません。もちろん、これはデフォルトの動作です。/g フラグを指定すると、s/// は、可能な限りすべての置き換えを行います。なお、置き換えはオーバーラップしません（つまり、置き換えて得られた結果は、それ以上置き換えの対象になりません）。

```
$_ = "home, sweet home!";
s/home/cave/g;
print "$_\n";  # "cave, sweet cave!"
```

グローバル置換は、空白文字を押しつぶす——つまり連続する空白文字を1個のスペースに変換する——際によく使われます。

```
$_ = "Input    data\t may have    extra whitespace.";
s/\s+/ /g;  # "Input data may have extra whitespace." になる
```

空白文字を押しつぶす方法を学んだら、先頭と末尾の空白文字を取り除く方法も知りたいと思うでしょう。これは簡単で、次に示す2つのステップで行うことができます。

```
s/\A\s+//;  # 先頭の空白文字を空文字列で置換する
s/\s+\z//;  # 末尾の空白文字を空文字列で置換する
```

この処理は、次に示すように、選択肢と /g 修飾子を使えば1ステップで実現できるのですが、少なくとも本書の執筆時点では、少し遅いことが知られています。正規表現エンジンは常に改良されていますが、より詳しく知りたい人には Jeffrey Friedl 著『詳説 正規表現 第3版』（オライリー・ジャパン刊）をお勧めします。この本を読めば、どうすれば速い（あるいは遅い）正規表現を書けるかがわかるでしょう。

```
s/\A\s+|\s+\z//g;    # 先頭と末尾の空白文字を取り除く
```

9.1.2 別のデリミタを使う

`m//` や `qw//` の場合と同様に、`s///` 演算子でもデリミタを変えることができます。しかし置換演算子では、デリミタ文字を3回使うので、少し事情が違ってきます。

左右で1対にならない普通の（ペアでない）文字を使う場合には、スラッシュのときと同様に、その文字を3回使います。次の例では、シャープ（#）をデリミタとして使っています。

```
s#\Ahttps://#http://#;
```

しかし左右でペアになる文字をデリミタとして使う場合には、2組のペアを使います。1つのペアはパターンをはさみ、もう1つのペアは置き換え文字列をはさみます。この方式では、パターンをはさむデリミタと置き換え文字列をはさむデリミタは、別であっても構いません。また、置き換え文字列をはさむデリミタには、対にならない普通の文字を使うこともできます。以下の3つはまったく等価です。

```
s{fred}{barney};
s[fred](barney);
s<fred>#barney#;
```

9.1.3 置換修飾子

置換演算子では、`/g` 修飾子に加えて、普通のパターンマッチ演算子の解説で紹介した `/i` と `/x` と `/m` と `/s` 修飾子も使えます（修飾子はどんな順番で指定しても効果は変わりません）。

```
s#wilma#Wilma#gi;      # WiLmA や WILMA をすべて Wilma に置き換える
s{__END__.*}{}s;       # エンドマーカーとそれ以降のすべての行を切り捨てる
```

9.1.4 結合演算子

`m//` 演算子と同様に、結合演算子を使って、`s///` 演算子の対象を指定することができます。

```
$file_name =~ s#\A.*/##s;   # $file_name から Unix スタイルのパスを除去する
```

9.1.5 非破壊置換

置換前のオリジナルの文字列と置換後の文字列を両方とも欲しい場合には、どうすればよいでしょうか。次のように、コピーを作って、それに対して置換を行うことが考えられます。

```
my $original = 'Fred ate 1 rib';
my $copy = $original;
$copy =~ s/\d+ ribs?/10 ribs/;
```

これを1つの文にまとめて、代入を行った結果に対して、置換を行うようにできます。

```
(my $copy = $original) =~ s/\d+ ribs?/10 ribs/;
```

これは少しわかりにくいかもしれません。なぜなら、置換演算子の対象は代入先の変数 $copy であり、実際には $copy の値が変更されるということを、多くの人が忘れているからです。Perl 5.14 では、この仕組みを変える /r 修飾子が導入されました。通常は、s/// の値は置換が行われた回数ですが、/r 修飾子を指定すると、元の文字列は変更せずに、置換の結果を値として返すようになります。

```
use v5.14;

my $copy = $original =~ s/\d+ ribs?/10 ribs/r;
```

これは1つ前の例とほとんど同じに見えますが、カッコがありません。しかし、このケースでは、逆順に処理が行われるのです。まず最初に置換が行われ、その次に代入が行われるのです。2章（と perlop ドキュメント）には、優先順位表があるので確かめてみましょう。=~ のほうが = より優先度が高くなっています。

9.1.6 大文字と小文字の変換

置換を行う際に、置き換える単語の先頭を大文字にしたい（あるいは、したくない）ことがあります。Perl では、バックスラッシュエスケープを使えば、このような仕事は朝飯前です。\U エスケープは、その後ろに続くものをすべて強制的に大文字に変換します。

```
$_ = "I saw Barney with Fred.";
s/(fred|barney)/\U$1/gi;   # $_ は "I saw BARNEY with FRED." になる
```

「8.2.5 文字の解釈を選択する」で解説されている約束事すべてを忘れないでください。

同様に、\L エスケープは、強制的に小文字に変換します。次に示すコードは、上のコードの続きです。

```
s/(fred|barney)/\L$1/gi;   # $_ は "I saw barney with fred." になる
```

デフォルトでは、これらのエスケープは（置き換え）文字列の末尾まで有効ですが、\E を使えば、途中でこの変換を中止することができます。

```
s/(\w+) with (\w+)/\U$2\E with $1/i;   # $_ は "I saw FRED with barney." になる
```

小文字を使って \l や \u と書くと、次の1文字だけが変換されます。

```
s/(fred|barney)/\u$1/ig;   # $_ は "I saw FRED with Barney." になる
```

これらのエスケープは積み重ねることもできます。\u と \L を続けて指定すると、「すべてを小文字にせよ、ただし1文字目を大文字にせよ」という意味になります。

```
s/(fred|barney)/\u\L$1/ig;   # $_ は "I saw Fred with Barney." になる
```

ここでは、この大文字と小文字の変換機能を、置換演算子と関連付けて紹介しましたが、実は、これらのエスケープシーケンスは、すべてのダブルクォート文字列中で利用できます。

```
print "Hello, \L\u$name\E, would you like to play a game?\n";
```

\L と \u の順番はどちらでも構いません。Larry は、これらがよく逆順に書かれることを発見したので、その場合にも、先頭 1 文字を大文字にして残りを小文字にするようにしました。

小文字への変換はすべてが同じではありません。普通は、文字列を比較する前に、正規化するために小文字に変換するでしょう。

```
my $input  = 'fRed';
my $string = 'FRED';
if( "\L$input" eq "\L$string" ) {
  print "They are the same name\n";
}
```

しかし、すべてが期待通りに小文字に変換されるわけではありません。等価形というものがあります。ドイツ語のエスツェット ß は ss と等価なのですが、次のようになってしまいます。

```
use utf8;

my $input  = 'Steinerstraße';
my $string = 'STEINERSTRASSE';
if ( "\L$input" eq "\L$string" ) {       # うまくいかない！
  print "They are the same name\n";
}
```

論理的に ß と ss はマッチするはずだとしても、Perl ではマッチしません。Perl の小文字変換は Unicode のルールを知りません。Perl 5.16 以降を使っていて、正しい Unicode の大文字と小文字の扱いに従いたい場合は、\F（「foldcase」（畳み込み）の f）を使います。

```
use v5.16;

my $input  = 'Steinerstraße';
my $string = 'STEINERSTRASSE';
if ( "\F$input" eq "\F$string" ) {       # うまくいく
  print "They are the same name\n";
}
```

この新しい大文字 / 小文字の扱いでも、İstanbul のような文字列ではうまくいきません。もっと洗練された方法は Unicode::Casing モジュールを使うことです。

ここで紹介した大文字 / 小文字の変換機能は、関数 lc、uc、fc、lcfirst、ucfirst によって利

用できます。

```
my $start   = "Fred";
my $uncapp  = lc( $start );          # fred
my $uppered = uc( $uncapp );         # FRED
my $lowered = lc( $uppered );        # fred
my $capped  = ucfirst( $lowered );   # Fred
my $folded  = fc( $uncapped );       # fred
```

9.1.7　メタクォート

　大文字/小文字変換に似ているエスケープがもう1つあります。\Q は、文字列中のメタキャラクタをすべてクォートします。名前の前にあるリテラルのカッコを取り除くパターンを次のように書いたとしましょう。

```
if ( s/(((Fred/Fred/ ) {      # コンパイルされない！
  print "Replaced name\n";
}
```

カッコをリテラルとして扱うためには、クォートする必要があります。

```
if ( s/\(\(\(Fred/Fred/ ) {    # コンパイルされるが見にくい！
  print "Replaced name\n";
}
```

　バックスラッシュがいくつも並ぶと読みにくくてイライラします。このようなケースでは \Q を使えば、それ以降のすべてをクォートしてくれるので、パターンが読みやすくなります。

```
if ( s/\Q(((Fred/Fred/ ) {     # 少し読みやすくなった
  print "Replaced name\n";
}
```

パターンの一部だけをクォートするには、\E を使います。

```
if ( s/\Q(((\E(Fred)/$1/ ) {   # さらに読みやすくなった
  print "Replaced $1\n";
}
```

　パターンに変数展開する際に、その内容をリテラル文字として扱いたい場合に便利です。変数に入っていた値に対して、\Q が適用されます。

```
if ( s/\Q$prefix\E(Fred)/$1/ ) {    # コンパイルされる！
  print "Replaced $1\n";
}
```

　前もって quotemeta 関数を適用することによって、同じことを行えます。

```
my $prefix = quotemeta( $input_pattern );
if ( s/$prefix(Fred)/$1/ ) {      # コンパイルされる！
  print "Replaced $1\n";
}
```

9.2　split演算子

　正規表現を使用するもう1つの演算子として split があります。split は、指定したパターンにしたがって文字列を分割します。split は、タブで区切られたデータ、コロンで区切られたデータ、空白文字で区切られたデータ、そしてその他あらゆるもので区切られたデータを扱う際に非常に役に立ちます。セパレータ（区切り）を正規表現（一般には単純なもの）で指定できるのなら、split を利用することができます。具体的には次のようにします。

```
my @fields = split /separator/, $string;
```

ただし、「カンマで区切られた値」（comma-separated value）、いわゆる CSV ファイルを除きます。これを split で処理するのは苦行以外の何物でもありません。CPAN から Text::CSV_XS モジュールを入手してください。

　split 演算子は、パターンをずらしながら文字列に対してマッチを行い、セパレータで区切られたフィールド（部分文字列）のリストを返します。パターンがマッチするたびに、そこでフィールドが終わり、次のフィールドが始まります。ですから、パターンにマッチした部分は、返されるフィールドには含まれません。次に典型的な split パターン（コロンで分割します）を示します。

```
my @fields = split /:/, "abc:def:g:h";   # ("abc", "def", "g", "h") を返す
```

　デリミタが2個連続する場合には、空フィールドとなります。

```
my @fields = split /:/, "abc:def::g:h";  # ("abc", "def", "", "g", "h") を返す
```

　ここで規則を1つ紹介しましょう。最初は奇妙に感じられるかもしれませんが、この規則がトラブルの原因となることはまずありません。その規則とは「先頭の空フィールドは必ず返されるが、末尾の空フィールドは捨てられる」というものです。

```
my @fields = split /:/, ":::a:b:c:::";   # ("", "", "", "a", "b", "c") を返す
```

　末尾の空フィールドが欲しければ、split の第3引数に -1 を指定してください。

```
my @fields = split /:/, ":::a:b:c:::", -1;  # ("", "", "", "a", "b", "c", "", "", "") を返す
```

　パターンに /\s+/ を指定して、空白文字で split することもよく行われます。このパターンでは、連続した空白文字は1個のスペースと等価になります。

```perl
    my $some_input = "This   is a \t      test.\n";
    my @args = split /\s+/, $some_input;  # ("This", "is", "a", "test.")
```

デフォルトでは、split は $_ の内容を空白文字で分割します。

```perl
    my @fields = split;  # split /\s+/, $_;と似ている
```

これは、パターンに /\s+/ を指定するのとほぼ等価ですが、この特別なケースでは、先頭の空フィールドが捨てられるという点が違います。つまり、もし行の先頭に空白文字があったとしても、リストの先頭には空フィールドが返されないのです。$_ 以外の文字列を空白文字で分割する際に、これと同じ動作をさせたければ、パターンとしてスペース1個を指定して split ' ', $other_string のようにしてください。パターンの代わりに1個のスペースを指定した場合、split はこの特別な動作をします。

一般に split で使うパターンは、ここでお見せしたような単純なものばかりです。しかし、パターンが複雑になる場合には、パターン内でキャプチャするカッコを使わないように注意してください。なぜなら、キャプチャするカッコを使うことによって、「セパレータ保存モード」（詳しくは perlfunc ドキュメントを参照）になってしまうからです。split のパターンでグループ化をしたければ、キャプチャしないカッコ (?:) を使ってください。

9.3　join関数

join 関数はパターンを使いませんが、split の反対の処理をする関数です。split は文字列をばらばらに分解するのに対して、join はばらばらの文字列を接着して1つの文字列にします。join 関数は次のように使います。

```perl
    my $result = join $glue, @pieces;
```

join 関数の第1引数は「のり（glue）」で、どんな文字列を指定しても構いません。残りの引数は、貼り合わせるべき「破片」のリストです。join は、「破片」の間に「のり」文字列をはさんで貼り合わせて、出来上がった文字列を返します。

```perl
    my $x = join ":", 4, 6, 8, 10, 12;  # $xは"4:6:8:10:12"になる
```

この例では、要素が5個あるので、返される文字列には4個のコロンが含まれています。つまり、「のり」が4個使われています。「のり」は要素の間のみに使われ、先頭（最初の要素の前）や末尾（最後の要素の後ろ）では使われません。ですから、「のり」の個数は、リストの要素の個数よりも常に1つ少なくなります。

つまり、リストに最低2個の要素がなければ、「のり」は使われません。

```perl
    my $y = join "foo", "bar";          # 結果は"bar"、「のり」foo は使われない
    my @empty;                          # 空の配列
    my $empty = join "baz", @empty;     # 要素がないので、空文字列を返す
```

次の例では、2つ前のコード例の文字列 $x を分解してから、別のデリミタをはさんで貼り合わせています。

```perl
my @values = split /:/, $x;    # @values は (4, 6, 8, 10, 12) になる
my $z = join "-", @values;     # $z は "4-6-8-10-12" になる
```

split と join はよくいっしょに使われますが、join の最初の引数は、パターンではなく、文字列であることを忘れないでください。

9.4　m//をリストコンテキストで使う

split を使うときには、パターンでセパレータ——データのうち不要となる部分——を指定します。場合によっては、これとは反対に、必要な部分を指定したほうが簡単なこともあります。

リストコンテキストでパターンマッチ（m//）を実行すると、戻り値として、マッチによって作られたキャプチャ変数のリストを返します。また、マッチが失敗した場合には空リストを返します。

```perl
$_ = "Hello there, neighbor!";
my ($first, $second, $third) = /(\S+) (\S+), (\S+)/;
print "$second is my $third\n";
```

これを利用すれば、マッチ変数に、わかりやすい名前を与えることができます。また、これらの名前（変数名）は、次にパターンマッチを実行した後でも有効です（この例では =~ を使っていないので、デフォルトの $_ に対してパターンマッチを行います）。

s/// 演算子の項で登場した /g 修飾子は、m// 演算子に対しても指定することができます。この場合、文字列に対してマッチが複数回起こるようになります。次の例では、パターンには1組のカッコがあり、マッチするたびにキャプチャした文字列を返します。

```perl
my $text = "Fred dropped a 5 ton granite block on Mr. Slate";
my @words = ($text =~ /([a-z]+)/ig);
print "Result: @words\n";
# Result: Fred dropped a ton granite block on Mr Slate と表示する
```

これは、split を「裏返し」で使うのと似ています。取り除きたい部分の代わりに、残したい部分を指定するのです。

実際には、もしカッコのペアが2組以上あれば、マッチのたびに複数の文字列を返すこともできます。次のコード例のように、ハッシュに読み込みたい文字列があったとします。

```perl
my $text = "Barney Rubble Fred Flintstone Wilma Flintstone";
my %last_name = ($text =~ /(\w+)\s+(\w+)/g);
```

ここでは、パターンがマッチするたびに、キャプチャした文字列のペアを返します。これらのペアになった文字列は、新しく作られるハッシュのキーと値になります。

9.5 より強力な正規表現機能

これまでに（ほぼ）3章を費やして正規表現を紹介してきました。正規表現がPerlのコアとなる強力な機能であることを実感できたはずです。しかしPerlの開発者たちは、さらに多くの機能を追加しています。この節では、そのうち最も重要なものをいくつか紹介しましょう。またそれとともに、正規表現エンジンの内部動作について、もう少し詳しく説明を加えます。

9.5.1 欲張りでない量指定子

これまでに登場した量指定子は、すべてが欲張り（greedy）なものでした。欲張りな量指定子は、最左最長のルールに従って、できるだけ長い部分にマッチしようとします。時には、マッチしすぎることがあります。

次の例を考えてみましょう。この例ではタグの間に置かれている名前を、すべて大文字に置き換えようとしています。

```
my $text = '<b>Fred</b> and <b>Barney</b>';
$text =~ s|<b>(.*)</b>|<b>\U$1\E</b>|g;
print "$text\n";
```

これはうまく動かず、次のように表示します。

```
<b>FRED</B> AND <B>BARNEY</b>
```

何が起こったのでしょうか。グローバルマッチを行い、2回マッチするはずです。実際には何回マッチしたのか表示してみましょう。

```
my $text = '<b>Fred</b> and <b>Barney</b>';
my $match_count = $text =~ s|<b>(.*)</b>|\U$1|g;
print "$match_count: $text\n";
```

たった1回しかマッチしていません。

```
1: FRED</B> AND <B>BARNEY
```

`<b>`から次の`</b>`までにマッチさせたかったのに、`.*`は欲張りなので、1番目の`<b>`から最後の`</b>`までのすべてにマッチしてしまいました。これは、正規表現を使ってHTMLをパースする際に起こる問題の1つです。

Perlを使う多くの人は、正規表現ではHTMLをパースすることはできないと言います。しかし、Perlの機能のためにできないのではなく、十分なスキルがあれば可能です。Tom ChristiansはStackOverflowでの答えの中で、正規表現でHTMLがパースできることを示しています（http://stackoverflow.com/a/4234491/2766176）。

`.*`は、可能な限り長い部分にマッチしようとしますが、それでは困ります。最小限の部分にマッチして欲しいのです。量指定子の直後に？を置くと、その量指定子は最初にマッチする部分を見つ

けたら、そこでマッチを停止するようになります。

```perl
my $text = '<b>Fred</b> and <b>Barney</b>';
my $match_count = $text =~ s|<b>(.*?)</b>|\U$1|g; # 欲張りではない
print "$match_count: $text\n";
```

今度はマッチが2回行われ、名前だけが大文字に変換されています。

```
2: FRED and BARNEY
```

この正規表現は、文字列の末尾までマッチしてから、パターンの残り部分がマッチできるようにバックトラックするのではなく、パターンが次の部分に進みすぎないようにします（表9-1 を参照）。

表9-1　正規表現で使える欲張りでない量指定子

マッチする回数	メタキャラクタ
??	0回（あまり役に立たない）
*?	0回以上、できるだけ少なく
+?	1回以上、できるだけ少なく
{3,}?	少なくとも3回、しかしできるだけ少なく
{3,5}	少なくとも3回、最高5回、しかしできるだけ少なく
{3}?	ちょうど3回

9.5.2　ファンシーなワード境界

\b は、「ワード」文字と非「ワード」文字の間にマッチします。7章で説明したように、Perl の考えるワードは、われわれの考えるワードとは少し違います。例えば、文字列内の各ワードの先頭の文字を大文字にしたいとします。ワード境界の直後の文字を置き換えればよいと考えるかもしれません。

```perl
my $string = "This doesn't capitalize correctly.";
$string =~ s/\b(\w)/\U$1/g;
print "$string\n";
```

Perl の定義では、アポストロフィーは、ワードの途中にあったとしてもワード境界となります（本来は2つのワードを短縮したものですが）。

```
This Doesn'T Capitalize Correctly.
```

Unicode は、Unicode テクニカルレポート #18（http://unicode.org/reports/tr18/tr18-5.1.html）において正規表現準拠のレベルを指定しています。このテクニカルレポートでは洗練された境界アサーションも指定しています。Perl は Unicode に最も準拠した言語を目指しています。

Unicode 定義に基づいた新しい種類のワード境界が Perl 5.22 で追加されました。その定義では、現在の位置のまわりを調べることにより、ワードの先頭や末尾をより正確に推測できるように

なっています。新しい境界の構文では \b の後ろに、ブレースで囲んで境界の種類を指定します。

```
use v5.22;

my $string = "this doesn't capitalize correctly.";
$string =~ s/\b{wb}(\w)/\U$1/g;
print "$string\n";
```

\b{wb} は十分に賢いので、アポストロフィーの次の t は新しいワードを開始しないと判断します。

```
This Doesn't Capitalize Correctly.
```

使用される規則は少し複雑で完全ではありませんが、以前からの \b よりも優れています。

Perl 5.22 では新しく文の境界も追加されています。\b{sb} は一連の規則を使って、句読点が文の末尾にあるのか、あるいは「Mr. Flintstone」のように内部にあるのかを推測します。

しかしこれだけでは不十分なので、Perl 5.24 では行境界が追加されています。行境界は、ワードの途中、不適切な句読点、改行されない空白で行を折り返さないように、改行する適切な場所を示すものです。\b{lb} はどこに改行を入れるべきかを知っています。

```
$string =~ s/(.{50,75}\b{lb})/$1\n/g;
```

他のファンシーなワード境界と同様に、行境界はヒューリスティックに基づいて推測を行います。場合によっては望んだ場所で改行ができていないかもしれません。

9.5.3　複数行のテキストに対するマッチ

本来の正規表現は単一のテキスト行をマッチの対象としていました。しかし、Perl は任意長の文字列を扱えるので、Perl のパターンは、単一行のテキストと同様に、複数行のテキストにも容易にマッチできるようになっています。もちろん、マッチの対象となる式には、複数行のテキストが入っている文字列を指定しなければなりません。次に示すのは4行のテキストからなる文字列です。

```
$_ = "I'm much better\nthan Barney is\nat bowling,\nWilma.\n";
```

アンカー ^ と $ は、通常は文字列全体の先頭と末尾にマッチします（これは8章で説明しました）。しかし /m 修飾子を指定することにより、これらのアンカーは文字列中に埋め込まれた改行文字にもマッチするようになります（m は multiple line〔複数行〕の略だと考えてください）。/m 修飾子によって、アンカー ^ と $ は、文字列全体ではなく、各行の先頭と末尾にマッチするアンカーになるのです。ですから、次の例ではマッチは成功します。

```
print "Found 'wilma' at start of line\n" if /^wilma\b/im;
```

同様にして、複数行が入っている文字列の中の各行を対象に、置換を行うことができます。次のコードでは、ファイル全体を1個の変数に読み込んでから、各行の先頭にプレフィックスとして

ファイル名を付けます。

```
open FILE, $filename
  or die "Can't open '$filename': $!";
my $lines = join '', <FILE>;
$lines =~ s/^/$filename: /gm;
```

9.5.4　たくさんのファイルを更新する

　プログラムを使ってテキストファイルを更新する際によく使われるテクニックは、元ファイルの内容をもとに別ファイルを新たに作り、その際に必要に応じて内容に変更を加える、というものです。これから説明するように、このテクニックを使えば、ファイルそのものを更新するのとほとんど同じ結果が得られますが、いくつかの有用な副作用もあります。

　今から説明する例では、同じようなフォーマットのファイルが数百個あったとしましょう。その1つであるファイル fred03.dat の内容を全部示すと次のようになります。

```
Program name: granite
Author: Gilbert Bates
Company: RockSoft
Department: R&D
Phone: +1 503 555-0095
Date: Tues March 9, 2004
Version: 2.1
Size: 21k
Status: Final beta
```

このファイルを修正して、情報の一部を変えたいものとしましょう。修正後は、次のような感じになります。

```
Program name: granite
Author: Randal L. Schwartz
Company: RockSoft
Department: R&D
Date: June 12, 2008 6:38 pm
Version: 2.1
Size: 21k
Status: Final beta
```

　ひとことで言えば、3つの変更——Author の名前を変える、Date を今日の日付にする、Phone を完全に取り除く——を加える必要があります。そして、同じような数百個のファイルすべてに対して、この変更を加える必要があります。

　Perl では、ダイヤモンド演算子（<>）の力を借りれば、複数のファイルに対して**書き戻し編集**（in-place editing）を行うことができます。次に示すプログラムは、あなたがやりたいことを実現していますが、はじめはその仕組みがよくわからないかもしれません。このプログラムに登場する新機能は特殊変数 $^I だけです。今のところはこれを無視しておきます。これについては、後ほど説明しましょう。

```perl
#!/usr/bin/perl -w

use strict;

chomp(my $date = `date`);
$^I = ".bak";

while (<>) {
  s/\AAuthor:.*/Author: Randal L. Schwartz/;
  s/\APhone:.*\n//;
  s/\ADate:.*/Date: $date/;
  print;
}
```

今日の日付が必要なので、このプログラムはまず最初にシステムの date コマンドを起動します。日付を得るための、より優れた方法は、Perl の localtime 関数をスカラーコンテキストで呼び出すことでしょう（得られるデータのフォーマットが少し違います）。

```perl
my $date = localtime;
```

その次の行では $^I に値をセットしていますが、この説明は後回しにしましょう。

ダイヤモンド演算子が読み込むファイルのリストは、コマンドラインから与えられます。メインループでは、ファイルを1行ずつ順番に読み込んで、それを更新して、表示します。これまでの知識では、次のようなことが起こるはずです。修正を加えられたファイルの内容はすべてターミナルに表示され、するするとスクロールされて消えてゆきます。しかし、肝心なファイルの中身は元のまま変わりません。種明かしをするまで、もう少しの辛抱です。2番目の置換では、電話番号 (Phone) が入っている行全体を空文字列で置き換えていることに注意してください。改行文字すら残さないので、print しても、あたかも Phone の行が存在しなかったかのように、何も表示されません。入力した行のほとんどは、これら3つのパターンのどれにもマッチしないので、変更されずに出力されます。

ですから、この結果は求めていたものに近いのですが、更新された情報をどうやってディスク上に書き戻すか、という核心の部分が明らかにされていません。その答えは、特殊変数 $^I にあります。デフォルトではこの変数の値は undef になっていて、すべては通常通りに行われます。しかし $^I に何か文字列をセットすると、ダイヤモンド演算子（<>）はさらに強力なマジックを発揮するようになります。

あなたは、ダイヤモンド演算子のマジックについてすでに多くを知っています。ダイヤモンド演算子は、一連のファイルを自動的にオープンしてクローズしてくれます。また、ファイル名が指定されていなければ、標準入力を読みます。しかし、もし $^I に文字列がセットされていたら、その文字列をバックアップファイル名の拡張子として使うようになります。その動作を説明しましょう。

ダイヤモンド演算子が、ファイル fred03.dat をオープンする処理について考えてみましょう。ダイヤモンド演算子は従来通りにそのファイルをオープンしますが、今度はさらにそのファイルを fred03.dat.bak という名前にリネームします。オープンされたファイルはリネーム前と変わり

ませんが、今やそのファイルはディスク上では別の名前になっています。次に、ダイヤモンド演算子は新しいファイルを作成して、それに fred03.dat という名前を与えます。これはまったく問題ありません。なぜなら、先ほどリネームしたので fred03.dat というファイルは存在しないからです。そして、ダイヤモンド演算子は、この新しいファイルをデフォルトの出力先としてセレクトするので、あなたが print したものはすべてそのファイルに書き込まれます。while ループでは、古いファイルから 1 行ずつ読み込んで、それを更新してから、新しいファイルに書き込みます。普通のマシンでは、このプログラムは数千個のファイルをほんの数秒で更新することができます。とてもパワフルですよね。

ダイヤモンド演算子は、元ファイルのパーミッションと所有者の設定を、できる限り忠実に再現しようとします。詳細は使用しているシステムのドキュメントを参照してください。

プログラムが終了した後で、ユーザは何を目にするでしょうか。ユーザは「何が起こったかわかったぞ！ Perl は私のファイル fred03.dat を編集して必要な変更を加えてくれて、さらに親切なことに元の内容をバックアップファイル fred03.dat.bak に残しておいてくれたんだ」と言うことでしょう。しかしあなたは真実を知っています。実際には Perl はファイルを編集していません。Perl は変更を加えたコピーを作って、「アブラカダブラ！」と呪文を唱えて、ユーザが魔法の杖から火花が散るのを見とれている間に、新旧のファイルをすり替えたのです。実に巧妙なトリックです。

$^I にチルダ（~）を指定して、emacs のバックアップファイルと同じような名前を付ける人もいます。$^I に設定可能なもう 1 つの値として空文字列があります。この場合、書き戻し編集を行いますが、元データをバックアップファイルに保存しません。しかし、パターンをタイプミスすると元データをすべて消してしまう可能性があるので、$^I に空文字列をセットすることはお勧めしません（ただし、バックアップテープのありがたさを痛感したい場合を除く）。作業が終わってから、バックアップファイルを消すのは簡単です。そして何かがうまくいかなかったときには、Perl を使ってバックアップファイルを元の名前に戻すことができます。「13.8　ファイルの名前を変更する」で例を示しましょう。

9.5.5　コマンドラインから書き戻し編集を行う

前節のようなプログラムは、手間をかけずに簡単に書くことができます。しかし Larry はそれでも不十分だと考えました。

正しいスペルは Randal（エル l が 1 個）なのに、間違えて Randall と綴っているファイルが何百個もあり、それらを修正しなければならなかったとしましょう。前節のようなプログラムを書いてもよいでしょう。あるいは、コマンドラインに直接書ける 1 行プログラムによって、この作業を行うこともできます。

```
$ perl -p -i.bak -w -e 's/Randall/Randal/g' fred*.dat
```

Perl は、多数のコマンドラインオプションを用意しているので、それらをうまく活用すれば、

キーを少しタイプするだけで完全なプログラムを作ることができます。ここでは、そのうち頻繁に使われるものを紹介します（残りについてはperlrunドキュメントを参照してください）。

　コマンドをperlで始めるということは、ファイルの先頭に#!/usr/bin/perlを置くのと似ています。つまり「それ以降の部分をperlというプログラムで処理する」ということを意味しています。

　-pオプションは、Perlに対して、あなたのためにプログラムを書くように依頼します。とはいえ、大したプログラムではありません。だいたい次のようなものです。

```
while (<>) {
  print;
}
```

　コードがもっと少なくてよければ、代わりに-nオプションを使うことができます。-nオプションを指定すると、printを自動的には行わなくなるので、必要なものだけを自分でprintすることができます（awkのファンを自認する方には-pと-nはすでにおなじみでしょう）。-pの場合と同様に、これも大したプログラムではありませんが、キーを数回タイプするだけで手に入るのですからお値打ち品です。

　次のオプションは-i.bakです。これはプログラムを開始する前に、$^Iに".bak"をセットします。バックアップファイルが不要なら、拡張子を省略して-iだけを指定することもできます。予備のパラシュートは不要と考える人は、飛行機にパラシュートを1個だけ積んでおけばよいでしょう。

　-wはすでに登場しました。これは警告を有効にします。

　-eオプションは「この後ろに、実行するコードが続く」という意味です。つまり、s/Randall/Randal/gという文字列はPerlのコードとして扱われることになります。すでに（-pオプションによって）whileループがあるので、このコードは、そのループのprintの前に置かれます。技術的な理由から、-eで与えるコードの最後のセミコロンは省略できます。しかし-eを2回以上指定した場合には、コードが複数存在するので、省略できるのは最後に指定したコードの末尾のセミコロンだけです。

　最後のコマンドラインパラメータはfred*.datです。このファイル名パターンにマッチしたファイル名のリストが、@ARGVにセットされます。これらをすべて合わせると、次のようなプログラムを書いて、ファイル名パターンfred*.datにマッチするすべてのファイルを処理するのと同じことになります。

```
#!/usr/bin/perl -w

$^I = ".bak";

while (<>) {
 s/Randall/Randal/g;
 print;
}
```

このプログラムを、前の節で取り上げたプログラムと比較してみてください。よく似ていますね。コマンドラインオプションの便利さがおわかりいただけたと思います。

9.6 練習問題

解答は付録Aの節「**9章の練習問題の解答**」にあります。

1. [7] $what の内容が3回連続して現れるものにマッチするパターンを書いてください。つまり、もし $what の値が fred だったら、そのパターンは fredfredfred にマッチしなければなりません。もし $what が fred|barney だったら、そのパターンは fredfredbarney や barneyfredfred や barneybarneybarney やその他多数のバリエーションにマッチしなければなりません（ヒント：パターンテストプログラムの先頭で、my $what = 'fred|barney'; のような文で $what の値をセットしましょう）。

2. [12] テキストファイルをもとに、修正を加えたコピーを作成するプログラムを書いてください。作成されたコピーでは、文字列 Fred（大文字小文字は区別しません）はすべて Larry に置き換えられているようにします（つまり、Manfred Mann は、ManLarry Mann になっているはずです）。入力ファイルの名前はコマンドラインから指定するようにしてください（ユーザから対話的に入力してもらってはいけません）。出力ファイルの名前は、入力ファイル名に対応した .out で終わる名前にしてください。

3. [8] 問題2のプログラムを改造して、Fred をすべて Wilma に変え、Wilma をすべて Fred に変えるようにしてください。例えば、入力中の fred&wilma は、出力では Wilma&Fred になっているはずです。

4. [10] 追加点用の問題：あなたがこれまでに作った練習問題の解答すべてに、コピーライト表示を追加するプログラムを書いてください。具体的には、ファイルの #! 行の直後に次のような行を挿入します。

   ## Copyright (C) 20XX by Yours Truly

   ファイルは「書き戻し」編集を行い、バックアップを残すようにしてください。このプログラムは、「編集するファイル名を起動時にコマンドラインに指定する」という使い方をするものとします。

5. [15] さらに追加点用の問題：問題4のプログラムを改造して、すでにコピーライト表示が入っているファイルは、編集しないようにしてください。ヒント：ダイヤモンド演算子がいま読んでいるファイルの名前は $ARGV に入っている、ということを利用できるかもしれません。

10章
さまざまな制御構造

　この章では、これまでとは違う Perl コードの書き方を紹介します。たいていの場合、これらのテクニックは、言語を強力にするわけではありませんが、仕事を簡単にできるように手助けしてくれます。コードを書く際にこれらのテクニックを無理に使う必要はありませんが、だからといって、この章を読み飛ばさないでください——遅かれ早かれ他人が書いたコードの中で、ここで紹介する制御構造にお目にかかることになるからです（実際には、本書を読み終えるまでに、必ず目にすることになるでしょう）。

10.1　unless制御構造

　if 制御構造では、条件式が真の場合に限って、コードのブロックを実行します。それとは反対に、条件式が偽の場合に限ってコードのブロックを実行したければ、if の代わりに unless を使ってください。

```
unless ($fred =~ /\A[A-Z_]\w*\z/i) {
  print "The value of \$fred doesn't look like a Perl identifier name.\n";
}
```

unless を使うと、「この条件が真で**なければ**（unless this condition is true）、コードのブロックを実行しなさい」という指示になります。これは、条件を逆にして、if テストをするのと同じことになります。別の言い方をすれば、else 節だけがある if テストだと言うこともできます。つまり、unless を理解できなかったら、次のような if テストに（頭の中で、あるいは実際にプログラムを）書き換えることができます。

```
if ($fred =~ /\A[A-Z_]\w*\z/i) {
  # 何もしない
} else {
  print "The value of \$fred doesn't look like a Perl identifier name.\n";
}
```

　このように書いても効率は良くも悪くもなりませんし、まったく同じ内部バイトコードにコンパイルされるはずです。あるいは、もう1つの書き換え方として、否定演算子（!）を使って条件式

を否定するという方法があります。

```
if ( ! ($fred =~ /\A[A-Z_]\w*\z/i) ) {
  print "The value of \$fred doesn't look like a Perl identifier name.\n";
}
```

自分にとって一番わかりやすい書き方を選ぶようにしましょう。なぜなら、おそらく保守するプログラマにとっても、それが一番わかりやすいでしょうから。if と否定演算子の組み合わせが一番わかりやすいと思うなら、それを使いましょう。しかし、多くの場合は unless を使うほうが自然でしょう。

10.1.1 unlessのelse節

unless に else 節を持たせることもできます。この構文は正式にサポートされていますが、混乱を招くおそれもあります。

```
unless ($mon =~ /\AFeb/) {
  print "This month has at least thirty days.\n";
} else {
  print "Do you see what's going on here?\n";
}
```

特に、最初の節がとても短く（たぶん1行）、2番目の節（else 節）が5〜6行になるケースで、この書き方を好む人もいます。しかし、このような場合には、条件式を否定した if 文として書くか、あるいは節を入れ換えて通常の if 文にすることもできます。

```
if ($mon =~ /\AFeb/) {
  print "Do you see what's going on here?\n";
} else {
  print "This month has at least thirty days.\n";
}
```

コードを書く際には、常に2人の「読み手」を意識することが大切です。2人の読み手とは、コードを実行するコンピュータとコードのお守りをする人間のことです。もしあなたが書いたコードを人間が理解できなければ、遠からずコンピュータも正しい処理をしなくなるでしょう。

10.2　until制御構造

ときには、while ループの条件を反転させたいことがあります。そうするには、until を使います。

```
until ($j > $i) {
  $j *= 2;
}
```

このループは、条件式が真を返すまで繰り返し実行されます。実際にはこれは while ループが変

装したものにすぎません。ただし条件式が（真ではなく）偽である間、繰り返すという点が違います。まず最初の繰り返しを行う前に条件式を評価するので、while ループと同様に、ループは 0 回以上実行されることになります。if と unless の場合と同様に、すべての until ループは、条件式を否定することにより、while ループに書き換えることが可能です。しかし、しばしば until を使うほうがシンプルで自然に書けます。

10.3　文修飾子

コードをさらに短く書けるようにするために、Perl では、文の後ろに、その文を制御する**修飾子**（modifier）を置くことができます。例えば、if 修飾子は、if ブロックと似た働きをします。

```
print "$n is a negative number.\n" if $n < 0;
```

上のコードは——カッコとブレースの分だけタイプ量が節約できたことを除けば——if ブロックを使った以下のコードと、まったく同じ動きをします。

```
if ($n < 0) {
  print "$n is a negative number.\n";
}
```

以前にも言いましたが、Perl プログラマはできるだけタイプせずに済まそうとするのです。また修飾子を使った短い書き方は、英語のように読み下すことができます。「print this message if $n is less than zero」（「このメッセージを表示せよ、もし $n が 0 より小さければ」）。

条件式は、最後に置かれているにもかかわらず、真っ先に評価されることに注意してください。これは、左から右へという通常の流れとは、逆になっています。Perl のコードを理解する際に、ある文が何をするかを知るためには、Perl の内部コンパイラと同じようにして、まず文を最後まで読む必要があります。

他の種類の修飾子も用意されています。

```
&error("Invalid input") unless &valid($input);
$i *= 2 until $i > $j;
print " ", ($n += 2) while $n < 10;
&greet($_) foreach @person;
```

これらはすべて、あなたの期待通りの動作をするはずです（とわれわれは期待しています）。つまり、これらはいずれも、先ほどの if 修飾子の例と同様にして、書き換えることができます。その一例を次に示します。

```
while ($n < 10) {
  print " ", ($n += 2);
}
```

print の引数リストのカッコで囲まれた式に注目してください。この式は $n に 2 を加えて、その結果を $n に格納しています。そして、加算後の新しい値を返すので、その値が表示されます。

修飾子を使った短い書き方は、ほぼ自然言語のように読み下すことができます。「call the &greet subroutine for each @person in the list.」(「サブルーチン &greet を呼び出せ、リストの各 @person に対して」)、「Double $i until it's larger than $j」(「$i を 2 倍にせよ、それが $j より大きくなるまで」)。次に示すのは、これらの修飾子の典型的な使い方です。

```
print "fred is '$fred', barney is '$barney'\n"          if $I_am_curious;
```

コードをこのように「引っくり返して」書くことによって、文の重要な部分を先頭に置くことができます。この文の主たる目的は、変数の内容をモニターすることです。興味がある (curious) かどうかをチェックすることではありません。もちろん、この $I_am_curious (「私は興味がある」の意) という名前は、われわれが命名したものです。Perl の組み込み変数ではありません。一般に、このテクニックを使う人は、変数に $TRACING という名前を付けたり、あるいは constant プラグマで宣言した定数を使ったりします。このような文を 1 行に収めることを好む人もいます。その際には、上のコード例のように、if の前にタブ文字を何個か入れます。あるいは、次の例のように、if 修飾子を次の行にインデントして置くのを好む人もいます。

```
print "fred is '$fred', barney is '$barney'\n"
  if $I_am_curious;
```

修飾子付きの式はいずれもブロックを使えば (「昔ながら」のやり方に) 書き換えることができますが、その逆は常にできるわけではありません。なぜなら、修飾子の前後には 1 個ずつしか式を置けないからです。ですから「式 1 if 式 2 while 式 3 until 式 4 unless 式 5 foreach 式 6」といった書き方はできません。また、修飾子の左側には、複数の文を置くことはできません。もし修飾子の前後に単純な式以外のものを置きたければ、昔ながらのカッコとブレースを使った書き方をしてください。

すでに if 修飾子の説明の際に述べたように、常に制御式 (右側の式) が先に評価されます。これは、昔ながらの書き方の場合と同じです。

foreach 修飾子では制御変数は常に $_ になります。他の変数に変えることはできません。たいていの場合、これは問題にならないでしょう。もし別の変数を使いたければ、従来からの foreach ループを使ってください。

10.4 裸のブロック制御構造

いわゆる**裸のブロック** (naked block) とは、キーワードも条件も付いていないブロックのことを言います。まず、次のような while ループがあったとしましょう。

```
while (condition) {
  body;
  body;
  body;
}
```

ここから、while キーワードと条件式 (condition) を取り除くと、次のような裸のブロックに

なります。

```
{
  body;
  body;
  body;
}
```

　裸のブロックはwhileやforeachループに似ていますが、繰り返しをしないという点が違います。裸のブロックは本体（body）を1回実行するだけで終了します。ループではないのです！

　後ほど裸のブロックの別の使い方も紹介しますが、その特徴の1つは、一時的なレキシカル変数のスコープを提供することです。

```
{
  print "Please enter a number: ";
  chomp(my $n = <STDIN>);
  my $root = sqrt $n;    # 平方根を計算する
  print "The square root of $n is $root.\n";
}
```

　$n と $root は、このブロックをスコープとする一時変数です。一般的なガイドラインとして、すべての変数は、最小のスコープで宣言すべきです。もしほんの数行だけで使うような変数が必要ならば、裸のブロックの中にその数行を置いて、変数をそのブロック内で宣言するようにします。もちろん、後ほど $n や $root の値が必要になるのなら、これらの変数を、より大きなスコープで宣言する必要があります。

　ところで、この例で使われている sqrt 関数とは何者でしょうか。これはまだ紹介していない関数です。Perl には多くの組み込み関数がありますが、その大部分は本書では取り上げません。興味のある人は、perlfunc ドキュメントに目を通してみてください。そこには多数の組み込み関数が紹介されています。

10.5　elsif節

　多くの条件式があり、その中のどれが真になるかを順にチェックしたいことがよくあります。これは、次に示すように、if 制御構造の elsif 節によって実現できます。

```
if ( ! defined $dino) {
  print "The value is undef.\n";                          # undef（未定義値）
} elsif ($dino =~ /^-?\d+\.?$/) {
  print "The value is an integer.\n";                     # 整数
} elsif ($dino =~ /^-?\d*\.\d+$/) {
  print "The value is a _simple_ floating-point number.\n";  # （単純な）浮動小数点数
} elsif ($dino eq '') {
  print "The value is the empty string.\n";               # 空文字列
} else {
  print "The value is the string '$dino'.\n";             # 文字列
}
```

Perlは、条件式を1つずつ順にテストしていきます。条件が成立したら、対応するブロックのコードを実行して、制御構造全体の実行をそこで終えます。そして、プログラムの残り部分の実行を続けます。もしどの条件も成立しなければ、最後にある else ブロックが実行されます（もちろん、else 節は省略可能ですが、このケースでは、else 節はあったほうがよいでしょう）。

elsif 節の個数には制限はありませんが、Perl が 100 番目のテストに到達するまでには、その前にある 99 個のテストを評価する必要がある、ということを忘れないでください。elsif が半ダース以上になってしまう場合には、もっと効率良く書けないか検討すべきです。

ところでキーワードのスペルが elsif となっていることにお気付きでしょうか。e が 1 個足りませんね。もし e を補って「elseif」と書くと、Perl は「そのスペルは間違っている」と文句をつけます。なぜでしょうか。Larry がそう決めたからです。

10.6　オートインクリメントとオートデクリメント

スカラー変数をカウンタとして使って、1を加えたり引いたりすることがよく行われます。これは頻繁に行われるので、そのためのショートカットが用意されています。

オートインクリメント演算子（++：autoincrement operator）は、Cやそれに類似の言語と同じように、スカラー変数に1を加えます。

```
my $bedrock = 42;
$bedrock++;   # $bedrock に 1 を加えて、43 になった
```

他のやり方で変数に1を加える場合と同様に、必要に応じて自動的にスカラーが生成されます。

```
my @people = qw{ fred barney fred wilma dino barney fred pebbles };
my %count;                 # 新しい空のハッシュ
$count{$_}++ foreach @people;  # 必要に応じて新しいキーと値が作成される
```

この foreach ループを最初に実行するときには、$count{$_} の値が1つ増やされます。$_ には "fred" が入っているので、$count{"fred"} が対象となります。ですから、$count{"fred"} は undef（要素がまだハッシュに存在しないため）から 1 になります。ループの2回目の実行では、$count{"barney"} が 1 になります。3回目には、$count{"fred"} が 2 になります。このループを繰り返すたびに、%count の要素どれかの値が1つ増えます（その際に必要なら新たに要素が作られます）。このループが終了した時点では、$count{"fred"} は 3 になっています。この方法を使えば、リスト中にどんな要素があり、各要素が何回現れたかを簡単に知ることができます。

同様にして、**オートデクリメント演算子**（--：autodecrement operator）は、スカラー変数の値を1つ減らします。

```
$bedrock--;   # $bedrock から 1 を引く、42 に戻った
```

10.6.1　オートインクリメントの値

変数の値を取り出すと同時に、その値を変更することができます。変数名の前に ++ 演算子

を置くと、まず変数に 1 を加えてから、その値を取り出します。これを**プリインクリメント**（preincrement）と言います。

```
my $m = 5;
my $n = ++$m;   # $m を増やして 6 にしてから、その値を $n に代入する
```

また、変数名の前に -- 演算子を置くと、まず変数から 1 を引いてから、その値を取り出します。これを**プリデクリメント**（predecrement）と言います。

```
my $c = --$m;   # $m を減らして 5 にしてから、その値を $c に代入する
```

ここから話がわかりにくくなるので注意して読んでください。変数名の後ろに ++ 演算子（または --）を置くと、まず変数の値を取り出してから、次に変数に 1 を加えます（または 1 を引きます）。これを**ポストインクリメント**（postincrement）または**ポストデクリメント**（postdecrement）といいます。

```
my $d = $m++;   # $d に古い値 (5) を代入してから、$m を増やして 6 にする
my $e = $m--;   # $e に古い値 (6) を代入してから、$m を減らして 5 にする
```

話がわかりにくいのは、同時に 2 つの仕事を行っているからです。つまり、同じ式の中で、値を取り出すとともに、その値を変えているのです。もし演算子が前に置かれていたら、まず値を増やして（あるいは減らして）から、（変更後の）新しい値を返します。もし変数が前に置かれていたら、まず（古い）値を返してから、変数の値を増やします（あるいは減らします）。別の言い方をすれば、これらの演算子は値を返しますが、その副作用として変数の値を変更するのです。

これらの演算子を単独で式として使う（値は使わずに副作用だけを利用する）場合には、演算子を変数の前後どちらに置いてもまったく違いはありません。

```
$bedrock++;    # $bedrock に 1 を加える
++$bedrock;    # 同じこと、$bedrock に 1 を加える
```

これらの演算子は、ある項目がすでに出現したかどうかを調べるために、よくハッシュとともに用いられます。

```
my @people = qw{ fred barney bamm-bamm wilma dino barney betty pebbles };
my %seen;

foreach (@people) {
  print "I've seen you somewhere before, $_!\n"
    if $seen{$_}++;
}
```

barney が初めて現れたときには、$seen{$_}++ は偽になります。なぜなら、$seen{$_} の値は $seen{"barney"} であり、つまり undef だからです。しかし、この式には $seen{"barney"} の値に 1 を加えるという副作用があります。後ほど再び barney が現れたときには、$seen{"barney"} の

値は真になっているので、メッセージが表示されます。

10.7　for制御構造

　Perlのfor制御構造は、C言語などのfor制御構造と似ています。for制御構造は次のような形をしています（initializationは初期化式、testはテスト、incrementはインクリメント、bodyは本体です）。

```
for (initialization; test; increment) {
  body;
  body;
}
```

　しかし、Perlでは、この種類のループは、本当は次のようなwhileループが変装したものなのです。

```
initialization;
while (test) {
  body;
  body;
  increment;
}
```

　最も一般的なforループの用途は、計算による繰り返しを行うことです。

```
for ($i = 1; $i <= 10; $i++) {  # 1から10までカウントする
  print "I can count to $i!\n";
}
```

　forループを見たことがある人は、コメントを読まなくても、1行目が何をするかわかるでしょう。ループを開始する前に、制御変数$iには1がセットされます。このループは本当にwhileループが変装したものなので、$iが10以下である間、ループを繰り返し実行します。ループを繰り返すごとに、increment（インクリメント）を実行しますが、この例では制御変数$iに1を加算します。

　ですから、このループを1回目に実行するときには、$iは1になっています。これは10以下なので、ループの本体を実行してメッセージを表示します。increment（インクリメント）はループの先頭に記述されていますが、論理的にはループの末尾に置かれていて、メッセージを表示した後に実行されます。その結果、$iは2になり、これは10以下なので、再びメッセージを表示して、次に$iは3に増え、これは10以下なので……と繰り返しが行われます。

　このようにして、プログラムは9までカウントしたというメッセージを表示します。そして$iは1増えて10になり、これは10以下なので、最後にもう1回ループを実行して、10までカウントしたというメッセージを表示します。そして$iが1増えて11になりますが、これは10以下ではありません。ですから、ループを抜けて、プログラムの残り部分に制御が移ります。

　これら3つの部分——initialization（初期化式）、test（テスト）、increment（インクリメン

ト）——がループの先頭にまとまっているので、経験を積んだプログラマなら最初の行を見ただけで「これは $i を 1 から 10 まで増やしていくループだな」とわかります。

　ループが完了した後では、制御変数はループ「後」の値を持っていることに注意しましょう。つまり、このケースでは、制御変数 $i の値は 11 になっています。for ループは非常に柔軟で、あらゆるやり方でカウントすることができます。例えば、10 から 1 までカウントダウンするには次のようにします。

```
for ($i = 10; $i >= 1; $i--) {
  print "I can count down to $i\n";
}
```

また、次のループは、3 刻みで -150 から 1000 までカウントします。

```
for ($i = -150; $i <= 1000; $i += 3) {
  print "$i\n";
}
```

この例では、$i はきっかり 1000 にはなりません。$i のとる値は 3 の倍数なので、最後の繰り返しでは 999 になります。

　実際には、3 つの制御部分（初期化 initialization、テスト test、インクリメント increment）は空でも構いませんが、その場合でも 2 個のセミコロンは省略できません。次に示す（とても変わった）例では、テストは置換演算子になっていて、インクリメントは空になっています。

```
for ($_ = "bedrock"; s/(.)//; ) {   # s/// が成功する間、繰り返す
  print "One character is: $1\n";
}
```

この（暗黙の while ループの）テストでは置換を行っています。置換演算子は、置換に成功した場合に真を返します。この例では、初めてループを実行したときには、置換演算子は bedrock から b を取り除きます。そして、繰り返しのたびに、文字列 bedrock から 1 文字ずつ取り除いていきます。文字列が空になったら、置換は失敗するので、ループは終了します。

　もしテスト式（2 つのセミコロンの間の式）が空ならば、自動的に真であると解釈され、**無限ループ**（infinite loop）になります。けれども、脱出する方法を学ぶまでは、無限ループを作らないでください。ループから抜け出す方法は、本章でこの後に解説します。

```
for (;;) {
  print "It's an infinite loop!\n";
}
```

もし本当に無限ループを書きたければ、次のように while を使うのが Perl らしい書き方です。

```
while (1) {
  print "It's another infinite loop!\n";
}
```

無限ループになって暴走してしまったら、Ctrl-C をタイプすればプログラムを止められます。

Cプログラマは、最初に示した for を使った書き方に慣れています。しかし、Perl の場合、駆け出しのプログラマでさえ、1 が常に真であることを知っているので、この while ループが意図的な無限ループだとわかります。ですから、Perl では、while を使った 2 番目の書き方のほうが概して優れています。Perl は賢いので、このような定数式を認識して最適化で取り除いてしまいます。ですから、効率上はまったく違いがありません。

10.7.1　foreachとforの秘められた関係

実をいうと、Perl のパーサの中では、キーワード foreach はキーワード for と完全に等価です。つまり、プログラムで for と書いても foreach と書いても、Perl は同じものとして扱います。Perl は、for や foreach の後ろに続くカッコの中身を見て、どちらの意味なのかを判断します。もしカッコの中にセミコロンが 2 個あれば、（たったいま説明した）計算型の for ループと認識します。カッコの中にセミコロンがなければ、foreach ループと認識します。

```
for (1..10) {    # 実は 1 から 10 までの foreach ループ
  print "I can count to $_!\n";
}
```

これはキーワード for で始まりますが、実は foreach ループです。Perl はカッコの中に何があるかに基づいて判断します。セミコロンがあれば、C スタイルの for です。ここで示した例を除けば、本書では、foreach ループを書く際には、必ず foreach キーワードを使用しています。どう書くかは個人のスタイルの問題になります。

Perl では、ほとんどすべてのケースで本物の foreach ループを使うのが良い選択です。上の例の foreach ループ（for と書かれています）では、一目見るだけで、このループが 1 から 10 まで繰り返すことがわかります。ところで、同じ処理をしようとしている、次の計算型 for ループのどこがまずいかおわかりでしょうか？

```
for ($i = 1; $i < 10; $i++) {    # おっと！どこか変だぞ！
  print "I can count to $_!\n";
}
```

おそらく今後もこの種のエラーには何度となく遭遇するでしょう。もうわかりましたか？ 正しい回数を指定しているのに、比較のやり方が間違っています。10 は 10 より小さくないので、このコードでは実際には 9 までしか繰り返しません。これは「添字が 1 つずれる」というエラーです[†]。1 文字修正すればうまくいきます。

[†] 訳注：一般に Off-by-One エラーと呼ばれます。

```
for ($i = 1; $i <= 10; $i++) {    # 今度は OK
  print "I can count to $_!\n";
}
```

10.8　ループを制御する

もうすでにお気付きかと思いますが、Perl はいわゆる **構造化プログラミング言語**（structured programming language）です。特に、すべてのコードのブロックは、その先頭が唯一の入り口になっています。しかし、これまでに紹介したやり方よりも、さらに制御や柔軟性が必要なこともあります。例えば、while ループに似ているけれど、最低 1 回は必ず実行するループが欲しいことがあるでしょう。また、コードのブロックの途中から抜け出したいこともあるでしょう。Perl は、ループにあらゆる芸当をさせるために、ループブロック内で使える 3 種類のループ制御演算子を用意しています。

10.8.1　last 演算子

last 演算子は、ループの実行を即座に終了させます（もし C や C に似た言語で break 文を使ったことがあれば、それと同じようなものです）。これはループブロックにおける「非常口」になります。last に行き当たれば、ループはそこで終わります。

例えば次のように使います。

```
# fred が現れる行をすべて表示する、ただし __END__ マーカーが現れるまで
while (<STDIN>) {
  if (/__END__/) {
    # このマーカー行以降は入力しない
    last;
  } elsif (/fred/) {
    print;
  }
}
## last によってここに抜け出してくる ##
```

入力行に __END__ マーカーがあれば、このループはそこで終了します。もちろん、コードの最後にあるコメント行は、単なるコメントにすぎません。この行はなくても構いません。last で抜け出してくる場所を示すために置いただけです。

Perl には 5 種類のループブロックがあります。それは、for ブロック、foreach ブロック、while ブロック、until ブロック、裸のブロックです。if ブロックとサブルーチンのブレースは、対象にはならないので注意してください。上の例からわかるように、last 演算子はループブロック全体に作用します。

last 演算子は、現在実行中の最も内側のループブロックに作用します。外側のブロックから抜け出す方法は、この章で後ほど紹介するのでお待ちください。

10.8.2　next演算子

ループ自体の実行はまだ続けたいけれど、現在行っている繰り返しを途中で切り上げたいことがあります。それには next 演算子を使用します。next は、現在のループブロックの末尾の**内側**にジャンプします。next を実行した後は、そのループの次の繰り返しに制御が移ります（これは、CやCに似た言語の continue 文とよく似ています）。

```
# 入力ファイル (複数でもよい) に含まれるワードを解析する
while (<>) {
  foreach (split) {    # $_ をワードに分解して、各ワードを順に $_ に代入する
    $total++;
    next if /\W/;      # 変なワードだったら、ループの残りをスキップする
    $valid++;
    $count{$_}++;      # 個々のワードをカウントする
    ## next によってここに飛んでくる ##
  }
}

print "total things = $total, valid words = $valid\n";
foreach $word (sort keys %count) {
  print "$word was seen $count{$word} times.\n";
}
```

　この例は、これまでにお見せしたほとんどの例よりも複雑なので、順を追って説明しましょう。while ループは、ダイヤモンド演算子から1行ずつ読み込んで $_ にセットします。これについては、以前説明した通りです。このループを繰り返し実行するたびに、$_ には次の行が読み込まれます。

　この while ループの中には、split が返す値を順に処理する foreach ループが置かれています。引数なしで split を呼び出したときに使われるデフォルトを覚えていますか？ デフォルトでは、$_ を空白文字で分割するので、$_ の中身がワードのリストに分解されることになります。また、この foreach ループでは制御変数が指定されていないので、$_ が制御変数になります。ですから、$_ にはワードが順にセットされることになります。

　ところで、先ほど「$_ には入力した行が順番にセットされる」と言いましたよね。ええ、外側の while ループでは、確かにその通りです。しかし、foreach ループの内側では、$_ にはワードが順番にセットされるのです。$_ を新しい用途のために再利用しても、Perl にとってはまったく問題ありません。これは日常的に行われていることです。

　さて、foreach ループの中では、$_ にはワードが1つずつ順にセットされます。まず、出現したワードの総数をカウントするために、$total に1を加えます。ところで、次の行（ここがポイントです）では、そのワードが非ワード文字——英文字、数字、アンダースコア以外のもの——を含んでいるかをチェックしています。もしワードが Tom's や full-sized だったり、あるいはカンマやクォートやその他の変わった文字に隣り合っていたら、このパターンにマッチするので、ループの残り部分をスキップして、次のワードに進むことになります。

　でも、ここでは fred のような普通のワードだったとしましょう。その場合には、$valid に1を

加えてから、ワードごとのカウントを記録している $count{$_} にも 1 を加えます。したがって、この二重のループが完了した時点では、ユーザが指定したすべてのファイルのすべての行に含まれている、すべてのワードをカウントしたことになります。

最後の数行については説明を省きます。もう説明しなくても理解できることと思います。

last と同様に、next も 5 種類のループブロック——for、foreach、while、until、裸のブロック——のすべてに対して使うことができます。また、ループブロックがネストしている場合には、最も内側のループが next の対象になります。この節の最後で、それ以外のループを next の対象とする方法を紹介しましょう。

10.8.3　redo 演算子

ループ制御を行う 3 番目の演算子は redo です。redo 演算子は——条件式のテストも行わず、次の繰り返しにも進まずに——現在のループブロックの先頭に戻ります（C や C に似た言語を使ったことがある人は、このような代物にお目にかかったことはないでしょう。これらの言語には、redo に相当する機能はありません）。次に使用例を示しましょう。

```perl
# タイピングのテスト
my @words = qw{ fred barney pebbles dino wilma betty };
my $errors = 0;

foreach (@words) {
  ## redo によってここに飛んでくる ##
  print "Type the word '$_': ";
  chomp(my $try = <STDIN>);
  if ($try ne $_) {
    print "Sorry - That's not right.\n\n";
    $errors++;
    redo;   # ループの先頭に戻る
  }
}
print "You've completed the test, with $errors errors.\n";
```

last や next と同様に、redo も 5 種類のループブロック——for、foreach、while、until、裸のブロック——のすべてに対して使うことができます。また、ループがネストしている場合には、最も内側のループが対象になります。

next と redo の大きな違いは、next は次の繰り返しに進むのに対して、redo は現在の繰り返しを再実行するという点です。次に示すサンプルプログラムを動かせば、3 種類の演算子の動作の違いを知ることができるでしょう。

```perl
foreach (1..10) {
  print "Iteration number $_.\n\n";
  print "Please choose: last, next, redo, or none of the above? ";
  chomp(my $choice = <STDIN>);
  print "\n";
```

```
        last if $choice =~ /last/i;
        next if $choice =~ /next/i;
        redo if $choice =~ /redo/i;
        print "That wasn't any of the choices... onward!\n\n";
    }

    print "That's all, folks!\n";
```

　何も入力せずにいきなりリターンキーを押すと、カウント（「Iteration number 2」のように表示されます）が1つ進みます（これを2～3回繰り返してください）。もしカウントが4のときにlastと入力したら、カウント5にはならずに、すぐにループは終了します。もしカウントが4のときにnextと入力したら、「onward」というメッセージは表示せずに、カウント5に進みます。もしカウントが4のときにredoと入力したら、カウント4をもう一度やり直します。

10.8.4　ラベル付きブロック

　ループ制御演算子の対象として、最も内側のループ以外を指定するには、ラベル（label）を使います。Perlでは、ラベルは他の識別子と似ています。英文字と数字とアンダースコアから構成されますが、先頭には数字は使えません。しかし、ラベルの先頭には$や@のような文字を付けないので、組み込み関数やあなたが定義したサブルーチンの名前と区別できないおそれがあります。ですから、ラベルにprintやifのような名前を付けるのは、まずい選択です。このような理由から、Larryは、ラベル名には大文字のみを使うことを推奨しています。このような名前は、他の種類の識別子と衝突しないことを保証するだけでなく、プログラム中でよく目立つ、という利点もあります。いずれにせよ、ラベルを使うことはまれであり、ラベルを使用しているPerlプログラムはあまり多くはありません。

　ループブロックにラベルを付けるには、そのループの前にラベルとコロンを置きます。そして、ループの内部では、必要に応じてlastやnextやredoの後ろにそのラベルを指定します。

```
    LINE: while (<>) {
      foreach (split) {
        last LINE if /__END__/;   # LINEループから抜ける
        ...
      }
    }
```

　コードを読みやすくするには、インデントが深くても、ラベルを左端に置くとよいでしょう。ラベルはブロック全体に名前を与えるということに注意しましょう。コードの中で飛び先を指定するのではありません。上のサンプルコードでは、特別なトークン __END__ は、入力すべての終わりを表しています。このトークンが現れると、プログラムは残りのすべての行を（他のファイルも含め）無視します。

　ループの名前を名詞にすると、意味が通じやすくなることがあります。次に示すように、外側のループは1行ずつ処理するので、LINEという名前にしました。もし内側のループにもラベルを付けるなら、WORDという名前が適切でしょう。なぜなら、内側のループはワードを1個ずつ処理する

からです。このようなラベルを付けておけば、"(move on to the) next WORD"〔次のワード（に進め）〕とか、"redo (the current) LINE"〔（現在の）行をやり直せ〕などと書けるようになります。

```
LINE: while (<>) {
  WORD: foreach (split) {
    last LINE if /__END__/;  # LINEループから抜ける
    last WORD if /EOL/;      # 残りの行をスキップする
    ...
  }
}
```

10.9　条件演算子

　Larry は、Perl の演算子を決めるに当たって、元 C プログラマに「C にあった『あれ』は、なんで Perl にないんだろう？」という寂しい思いをさせたくなかったので、C の演算子をすべて Perl に持って来ることにしました。このようにして、C で最も混乱の原因となる**条件演算子**（conditional operator）?: も Perl に持ち込まれたのです。条件演算子 ?: は、混乱の元になりますが、とても便利なものです。

　「条件演算子」は if-then-else テストを、1つの式にまとめたようなものです。3つのオペランドを取ることから「三項演算子」（ternary operator）と呼ばれることもあります。この演算子は次のような形をしています。

　　expression ? if_true_expr : if_false_expr

「条件演算子」のことを「三項演算子」と呼ぶ人もいます。Perl には3つの項を受け取る演算子は他に存在しないので、「三項演算子」と言えば「条件演算子」のことだとわかります。古くから Perl を使っている人はいまだに条件演算子のことを「三項演算子」と呼びますが、それは良い習慣でありません。ですから、まねしないでください。

　まず最初に、式 expression を評価して、その値が真か偽かを調べます。もし真ならば2番目の式 if_true_expr が評価され、偽ならば3番目の式 if_false_expr が評価されます。必ず if_true_expr か if_false_expr のどちらか一方だけが評価され、もう一方は無視されます。つまり、もし1番目の式 expression が真ならば、2番目の式 if_true_expr が評価され、3番目の式 if_false_expr は無視されます。もし1番目の式 expression が偽ならば、2番目の式 if_true_expr は無視され、3番目の式 if_false_expr が全体の値として評価されます。

　次の例では、サブルーチン &is_weekend の結果をもとに、変数 $location に代入する文字列を決めています。

　　my $location = &is_weekend($day) ? "home" : "work";

　次の例は平均値を計算して表示します。もし平均値がなければ、代わりにハイフンで横線を引きます。

```
    my $average = $n ? ($total/$n) : "-----";
    print "Average: $average\n";
```

?: 演算子を使ったコードは、必ず if 制御構造に書き換えることができますが、しばしば読みにくくなったり長くなったりします。

```
    my $average;
    if ($n) {
      $average = $total / $n;
    } else {
      $average = "-----";
    }
    print "Average: $average\n";
```

次に示すのは、条件演算子を使って多方向分岐するというテクニックです。

```
    my $size =
      ($width < 10) ? "small"  :
      ($width < 20) ? "medium" :
      ($width < 50) ? "large"  :
                      "extra-large"; # デフォルト
```

これは実際には、?: 演算子を3個ネストしたものにすぎません。慣れてしまえば、とても便利です。

もちろん、この演算子を使うことを無理強いするわけではありません。初心者のうちは避けたほうがよいかもしれません。しかし、遅かれ早かれ他人の書いたプログラムで、?: 演算子と対面することになるでしょう。そして、いつの日か、自分のプログラムでも ?: 演算子を使い始めることでしょう。

10.10　論理演算子

あなたの期待通りに、Perl は、ブール値（真と偽）を扱うのに必要な論理演算子（logical operator）を完備しています。例えば、論理 AND 演算子（&&）と論理 OR 演算子（||）は、論理テストを結び付けるのによく用いられます。

```
    if ($dessert{'cake'} && $dessert{'ice cream'}) {
      # 両方とも真
      print "Hooray! Cake and ice cream!\n";
    } elsif ($dessert{'cake'} || $dessert{'ice cream'}) {
      # 少なくとも片方が真
      print "That's still good...\n";
    } else {
      # どちらも真でない―何もしない（悲しい）
    }
```

これらの演算子はショートカット（短絡）することがあります。もし論理 AND 演算子の左側が

偽だったら、全体は偽になります。なぜなら、論理 AND 演算子の値が真になるためには、両側が真でなければならないからです。ですから、もし左側が偽だとわかれば、右側をチェックしても意味がないので、Perl は右側を評価しません。次のコードで、$hour が 3 だったら何が起こるか考えてみてください。

```
if ( (9 <= $hour) && ($hour < 17) ) {
  print "Aren't you supposed to be at work...?\n";
}
```

同様に、もし論理 OR 演算子の左側が真だったら、Perl は右側を評価しません。次のコードで、$name が fred だったら何が起こるか考えてみてください。

```
if ( ($name eq 'fred') || ($name eq 'barney') ) {
  print "You're my kind of guy!\n";
}
```

このような動作（「短絡」と呼ばれることがあります）をするために、これらの演算子は短絡論理演算子（short circuit logical operator）と呼ばれます。これらの演算子は、可能であれば、右側を評価せずに（短絡して）すぐに結果を返します。実際に、この短絡動作をあてにしたコードがよく使われます。平均値を求めることを考えてみましょう。

```
if ( ($n != 0) && ($total/$n < 5) ) {
  print "The average is below five.\n";
}
```

この例では、Perl は、&& 演算子の左側が真である場合に限って、右側を評価するので、0 で除算してプログラムがクラッシュする、という事態を未然に防ぐことができます（これについては、「16.2 エラーをトラップする」でもっと詳しく解説します）。

10.10.1 短絡演算子の値

C 言語（や類似の言語）とは違って、Perl では短絡論理演算子の値は、単なるブール値ではなく、最後に評価された部分の値になります。これは、全体が真になるべき場合には最後に評価された部分が必ず真になり、全体が偽になるべき場合には最後に評価された部分が必ず偽になる、という点では同じ結果となります。

しかし、Perl の短絡論理演算子のほうが、より役に立つ戻り値を返します。特に、論理 OR 演算子はデフォルト値を設定する際にとても便利です。

```
my $last_name = $last_name{$someone} || '(No last name)';
```

もし $someone がハッシュに登録されていなければ、左側は undef になるので偽となります。すると、論理 OR 演算子は右側を評価してそれを値とするので、右側の値がデフォルト値になります。このイディオムでは、デフォルト値は、undef だけを置き換えるわけではありません。あらゆ

る偽の値も、デフォルト値で置き換えられてしまいます。条件演算子を使って、この動作を直すことができます。

```perl
my $last_name = defined $last_name{$someone} ?
  $last_name{$someone} : '(No last name)';
```

これは手間がかかる上に、$last_name{$someone} を 2 度使わなければなりません。Perl 5.10 では、もっと良いやり方が用意されているので、次の節で説明しましょう。

10.10.2　defined-or演算子

前の節では、|| 演算子を使ってデフォルト値を与える方法を紹介しました。その方法は「定義された値（未定義値以外の値）が偽であるのに、値としては完全に許される」という特殊なケースを無視していました。そして、条件演算子を使ってそれを解決した不格好なバージョンを示しました。

Perl 5.10 では defined-or 演算子 // が導入されて、この手のバグを回避できるようになりました。この演算子は、定義された値（未定義値以外の値）に出会うと、それが真であれ偽であれ、そこで実行を終えます。もし 0 という姓の人がいたとしても、次のバージョンは正しく動作します。

```perl
use v5.10;

my $last_name = $last_name{$someone} // '(No last name)';
```

変数がまだ値を持っていなければ値を設定し、すでに値を持っていたらその値を使う、という処理をしたいことがあります。ここでは、VERBOSE 環境変数が設定されていた場合にのみメッセージを表示することにしましょう。それには、%ENV ハッシュの VERBOSE キーの値をチェックします。もし値を持っていなければ、1 を設定します。

```perl
use v5.10;

my $Verbose = $ENV{VERBOSE} // 1;
print "I can talk to you!\n" if $Verbose;
```

次のコードは、実際にいろいろな値を // 演算子に渡して、どの値のときにデフォルト値になるかを調べるものです。

```perl
use v5.10;

foreach my $try ( 0, undef, '0', 1, 25 ) {
  print "Trying [$try] ---> ";
  my $value = $try // 'default';
  say "\tgot [$value]";
}
```

以下に示す出力を見れば、$try が undef のときに限って、デフォルト値になることがわかります。

```
Trying [0]  --->    got [0]
Trying []   --->    got [default]
Trying [0]  --->    got [0]
Trying [1]  --->    got [1]
Trying [25] --->    got [25]
```

まだ値がない場合に、値をセットしたいことがあります。例えば、警告を有効にした状態で、未定義値をプリントしようとすると、うっとうしいエラーメッセージが表示されます。

```
use warnings;

my $name;               # 値がないので、未定義値となる！
printf "%s", $name; # 初期化されていない値を printff で使った ...
```

このエラーは無害な場合もあります。エラーを無視すればよいのですが、未定義値を表示する可能性があるなら、代わりに空文字列を使うようにできます。

```
use v5.10;
use warnings;

my $name;  # 値がないので、未定義値となる！
printf "%s", $name // '';
```

10.10.3　部分評価演算子を使って制御構造を実現する

　これまでに紹介した4つの演算子 &&、||、//、?: は、すべて風変わりな特徴を持っています――左側の値に応じて、式を評価したりしなかったりするのです。あるときには式を評価し、あるときには式を評価しません。そのためにこれらの演算子は、**部分評価演算子**（partial-evaluation operator）と呼ばれることがあります。なぜなら、与えられた式をすべて評価するわけではないからです。また、部分評価演算子は、自動的に制御構造になります。なにも Larry が、もっと Perl に制御構造を導入しようと無理をしたわけではありません。しかし、彼が Perl にこれらの部分評価演算子を導入することを決めたら、それらは自動的に制御構造になったのです。結局、コードのかたまりを実行するか否かを決定するようなものは、まさにその事実により制御構造なのです。

　幸いなことに、あなたがこのことを意識するのは、制御される式が、変数の値を変える、あるいは何かを出力する、といった副作用を持つ場合だけです。例えば、次のようなコードがあったとしましょう。

```
($m < $n) && ($m = $n);
```

　この論理 AND 演算子の結果は、どこにも代入されていません。なぜでしょうか？

　もし $m が $n よりも小さければ、&& 演算子の左側は真になるので、右側が評価されて、代入が行われます。もし $m が $n より小さくなければ、&& 演算子の左側は偽になるので、右側はスキップされます。ですから、これは、次のコードと本質的に同じことを行います。こちらのほうが理解しやすいでしょう。

```
if ($m < $n) { $m = $n }
```

あるいは、次のようにも書けます。

```
$m = $n if $m < $n;
```

また、誰かが書いたプログラムを修正しているときに、次のようなコードにお目にかかるかもしれません。

```
($m > 10) || print "why is it not greater?\n";
```

$m が 10 より大きかったら、左側は真になるので、論理 OR 演算子の実行はそこで終了します。しかしそうでなければ、左側は偽になり、メッセージを表示します。やはりこのケースも if や unless を使って書くことができます（たぶん if や unless を使って書くべきでしょう）。シェルスクリプト世界の住人だった人たちが、よくこのような書き方をします。これは、シェルスクリプト世界でのイディオムを、Perl に持ち込んだものです。

あなたが柔軟な頭脳の持ち主なら、これらのコードを英語のように読み下すことができるでしょう。例えば「Check that $m is less than $n, *and if it is*, then do the assignment.」（「$m が $n よりも小さいかチェックせよ、**もしそうならば、代入せよ**」）、「Check that $m is more than 10, *or if it's not*, then print the message.」（「$m が 10 より大きいかチェックせよ、**もしそうでなければ、メッセージを表示せよ**」）などとなります。

制御構造をこんな風に書きたがるのは、たいていは元 C プログラマか、古強者の Perl プログラマです。なぜでしょうか。理由は人それぞれですが、この書き方のほうが効率が良いと誤解している人もいます。また、このような技をひけらかすことがカッコいいと考えている人もいます。他人の書いたコードを見て、何も考えずにそれをそのままコピーした人もいます。

同様にして、条件演算子を使って制御構造を実現することもできます。次のケースでは、変数 $x の値を、2 つの変数のうち小さいほうに代入します。

```
($m < $n) ? ($m = $x) : ($n = $x);
```

もし $m のほうが小さければ、$x は $m に代入されます。そうでなければ、$x は $n に代入されます。

論理 AND 演算子と論理 OR 演算子には、別の記法が用意されています。それぞれワード（英単語）で and、or と書くことができます。ワード形式の and と or は、それぞれ &&、|| と同じ動作をしますが、ワード形式は優先順位表の一番下のほうに置かれています。ワード形式は、隣り合う部分との結び付きが弱いので、カッコを乱発せずに済ますことができます。

```
$m < $n and $m = $n;   # しかし if を使ったほうがよい
```

これ以外にも、低い優先順位を持つ not（論理否定演算子！と同じ）と、めったに使われない xor（排他的論理和演算子）があります。

しかし、カッコがもっと必要になることもあります。優先順位は手強い相手です。優先順位に自

信がなければ、カッコを使って意図を示すようにしましょう。そうは言うものの、ワード形式は優先順位が非常に低いので、式を大きく 2 つに分割して、先に左側をすべて評価して、（必要ならば）右側のすべてを評価する、と考えればよいでしょう。

論理演算子を制御構造として使うとコードがわかりにくくなることがありますが、広く受け入れられている書き方もあります。次に示すのは、ファイルをオープンする Perl らしい書き方です。

```
open my $fh, '<', $filename
  or die "Can't open '$filename': $!";
```

低優先順位の短絡 or 演算子を使うことにより、「このファイルをオープンせよ、さもなくば死んでしまえ！」("open this file…or die!") と Perl に伝えます。もし open が成功したら真を返すので、or の実行は終了します。しかし、もし open が失敗したら偽を返すので、or は右部分の評価を行い、プログラムはメッセージを表示して実行を終了します。

これらの演算子を制御構造として使うのは、とても Perl らしい書き方です。正しい使い方をすれば、あなたのコードに大きな力を与えてくれるでしょう。誤った使い方をすれば、コードは保守できなくなってしまうかもしれません。使いすぎには十分ご注意ください。

10.11　練習問題

解答は付録 A の節「**10 章の練習問題の解答**」にあります。

1. ［25］1 から 100 までの間から選んだ秘密の数を、ユーザに当ててもらうプログラムを書いてください。このプログラムは、入力した数が当たるまで、ユーザに何回でも繰り返し入力を求めます。乱数を得るには int(1 + rand 100) という魔法の式を使ってください。int 関数と rand 関数について興味がある人は、perlfunc ドキュメントを調べてみましょう。ユーザが入力した数が当たらなかったら、「Too high」（大きすぎる）または「Too low」（小さすぎる）と表示するようにします。もしユーザが quit または exit と入力したり、空行を入力したら、プログラムを終了させてください。もちろん、数が当たったときにも、プログラムを終了させてください。

2. ［10］問題 1 のプログラムを改造して、プログラムの進行に応じてデバッグ情報（例えば、秘密の数）を表示するようにしてください。また、このデバッグ情報の表示をオフにできるようにしてください。オフにしたときには、警告メッセージが表示されないようにしてください。Perl 5.10 以降を利用している人は // 演算子を使ってください。そうでない人は、条件演算子を使ってください。

3. ［10］6 章の問題 3 のプログラム（環境変数を表示するもの）を改造して、値を持っていない環境変数については (undefined value) と表示するようにしてください。プログラムの中で、新しい環境変数をセットすることができます。値が偽であるような環境変数に対して、正しい表示をするように注意しましょう。Perl 5.10 以降を利用している人は // 演算子を使ってください。そうでない人は、条件演算子を使ってください。

11章
Perlモジュール

Perlについては、この本では紹介しきれないほど、さまざまなトピックがあります。また、多くの人々がPerlを使って面白いことをたくさんしています。もし解決すべき問題があったら、たぶん誰かがすでにそれを解決して**CPAN**（Comprehensive Perl Archive Network）で公開していることでしょう。CPANとは、全世界規模のサーバとミラーサイトの集合体で、数千もの再利用可能なPerlコードのモジュールを公開しています。Perl 5の機能の多くはモジュールになっています。なぜなら、LarryがPerl 5を拡張可能な言語としてデザインしたからです。

ここではモジュールの書き方は解説しません。書き方については、『続・初めてのPerl改訂版』〔Intermediate Perl〕をお読みください。この章では、既存のモジュールを利用する方法を説明します。モジュールの概要を説明する代わりに、CPANを使い始めるための手順を紹介します。

11.1　モジュールを探す

モジュール（module）は2種類に分けることができます。1つは「あらかじめPerlに付属していて、いつでも使えるもの」で、もう1つは「自分でCPANから入手してインストールする必要があるもの」です。特に明記しない限り、本書で取り上げるモジュールはPerlに付属しているものです。

ベンダーによっては、提供しているバージョンのPerlに、さらに多くのモジュールを用意しています。これは3種類目のモジュール——ベンダーモジュール——です。しかし、それらはおまけです。オペレーティングシステム独自のモジュールが用意されていることもあります。

Perlに付属していないモジュールを探すには、CPAN Search（http://search.cpan.org）またはMetaCPAN（http://www.metacpan.org）を使ってください。また、モジュールをインストールしなくても、ディストリビューションをブラウズして、ファイルの内容を見ることができます。他にも、ディストリビューションの内容を調べるためのツールがいろいろあります。

しかし、モジュールを探しに行く前に、すでにそれがインストール済みかをチェックしてください。1つの方法は、`perldoc`でドキュメントを表示してみることです。`Digest::SHA`モジュールはPerlに付属しているので、次のコマンドを実行するとドキュメントが表示されるはずです。

```
$ perldoc Digest::SHA
```

存在しないモジュールを指定すると、エラーメッセージが表示されます。

```
$ perldoc Llamas
No documentation found for "Llamas".
```

ドキュメントはシステムによっては他のフォーマット（HTMLなど）でも提供されているかもしれません。もしドキュメントがあれば、そのモジュールはインストールされています。

Perlに付属しているcpanコマンドで、モジュールの詳細を調べることができます。

```
$ cpan -D Digest::SHA
```

11.2 モジュールをインストールする

まだインストールされていないモジュールをインストールするのに、ディストリビューションをダウンロードして、展開して、シェルから一連のコマンドを実行するだけで済むことがあります。Perlのディストリビューションには、2つのメジャーなビルドシステムがありますが、使い方は似ています。READMEやINSTALLファイルを読めば、より詳しい情報が得られるでしょう。

もしモジュールがPerlに付属しているExtUtils::MakeMakerを利用していたら、手順は次のようなものになります。

```
$ perl Makefile.PL
$ make install
```

モジュールをシステムディレクトリにインストールできない場合には、Makefile.PLに対して、INSTALL_BASE引数で別のディレクトリを指定することができます。

```
$ perl Makefile.PL INSTALL_BASE=/Users/fred/lib
```

Perlモジュールの作者の中には、モジュールのビルドとインストールを行うのに、別のモジュールModule::Buildを使う人もいます。この場合には、手順は次のようになります。

```
$ perl Build.PL
$ ./Build install
```

先ほどと同じように、インストール先のディレクトリを明示的に指定することもできます。

```
$ perl Build.PL --install_base=/Users/fred/lib
```

モジュールの中には他のモジュールに依存していて、それらをインストールしなければ動かないものがあります。必要なモジュールを自分でインストールする代わりに、Perlに付属しているモジュールCPAN.pmを利用することができます。次のようにコマンドラインからCPAN.pmシェルを起動して、そこからコマンドを入力することができます。

```
$ perl -MCPAN -e shell
```

拡張子「.pm」は「Perl Module」という意味です。よく使われるモジュールの中には、他の物と区別するために、「.pm」付きの名称で呼ばれるものがあります。このケースでは、CPAN アーカイブと CPAN モジュールとは別物なので、後者を「CPAN.pm」と呼んで区別しています。

この方法も少しややこしいので、しばらく前に、筆者の 1 人は、cpan という小さなスクリプトを書きました。これも Perl に付属しており、他のツールといっしょにインストールされます。使い方は簡単で、起動時に、インストールしたいモジュールのリストを指定するだけです。

```
$ cpan Module::CoreList LWP CGI::Prototype
```

「でも、コマンドラインがないんです！」とおっしゃる方もいるでしょう。もし ActiveState ポートの Perl（Windows、Linux、Solaris 用）を使っているなら、Perl Package Manager（PPM）を利用して、モジュールをインストールできます。

```
C:\ ppm Time::Moment
```

もう 1 つ便利なツール cpanm（cpanminus という意味です）があります。これは、Perl には（まだ）付属していません。cpanm は、コンフィギュレーションが不要で、CPAN の操作に必要なほとんどの作業を行える、軽量 CPAN クライアントです。https://cpanmin.us からファイルを 1 個ダウンロードすれば、使い始めることができます。

cpanm を使えるようにしておけば、モジュールの名前を指定するだけで、それをインストールしてくれます。

```
$ cpanm DBI WWW::Mechanize
```

11.2.1　自分のディレクトリを使う

Perl モジュールのインストールの際に最も多く発生する問題は、デフォルトでは、CPAN ツールは、新しいモジュールを perl と同じディレクトリにインストールしようとすることです。あなたは、このようなディレクトリに対して、必要なパーミッションを持っていないかもしれません。

初心者にとって、追加した Perl モジュールを自分のディレクトリに置く最も簡単な方法は、local::lib を使うことです。local::lib は、（まだ）Perl に付属していないので自分で CPAN から入手する必要があります。このモジュールは、CPAN クライアントがモジュールをインストールする場所に影響をおよぼす、さまざまな環境変数を設定します。他に何も指定せずにコマンドラインからこのモジュールをロードすれば、設定される環境変数が表示されます。

```
$ perl -Mlocal::lib
export PERL_LOCAL_LIB_ROOT="/Users/fred/perl5";
export PERL_MB_OPT="--install_base /Users/fred/perl5";
export PERL_MM_OPT="INSTALL_BASE=/Users/fred/perl5";
```

```
export PERL5LIB="...";
export PATH="/Users/fred/perl5/bin:$PATH";
```

コマンドラインスイッチについては、まだ説明していませんが、perlrun ドキュメントにはすべてのスイッチが解説されています。

cpan クライアントは、モジュールをインストールする際に -I スイッチを使えば、これをサポートしてくれます。

```
$ cpan -I Set::CrossProduct
```

cpanm ツールは、もう少し気が利いています。もし、local::lib がセットするのと同じ環境変数がすでにセットされていたら、それらを使います。もしセットされていなければ、デフォルトのモジュールディレクトリに書き込みパーミッションがあるかチェックします。もし書き込みパーミッションがなければ、自動的に local::lib を使用します。

上級者は、CPAN クライアントを設定することにより、好きなディレクトリにインストールすることができます。これを CPAN.pm コンフィギュレーションで設定しておけば、CPAN.pm シェルを使用したときに、モジュールが自動的にあなたのプライベートなライブラリディレクトリにインストールされます。2つの設定——それぞれ ExtUtils::Makemaker と Module::Build システム用——を行う必要があります。

```
$ cpan
cpan> o conf makepl_arg INSTALL_BASE=/Users/fred/perl5
cpan> o conf mbuild_arg "--install_base /Users/fred/perl5"
cpan> o conf commit
```

これらは、local::lib が生成してくれた環境変数と同じ設定であることに注意してください。これらを CPAN.pm コンフィギュレーションで設定しておけば、モジュールをインストールしようとするたびに、CPAN.pm はこれらの設定を追加してくれます。

Perl モジュールの置き場を決めたら、プログラムに対して、その場所を教えなければなりません。local::lib を使っているなら、プログラムでそのモジュールをロードするだけです。

```
# Perl プログラムの中で次のように書く
use local::lib;
```

もし他の場所にインストールした場合には、lib プラグマを使って、追加のモジュールディレクトリのリストを指定することができます。

```
# これも Perl プログラムの中に書く
use lib qw( /Users/fred/perl5 );
```

ここでは始めるのに十分な情報だけを説明しました。より詳しくは『続・初めての Perl 改訂版』〔Intermediate Perl〕で解説しています。この本では、自分でモジュールを開発する方法について

も解説しています。また、perlfaq8 ドキュメントのエントリを読むとよいでしょう。

11.3　単純なモジュールを使う

プログラムの中で、/usr/local/bin/perl のような長いファイル名から、ディレクトリ部分を取り除いたベース名（basename）を取り出すことを考えてみましょう。これはとても簡単です。なぜなら最後のスラッシュの後ろすべてがベース名だからです（このケースでは「perl」になります）。

```
my $name = "/usr/local/bin/perl";
(my $basename = $name) =~ s#.*/##;
```

以前に説明したように、まず最初に Perl はカッコ内の代入を行ってから、次に置換を実行します。この置換は、スラッシュで終わる文字列（つまりディレクトリ名の部分）を空文字列に置き換えるので、ベース名だけが残るはずです。置換演算子に /r スイッチを指定して、次のようにすることもできます。

```
use v5.14;
my $name = "/usr/local/bin/perl";
my $basename = $name =~ s#.*/##r;
```

これらのコードを実行すると、一見ちゃんと動作しているように見えます。ええ、動作しているように見えますが、実は問題が 3 つあります。

まず第 1 に、Unix のファイル名やディレクトリ名は改行文字を含む可能性があるということです（そんな名前を付けることはまずないと思えますが、とにかく許されているのです）。正規表現のドット（.）は改行文字にマッチしないので、文字列 "/home/fred/flintstone\n/brontosaurus" のようなファイル名は正しく扱えません。上のコードでは、ベース名が "flintstone\n/brontosaurus" だと判断されてしまいます。（もし、この微妙でまれにしか発生しないケースに気付いたら）パターンに /s オプションを指定して、置換演算子を s#.*/##s のようにすれば、この問題を回避できます。

第 2 の問題点は、このコードは Unix 専用だということです。ここでは、ディレクトリの区切りが、Unix と同様に、必ずスラッシュであると仮定していて、他のシステムで使われているバックスラッシュやコロン[†]についてはまったく考慮していません。自分が書いたコードは Unix 環境だけで使われると思っていても、たいていの有用なスクリプトは（あるいはさほど有用でないものも）Unix 世界を飛び出して広がっていくものです。

第 3 の（そして最大の）問題点は、誰かがすでに解決した問題を、自力で解決しようとしている点です。Perl には多数のモジュールが付属しています。モジュールとは、Perl に機能を追加するエクステンション（拡張機能）のことです。また付属のモジュールだけでは不足するなら、多数の有用なモジュールが CPAN で公開されています。CPAN には新しいモジュールが毎週のように

---

† 訳注：ディレクトリの区切り文字として、Windows ではバックスラッシュ、Mac OS X 以前の Mac ではコロンが使われます。

追加されています。あるモジュールの機能が必要ならば、あなたはそれをインストールすることができます（あるいは、システム管理者がインストールしてくれれば、なお好都合です）。

この節の残り部分では、Perlに付属している数個のシンプルなモジュールの使用法を説明します（これらのモジュールは、ここで紹介するもの以外にも、たくさんの機能を持っています。ここで取り上げるのは、単純なモジュールの一般的な使用法を紹介するためです）。

ここでは、モジュールの利用法全般に関する、あらゆることがらを紹介することはできません。なぜなら、モジュールの中には、利用するに当たって、リファレンスやオブジェクトといった高度なトピックを理解しなければならないものもあるからです。しかし、この先の数ページで説明しますが、オブジェクトやリファレンスについて理解していなくても、それらを利用するモジュールを使うことは可能です。これらのトピック（モジュールの作成法を含む）は、『続・初めてのPerl 改訂版』〔Intermediate Perl〕で詳しく解説されています。しかしこの節を読めば、多くのシンプルなモジュールを使えるようになるでしょう。付録Bでは、興味深い役に立つモジュールに関する情報を紹介しています。

11.3.1　File::Basenameモジュール

先ほどの例では、移植性のない方法で、ファイル名からベース名を取り出しました。そして、一見すると素直に思える方法は、微妙な誤った仮定の影響を受ける可能性があるのでした（このケースでは、誤った仮定とは、ファイル名やディレクトリ名には改行文字は含まれない、というものです）。また、車輪を再発明していました。つまり、すでに誰かが何回も解決して（そしてデバッグもして）いる問題を、再び解決しようとしていました。けれども心配することはありません。誰でもそんなことをしてしまいます。

それでは、ファイル名からベース名を取り出す良い方法を紹介しましょう。Perlには File::Basename という名前のモジュールが付属しています。perldoc File::Basename というコマンドを実行するか、あるいはシステムのドキュメントを利用すれば、このモジュールの機能を知ることができます。これは、常に、新しいモジュールを使う際の第1歩です（また、しばしば第3歩と第5歩でもあります）。

さてモジュールを使う準備が整ったので、プログラムの先頭付近で use ディレクティブによって宣言しましょう。

```
use File::Basename;
```

モジュールはファイルの先頭付近で宣言するのが慣習になっています。そうすることによって、メンテナンス担当プログラマが、そのプログラムで使われているモジュールを簡単に知ることができるからです。例えば、あなたのプログラムを新しいマシンにインストールする際には、労力が大幅に軽減されるでしょう。

Perlがコンパイル時にこの行を見ると、モジュールをロードします。その結果、プログラムの残り部分では、Perlに新しい関数が増えたように見えます。先ほどの例で必要なのは、basename 関数です。

```
use File::Basename;

my $name = "/usr/local/bin/perl";
my $basename = basename $name;   # 'perl' を返す
```

これは、Unix ではちゃんと動作します。でも、MacPerl や Windows や VMS（やその他もろもろ）ではどうなるでしょうか。何の問題もありません。このモジュールは、どのタイプのマシンを使っているかを検知して、デフォルトでそのマシン用のファイル名規則を適用してくれます。（もちろん、その場合には、$name には、そのマシンのタイプに適合したファイル名を入れるようにします。）

このモジュールは、関連する関数をいくつか提供しています。1 つは dirname 関数で、フルパスのファイル名からディレクトリ名部分を取り出します。また、このモジュールは、ファイル名と拡張子を分離する、ファイル名規則のデフォルトを変える、といった機能も提供しています。

11.3.2 モジュールの一部の関数だけを使う

既存のプログラムから File::Basename モジュールを利用しようとしたときに、すでに &dirname という名前のサブルーチンがあったとしましょう。つまり、モジュールの関数と同名のサブルーチンがすでに存在しているというわけです。ここでトラブルが発生します。なぜなら、新しい dirname も（モジュールの中で）Perl サブルーチンとして実装されているからです。さてどうすればよいでしょうか？

それには、use 宣言の際に、File::Basename に対して、あなたが必要とする関数を**インポートリスト**（import list）で指定してください。そうすれば、File::Basename モジュールは、指定された関数だけを提供し、それ以外の関数は提供しません。ですから、次のようにすれば、basename だけが使えるようになります。

```
use File::Basename qw/ basename /;
```

次の例では、新しい関数を 1 つも指定していません。

```
use File::Basename qw/ /;
```

これはよく空のカッコを使って、次のような書き方をします。

```
use File::Basename ();
```

なぜこんなことをするのでしょうか。このディレクティブは、先ほどの例と同じように File::Basename をロードしますが、関数名はまったく**インポート**しません。インポートすることによって、basename や dirname のようなシンプルな関数名が使えるようになります。しかし、名前をインポートしなかったとしても、これらの関数を使うことは可能です。ただし、インポートしない場合には、フルネームで呼び出さなければなりません。

```
use File::Basename qw/ /;     # 関数名を何もインポートしない

my $betty = &dirname($wilma); # あなたが書いたサブルーチン &dirname を呼び出す (dirname 本体は省略)

my $name = "/usr/local/bin/perl";
my $dirname = File::Basename::dirname $name;  # モジュールの dirname を呼び出す
```

このコードからわかるように、このモジュールの dirname 関数のフルネーム† は File::Basename::dirname です。短い名前 dirname をインポートしたかどうかにかかわらず、（モジュールをロードしていれば）常にこの関数のフルネームを使うことができます。

ほとんどの場合は、モジュールのデフォルトのインポートリストを使いたいと思うでしょう。しかし、デフォルトの中にロードしたくないものがあるのなら、自分でリストを指定してそれをオーバーライドすることができます。自分で独自のリストを指定するもう1つ理由は、デフォルトリストに含まれない関数をインポートするためです。なぜなら、ほとんどのモジュールは、デフォルトのインポートリストに含まれない（利用頻度の低い）関数を持っているからです。

あなたの推測の通り、いくつかのモジュールは、デフォルトで、他のモジュールよりも多くのシンボルをエクスポートします。各モジュールのドキュメントには、インポートされるシンボルが（もしあれば）明記されているはずです。しかし、サンプルコードで File::Basename モジュールに対して行ったように、いつでも自前のインポートリストを指定して、デフォルトのリストをオーバーライドすることができます。空リストを指定すると、シンボルを1つもインポートしません。

11.3.3　File::Specモジュール

さて、ファイルのベース名を取り出せるようになりました。それはそれで便利ですが、取り出したベース名にディレクトリ名を追加して、完全なファイル名を組み立てたいことがあります。例えば、次のコードでは、/home/fred/ice-2.1.txt のようなファイル名を受け取って、ベース名の先頭にプレフィックスを付けます。

```
use File::Basename;

print "Please enter a filename: ";
chomp(my $old_name = <STDIN>);

my $dirname  = dirname $old_name;
my $basename = basename $old_name;

$basename =~ s/^/not/;   # ベース名にプレフィックスを付ける
my $new_name = "$dirname/$basename";

rename($old_name, $new_name)
    or warn "Can't rename '$old_name' to '$new_name': $!";
```

---

† 訳注：ここではフルネームと呼んでいますが、正式には**完全修飾名**（fully qualified name）と言います。

さて、このコードのどこが問題なのでしょうか。ここでもやはり、ファイル名がUnixの規約に従っていると仮定して、ディレクトリ名とベース名の間にスラッシュをはさんでいます。幸いにも、Perlには、この問題に対応するためのモジュールも付属しています。

File::Specモジュールは、**ファイル指定**（file specification）——ファイルシステムに格納されているファイルやディレクトリなどの名前——を操作するためのモジュールです。このモジュールは、File::Basenameと同様に、どのシステムで実行しているかを検知して、正しい規則を選択します。しかしFile::Basenameとは違い、File::Specは**オブジェクト指向**（object-oriented：しばしば"OO"と略されます）モジュールになっています。

まだあなたがオブジェクト指向の熱狂に身を投じていなくても、気にすることはありません。オブジェクト指向を理解していれば、それは素晴らしいことです。このOOモジュールを使うことができます。オブジェクト指向を理解していなくても、大丈夫です。これから教える通りにシンボルをタイプするだけで、すべてはうまく行くはずです。

このケースでは、まずFile::Specのドキュメントを読むと、catfileという名前のメソッド（method）を使えばよいことがわかります。ところでメソッドとは何でしょうか。ここでは、メソッドとは、別種の関数であると考えていただければ十分です。その違いとは、次に示すように、File::Specのメソッドは、常にフルネームで呼び出すという点です。

```
use File::Spec;

.
.    # 前の例のように、$dirnameと$basenameに値を入れる
.

my $new_name = File::Spec->catfile($dirname, $basename);

rename($old_name, $new_name)
    or warn "Can't rename '$old_name' to '$new_name': $!";
```

このコードからわかるように、メソッドのフルネームは、「モジュールの名前（**クラス**〔class〕と言います）、細い矢印（->）、メソッドの短い名前」から構成されます。File::Basenameではコロン2個を使いましたが、ここでは細い矢印->を使うことが重要なポイントです。

この例ではメソッドをフルネームで呼び出していますが、このモジュールはどんなシンボルをインポートするのでしょうか。実は何もインポートしません。これがオブジェクト指向モジュールの正常な動作なのです。ですから、あなたのサブルーチンの名前が、File::Specモジュールにたくさん入っているメソッドの名前と衝突する心配はありません。

わざわざこのようなモジュールを利用すべきでしょうか。例のごとく、それはあなたの自由です。もしプログラムをUnixマシン以外では実行せず、あなたがUnixファイル名の規則を完全に理解しているのなら、Unixで実行されることを仮定したコードを直接書いてもよいでしょう。しかしこれらのモジュールを使えば、手軽に時間をかけずに堅牢なプログラムを書くことができます。さらに、追加コストなしで、移植性も上がるのです。

11.3.4 Path::Class

File::Spec モジュールは、どんなプラットフォームのファイルパスでも扱えますが、そのインタフェースは少し不格好です。Path::Class モジュール——これは Perl に付属していません——は、より快適なインタフェースを提供します。

```
my $dir     = dir( qw(Users fred lib) );
my $subdir  = $dir->subdir( 'perl5' );      # Users/fred/lib/perl5
my $parent  = $dir->parent;                 # Users/fred

my $windir  = $dir->as_foreign( 'Win32' ); # Users\fred\lib
```

11.3.5 データベースとDBI

DBI モジュール（Database Interface）は Perl に付属していませんが、ほとんどの人は何らかのデータベースにアクセスする必要があるので、最も人気の高いモジュールの1つです。DBI の美点は、単純なカンマ区切りのファイルから Oracle のようなエンタープライズサーバまで、どんなデータベース（またはフェイクサーバ）に対しても、同一のインタフェースで接続できるという点です。また ODBC ドライバも備えており、ベンダーがサポートしているドライバもあります。詳細な情報を知りたい人は、Alligator Descartes と Tim Bunce による『入門 Perl DBI』〔Programming the Perl DBI〕をお読みください。また、DBI のウェブサイト（http://dbi.perl.org/）にも有用な情報があります。

DBI がインストールできたら、次に DBD（Database Driver）もインストールする必要があります。CPAN Search を探せば、多くの DBD が登録されていることがわかります。その中から、お使いのデータベースサーバ用の DBD を選んでインストールしてください。その際には、DBD のバージョンが、サーバのバージョンに適合していることを確認してください。

DBI はオブジェクト指向モジュールですが、利用するに当たっては、オブジェクト指向プログラミングのすべてを知らなくても構いません。ドキュメントの利用例のマネをすれば大丈夫です。データベースに接続するには、DBI モジュールを use してから、connect メソッドを呼び出します。

```
use DBI;

$dbh = DBI->connect($data_source, $username, $password);
```

$data_source には、使用する DBD に固有の情報を指定します。PostgreSQL の場合には、ドライバは DBD::Pg で、$data_source は次のような感じになります。

```
my $data_source = "dbi:Pg:dbname=name_of_database";
```

データベースに接続してしまえば、あとは prepare で準備して、execute で実行して、クエリーを読む、というサイクルの繰り返しになります。

```
my $sth = $dbh->prepare("SELECT * FROM foo WHERE bla");
$sth->execute();
my @row_ary  = $sth->fetchrow_array;
$sth->finish;
```

データベースの処理が完了したら、disconnect でデータベースの接続を切断します。

```
$dbh->disconnect();
```

DBI はこの他にもさまざまなことができます。詳しくは、ドキュメントをご覧ください。内容が少し古いものの『入門 Perl DBI』〔Programming the Perl DBI〕はこのモジュールについての良い入門書です。

11.3.6　日付と時刻

日付と時刻を扱うためのモジュールはたくさんありますが、最も人気が高いのは Christian Hansen による Time::Moment モジュールです。これは、日付と時刻を扱うためのほぼ完全なソリューションです。このモジュールは、CPAN から入手する必要があります。

Time::Moment モジュールでは十分でなければ、DateTime モジュールはいかがでしょうか。DateTime モジュールは完全なソリューションです。少し重いのですが、それに見合う価値はあります。

システム（あるいはエポック）時間で表現された時刻があれば、それを簡単に Time::Moment オブジェクトに変換することができます。

```
my $dt = Time::Moment->from_epoch( time );
```

現在の時刻を取得したい場合は引数は不要です。

```
my $dt = Time::Moment->now;
```

その後は、必要に応じて、日付のさまざまなパーツを取得することができます。

```
printf '%4d%02d%02d', $dt->year, $dt->month, $dt->day_of_month;
```

もし2つの Time::Moment オブジェクトがあれば、それらに対して日付の計算を行うことができます。

```
my $dt1 = Time::Moment->new(
   year     => 1987,
   month    => 12,
   day      => 18,
   );

my $dt2 = Time::Moment->now;
```

```
my $years  = $dt1->delta_years( $dt2 );
my $months = $dt1->delta_months( $dt2 ) % 12;

printf "%d years and %d months\n", $years, $months;
```

この2つの日付を与えると、次のような出力が得られます。

```
28 years and 4 months
```

11.4　練習問題

解答は付録Aの節「**11章の練習問題の解答**」にあります。問題を解くには、CPANからモジュールをいくつかインストールしなければなりません。また、一部の問題では、ドキュメントを読んで、モジュールの機能を調べる必要があります。

1. [15] まずCPANからModule::CoreListモジュールをインストールしてください。そして、Perl 5.24に付属している全モジュールのリストを表示してください。次の1行によって、指定したバージョンのPerlに付属する全モジュールの名前がキーになっているハッシュを作ることができます。

    ```
    my %modules = %{ $Module::CoreList::version{5.024} };
    ```

2. [20] Time::Momentモジュールを使って、現在の日付とユーザが与えた日付との隔たりを表示するプログラムを書いてください。日付は、コマンドライン引数として年、月を指定するようにします。

    ```
    $ perl duration.pl 1960 9
    50 years, 8 months, and 20 days
    ```

12章
ファイルテスト

すでに、ファイルハンドルを出力用にオープンする方法を紹介しました。通常は、ファイルハンドルを出力用にオープンすると、新しいファイルが作成されて、同じ名前を持った既存のファイルの内容は消されてしまいます。ですから、同名のファイルが存在しないことを、前もって確認しておくほうがよいでしょう。また、あるファイルがどのくらい古いか知りたいことがあるでしょう。ファイル名のリストを与えられて、その中から、大きさがあるバイト数以上で、一定期間以上アクセスされていないものを見つけたいことがあるでしょう。Perlは、ファイルに関する情報を取得するための**ファイルテスト**（file test）一式を備えています。

12.1　ファイルテスト演算子

　Perlは、ファイルに関する特定の情報を取得する、一連の**ファイルテスト演算子**（file test operator）を持っています。これらはすべて -X という形をしています。ここでXは特定のテストを表します（ややこしいことに、文字通り -X という名前のファイルテスト演算子も存在します）。ほとんどのケースでは、このような演算子は真か偽を返します。ここでは演算子と呼んでいますが、ドキュメントはperlfuncに収録されています。

　すべてのファイルテスト演算子の一覧を表示するには、コマンドラインから perldoc -f -X とタイプしてください。ここで -X はリテラルで、コマンドラインスイッチではありません。perldoc は -X ですべてのファイルテスト演算子の説明を表示します。個々のファイルテスト演算子を指定することはできません。

　プログラムから新しいファイルを作成する前には、大切なスプレッドシートのデータや誕生日カレンダーを間違って消さないように、指定されたファイルが存在しないことを確認したほうがよいでしょう。それには、-e ファイルテストを使って、ファイル名が存在するかをテストします。

```
die "Oops! A file called '$filename' already exists.\n"
    if -e $filename;
```

　この die メッセージでは $! を使っていないことに注意してください。なぜなら、システムが要求を拒否したわけではないからです。次の例では、ファイルの内容がちゃんと更新されていること

を確認しています。このケースでは、文字列のファイル名ではなく、オープン済みのファイルハンドルをテストしています。あなたのプログラムのコンフィギュレーションファイルを、1～2週間ごとに更新しなければならなかったとしましょう（もしかすると、コンピュータウイルスチェックに使われるのかもしれません）。もしファイルが過去28日間以内に更新されていなければ、何かトラブルが発生しています。-Mファイルテストは、ファイルを更新してから経過した時間を、プログラムの開始時を起点として日数単位で返します。この説明では何やらややこしそうに聞こえるかもしれませんが、実際にコードを見ればその便利さが実感できるでしょう。

```
warn "Config file is looking pretty old!\n"
  if -M CONFIG > 28;
```

3番目の例はもっと複雑です。ここでは、マシンのディスクスペースが残り少なくなったけれど、ディスクを増設せずに、使われていない大きなファイルをバックアップに移すことにしたとしましょう。そこで、ファイルのリストをもとに、どのファイルが100キロバイトより大きいかを調べることにします。また、大きなファイルのうち、過去90日間以内にアクセスされていないもの（つまりあまり使用されていないもの）だけを移動します。-sファイルテスト演算子は、真か偽を返すのではなく、バイト単位で表現したファイルの大きさを返します（ファイルが存在する場合でも0を返す可能性があります）。

```
my @original_files = qw/ fred barney betty wilma pebbles dino bamm-bamm /;
my @big_old_files;    # バックアップテープに移動すべきファイル名
foreach my $filename (@original_files) {
  push @big_old_files, $filename
    if -s $filename > 100_000 and -A $filename > 90;
}
```

本章で後ほど紹介しますが、この例をもっと効率良く実現する方法があります。

ファイルテストは、「ハイフン、テストの名前を表す英文字、テスト対象となるファイル名またはファイルハンドル」をこの順に並べたものです。大部分のファイルテストは真か偽を返しますが、それ以外の興味深い値を返すものもあります。ファイルテストの一覧を**表12-1**に示します。またこれから、特別なケースについて説明しましょう。

ファイルテスト -r、-w、-x、-o は、**実効ユーザID**（effective user ID）または**実効グループID**（effective group ID）に対して、その属性が真かどうかを調べます。実効ユーザIDと実効グループIDは、誰がプログラムの実行を「担当している」かを表す概念です。

上級者向けアドバイス

これらに対応するテスト -R、-W、-X、-O は、**実ユーザID**（real user ID）または**実グループID**（real group ID）に対して属性をテストします。これらは、プログラムをsetuidやsetgidの状態で実行する可能性がある場合には重要です。その場合、一般に、実ユーザIDや実グループIDは、そのプログラムを実行するよう要求した人のIDです。setuid/setgidプログラムの説明については、上級者向けのUnixプログラミングの良書を参照してください。

表12-1 ファイルテストとその意味

ファイルテスト	意味
-r	ファイルやディレクトリがこの（実効）ユーザまたはグループから読み出し可能
-w	ファイルやディレクトリがこの（実効）ユーザまたはグループから書き込み可能
-x	ファイルやディレクトリがこの（実効）ユーザまたはグループから実行可能
-o	ファイルやディレクトリをこの（実効）ユーザが所有している
-R	ファイルやディレクトリがこの実ユーザまたはグループから読み出し可能
-W	ファイルやディレクトリがこの実ユーザまたはグループから書き込み可能
-X	ファイルやディレクトリがこの実ユーザまたはグループから実行可能
-O	ファイルやディレクトリをこの実ユーザが所有している
-e	ファイルやディレクトリ名が存在する
-z	ファイルが存在していて大きさが0である（ディレクトリに対しては常に偽になる）
-s	ファイルやディレクトリが存在していて大きさが0でない（バイト単位で表したファイルの大きさが値になる）
-f	エントリは普通のファイルである
-d	エントリはディレクトリである
-l	エントリはシンボリックリンクである
-S	エントリはソケットである
-p	エントリは名前付きパイプ（fifo）である
-b	エントリはブロック特殊デバイスである（例えば、マウント可能なディスク）
-c	エントリはキャラクタ特殊デバイスである（例えば、I/Oデバイス）
-u	ファイルやディレクトリがsetuidされている
-g	ファイルやディレクトリがsetgidされている
-k	ファイルやディレクトリのstickyビットがセットされている
-t	このファイルハンドルはTTYである（isatty()システム関数の結果で判定する。このテストはファイル名には適用できない）
-T	このファイルは「テキスト」ファイルのようである
-B	このファイルは「バイナリ」ファイルのようである
-M	最後に変更されてからの日数
-A	最後にアクセスされてからの日数
-C	最後にiノード（inode）が変更されてからの日数

　これらのテストは、ファイルの**パーミッションビット**（permission bit）を見て、何が許可されているかを調べます。システムがアクセス制御リスト（ACL：Access Control List）を使っているなら、それもテストの対象になります。一般にこれらのテストは、ある操作をシステムが**許可する**かどうかを調べますが、必ずしも操作が実際に可能なことを意味するわけではありません。例えば、CD-ROM上のファイルに対して-wが真になることはありえますが、実際には書き込めません。また、空のファイルに対して-xが真になることもありえますが、実際に実行することはできません。

　-sテストはファイルが空でなければ真を返しますが、これは芸のないただの真ではありません。実際に返される値はファイルの大きさをバイト単位で表したもので、この値が0でなければ真と判断されるわけです。

　Unixファイルシステムには、ちょうど7種類のアイテムが存在し、それぞれ7つのファイルテスト -f、-d、-l、-S、-p、-b、-c に対応しています。アイテムは必ずこのどれかになります。しかし、ファイルを指しているシンボリックリンクの場合には、-fと-lが両方とも真になります。ですから、対象がシンボリックリンクであることを確認するには、まず先にシンボリックリンクの判定を行わなければなりません（シンボリックリンクについては「**13.9　リンクとファイル**」でさらに詳しく取り上げます）。

ファイルの古さに関するテスト -M、-A、-C（大文字を使うことに注意）は、それぞれファイルが最後に変更されてからの日数、最後にアクセスされてからの日数、i ノード（inode）が最後に変更されてからの日数を返します（i ノードには、ファイルに関するすべての情報——ファイルの中身そのものを除く——が格納されています。詳しくは、stat システムコールのドキュメントか、Unix 内部に関する良書を参照してください）。これらのテストが返す日数は浮動小数点数で表現されています。ですから、ファイルを変更してから 2 日と 1 秒経過していたら、2.00001 という値が返されるかもしれません（ここで言う「日数」とは、私たち人間が数える日数とは違うことに注意しましょう。例えば、午後 11 時に変更されたファイルを、真夜中の午前 1 時半にテストしたとすると、変更されたのが「昨日」であっても、-M の値は 0.1 くらいになります）。

ファイルの古さをチェックする際には、-1.2 のような負の値が返されることもあります。この値は、ファイルを最後にアクセスしたのが、約 30 時間後の未来であることを意味します！ この値はプログラムが開始した時刻を起点とするので、長時間にわたって実行し続けているプログラムが、つい先ほどアクセスされたファイルをテストしたのかもしれません。あるいは、誰かがタイムスタンプを（事故または故意によって）未来に設定したのかもしれません。

テスト -T と -B は、指定されたファイルが、テキストファイルなのかバイナリファイルなのかを判定しようとします。ファイルシステムを熟知している人は、ファイルがバイナリかテキストかを識別するビットは（少なくとも Unix 風のオペレーティングシステムには）存在しないことをご存知でしょう。では Perl はどうやって判定するのでしょうか。Perl はごまかす、というのがその答えです。Perl はファイルをオープンして、先頭の数千バイトを調べて、経験に基づいた推測を行います。もしヌルバイトや珍しいコントロール文字や最上位ビットが立ったバイトがたくさん含まれていれば、バイナリファイルであろうと判断します。このような変わった物があまり入ってなければ、テキストファイルであろうと判断します。あなたが心配するように、この方法ではしばしば誤判定します。これらのテストは完璧ではありませんが、ソースコードとコンパイル済みバイナリファイルを区別したり、HTML ファイルと PNG ファイルを区別したりする分には、十分な働きをするはずです。

あなたは -T と -B は常に相反するものと考えるかもしれません。なぜなら、テキストファイルはバイナリファイルではないし、その逆も同様だからです。しかし、-T と -B テストが同じ結果を返すような例外的なケースが 2 つだけあります。1 つはファイルが存在しないか、あるいは読めない場合で、その場合にはファイルはテキストでもバイナリでもないので、ともに偽になります。もう 1 つは、ファイルが空の場合で、これは空のテキストファイルであるとともに空のバイナリファイルでもあるので、両方とも真になります。

-t テストは、指定されたファイルハンドルが TTY——要するに、単なるファイルやパイプではなく、対話的に利用できるもの——であれば真を返します。もし -t STDIN が真であれば、ユーザに対して対話的に質問ができるはずです。もし偽であれば、プログラムは、キーボードではなく、ファイルやパイプから入力を読んでいます。

これには IO::Interactive モジュールを使うほうがよいでしょう。なぜなら、実際には状況はもう少し複雑だからです。これについては、このモジュールのドキュメントで説明されています。

ファイルテストの中に意味がわからないものがあっても、心配することはありません。聞いたこともないものは、使う必要がないものだからです。けれども、興味のある人は、Unix プログラミングに関する良書を入手してください。Unix 以外のシステムでは、これらのテストはいずれも、Unix と似た結果を返そうとするか、あるいは用意されていない機能の場合には undef を返します。普通は、それが何をするかを推測できるでしょう。

ファイルテストに与えるべきファイル名やファイルハンドルを省略した場合 (つまり、単に -r や -s などと書いた場合) には、$_ に入っているファイル名がデフォルトのオペランドになります。ただし -t ファイルテストは例外です。なぜなら、-t ファイルテストにファイル名 (これは決して TTY にはなりません) を与えても無意味だからです。-t は、デフォルトで STDIN をテストします。次のようにすれば、ファイル名のリストをチェックして、どれが読み出し可能かは調べることができます。

```
foreach (@lots_of_filenames) {
  print "$_ is readable\n" if -r;  # -r $_ と同じこと
}
```

しかしパラメータを省略する場合には、ファイルテストの直後に続くものがパラメータと解釈されないように注意してください。例えば、ファイルの大きさをバイト単位ではなくキロバイト単位で得たい場合には、次のように、-s の結果を 1000 (または 1024) で除算したくなるでしょう。

```
# ファイル名は $_ に入っている
my $size_in_K = -s / 1000;  # しまった！
```

Perl のパーサは、スラッシュを見たとき、それが除算だとは考えません。パーサは -s に対する省略可能なオペランドを探しているので、スラッシュを正規表現の開始と判断してしまいます。この種の混乱を防ぐシンプルな解決策の 1 つは、次のようにファイルテストをカッコで囲むことです。

```
my $size_in_k = (-s) / 1024;  # デフォルトの $_ を使う
```

もちろん、ファイルテストに対して明示的にパラメータを指定するようにすれば、常に安全です。

```
my $size_in_k = (-s $filename) / 1024;
```

12.1.1　同じファイルの複数の属性をテストする

同じファイルに対して複数のテストを行って、複雑な論理条件を作ることができます。読み書き両方が可能なファイルのみを対象に、何か操作を行うことを考えましょう。それには、それぞれの属性をチェックした結果を and で組み合わせてやります。

```
if (-r $filename and -w $filename) {
  ... }
```

しかしながら、この操作は高くつきます。ファイルテストを行うたびに、Perl は対象のファイルに関する全情報をファイルシステムに要求します（実際には、Perl は毎回 stat を行います。stat については、次の節で説明しましょう）。すでに -r をテストしたときに情報を取得済みなのに、Perl は -w をテストするために再び同じ情報を要求します。なんてもったいないことでしょう！ 大量のファイルに対して多数の属性をテストすると、これが性能的に問題になる可能性があります。

Perl は、このような無駄な作業を避けるための特別なショートカットを用意しています。仮想ファイルハンドル _ （アンダースコア 1 文字です）は、最後に実行したファイルテスト演算子で取得した情報を使います。これを利用すれば、ファイル情報を 1 回取得するだけで済みます。

```
if (-r $filename and -w _) {
  ... }
```

ファイルテストが連続していなくても _ を使うことができます。次の例では、別の if の条件部で使っています。

```
if (-r $filename) {
  print "The file is readable!\n";
}

if (-w _) {
  print "The file is writable!\n";
}
```

しかし、最後にどのファイルの情報を取得したかを、きちんと把握しておく必要があります。ファイルテストをしてから、次にファイルテストをするまでの間に何か別のこと——例えばサブルーチン呼び出し——を行っていたら、最後に情報を取得したファイルが別物にすりかわっている可能性があります。例えば、次のコードでは、lookup サブルーチンを呼び出していますが、そこでファイルテストを行っています。サブルーチンから戻って、次のファイルテストを実行したときには、_ ファイルハンドルには、期待していた $filename ではなく、$other_filename の情報が入っているのです。

```
if (-r $filename) {
  print "The file is readable!\n";
}

lookup( $other_filename );

if (-w _) {
  print "The file is writable!\n";
}
```

```
sub lookup {
  return -w $_[0];
}
```

12.1.2　ファイルテスト演算子を積み重ねる

　Perl 5.10より古いバージョンでは、複数のファイル属性を同時にテストするには、_ファイルハンドルによって処理を少し省けるものの、別々にテストを行う必要がありました。ここで、あるファイルが、読み書き可能であることを同時にテストすることを考えましょう。それには、次のように、まず読み込み可能なことをテストしてから、次に書き込み可能なことをテストしなければなりません。

```
if (-r $filename and -w _) {
  print "The file is both readable and writable!\n";
}
```

　このテストをまとめて1回でできれば簡単になります。Perl 5.10以降では、ファイル名の前に、ファイルテスト演算子を並べて「積み重ねる」ことができます。

```
use v5.10;

if (-w -r $filename) {
  print "The file is both readable and writable!\n";
}
```

　このファイルテストを積み重ねた例は、前の例の書き方を変えただけで、同じ処理をしますが、ファイルテスト演算子が逆順になっていることに注意してください。なぜなら、Perlは、ファイル名に最も近いファイルテストを最初に実行するからです。通常、これは問題にならないでしょう。

　積み重ねたファイルテストは、特に複雑な状況では便利です。読み、書き、実行がすべて可能で、（プログラムを起動した）ユーザが所有している、すべてのディレクトリのリストを取得したかったとしましょう。それには、必要なファイルテストを並べるだけです。

```
use v5.10;

if (-r -w -x -o -d $filename) {
  print "My directory is readable, writable, and executable!\n";
}
```

　積み重ねたファイルテストは、比較で使用される真偽以外の値を返すテストには使えません。次のコードは、まず最初にディレクトリかどうかをテストしてから、次に大きさが512バイト未満であることをテストしているように見えますが、実はそうではありません。

```
use v5.10;
```

```
if (-s -d $filename < 512) {     # 誤り！このやり方をしてはならない
  say 'The directory is less than 512 bytes!';
}
```

この積み重ねたファイルテストを、従来の書き方に戻してみれば、何が起こるかわかります。組み合わせたファイルテストの結果が、比較の引数として使われるのです。

```
if (( -d $filename and -s _ ) < 512) {
  print "The directory is less than 512 bytes!\n";
}
```

-dが偽を返すと、Perlはその偽の値を512と比較します。偽は数値としては0になり、512より小さいので、結果は真になります。このようなケースでは、素直に別々のファイルテストとして書けば、後ほどコードをメンテナンスする人も助かります。

```
if (-d $filename and -s _ < 512) {
  print "The directory is less than 512 bytes!\n";
}
```

12.2　stat関数とlstat関数

ファイルテストを利用すれば、ファイルやファイルハンドルのさまざまな属性をテストできますが、中にはファイルテストでは取得できない情報もあります。例えば、ファイルへのリンク数や所有者のユーザID（uid）は、ファイルテスト演算子では取得できません。ファイルテストでは取得できない情報を知るには、stat関数を使います。この関数は、Unixのstatシステムコールで取得可能なほぼすべての値を返します（あなたが必要とする以上の情報が含まれていればよいのですが）。

Unix以外のシステムでは、statとlstatは、ファイルテストの場合と同様に、「取得できる最も近い情報」を返します。例えばユーザIDがないシステム（つまり、Unix的な意味で「ユーザ」が1人しかいないシステム）では、その唯一のユーザがシステム管理者であるかのように、ユーザIDとグループIDとして0を返すかもしれません。statやlstatが失敗した場合には、空リストを返すでしょう。もしファイルテストの実処理を行うシステムコールが失敗したら（あるいは、そのシステムではそのファイルテストが使用できなければ）、そのテストは一般にundefを返します。perlportドキュメントには、各システムでの動作についての最新情報が記載されています。

statのオペランドには、ファイルハンドル（_ファイルハンドルも使えます）、あるいは評価するとファイル名になる式を与えます。statは、失敗した場合（たいていはファイルが存在しない場合）には空リストを、成功した場合には13個の数値からなるリストを返します。このリストの内容は、次に示すスカラー変数のリストで表現されます。

```
my($dev, $ino, $mode, $nlink, $uid, $gid, $rdev,
   $size, $atime, $mtime, $ctime, $blksize, $blocks)
     = stat($filename);
```

これらの名前は stat 構造体に含まれるメンバを表しています。詳しくは、stat(2) ドキュメントで解説されています。詳細についてはそれを読んでいただくことにして、ここでは重要な項目について概要を説明しましょう。

$dev と $ino
　ファイルのデバイス番号と i ノード番号。これらを合わせたものが、そのファイルの「ナンバープレート」[†]になります。ファイルが2個以上の名前を持っていた（ハードリンクされている場合）としても、デバイス番号と i ノード番号の組み合わせは常に同じになります。

$mode
　ファイルのパーミッションビットとそれ以外の数ビットを合わせたもの。Unix のコマンド ls -l を使って詳しい（長い）ファイルリストを表示したときに、各行に -rwxr-xr-x のようなものが表示されることをご存知でしょう。その情報が $mode に入っています。

$nlink
　ファイルまたはディレクトリに対する（ハード）リンクの個数。このアイテムが持っている本物の名前の個数を表します。$nlink の値は、ディレクトリの場合には必ず2以上、ファイルの場合には（通常は）1になります。これについては、後ほど13章の節「**13.9　リンクとファイル**」で、ファイルへのリンクの作成について解説する際に、再び取り上げましょう。ls -l の出力の中で、パーミッションビットを表す文字列の直後に表示される数値が、この $nlink の値です。

$uid と $gid
　ファイルの所有者を表すユーザ ID とグループ ID （数値で表現した値）。

$size
　ファイルの大きさをバイト単位で表した値。-s ファイルテストが返すのと同じ値です。

$atime、$mtime、$ctime
　ファイルの3つのタイムスタンプ。システム時間の起点となる**エポック**（epoch）からの経過秒数を表します。例えば ext2 のように、性能のために atime を無効にしているファイルシステムもあります。

　stat 関数にシンボリックリンクの名前を与えると、シンボリックリンクそのものではなくて、それが指している対象に関する情報を返します（シンボリックリンクがアクセス可能な物を指していない場合は除く）。シンボリックリンク自身に関する情報（あまり使い道はありませんが）が必要な場合には、stat の代わりに lstat を使ってください（lstat は、stat と同じ種類の情報を、同じ順番で返します）。lstat にシンボリックリンク以外のものを与えた場合には、stat とまったく同じ結果を返します。

[†] 訳注：原文は license plate で、これは自動車の「ナンバープレート」のことです。つまり、デバイス番号と i ノード番号の組み合わせによって、ファイルを特定できるのです。

ファイルテストと同様に、stat と lstat のオペランドはデフォルトでは $_ になります。つまり、スカラー変数 $_ で指定された名前のファイルに対して、内部的に stat システムコールを行います。

 File::stat モジュールは stat の使いやすいインタフェースを提供します。

12.3 localtime関数

タイムスタンプを表す典型的な数値（例えば stat が返すもの）は、1454133253 のようなものです。このような値は、2つのタイムスタンプを引き算して比較する場合を除けば、ほとんどの人間にとってあまり便利ではありません。これを人間が読みやすい形式——例えば「Sat Jan 30 00:54:13 2016」のような文字列——に変換する必要があります。Perl でこの変換を行うには、スカラーコンテキストで localtime 関数を呼び出してください。

```
my $timestamp = 1454133253;
my $date = localtime $timestamp;
```

リストコンテキストでは、localtime は数値のリストを返しますが、いくつかの値は、あなたが期待するものとは違うかもしれません。

```
my($sec, $min, $hour, $mday, $mon, $year, $wday, $yday, $isdst)
  = localtime $timestamp;
```

$mon は 0 から 11 までの月番号です。これは月の名前の配列に対するインデックスとしてそのまま使うことができます†。$year の値は 1900 年からの年数になっているので、1900 を足せば西暦年になります。$wday は曜日を表す値で、0（日曜日）から 6（土曜日）までになります。$yday は、その日が 1 月 1 日から起算して何日目かを表す値で、0（1 月 1 日）から 364 またはうるう年の場合は 365（12 月 31 日）までとなります。

これに関連して便利な関数が 2 つあります。gmtime 関数は、localtime と同じような働きをしますが、世界時（Universal Time）で表した時刻を返します。システムクロックから現在のタイムスタンプ値を得るには、time 関数を使います。localtime も gmtime もパラメータを省略すると、デフォルトとして time が返す値（現在の時刻を表すタイムスタンプ値）を使うようになっています。

```
my $now = gmtime;   # 現在の時刻を世界時で表した文字列を得る
```

これ以外の日付と時刻の操作については、付録 B でモジュールを紹介しているので、そちらをお読みください。

---

† 訳注：これは英語の場合の話です。日本では月は数字で表しますから、$mon に 1 を加えると正しい月になります。

12.4 ビット演算子

数値をビット単位で処理する必要がある場合——例えば、stat が返すモードビットを扱う場合——には、**ビット演算子**（bitwise operator）を使う必要があります。これらの演算子は、値に対して 2 進数の算術演算を行います。ビット AND 演算子（&）は、左右両方のオペランドでセットされているビットを教えてくれます。例えば、式 10 & 12 の値は 8 になります。ビット AND 演算子は、両方のオペランドから順に 1 ビットずつ受け取って、それをもとに結果の 1 ビットを生成します。つまり、10（2 進数で 1010）と 12（2 進数で 1100）に対して、論理 AND 操作を行うと、8（2 進数で 1000、左オペランドと右オペランドの対応するビットが両方とも 1 ならば、結果のビットが 1 になります）が得られるのです。図 12-1 をご覧ください。

```
  1010
& 1100
------
  1000
```

図12-1　ビットAND演算子

Perl が提供するビット演算子とその意味を表 12-2 に示します。

表12-2　ビット演算子とその意味

式	意味
10 & 12	ビット AND 演算子。両方のオペランドが 1 になっているビットが 1 になる（この例は 8 になる）
10 | 12	ビット OR 演算子。少なくとも片方のオペランドが 1 になっているビットが 1 になる（この例は 14 になる）
10 ^ 12	ビット XOR 演算子。片方のオペランドだけが 1 になっているビットが 1 になる（この例は 6 になる）
6 << 2	左シフト演算子。左オペランドを、右オペランドで示されたビット数だけ左に移動する。右の端には 0 が補われる（この例は 24 になる）
25 >> 2	右シフト演算子。左オペランドを、右オペランドで示されたビット数だけ右に移動する。右端から押し出されたビットは捨てられる（この例は 6 になる）
~10	ビット否定演算子（単項ビット反転演算子とも呼ばれる）。すべてのビットを反転（0 なら 1 に、1 なら 0 にする）した数を返す（この例は 0xFFFFFFF5 になるが、テキストを参照）

次の例では、stat が返した値 $mode に対して、いくつか操作を行っています。これらのビット操作の結果は、13 章で紹介する chmod を呼び出す際に役立ちます。

```
# $mode は CONFIG を stat して得られたモード値である
warn "Hey, the configuration file is world-writable!\n"
  if $mode & 0002;                  # コンフィギュレーションファイルにセキュリティ上の問題がある
my $classical_mode = 0777 & $mode;  # 不要な上位ビットを消去する
my $u_plus_x = $classical_mode | 0100;   # 1つのビットを1にする
my $go_minus_r = $classical_mode & (~ 0044);  # 2つのビットを0にする
```

12.4.1　ビットストリングを使う

すべてのビット演算子は、整数以外にも、**ビットストリング**（bit string）を扱うことができます。もしどちらかのオペランドが整数であれば、結果は整数になります（整数は少なくとも32ビット整数になりますが、もしマシンがサポートしていればそれより長いビット長になります。つまり、64ビットマシンの場合には、~10 の結果は、32ビットの 0xFFFFFFF5 ではなく、64ビットの 0xFFFFFFFFFFFFFFF5 となります）。

しかし、もしビット演算子の両方のオペランドが文字列であれば、Perl はそれをビットストリングとみなして演算を行います。つまり、"\xAA" | "\x55" の結果は、文字列 "\xFF" になります。ここで、これらの値はみな 1 バイト文字列であることに注意してください——結果は、8 個のビットすべてが 1 である 1 バイトの値になります。なおビットストリングの長さは任意です。

これは Perl が文字列と数値を区別して扱う、数少ない局面の 1 つです。これらの演算子に対して、数値演算をしているつもりで、2 個の文字列を渡してしまうと、トラブルが発生します。Perl 5.22 にはこれを修正する機能が追加されていますが、まず問題を理解する必要があります。

Perl は、オペランドのいずれかが数値であると判断すると数値演算を行います。次のコードを見てください。ここでは、$number_str に代入されている値は、数値のように見えますが、文字列のようにクォートされています。まだ何もしていないので、Perl は、これは文字列だと認識しています。

```
use v5.10;

my $number     = 137;
my $number_str = '137';
my $string     = 'Amelia';

say "number_str & string:    ", $number_str & $string;
say "number & string:        ", $number & $string;
say "number & number_str:    ", $number & $number_str;
say "number_str & string:    ", $number_str & $string;
```

1 番目と 4 番目の say 文は、まったく同じであることに注目してください。ここでは明示的に変数の値を変更していないので、期待通りの値が表示されるはずです。しかし、なぜこの出力はおかしなことになっているのでしょうか。

```
number_str & string:    ¿!%
number & string:        0
number & number_str:    137
number_str & string:    0
```

1 行目の say 文は、'137' & 'Amelia' の演算結果を表示しますが、意味がわからない文字列です。演算子の両側が文字列なので文字列演算が行われています。

2 行目の say 文の 137 & 'Amelia' の演算結果は 0 になります。片方のオペランドが数値なので、Perl はもう一方のオペランド 'Amelia' を数値に変換すると 0 になります。0 はすべてのビットが

0 なので、相手がどんな数値であっても、結果は 0 となります。

3 行目でも同じことが起こります。文字列 '137' を数値に変換すると 137 になり、左側のオペランドと同じ値になります。したがって、すべてのビットが同じなので、答えは 137 になります。

そして、おかしなことが起こります。4 行目では、1 行目と同じことを行っているのに、得られる答えが違います！あなたはどちらの値も変えませんでしたが、Perl は $number_str と $string の値を数値に変換する必要がありました。Perl は、これらの値を数値に変換する際に、後ほど再び同じ処理が必要となる場合に備えて、変換の結果を密かに保存しておきます。Perl は、4 行目を実行する際に、これらの変数に対して数値の値が保存されているのを知り、どちらの変数も数値であると判断して、数値のビット演算を行います。$string の数値としての値は、前回と同じく 0 になるので、結果も 0 になります。

Perl には **dualvar** という概念があります。スカラーは、同時に数値と文字列の値を持つことができます。ほとんどの場合、これは問題にならず、場合によっては役に立ちます。例えば、システムエラー変数 $! は、文字列としては人間にとって意味があるメッセージですが、数値としてはシステムエラー番号になります。詳しくは Scalar::Util モジュールを参照してください。

Perl 5.22 では、この問題の一部を解決するための実験的な機能が追加されています（付録 D を参照）。演算子を使う際には、オペランドの由来によらず、決まった処理が行われる方がよいでしょう。数値のビット演算を行いたい場合には、bitwise フィーチャを有効にすれば、ビット演算子は、すべてのオペランドを数値として扱ってくれます。

```
use v5.22.0;
use feature qw(bitwise);
no warnings qw(experimental::bitwise);

my $number     = 137;
my $number_str = '137';
my $string     = 'Amelia';

say "number_str & string:  ", $number_str & $string;
say "number & string:      ", $number     & $string;
say "number & number_str:  ", $number     & $number_str;
say "number str & string:  ", $number_str & $string;
```

1 行目の say が変な出力ではなくなっています。また、オペランドが両方とも文字列であっても、Perl は数値として扱っています。

```
number_str & string:  0
number & string:      0
number & number_str:  137
number_str & string:  0
```

反対に、文字列のビット演算を行いたい場合は、bitwise フィーチャはビット演算子の後に . を付けた新しい演算子を追加してくれます。

```
use v5.22.0;
use feature qw(bitwise);
no warnings qw(experimental::bitwise);

my $number     = 137;
my $number_str = '137';
my $string     = 'Amelia';

say "number_str &. string:  ", $number_str &. $string;
say "number &. string:      ", $number     &. $string;
say "number &. number_str:  ", $number     &. $number_str;
say "number_str &. string:  ", $number_str &. $string;
```

今度は、すべてが文字列演算子になっているので、オペランドはすべて文字列に変換されます。唯一まともに見えるのは3行目の結果で、ここでは &. 演算子の両方のオペランドが同じ '137' になっています。

```
number_str &. string:  ¿!%
number &. string:      ¿!%
number &. number_str:  137
number_str &. string:  ¿!%
```

12.5　練習問題

解答は付録Aの節「**12章の練習問題の解答**」にあります。

1. [15] コマンドラインに指定されたファイル名のリストを受け取って、それぞれについて、読み出し可能か、書き込み可能か、実行可能か、または存在しないか、を表示するプログラムを書いてください（ヒント：1個のファイルに対して、これらすべてをテストする関数を用意するとよいでしょう）。chmod でモードを 0 に設定したファイルに対しては何を表示するでしょうか（Unix システムを使っている人は、chmod 0 some_file というコマンドによって、ファイルに対して、読み出し、書き込み、実行のいずれもできないようにしてください）。ほとんどのシェルでは、引数にアスタリスクを指定すると、それはカレントディレクトリ内のすべての普通のファイルを表します。つまり、./ex12-1 * のようにタイプすれば、一度に多くのファイルの属性を調べることができます。

2. [10] コマンドラインに指定されたファイル名のリストを受け取って、そのうち最も古いファイルの名前とその古さを日数単位で表示するプログラムを書いてください。ファイル名のリストが空だったら（つまり、コマンドラインにファイルを指定しなかった場合）、このプログラムは何をするでしょうか？

3. [10] コマンドラインに指定されたファイル名のリストを受け取って、積み重ねたファイルテストを利用して、読み出しと書き込みがともに可能で、あなたが所有しているファイルすべての名前を表示するプログラムを書いてください。

13章
ディレクトリ操作

12章では、作成したファイルを、プログラムと同じディレクトリに置いていました。しかし、現在のオペレーティングシステムでは、ファイルをディレクトリの中に置いて整理することができます。Perlでは、ディレクトリを直接操作することができます。また、オペレーティングシステム間での移植性もかなり確保されています。

Perlはどのシステムで実行しても同じように動作するように多大な努力を払っています。それにもかかわらず、この章からは、PerlがUnixの影響を受けていることがわかるでしょう。Windowsを使っている場合は、Win32ディストリビューションを参照してください。これらのモジュールは、Win32 APIのフックを提供しています。

13.1 カレントディレクトリ

実行中のプログラムには、**カレントディレクトリ**（current directory）[†]が必ず存在します。これは、あなたのプログラムが行うあらゆる処理のデフォルトディレクトリです。

Cwdモジュール（標準ライブラリに含まれます）を使うとカレントディレクトリを確認できます。次に示すshow_my_cwdプログラムを試してみましょう。

```
use v5.10;
use Cwd;
say "The current working directory is ", getcwd();
```

結果は、Unixシェルでpwdを実行して表示されるディレクトリ、あるいはWindowsコマンドシェルでcd（引数なし）を実行して表示されるディレクトリと同じものになります。この本でPerlの学習をする間は、あなたが書くプログラムを格納しているディレクトリで作業する可能性が高いでしょう。

相対パス（ファイルシステムツリーのトップからの完全なパスを指定しないパス）を使用してファイルを開くと、Perlはカレントディレクトリを起点として相対パスを解釈します。カレントディレクトリが/home/fredだったとしましょう。そこで次のコードを実行してファイルを読み込

[†] 訳注：カレントディレクトリ（current directory）は、**カレント作業ディレクトリ**（current working directory）や**作業ディレクトリ**（working directory）などとも呼ばれます。

もうとすると、Perl は /home/fred/relative/path.txt を探します。

```
# カレントディレクトリからの相対パス
open my $fh, '<:utf8', 'relative/path.txt'
```

シェルやターミナルプログラムを使わない場合には、あなたのプログラムの起動元は、カレントディレクトリについて別の考え方をするかもしれません。エディタの中からプログラムを実行できる場合には、エディタのカレントディレクトリは、あなたがプログラムファイルを保存したディレクトリとは違うかもしれません。cron などでプログラムをスケジュール実行する場合にも、おそらく同じようになるでしょう。

カレントディレクトリは、プログラムが保存されているディレクトリと必ずしも同じではありません。次のコマンドはどちらもカレントディレクトリの my_program を探して実行します。

```
$ ./show_my_cwd
$ perl show_my_cwd
```

しかし、プログラムにフルパスを指定することによって、別のディレクトリからそのプログラムを実行することもできます。

```
$ /home/fred/show_my_cwd
$ perl /home/fred/show_my_cwd
```

シェルがプログラムを探すディレクトリの1つに、あなたのプログラムを置いておけば、どんなディレクトリからでもパスを指定せずにそのプログラムを実行することができます。

```
$ show_my_cwd
```

 File::Spec モジュール（標準ライブラリに含まれています）を使うと、相対パスを絶対パスに、また絶対パスを相対パスに変換することができます。

13.2　ディレクトリを移動する

プログラム開始時のカレントディレクトリを使いたくないこともあります。chdir 演算子でカレントディレクトリを変更することができます。chdir は、Unix シェルの cd コマンドと同じようなものです。

```
chdir '/etc' or die "cannot chdir to /etc: $!";
```

これはシステムコールによって実現されているので、エラーが発生したときには、Perl は $! に値をセットします。chdir が偽を返した場合には、うまく行かなかったことを示しているので、$! をチェックする必要があります。

カレントディレクトリは、Perl から起動するすべてのプロセスに受け継がれます（これについては 15 章で詳しく解説します）。しかし、プログラムがカレントディレクトリを変えたとしても、

Perlを起動したプログラム——例えばシェル——には影響を与えません。実行中のプログラムのカレントディレクトリを変更して、そこを開始するプロセスのカレントディレクトリにすることはできます。しかしあなたのプログラムを開始したプロセスのカレントディレクトリを変更することはできません。自分のレベル以下のものに影響を与えることができます。これはPerlによる制限ではありません——実際にはUnixやWindowsやその他のシステムによる制約なのです。

引数を渡さずに chdir を呼び出すと、Perlはできる限り努力して、あなたのホームディレクトリを特定して、そこをカレントディレクトリにしようとします。これは、Unixシェルの cd コマンドをパラメータなしで実行するのと似ています。またこれは、パラメータを省略したときに、$_ がデフォルトとして使われない珍しいケースの1つです。代わりに、環境変数 $ENV{HOME} または $ENV{LOGDIR} を順に調べます。どちらも設定されていない場合は何も行いません（Windowsでは失敗します）。

環境によってはこれらの環境変数は設定されません。File::HomeDirモジュールを使うと chdir が参照する環境変数も設定できます。

古いPerlでは、空文字列や undef（どちらも偽になります）を chdir の引数として使用できますが、Perl 5.12では廃止されています。ホームディレクトリに移動するには、chdir への引数を指定しないでください。

いくつかのシェルでは、cd コマンドにチルダ（~）で始まるパス名を与えると、他のユーザのホームディレクトリが起点となります（例えば cd ~fred）。これはシェルが提供する機能であって、オペレーティングシステムの機能ではありません。Perlはオペレーティングシステムを直接呼び出しているので、chdir ではチルダで始まるパス名を扱うことはできません。

File::HomeDirモジュールを使えば、ほぼ移植性を保ちながら、ユーザのホームディレクトリを取得することができます。

13.3　グロブ

通常、シェルは、コマンドラインに指定されたすべてのファイル名パターンを、それにマッチするファイル名に展開します。これを**グロブ**（globbing）と言います。例えば、echo コマンドにファイル名パターン *.pm を与えると、シェルは、それをマッチするファイル名のリストに展開します。

```
$ echo *.pm
barney.pm dino.pm fred.pm wilma.pm
```

echo コマンドは *.pm の展開について何も知る必要はありません。なぜなら、すでにシェルがそれを展開してくれているからです。あなたが書いたPerlプログラムも同じように扱われます。次に示すのは、渡された引数を表示するだけのプログラムです。

```
foreach $arg (@ARGV) {
  print "one arg is $arg\n";
}
```

このプログラムにグロブ1個を引数として渡して実行すると、シェルはまずそのグロブを展開して、その結果をあなたのプログラムに渡します。ですから、あなたのプログラムからは、複数の引数が渡されたように見えます。

```
$ perl show-args *.pm
one arg is barney.pm
one arg is dino.pm
one arg is fred.pm
one arg is wilma.pm
```

プログラム show-args は、グロブについて何も知らなくてよい、という点に注意してください——@ARGV には、すでに展開済みのファイル名が渡されるのです。

しかし、ときには、Perl プログラムの中で *.pm のようなパターンを展開したいこともあります。このパターンを、あまり手間をかけずに、対応するファイル名に展開することは可能でしょうか? もちろん可能です。それには glob 関数を使います。

```
my @all_files = glob '*';
my @pm_files = glob '*.pm';
```

この例では、@all_files には、カレントディレクトリの全ファイル名をアルファベット順に並べたもの——ただし、シェルと同様に、ドットで始まるファイルは除外されます——がセットされます。また @pm_files には、先ほどコマンドラインに *.pm と書いて得られたものと同じリストがセットされます。

実際には、コマンドラインで指定できるあらゆるパターンを、glob の(1つの)引数に指定することができます。パターンが複数ある場合には、スペースで区切って指定します。

```
my @all_files_including_dot = glob '.* *';
```

この例では、ドット以外で始まるファイル名に加えて、ドットで始まるファイル名も得るために .* というパターンをパラメータに追加しています。このシングルクォート文字列で .* と * の間にあるスペースは、グロブする2つのパターンを分離するためのもので、省略できないことに注意してください。

Windows ユーザは、「すべてのファイル」を意味するのに *.* というグロブを使うことに慣れているかもしれません。しかし、Perl では、(たとえ Windows 用の Perl であっても)このパターンは本当に「名前にドットを含むすべてのファイル」を表すので注意しましょう。

glob 演算子がシェルとまったく同じ結果を返すのは、Perl 5.6 より古いバージョンでは、ファイル名展開の際に /bin/csh を呼び出していたからです。そのために、glob は処理に時間がかかり、大量のファイルが存在するディレクトリ(あるいはそれ以外のケースでも)では正しく動作しないことがありました。ですから用心深い Perl ハッカーたちは、グロブを避けて、もっぱらディレク

トリハンドル（本章で後ほど解説します）を使っていました。しかし、最近のバージョンの Perl を使っているなら、もうこのような心配は不要です。

 Perl 組み込みの glob が唯一の選択肢ではありません。File::Glob モジュールはエッジケースを処理することができます。

13.4　グロブの別の書き方

　これまでグロブという言葉を使って glob 演算子について説明してきましたが、グロブを行うプログラムでは glob というキーワードにあまりお目にかかることがないかもしれません。なぜでしょうか。それは、glob 演算子が名前を持つようになる前に、たくさんのレガシーコードが書かれたからです。その時代には、ファイルハンドルからの入力と同じように、山カッコによってグロブを表現していました。

```
my @all_files = <*>;     # my @all_files = glob "*"; とまったく同じ
```

　Perl は、山カッコではさんだ部分に対して、ダブルクォート文字列と同様に変数展開を行います。つまり、Perl は、グロブを行う前に、変数をその時点の値で置き換えるのです。

```
my $dir = '/etc';
my @dir_files = <$dir/* $dir/.*>;
```

　この例では、$dir がその変数の値に展開されるので、ディレクトリ /etc 内にある、ドット以外で始まる全ファイルと、ドットで始まる全ファイルが @dir_files にセットされます。

　ところで、同じ山カッコを、ファイルハンドルからの入力とグロブの両方に使うとなると、Perl はそれらをどうやって区別するのでしょうか。その種明かしはこうです。ファイルハンドルは Perl 識別子か変数でなければなりません。ですから、もし山カッコにはさまれたものが厳密に Perl 識別子であれば、それはファイルハンドルからの入力と解釈されます。そうでなければ、グロブ演算子と解釈されます。例えば、次のようになります。

```
my @files = <FRED/*>;     # グロブ
my @lines = <FRED>;       # ファイルハンドルからの入力
my @lines = <$fred>;      # ファイルハンドルからの入力
my $name = 'FRED';
my @files = <$name/*>;    # グロブ
```

　ただし 1 つ例外があります。もし山カッコの間にはさまれているものが、ファイルハンドルオブジェクトでない、単純なスカラー変数（ハッシュや配列の要素は除きます）であれば、それは**間接ファイルハンドル**（indirect filehandle）の読み出しとなります。この場合には、変数の内容は、読み出すファイルハンドル名と解釈されます。

```
my $name = 'FRED';
my @lines = <$name>;  # 間接ファイルハンドルからの入力：FRED ハンドルから入力する
```

グロブなのか、ファイルハンドルからの入力なのかは、コンパイル時に判定されます。ですから、この判定は変数の内容とは無関係です。

もしそうしたければ、readline 演算子を使って、間接ファイルハンドルから入力することができます。このほうが山カッコを使うよりも意図が明確になります。

```
my $name = 'FRED';
my @lines = readline FRED;   # FRED から入力する
my @lines = readline $name;  # FRED から入力する
```

しかし readline 演算子はめったに使われません。なぜなら、間接ファイルハンドルからの入力はあまり一般的でない上に、使うにしても対象が単純なスカラー変数なので、たいていは山カッコ記法が使われるからです。

13.5　ディレクトリハンドル

ディレクトリに入っている名前のリストを得るためのもう 1 つの方法は、**ディレクトリハンドル**（directory handle）を使うことです。ディレクトリハンドルは、外見も動作もファイルハンドルに似ています。まずオープンして（open の代わりに opendir を使います）、次に読み出して（readline の代わりに readdir を使います）、最後にクローズします（close の代わりに closedir を使います）。しかし、読み出すのは、ファイルの**中身**ではなくて、ディレクトリに入っているファイル（とそれ以外のアイテム）の**名前**です。例えば、次のように使います。

```
my $dir_to_process = '/etc';
opendir my $dh, $dir_to_process or die "Cannot open $dir_to_process: $!";
foreach $file (readdir $dh) {
  print "one file in $dir_to_process is $file\n";
}
closedir $dh;
```

ファイルハンドルと同様に、プログラムの実行が終了したとき、あるいは別のディレクトリに対して再オープンされたときには、ディレクトリハンドルは自動的にクローズされます。

ファイルハンドルの場合と同様に、裸のワード（bareword）をディレクトリハンドルとして使うこともできますが、以前に説明したものと同様な問題が生じます。

```
opendir DIR, $dir_to_process
    or die "Cannot open $dir_to_process: $!";
foreach $file (readdir DIR) {
  print "one file in $dir_to_process is $file\n";
}
closedir DIR;
```

ディレクトリハンドルは低レベル操作なので、さまざまなことを自前で行う必要があります。例えば、ファイル名は不定の順番で返されます。また、パターン（グロブの例で紹介した *.pm のようなもの）にマッチしたものではなく、すべてのファイル名が返されます。ですから、.pm で終わるファイルだけを取り出すには、次のように、ループの中でスキップしてください。

```
while ($name = readdir $dh) {
  next unless $name =~ /\.pm\z/;
  ... 処理を続ける ...
}
```

ここで使われているパターンは、グロブではなく、正規表現であることに注意してください。また、ドットファイル以外のすべてを得るには次のようにします。

```
next if $name =~ /\A\./;
```

また、ドット . （カレントディレクトリ）とドットドット .. （親ディレクトリ）を除くすべてのファイルを取得するには、明示的に次のようにすることができます。

```
next if $name eq '.' or $name eq '..';
```

さて、これから多くの人が混乱する話題に突入するので、よく注意して読んでください。readdir 演算子が返すファイル名には、パス名部分が**含まれていません**。つまり、そのディレクトリ内での**名前だけ**が返されるのです。ですから、例えば /etc/hosts ではなく、単に hosts が返されます。これがグロブとのもう 1 つの相違点です。ここでつまずく人が後を絶ちません。

ですから、完全な名前を得るには、自分で組み立てる必要があります。

```
opendir my $somedir, $dirname or die "Cannot open $dirname: $!";
while (my $name = readdir $somedir) {
  next if $name =~ /\A\./;           # ドットファイルをスキップする
  $name = "$dirname/$name";          # パスを組み立てる
  next unless -f $name and -r $name; # 読めるファイルのみを処理する
  ...
}
```

移植性を上げるには、File::Spec::Function モジュールを使うとよいでしょう。このモジュールは、ローカルファイルシステム用のパスを組み立ててくれます。

```
use File::Spec::Functions;

opendir my $somedir, $dirname or die "Cannot open $dirname: $!";
while (my $name = readdir $somedir) {
  next if $name =~ /\A\./;            # ドットファイルをスキップする
  $name = catfile( $dirname, $name ); # パスを組み立てる
  next unless -f $name and -r $name;  # 読めるファイルのみを処理する
  ...
}
```

同じことを行う Path::Class モジュールのほうが良いインタフェースを提供しますが、このモジュールは Perl に付属していません。

パスの組み立てを行わないと、$dirname で指定したディレクトリのファイルではなく、カレントディレクトリのファイルをテストしてしまいます。これは、ディレクトリハンドルを使う際に最も一番多い誤りです。

13.6　ファイルとディレクトリの取り扱い

Perl は、よくファイルやディレクトリを扱うために使用されます。Perl は Unix 環境で生まれ育ち、また今でもほとんどの時間を Unix 環境で過ごしているので、本章の内容の大部分は Unix 寄りだと感じられるかもしれません。しかし、幸いなことに、Perl は、Unix 以外のシステムでも、可能な限り同じ動作をするようになっています。

13.7　ファイルを削除する

ほとんどの場合、あなたはデータをしばらく保管しておくためにファイルを作成するでしょう。しかしデータが役に立たなくなったときには、そのファイルを消さなければなりません。Unix シェルのレベルでは、rm コマンドを使って、ファイル（複数指定も可）を削除します。

```
$ rm slate bedrock lava
```

Perl では、削除したいファイルのリストを unlink 演算子に渡してやります。

```
unlink 'slate', 'bedrock', 'lava';

unlink qw(slate bedrock lava);
```

これは、指定された3つのファイルをビット世界の「あの世」に送ります。「あの世」に送られたものは、復活することはできません。

リンクは、ファイル名とディスクに格納されているデータを結び付けますが、ファイルシステムの中には、1つのデータに対して複数の「ハード」リンクが許されるものもあります。そのようなリンクがすべて消えると、そのデータは解放されます。unlink は、ファイル名とデータとの結び付き（リンク）を切り離します。もし最後のリンクが切り離されたら、ファイルシステムはそのデータが占有していた領域を再利用することができます。

ところで、unlink はリストを受け取り、glob 関数はリストを返すので、これら2つを組み合わせれば、多くのファイルをいっぺんに削除できます。

```
unlink glob '*.o';
```

これは、シェルからコマンド rm *.o を実行するのと似ていますが、rm プロセスを新たに起動する必要はありません。ですから、これらの大切なファイルが、あっという間にあの世行きになるわ

けです！
　unlinkは、削除に成功したファイルの個数を返します。ですから、最初の例を次のように変えれば、成功したかどうかを確認できます。

```
my $successful = unlink "slate", "bedrock", "lava";
print "I deleted $successful file(s) just now\n";
```

　確かに、返された値が3だったら、すべてのファイルを削除できたことがわかり、0だったら、どれも削除できなかったことがわかります。しかし、1や2が返されたらどうでしょうか。この場合、どのファイルの削除が失敗したのかわかりません。もし、それを知りたければ、ループを使って1個ずつ別々に削除するようにしてください。

```
foreach my $file (qw(slate bedrock lava)) {
  unlink $file or warn "failed on $file: $!\n";
}
```

　今度は、ファイルを1個ずつ削除するので、戻り値は0（失敗）か1（成功）のいずれかになります。この値はそのままブール値として使えるので、これをもとにwarnを実行するかどうかを決めています。or warnという使い方は、or dieと似ていますが、もちろん致命的エラーにはなりません（warnについては5章で説明しました）。このケースでは、警告メッセージの末尾に改行文字を入れています。なぜなら、これはプログラムのバグによって表示されるメッセージではないからです。
　unlinkが失敗した場合には、Perlはオペレーティングシステムエラーに関するメッセージを$!変数にセットするので、表示するメッセージにそれを含めています。このやり方に意味があるのは、ファイル名を1つずつ削除していく場合だけです。なぜなら、オペレーティングシステムに対する次の要求が失敗したときに、$!の内容は上書きされてしまうからです。unlinkを使って、ディレクトリを削除することはできません。これはrmコマンドでディレクトリを削除できないのと同じことです。ディレクトリを削除するには、後ほど紹介するrmdir関数を使います。
　ここで、知られざるUnixの真実を1つ明らかにしましょう。あなたが読むことも書くことも実行することもできないファイル、それどころかあなたが所有していないファイルでさえ、削除することが可能です。なぜならば、あるファイルをunlinkできるか否かは、そのファイル自体のパーミッションビットとは無関係だからです。unlinkできるかどうかは、そのファイルが置かれているディレクトリのパーミッションビットによって決まるのです。
　この話をしたのは、たいていの駆け出しのPerlプログラマは、unlinkを試そうとして、ファイルを作って、それを（読み書きできないようにするため）0にchmodしてから、そのファイルに対するunlinkが失敗することを確かめようとするからです。しかし、予想に反して、そのファイルは黙って消されてしまいます。本当にunlinkが失敗するところを見たければ、/etc/hostsやそれに類するシステムファイルを削除してみてください。これらのファイルはシステム管理者が管理しているので、あなたが消すことはできないでしょう。

13.8 ファイルの名前を変更する

既存のファイルに新しい名前を与えるには、rename 関数を使います。

```
rename 'old', 'new';
```

これは、Unix の mv コマンドを使って、old という名前のファイルに対して、同じディレクトリの中で new という新しい名前を与えるのと似ています。rename を使って、ファイルを移動することもできます。

```
rename 'over_there/some/place/some_file', 'some_file';
```

中には、「6.2.3 太い矢印」で紹介した太い矢印 => を使って、名前の変更前と変更後がわかりやすいようにするという流儀もあります。

```
rename 'over_there/some/place/some_file' => 'some_file';
```

これは別のディレクトリにある some_file という名前のファイルを、カレントディレクトリに移動します。ただし、このプログラムを実行するユーザは、必要なパーミッションを持っていなければなりません。また、ファイルを別のディスクパーティションに移動することはできません。rename は、ファイルエントリの名前を変えるだけで、データを移動するわけではありません。

オペレーティングシステムに対して何かを要求する関数の多くと同様に、rename は失敗すると偽を返し、$! にオペレーティングシステムエラーをセットします。ですから、or die（または or warn）を使って、$! の内容をユーザに知らせることができます（状況によっては、知らせるべきです）。

よくある質問の1つは、「.old で終わるすべてのファイルを、.new で終わる同じ名前にリネームするにはどうすればよいでしょうか？」というものです。これをうまく Perl で行う方法を次に示します。

```perl
foreach my $file (glob "*.old") {
  my $newfile = $file;
  $newfile =~ s/\.old$/.new/;
  if (-e $newfile) {
    warn "can't rename $file to $newfile: $newfile exists\n";
  } elsif (rename $file => $newfile) {
    # 成功したら、何もしない
  } else {
    warn "rename $file to $newfile failed: $!\n";
  }
}
```

$newfile が存在するかどうかを確認しているのは、もし $newfile という既存のファイルがあり、それを削除するパーミッションを持っていた場合、rename はそれを上書きしてしまうからです。あらかじめ確認しておけば、rename によって情報を失う可能性は低くなります。もちろん wilma.new のような既存のファイルを置き換えても構わなければ、-e テストは不要です。

このループの最初の2行をまとめて1行にすることができます（しばしばこのように書きます）：

```
(my $newfile = $file) =~ s/\.old$/.new/;
```

このコードは `$newfile` を宣言して `$file` の値で初期化してから、置換演算子によって `$newfile` の内容を加工します。これは「右側の置換を適用して、`$file` を `$newfile` に変換する」と読むことができます。もちろん、ここでは優先順位の関係からカッコは必要です。

Perl 5.14 で導入された `s///` 演算子の `/r` フラグを使えば、もっと簡単に書くことができます。次のコードは、先ほどのものとよく似ていますが、カッコがありません。

```
use v5.14;

my $newfile = $file =~ s/\.old$/.new/r;
```

また、この置換演算子を初めて見た人は、左部分にはバックスラッシュが必要なのに、なぜ右部分では不要なのだろうか、と不思議に思うかもしれません。置換演算子の左部分と右部分は対称ではありません。置換演算子の左部分は正規表現であるのに対して、右部分はダブルクォート文字列なのです。この例では、パターン `/\.old$/` は「文字列の末尾にある `.old`」を表しています（アンカー `$` を使って末尾に固定しているのは、**betty.old.old** というファイルの**最初の** `.old` を置き換えないようにするためです）。しかし右部分では、置き換えを行うためにそのまま `.new` と書くことができます。

13.9　リンクとファイル

ファイルやディレクトリの処理について理解を深めるには、Unix のファイルとディレクトリのモデルを理解することが大切です。非 Unix システムでは、まったく同じ動作をするとは限りませんが、それでも Unix の知識は役に立つでしょう。例によって、細部については省略して説明します。完全な情報を知りたい人は、Unix の内部に関する良い解説書を読んでください。

マウントしたボリューム（mounted volume）とは、ハードディスクドライブ（あるいはそれに類似した、ディスクパーティション、ソリッドステートデバイス、フロッピーディスク、CD-ROM、DVD-ROM のようなもの）のことを言います。マウントしたボリュームの中には、任意個のファイルとディレクトリを入れることができます。各ファイルは、番号が振られた**i ノード**（inode）に格納されます。ディスクを土地だと考えると、i ノードは、その特定の1区画に相当します。あるファイルはi ノード 613 に格納され、また別のファイルはi ノード 7033 に格納されるという具合になります。

しかし、ある特定のファイルを見つけ出すには、まずディレクトリの中を探さなければなりません。ディレクトリは、システムが面倒をみる特別な種類のファイルです。本質的には、ディレクトリは、ファイル名とそのi ノード番号のテーブルになっています。ディレクトリには、他のエントリに混じって、2個の特別なエントリが必ず存在します。その1つは `.`（「ドット」と呼ばれます）で、そのディレクトリ自身を表す名前です。もう1つは `..`（「ドットドット」）で、ディレクトリ階層の1つ上にあるディレクトリ（つまり、そのディレクトリの親ディレクトリ）を表します。図

13-1は2つのiノードを表しています。その1つはchickenと呼ばれるファイルです。もう1つはBarneyの詩を入れたディレクトリ /home/barney/poems で、chickenもこの中に入っています。ファイルchickenはiノード613に、ディレクトリpoemsはiノード919にそれぞれ格納されています（ところで、このディレクトリの名前poemsはこの図には現れません。なぜなら、他のディレクトリに入っているからです）。ディレクトリpoemsには、3個のファイル（chickenを含む）と2個のディレクトリ（そのうち1個は、iノード919の自分自身を参照しています）に対するエントリがあり、各エントリにはiノード番号が対応しています。

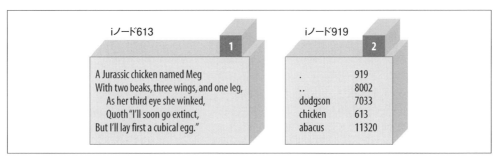

図13-1　chiken（ニワトリ）のほうがegg（卵）よりも先である

あるディレクトリに新しいファイルを作る際には、システムは、ファイル名と新しいiノード番号を持ったエントリを追加します。ところで、システムはどのようにして、特定のiノードが空いていることを知るのでしょうか。各iノードは**リンク数**（link count）という数を持っています。iノードがどのディレクトリにも入っていなければ、リンク数は必ず0になります。ですから、リンク数が0のiノードは、新しいファイルを格納するのに使うことができます。iノードがディレクトリに追加されると、リンク数が1つ増やされます。iノードがディレクトリから取り除かれると、リンク数は1つ減らされます。**図13-1** のchickenでは、iノードのリンク数1は、iノードのデータの上の箱に表示されています。

しかしiノードの中には、複数のディレクトリに入っているものもあります。例えば、各ディレクトリは、そのディレクトリ自身のiノードを指す . というエントリを必ず持っています。ですからディレクトリのリンク数は、最低でも必ず 2 ── 1つは親ディレクトリからのリンク、もう1つは自分自身からのリンク ── になります。それに加えて、もしサブディレクトリが存在する場合には、各サブディレクトリには .. があるので、サブディレクトリの数だけリンク数も増えることになります。図13-1 では、ディレクトリのデータを表す箱の上に、iノードのリンク数2が表示されています。リンク数は、そのiノードに対する本物の名前の個数を表します。（ディレクトリでない）普通のファイルのiノードが、複数のディレクトリに入ることは可能でしょうか。ええ、可能です。Barneyが、図13-1 のディレクトリの中で、Perlの link 関数を使って新しいリンクを作ったとしましょう。

```
link 'chicken', 'egg'
  or warn "can't link chicken to egg: $!";
```

　これは、Unixのシェルプロンプトから`ln chicken egg`を実行することに似ています。`link`が成功すると、真を返します。失敗したら、偽を返して`$!`にエラーメッセージをセットします。Barneyは、表示するメッセージに変数`$!`を含めています。このコードを実行した後では、名前eggが、ファイルchickenに対するもう1つの名前になります。またその逆も同様です。片方の名前が、もう一方よりも「より本物」である、ということはありません。（もう想像はついているでしょうが）chicken（ニワトリ）とegg（卵）のどちらが先かを知るには、名探偵に調査してもらう必要があるでしょう。図13-2はlinkの実行後の状況を示します。ここでは、iノード613に対するリンクが2個存在します。

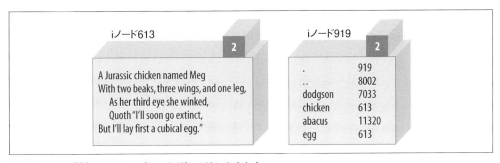

図13-2　egg（卵）がchiken（ニワトリ）にリンクされた

　このように、2つのファイル名eggとchickenは、ディスクの同じ場所を表しています。もしファイルchickenに200バイトのデータが入っていれば、ファイルeggにもまったく同じ200バイトのデータが入っています。また、両者を合わせても200バイトの領域しか使用しません（なぜなら、実際には、2つの名前を持った1個のファイルだからです）。もしBarneyがeggの末尾にテキストを1行追加したら、その追加された行はchickenの末尾にも現れます。ここで、Barneyが誤って（あるいは意図的に）chickenを削除したとしても、そのデータは失われません。そのデータはeggというファイル名で参照することができます。またその逆も同様です。もしeggを削除したとしても、chickenが残ります。もちろん両方とも削除してしまったら、データは失われてしまいます。ディレクトリ内のリンクに関する規則がもう1つあります。それは「あるディレクトリに入っているすべてのiノード番号は、同じマウントしたボリューム上にあるiノードを指している」というものです。この規則によって、物理メディア（USBメモリなど）を別のマシンに持っていったときに、ディレクトリ内のすべてのファイルがともに移動されることが保証されます。renameを使って、ファイルをあるディレクトリから別のディレクトリへ移動する際に、両方のディレクトリが同じファイルシステム（マウントしたボリューム）に存在しなければならない、という制限があるのはこのためです。もしディレクトリが別のディスク上にあったとしたら、iノードが保持しているデータも移動する必要がありますが、これは単純なシステムコールにとっ

ては荷が重すぎる操作なのです。

　リンクに関しては、さらに別の制限があります。それは、ディレクトリに対しては、新しい名前を作れないというものです。その理由は、ディレクトリは階層構造を構成しているためです。もし階層構造を変えることができてしまうと、find や pwd のようなユーティリティプログラムは、ファイルシステムの中で迷子になってしまうでしょう。

　まとめると、「ディレクトリに対してリンクすることはできない」「あるマウントしたボリュームから別のボリュームへとリンクすることはできない」ということになります。幸いなことに、リンクに関するこれらの制限を回避する方法が用意されています。それには、新しい別種のリンク——**シンボリックリンク**（symbolic link）を使います。シンボリックリンク（これまでに説明してきた真のリンク——**ハードリンク**〔hard link〕とも言います——との対比から、**ソフトリンク**〔soft link〕とも呼ばれます）は、ディレクトリ内の特別なエントリで、システムに対して別の場所を見に行くように指示します。Barney が、（先ほどの例と同じく、詩が入ったディレクトリで）Perl の symlink 関数を使って、次のようにシンボリックリンクを作成したとしましょう。

```
symlink 'dodgson', 'carroll'
  or warn "can't symlink dodgson to carroll: $!";
```

　これは、Barney がシェルから ln -s dodgson carroll というコマンドを実行したときと同様なことを行います。図 13-3 は、i ノード 7033 の詩も含めて、実行の結果を示します。

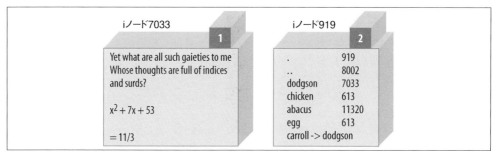

図13-3　i ノード7033へのシンボリックリンク

　ここで Barney が /home/barney/poems/carroll を読もうとすると、システムは自動的にシンボリックリンクをたどるので、あたかも /home/barney/poems/dodgson をオープンしたかのように、その内容と同じデータが得られます。しかし、この新しい名前は、ファイルの「本物の」名前ではありません。なぜなら、（図 13-3 からわかるように）i ノード 7033 のリンク数が 1 のままだからです。リンク数が増えないのは、シンボリックリンクはシステムに対して「もし carroll を探しているのなら、代わりに dodgson を見つけなさい」と指示するだけのものだからです。

　シンボリックリンクは、ハードリンクとは違い、マウントしたボリュームを自由にまたぐことができますし、ディレクトリに対して新しい名前を与えることもできます。実際に、シンボリックリンクはあらゆるファイル名を指すことができます。同じディレクトリ内のファイル名、別のディレ

クトリにあるファイル名、さらに存在しないファイルさえ指せるのです！ しかし、ハードリンクがデータが失われるのを防いでくれるのに対して、シンボリックリンクはデータが失われるのを防いでくれません。なぜなら、シンボリックリンクは、リンク数にはカウントされないからです。もしBarneyがdodgsonを削除してしまったら、もうシステムはそのシンボリックリンクをたどれません。carrollという名前のエントリは残っていますが、それを読もうとすると file not found のようなエラーになります。ファイルテスト -l 'carroll' は真になりますが、-e 'carroll' は偽になります——それはシンボリックリンクですが、指されるものが存在しないのです。もちろん、シンボリックリンク carroll を削除した場合には、そのシンボリックリンクが削除されるだけのことです。

　シンボリックリンクはまだ存在しないファイルを指せるので、ファイルを作成する際にも使うことができます。Barney は、自分のほとんどのファイルをホームディレクトリ /home/barney に置いていますが、とても長くてタイプしづらい名前のディレクトリ /usr/local/opt/system/httpd/root-dev/users/staging/barney/cgi-bin にも頻繁にアクセスする必要があります。ですから彼は、その長い名前のディレクトリを指すシンボリックリンク /home/barney/my_stuff を作りました。こうしておけば、そのディレクトリに簡単にアクセスできます。もし彼が（ホームディレクトリから）my_stuff/bowling というファイルを作ったとしたら、そのファイルの本当の名前は /usr/local/opt/system/httpd/root-dev/users/staging/barney/cgi-bin/bowling になります。もしその翌週にシステム管理者が、Barney のこれらのファイルを /usr/local/opt/internal/httpd/wwwdev/users/staging/barney/cgi-bin に移動したとしても、シンボリックリンクを1つ作り直すだけで、Barney と彼のプログラムは、以前と同じようにファイルを簡単に見つけることができます。

　通常は、/usr/bin/perl か /usr/local/bin/perl のどちらか（あるいは両方）が、あなたのシステムの本物の Perl バイナリへのシンボリックリンクになっています。こうすることによって、新バージョンの Perl への移行が容易になります。あなたがシステム管理者で、新しい Perl をビルドしたとしましょう。もちろん、古いバージョンもちゃんと動作しており、混乱を招きたくありません。移行の準備が完了したら、シンボリックリンクを1、2個張り直せば、#!/usr/bin/perl で始まるすべてのプログラムは、自動的に新しいバージョンを使うようになります。もし万が一トラブルが発生した場合には、シンボリックリンクを古いものに張り直せば、以前の古いバージョンの Perl が復活します（しかし、良きシステム管理者としては、移行前にユーザに対して「新しい /usr/bin/perl-7.2 を使って、自分のプログラムをテストしておくこと」および「必要ならば、移行後1か月の猶予期間中は、プログラムの先頭行を #!/usr/bin/perl-6.1 と変えれば、以前の古いバージョンを使うことができること」を、あらかじめ周知しておくべきです）。

　意外に思われるかもしれませんが、ハードリンクとソフトリンク（シンボリックリンク）はともに非常に役に立ちます。多くの非 Unix オペレーティングシステムは、嘆かわしいことに、どちらもサポートしていません。いくつかの非 Unix システムでは、シンボリックリンクが「ショートカット」または「エイリアス」として実装されています。最新の情報については perlport ドキュメントを確認してください。

　シンボリックリンクがどこを指しているかを知るには、readlink 関数を使います。この関数は、

そのシンボリックリンクが指している場所を表す文字列を返します。引数がシンボリックリンクでない場合には、undef を返します。

```
my $where = readlink 'carroll';          # "dodgson" が得られる

my $perl = readlink '/usr/local/bin/perl';  # たぶん perl の場所を教えてくれる
```

unlink を使えば、どちらの種類のリンクも削除できます——なぜ unlink という名前なのかを、おわかりいただけたと思います。unlink は、指定されたファイル名に対するディレクトリエントリを削除して、リンク数を1つ減らします。その結果として、i ノードを解放することがあります。

13.10　ディレクトリの作成と削除

既存のディレクトリの中に新しいディレクトリを作成することは簡単です。それには、mkdir 関数を呼び出すだけです。

```
mkdir 'fred', 0755 or warn "Cannot make fred directory: $!";
```

この関数も成功したら真を返し、失敗したら偽を返して $! をセットします。

ところで第2パラメータの 0755 は何を意味するのでしょうか。これは、作成されるディレクトリのパーミッションの初期値です（パーミッションは後で変えることができます）。この値は、Unix のパーミッション値として解釈されるので、8進数で指定しています。Unix のパーミッション値は、3ビットずつまとめて扱われるので、8進数で表現すると都合がよいのです。そうです、Windows や MacPerl を利用している人も、mkdir 関数を使うには Unix のパーミッションの知識が少々必要になります。モード 0755 は適切なパーミッション値です。なぜなら、あなた自身にはすべての操作を許可し、あなた以外の全員には、読み出しだけを許可して変更することは許可しないからです。

mkdir 関数が、この値を8進数で指定するように求めているわけではありません。ただ数値（リテラルでも数値式でも構いません）を求めるだけです。けれども、あなたが、8進数 0755 を瞬時に10進数 493 に変換できる特技の持ち主でなければ、この変換は Perl に任せたほうがよいでしょう。また、先頭の 0 を付け忘れると、10進数の 755 と解釈されてしまいます。これは8進数の 01363 という、妙ちくりんなパーミッション指定になるので注意してください。

以前に（2章で）説明したように、文字列値を数値として使う際には、先頭が 0 であっても8進数とは解釈されません。ですから、次のコードはうまく動きません。

```
my $name = "fred";
my $permissions = "0755";  # 危険 ... これはうまく動かない
mkdir $name, $permissions;
```

このコードでは、0755 が10進数として扱われるので、01363 という妙なパーミッションを持ったディレクトリが作られてしまいます。正しく動くようにするには、oct() 関数を使います。oct() は、先頭の 0 の有無にかかわらず、文字列を8進数と解釈して数値に変換します。

```
mkdir $name, oct($permissions);
```

もちろん、プログラムでパーミッション値を直接指定するのなら、最初から文字列ではなく、数値を使えばよいだけのことです。oct() 関数を使う必要があるのは、ユーザが入力した値を使う場合です。例えば、コマンドラインから引数を受け取ることを考えてみましょう。

```
my ($name, $perm) = @ARGV;    # 最初の 2 個の引数は名前とパーミッション
mkdir $name, oct($perm) or die "cannot create $name: $!";
```

ここでは $perm の値は最初は文字列と解釈されて、次に oct() 関数がそれを 8 進数として正しく解釈して数値に変換します。

空のディレクトリを削除するには、unlink 関数と同じようにして、rmdir を呼び出します。ただし、rmdir は 1 回の呼び出しでディレクトリを 1 個しか削除できません。

```
foreach my $dir (qw(fred barney betty)) {
  rmdir $dir or warn "cannot rmdir $dir: $!\n";
}
```

rmdir 演算子を使って、空でないディレクトリを削除しようとすると失敗します。ですから、まず最初にディレクトリの中身を unlink で消してから、空になったディレクトリを消すという手順を踏まなければなりません。例えば、プログラムの実行中に、たくさんの一時ファイルを作成して入れておくための場所が必要だったとしましょう。

```
my $temp_dir = "/tmp/scratch_$$";         # プロセス ID をベースにする；本文を見よ
mkdir $temp_dir, 0700 or die "cannot create $temp_dir: $!";
...
# $temp_dir にすべての一時ファイルを入れる
...
unlink glob "$temp_dir/* $temp_dir/.*";   # $temp_dir の中身を消す
rmdir $temp_dir;                          # 空になったディレクトリを削除する
```

もし本当に、一時ディレクトリやファイルを作る必要があるなら、Perl に付属している File::Temp モジュールを使うとよいでしょう。

一時ディレクトリの名前には、カレントプロセス ID を埋め込んでいます。カレントプロセス ID は、実行中の全プロセスに対してユニークになるように割り当てられ、その値は（シェルの場合と同じく）$$ 変数によって参照できます。このようにするのは、他のプロセスとの衝突を回避するためです。他のプロセスも、同じようにプロセス ID をパス名の一部として使っていれば、衝突することはありません（実際には、プロセス ID に加えてプログラム名を使うことが多いです。例えばプログラム名が quarry ならば、一時ファイル用ディレクトリを /tmp/quarry_$$ とします）。

プログラムの最後で、この一時ディレクトリ内のすべてのファイルを unlink で削除してから、空になった一時ディレクトリを rmdir 関数で削除しています。しかし、もし一時ディレクトリの中

にサブディレクトリが作られていたら、unlink 演算子はそれを削除できず、rmdir も失敗します。より堅牢確実な方法として、Perl に付属している File::Path モジュールが提供する rmtree 関数を使うとよいでしょう。

13.11　パーミッションを変更する

　Unix の chmod コマンドは、ファイルやディレクトリのパーミッションを変更します。Perl には、同じような仕事を行う chmod 関数が用意されています。

```
chmod 0755, 'fred', 'barney';
```

　多くのオペレーティングシステムインタフェース関数と同様に、chmod は、パーミッションの変更に成功したファイルやディレクトリの個数を返します。また、失敗したときには意味のあるエラーメッセージを $! に返します。最初のパラメータは（非 Unix バージョンの Perl でも）Unix のパーミッション値です。先ほど mkdir の解説で述べたのと同じ理由により、通常この値は 8 進数で指定します。

　chmod 関数では、Unix の chmod コマンドがサポートしているようなシンボリックなパーミッション指定（+x や go=u-w など）は使えません。

　　　　　　CPAN から File::chmod モジュールをインストールして use すると、chmod 演算子がシンボリックなモード値を受け付けるようになります。

13.12　ファイルのオーナーを変更する

　もしオペレーティングシステムが許可していれば、chown 関数を使って、複数ファイル（またはファイルハンドル）の所有者（ユーザ）とグループを変更することができます。ユーザとグループは同時に変更されます。また、これらは、数値のユーザ ID とグループ ID で指定しなければなりません。例えば、次のように使います。

```
my $user  = 1004;
my $group = 100;
chown $user, $group, glob '*.o';
```

　手元の情報が、数値のユーザ ID ではなく、merlyn のようなユーザ名だったらどうすればよいでしょうか。お安い御用です。ユーザ名をユーザ ID に変換するには getpwnam 関数を、グループ名をグループ ID に変換するには getgrnam 関数を使えばよいのです。

```
defined(my $user = getpwnam 'merlyn') or die 'bad user';
defined(my $group = getgrnam 'users') or die 'bad group';
chown $user, $group, glob '/home/merlyn/*';
```

　ここでは defined 関数によって、戻り値が undef（指定したユーザやグループが正しくないこと

を示します) でないことを確認しています。

chown 関数は、変更に成功したファイルの個数を返します。エラーが発生した場合には、$! をセットします。

13.13 タイムスタンプを変更する

まれに、ファイルが最後に修正あるいはアクセスされた時刻について、他のプログラムに嘘を教えたいことがあります。utime 関数を使えば、これらの記録を改竄できます。utime 関数の最初の 2 個の引数は、設定すべきアクセス時刻と修正時刻です。残りの引数は、これらのタイムスタンプを変更するファイル名のリストです。時刻は、内部タイムスタンプ形式 (12 章の節「**12.2 stat 関数と lstat 関数**」で紹介した stat 関数が返す値と同じ形式です) で指定します。

タイムスタンプとしてよく使われる値の 1 つに「いま」があります。time 関数を引数なしで呼び出せば、適切な形式で表現された現在の時刻が返されます。例えば、カレントディレクトリのすべてのファイルが、ちょうど 1 日前に修正されて、たったいまアクセスされたように見せるには、次のようにします。

```perl
my $now = time;
my $ago = $now - 24 * 60 * 60;     # 1 日当たりの秒数を引く
utime $now, $ago, glob '*';         # アクセス時刻を今に、修正時刻を 1 日前にする
```

もちろん、あなたが遥かな未来や遠い過去のタイムスタンプを持ったファイルを作ろうとしても、誰も止めません (ただし、タイムスタンプが 64 ビットでないシステムでは、1970 年から 2038 年までの Unix タイムスタンプ値、あるいは非 Unix システムではそのシステムがサポートする範囲に限定されます)。これは、あなたが執筆するタイムトラベル小説のメモを入れるディレクトリを作るのに役立つかもしれません。

3 つ目のタイムスタンプ (ctime 値) は、誰かがファイルに手を加えるたびに必ず「いま」がセットされるもので、utime 関数で任意の値をセットすることはできません (もしできたとしても、変更後に「いま」がセットされてしまうでしょう)。なぜなら、ctime 値の主な目的は、インクリメンタルバックアップを取得するためだからです。もしファイルの ctime 値がバックアップテープの日付よりも新しければ、そのファイルを再びバックアップするという仕組みになっています。

13.14 練習問題

ここで作るプログラムは潜在的に危険なものです！ 大切なファイルを間違って消さないように、ほとんど空のディレクトリの中でテストを行うようにしてください。

解答は付録 A の節「**13 章の練習問題の解答**」にあります。

1. [12] 次のようなプログラムを書いてください。まずユーザからディレクトリ名を入力してもらい、そのディレクトリに移動します。ユーザが入力した行に空白文字以外何もなければ、デフォルトの動作として、そのユーザのホームディレクトリに移動します。移動したら、その

ディレクトリの内容（ただし、ドットで始まるファイルを除く）をアルファベット順に表示します（ヒント：ディレクトリハンドルとグロブのどちらを使うほうが簡単でしょうか？）。もしディレクトリの移動に失敗したら、警告を表示するだけにしてください――ディレクトリの内容は表示しないでください。

2. [4] 問題1のプログラムを改造して、ドット以外で始まるものだけではなく、すべてのファイルを表示するようにしてください。

3. [5] ディレクトリハンドルを使って問題2を解いた人は、グロブを使うように書き換えてください。グロブを使って解いた人は、ディレクトリハンドルを使うように書き換えてください。

4. [6] rmと同じ働きをするプログラムを書いてください。このプログラムは、コマンドラインに指定したすべてのファイルを削除します（rmのオプションを扱う必要はありません）。

5. [10] mvと同じ働きをするプログラムを書いてください。このプログラムは、1番目のコマンドライン引数で指定したファイルを、2番目の引数で指定した名前にリネームします。（mvのオプションを扱ったり、3個以上の引数を扱ったりする必要はありません。）2番目の引数にはディレクトリも指定できるようにしてください。その場合、そのディレクトリの中で、リネーム前と同じベース名を持つようにしてください。

6. [7] お使いのオペレーティングシステムがハードリンクをサポートしているなら、lnと同じ働きをするプログラムを書いてください。このプログラムは、1番目のコマンドライン引数に対して、2番目の引数で指定した名前を持つハードリンクを作成します（lnのオプションを扱ったり、3個以上の引数を扱ったりする必要はありません）。システムがハードリンクをサポートしていない場合には、もしサポートしていたら行うはずの操作をメッセージで表示するようにしてください（ヒント：このプログラムには、問題5のプログラムと共通点があります。この点を理解すれば、コーディング時間を節約できるでしょう）。

7. [7] お使いのオペレーティングシステムがシンボリックリンクをサポートしているなら、問題6のプログラムを改造して、他の引数の前に -s スイッチを指定したら、ハードリンクの代わりにシンボリックリンクを作成するようにしてください（システムがハードリンクをサポートしていなかったとしても、このプログラムを使ってシンボリックリンクが作成できるかどうかを確認してください）。

8. [7] お使いのオペレーティングシステムがシンボリックリンクをサポートしているなら、カレントディレクトリに存在するシンボリックリンクをすべて探し出して、その値を表示するプログラムを書いてください（ls -l が表示するように name -> value の形で表示してください）。

14章
文字列処理とソート

　本書の最初のほうで、Perlは、テキスト処理が90%、それ以外の処理が10%で構成されている問題をうまく解決できるように設計されている、とお話ししました。ですから、Perlが強力なテキスト処理能力——すでに紹介した正規表現を利用する処理も含む——を備えているのは当然のことです。場合によっては、正規表現エンジンでは凝りすぎなので、本章で紹介するようなシンプルなやり方で文字列を扱うことも必要になります。

14.1　indexを使って部分文字列を探す

　部分文字列を探す方法は、どこから探し出すかによって変わります。もし長い文字列の中から探すなら、あなたはついています。なぜならindex関数が手助けしてくれるからです。indexは次のように使います。

```
my $where = index($big, $small);
```

　Perlは、文字列 $big の中で最初に現れる部分文字列 $small を探して、その先頭文字の $big 内での位置（インデックス値）を整数で返します。返される文字位置は 0 から数え始めます——もし部分文字列 $small が文字列 $big の先頭で見つかったら、index は 0 を返します。そして、それより 1 文字後ろで見つかったら 1 を返す、というようになります。部分文字列が見つからなければ、index は -1 を返します。次の例では、$where には、wor が開始する位置である 6 がセットされます。

```
my $stuff = "Howdy world!";
my $where = index($stuff, "wor");
```

　indexが返す数値を、「その部分文字列に到達するまでにスキップした文字の個数」と考えることもできます。この例では $where が 6 なので、wor を見つけるまでに、$stuff の先頭から 6 文字をスキップしなければならないことがわかります。

　index関数は、常に**最初に**見つかった部分文字列の位置を返します。しかし、先頭以外の位置からサーチを始めることもできます。オプションの第 3 パラメータに、サーチを始める位置を指定します。

```
my $stuff  = "Howdy world!";
my $where1 = index($stuff, "w");                # $where1 は 2 になる
my $where2 = index($stuff, "w", $where1 + 1);   # $where2 は 6 になる
my $where3 = index($stuff, "w", $where2 + 1);   # $where3 は -1 になる（見つからない）
```

実際には、第3パラメータは返しうる戻り値の最小値を表すことになります。もしその位置以降に部分文字列が見つからなければ、index は -1 を返します。しかし、ループを使わずに、このような処理をすることはないでしょう。次のコード例では、見つけた位置を配列に格納しています。

```
use v5.10;

my $stuff  = "Howdy world!";

my @where = ();
my $where = -1;
while( 1 ) {
  $where = index( $stuff, 'w', $where + 1 );
  last if $where == -1;
  push @where, $where;
}
say "Positions are @where";
```

変数 $where を -1 に初期化しています。なぜなら、index に開始位置として渡す際に、1 を加算するからです。これによって、ループの1回目の実行を特別扱いする必要がなくなります。

ときには、**最後に見つかった部分文字列**の位置を知りたいこともあります。それには、文字列の末尾から先頭に向かって調べる rindex 関数を使います。次の例では、位置 4 にある、最後のスラッシュを見つけることができます（位置は、index と同様に、先頭から数えます）。

```
my $last_slash = rindex("/etc/passwd", "/");  # 値は 4
```

rindex 関数もオプションで第3パラメータを受け取りますが、この場合、それは返しうる戻り値の**最大値**を表します。

```
my $fred = "Yabba dabba doo!";

my $where1 = rindex($fred, "abba");                # $where1 は 7 になる
my $where2 = rindex($fred, "abba", $where1 - 1);   # $where2 は 1 になる
my $where3 = rindex($fred, "abba", $where2 - 1);   # $where3 は -1 になる
```

これをループを使って書くと次のようになります。ここでは、-1 の代わりに、最後の位置の 1 つ後ろから開始しています。文字列の長さは、0 から数え始めた最後の位置よりも、1つ大きい値になります。

```
use v5.10;

my $fred = "Yabba dabba doo!";
```

```
my @where = ();
my $where = length $fred;
while(  ) {
  $where = rindex($fred, "abba", $where - 1 );
  last if $where == -1;
  push @where, $where;
}
say "Positions are @where";
```

14.2　substrを使って部分文字列をいじる

substr関数は、長い文字列の一部を取り出します。これは次のように使います。

```
my $part = substr($string, $initial_position, $length);
```

substrは3つの引数——文字列値、開始位置（indexの戻り値と同様に、文字列の先頭が0になります）、部分文字列の長さ——を受け取ります。この関数は、部分文字列を返します。

```
my $mineral = substr("Fred J. Flintstone", 8, 5);    # "Flint"を返す
my $rock = substr "Fred J. Flintstone", 13, 1000;    # "stone"を返す
```

substrの第3引数には、あなたが欲しい部分文字列の長さを指定してください。部分文字列の終了位置ではなく、長さなので、十分に注意してください。

最後の例からわかるように、もし要求した長さ（このケースでは1000）が文字列の末尾を越えてしまう場合、Perlは何も文句を言わずに、指定したよりも短い文字列を返します。しかし、文字列の長さにかかわらず末尾までを取り出したければ、次のように第3パラメータ（長さ）を省略してください。

```
my $pebble = substr "Fred J. Flintstone", 13;    # "stone"を返す
```

部分文字列の開始位置には、負の値を指定することもできます。その場合、文字列の末尾から先頭に向かって数えていきます（つまり位置-1は最後の文字を意味します）。次の例では、位置-3は文字列の最後から3文字目——つまり文字iの位置を表します。

```
my $out = substr("some very long string", -3, 2);    # $outは"in"になる
```

あなたが期待するように、indexとsubstrを組み合わせると威力を発揮します。次の例では、文字lの位置から始まる部分文字列を取り出しています。

```
my $long = "some very very long string";
my $right = substr($long, index($long, "l") );
```

ここで本当に素晴らしい機能を披露しましょう。第1引数の文字列が変数であれば、その文字列のうち指定した部分を書き換えることができるのです。

```perl
    my $string = "Hello, world!";
    substr($string, 0, 5) = "Goodbye";   # $string は "Goodbye, world!" になる
```

この例からわかるように、代入される（部分）文字列は、置き換えの対象となる部分文字列と長さが違っていても構いません。文字列の長さは、代入される文字列が収まるように自動的に調整されます。

長さに 0 を指定すると、何も削除せずにテキストを挿入できます。

```perl
    substr($string, 9, 0) = "cruel ";    # $string は "Goodbye, cruel world!" になる
```

これでも物足りないというあなたのために、とっておきの機能を紹介しましょう。結合演算子（=~）を使えば、文字列の一部分だけを対象にすることができるのです。次の例では、文字列の最後の 20 文字に含まれる cruel をすべて barney で置き換えます。

```perl
    substr($string, -20) =~ s/cruel/barney/g;
```

substr と index にできることの多くは、正規表現によっても実現できます。正規表現に向いている作業には、正規表現を使いましょう。しかし substr と index を使ったほうが、正規表現エンジンのオーバーヘッドがない分だけ速い、ということがよくあります。また、これらは、常に大文字と小文字を区別しますし、あのいまいましいメタキャラクタも使いませんし、キャプチャ変数もセットしません。

substr 関数への代入（たぶん初めて見たときは変な感じがしたでしょう）以外にも、よりトラディショナルなやり方として、4 個の引数を渡して substr を呼び出すことができます。4 番目の引数には、部分文字列の置き換えに使う文字列を指定します。

```perl
    my $message = "Hello, world!";

    my $previous_value = substr($message, 0, 5, "Goodbye");
```

置き換えられた部分の値が substr の戻り値として返されますが、例によって、この関数を無効コンテキストで呼び出せば（戻り値を変数に代入しなければ）、戻り値は捨てられます。

14.3　sprintfを使ってデータをフォーマットする

sprintf 関数は、printf とまったく同じ引数（もちろん、オプションのファイルハンドルは除く）を受け取りますが、printf が出力するはずの文字列を戻り値として返すという点が違います。これは、フォーマットした文字列を後で使うために変数に格納したり、printf 単体が提供するものよりさらにきめ細かいフォーマット制御が必要な場合に、役に立ちます。

```perl
    my $date_tag = sprintf
      "%4d/%02d/%02d %2d:%02d:%02d",
      $yr, $mo, $da, $h, $m, $s;
```

この例では、$date_tag には "2038/01/19 3:00:08" のような文字列がセットされます。フォーマット文字列（sprintf の最初の引数）では、フォーマット数値に対して、先頭に 0 を付けています。これは、5 章で printf 関数を紹介した際には、説明しなかった機能です。フォーマット数値の先頭に 0 を付けると、指定した幅を満たすまで先頭を 0 で埋めてくれます。もしこのフォーマットで先頭の 0 を指定しなかったら、先頭には 0 の代わりにスペースが使われて、得られる文字列は "2038/ 1/19 3: 0: 8" のようになってしまいます。

14.3.1　sprintfを使って金額を表示する

sprintf のポピュラーな使い方の 1 つに、小数点以下を決まった桁数だけ表示するというものがあります。例えば、金額をドル表示するには、2.5 ではなく——もちろん 2.49997 でもなく！——2.50 と表示したいでしょう。これは、"%.2f" というフォーマットを使えば簡単に実現できます。

```perl
my $money = sprintf "%.2f", 2.49997;
```

数値を丸めることに関しては多くの微妙な点がありますが、ほとんどのケースでは、メモリ上ではできるだけ高い精度で数値を格納しておき、出力する際にだけ丸めるようにすべきです。

いま手元に「金額を表す数値」があったとしましょう。金額が大きい場合には、間にカンマをはさみ込まなければなりません。それには次のようなサブルーチンを用意すると便利です。

```perl
sub big_money {
    my $number = sprintf "%.2f", shift @_;
    # この何もしないループを実行するたびにカンマが 1 個挿入される
    1 while $number =~ s/^(-?\d+)(\d\d\d)/$1,$2/;
    # 正しい場所にドル記号を入れる
    $number =~ s/^(-?)/$1\$/;
    $number;
}
```

このサブルーチンは初登場のテクニックをいくつか使っていますが、論理的にはすでに紹介した機能を利用しているにすぎません。サブルーチンの 1 行目は、最初の（唯一の）パラメータを、小数点以下 2 桁でフォーマットします。つまり、パラメータが 12345678.9 という数値だったら、$number は "12345678.90" という文字列になります。

次に実行される行では、while 修飾子を使っています。10 章でこの修飾子を取り上げたときに説明したように、これを従来型の while ループに書き換えると次のようになります。

```perl
while ($number =~ s/^(-?\d+)(\d\d\d)/$1,$2/) {
    1;
}
```

この例ではカンマを桁区切り文字としてハードコーディングしました。**Number::Format** モジュールと **CLDR::Number** モジュールは、数値のフォーマットに関心のある人にはとても興味深いでしょう。

これは何をするのでしょうか。これは「置換演算子が真（成功を意味します）を返す限り、ループ本体を繰り返し実行せよ」という意味です。しかしループ本体では何も処理を行いません！Perlからすればこれで OK です。私たちから見れば、この文の目的は、何もしないループ本体を実行することではなく、条件式（置換演算子）を評価することだとわかります。この種のダミーとしては伝統的に 1 という値が使われますが、他の値でもまったく同じことになります。次のコードは、上で示したループと同じ働きをします。

```
'keep looping' while $number =~ s/^(-?\d+)(\d\d\d)/$1,$2/;
```

さて、このループの本当の目的は、置換であることが明らかになりました。ところで、この置換は何を行うのでしょうか。この時点では、$number には "12345678.90" のような文字列が入っていることを思い出してください。パターンは、この文字列の先頭からマッチしますが、マッチするのは小数点の手前までです（なぜだかおわかりでしょうか？）。メモリ $1 は "12345" になり、$2 は "678" になるので、置換によって $number の値は "12345,678.90" となります（パターンは小数点にマッチできないので、小数点より右の部分はそのまま残ります）。

パターンの先頭近くにあるマイナス記号は何のためにあるのでしょうか？（ヒント：文字列の中で、マイナス記号が許されるのは 1 か所だけです。）わからない人のために、この節の最後で正解を教えましょう。

まだ置換演算子の説明は終わっていません。置換が成功したので、この何もしないループはもう 1 回実行されます。今度は、パターンはカンマの手前までしかマッチできないので、$number は "12,345,678.90" になります。このように、ループを実行するたびに、置換によって $number にカンマが 1 個ずつ挿入されていきます。

ところで、このループの実行はまだ終わっていません。置換が成功したので、もう 1 回ループの繰り返しが行われます。しかし、今回はパターンはマッチしません。なぜなら、文字列の先頭に少なくとも数字が 4 個なければマッチしないからです。したがって、これでループが終了することになります。

なぜ、誤解を招きそうな 1 while の代わりに、「グローバル」な検索と置換を行う /g 修飾子を使わないのでしょうか。その理由は、文字列の先頭から末尾に向かってではなく、小数点から先頭に向かって逆向きに処理しなければならないからです。このように数値にカンマをはさむ処理は、s///g 置換演算子だけでは実現できないのです。ところで、マイナス記号の役目がわかりましたか。これは、文字列の先頭にマイナス記号を置けるようにするためのものです。次の行では、同じようにマイナス記号を置けるように配慮しつつ、ドル記号を適切な場所に挿入しています。この行を実行すると $number の値は "$12,345,678.90"、または "-$12,345,678.90"（負の場合）のようになります。ドル記号が必ず先頭に置かれるわけではないことに注意してください。もしドル記号を必ず先頭に付けるのなら、処理はずっと簡単になるでしょう。最後の行で、美麗にフォーマットされた「金額」を返します。あとは、返された値を年次報告書に印刷するだけです。

14.4　高度なソート

3章で、組み込みの sort 演算子を使って、リストを昇順にソートする方法を説明しました。ところで、数値をソートするにはどうすればよいでしょうか。あるいは、大文字と小文字を区別せずにソートするにはどうすればよいでしょうか。また、ハッシュに格納した情報をもとにソートしたいこともあるでしょう。Perl では、必要に応じて、リストをあなたの好きな順番にソートできます。これから本章の最後までにわたり、いま挙げたすべての例について具体的な実現法を紹介していきます。

並べる順番を Perl に伝えるためには、ソート定義サブルーチン（sort-definition subroutine）――ソートサブルーチン（sort subroutine）とも言います――を用意する必要があります。ところで、コンピュータサイエンスの授業を受けたことがある人は、「ソートサブルーチン」という言葉を聞いたとたんに、バブルソートやシェルソートやクイックソートと格闘した日々が走馬灯のように駆けめぐり、思わず「もうたくさんだ、勘弁してください！」と叫んでしまうかもしれません。でも心配御無用です。そんなに大変なことではありません。実際には、むしろ簡単なことです。Perl はすでにリストをソートする方法を知っています。ただ、どんな順番に並べたらよいかがわからないのです。ですから、ソート定義サブルーチン（ソートサブルーチン）の役目は、Perl にその順番を教えることだけです。

なぜこのようなものが必要なのでしょうか。考えてみれば、ソートとは、多数の値を、互いに比較して順番に並べるという作業です。いっぺんにすべての値を比較することはできないので、一度に2個ずつ比較して、それらの大小関係に基づいて、最終的にすべてを順番に並べるのです。Perl は「要素をどのように比較するか」という部分を除いた、すべての手順を知っています。ですから、あなたは、比較を行う部分を書くだけでよいのです。

つまり、ソートサブルーチンは、多数の要素をソートする必要などありません。2個の要素の比較だけを行えばよいのです。もし2個の要素を正しい順番に並べられれば、Perl は（ソートサブルーチンを繰り返し呼び出して）データ全体の並び方を知ることができます。

ソートサブルーチンは、通常のサブルーチンと同じようにして定義します（ええ、ほとんど同じです）。このサブルーチンは、ソートすべきリストの要素2個をパラメータとして、何回も繰り返し呼び出されます。

さて、あなたは、ソートすべき2個のパラメータを受け取るサブルーチンを、次のように書き始めるかもしれません。

```
sub any_sort_sub {        # 本当はこのようなやり方はしない
    my($a, $b) = @_;      # 2つのパラメータに名前を付ける
    # ここで $a と $b の比較を行う
    ...
}
```

ソートサブルーチンはかなりの回数（しばしば数百回から数千回）呼び出されます。サブルーチンの冒頭で変数 $a と $b を宣言して値を代入するという処理には、わずかとはいえ時間がかかります。ソートサブルーチンは何千回も呼び出されるので、全体の実行時間に無視できない影響を与えることは明らかでしょう。

ですから、実際には、上のコードのような書き方はしません（実際、上の書き方をしても、動作しません）。その代わりに、あなたのソートサブルーチンのコードが実行を始める前に、Perlはこれに相当する準備をしておいてくれます。実際のソートサブルーチンでは、この最初の行は省きます――$a と $b にはすでに値が代入されています。ソートサブルーチンの実行が始まった時点で、$a と $b は、元のリスト中の2つの要素になっています。

ソートサブルーチンは、要素を比較した結果を数値で返します（C の qsort(3) と似ていますが、Perl はソートアルゴリズムを自前で実装しています）。もしソート済みのリストの中で $a が $b よりも前に置かれるべきなら、ソートサブルーチンは -1 を返します。もし $b が $a よりも前に置かれるべきなら、1 を返します。

$a と $b の順番が付けられない場合には、ソートサブルーチンは 0 を返します。なぜ順番が付けられないのでしょうか。大文字と小文字を区別しないソートを行っていて、2つの文字列が fred と Fred であったからかもしれません。あるいは、数値をソートしていて、2つの数が等しかったのかもしれません。

数値用のソートサブルーチンは次のように書くことができます。

```
sub by_number {
  # ソートサブルーチン、$a と $b に値が渡される
  if ($a < $b) { -1 } elsif ($a > $b) { 1 } else { 0 }
}
```

ソートサブルーチンを使うには、キーワード sort とソートするリストの間に、名前を（アンパーサンドを付けずに）置きます。次の例は、数値のリストを、数値としてソートした結果を @result に代入します。

```
my @result = sort by_number @some_numbers;
```

このサブルーチンに by_number という名前を付けたのは、それがソートの方法を表しているからです。しかしもっと重要なのは、sort とソートサブルーチン名を合わせると、「sort by number」（「数値順にソートせよ」）と英語として読めるという点です。ソートサブルーチンの多くは、ソートの方法を示すために by_ で始まる名前になっています。また、同様な理由から、numerically という名前にしてもよかったのですが、こちらは文字数も多いしトラブルの原因になりそうです。

ソートサブルーチンの中では、$a と $b を宣言したり、値をセットしたりする必要はないことに注意してください――もしそうしてしまうと、ソートサブルーチンは正しく動作しません。$a と $b の用意は Perl が行います。あなたがしなければならないのは比較を行うコードを書くことだけです。

実際には、さらにシンプルに（そして効率的に）することができます。このような3方向の比較は頻繁に行われるので、Perl は便利なショートカットを用意しているからです。このケースでは、スペースシップ演算子（<=>）を使います。この演算子は2つの数値を比較して、数値としてソートするのに必要な -1、0、1 のいずれかの値を返します。これを使えば、先ほどのソートサブルーチンを次のように書くことができます。

```
sub by_number { $a <=> $b }
```

スペースシップ演算子は数値を比較しますが、それに対応する文字列バージョンとしてcmp演算子があります。これら2つの演算子を覚えるのは簡単です。スペースシップ演算子は>=のような数値比較演算子と外見が似ていますが、戻り値が2種類ではなく3種類なので、長さが2文字ではなく3文字になっています。そしてcmpは、geのような文字列比較演算子と外見が似ていますが、こちらも戻り値が2種類ではなく3種類なので、3文字長になっています。もちろん、cmp自身は、デフォルトのソートと同じ順序を提供します。あなたが、次に示すような、デフォルトのソート順でソートするためのソートサブルーチンを書く機会はないでしょう。

```
sub by_code_point { $a cmp $b }

my @strings = sort by_code_point @any_strings;
```

しかしcmpを利用すれば、複雑なソート順を実現することができます。次に示すのは、大文字と小文字を区別しないでソートするためのものです。

```
sub case_insensitive { "\L$a" cmp "\L$b" }
```

このケースでは、$aの文字列を小文字に変換したものと、$bの文字列を小文字に変換したものを比較することによって、大文字と小文字を区別しないソート順を実現しています。

しかし、Unicodeには、**正準等価**（canonical equivalence）と**互換等価**（compatible equivalence）という概念があることを忘れないでください。これらについては、付録Cで解説しています。等価な文字が互いに隣り合うようにソートするには、分解形（decomposed form）をソートする必要があります。もしUnicode文字列を扱っているなら、ほとんどのケースであなたがやりたいことは次のようにすれば実現できます。

```
use Unicode::Normalize;

sub equivalents { NFKD($a) cmp NFKD($b) }
```

ここでは、要素そのもの（$aと$b）の値は変えていないことに注意してください——値を利用しているだけです。これは重要なポイントです。効率上の理由から、$aと$bはリストの要素のコピーではありません。実際には、これらの変数は、リストの要素への一時的なエイリアスになっているので、もしソートサブルーチンの中で$aや$bを変更してしまうと元のデータが壊されてしまいます。ですから、$aと$bの値は絶対に変更しないでください——値を変えることはサポートも推奨もされません。

ソートサブルーチンがこのようなシンプルなものであれば（ほとんどの場合、この程度です）、ソートサブルーチンの名前の代わりに、その本体を「インラインで」指定することによって、さらにシンプルになります。

```
my @numbers = sort { $a <=> $b } @some_numbers;
```

実際、現在のPerlでは、独立したソートサブルーチンを書くことはまれです。たいていは、この例のように、インラインで書かれます。

数値の降順（大きいものから小さいものの順）でソートすることを考えてみましょう。それには、reverse関数を使えば簡単です。

```
my @descending = reverse sort { $a <=> $b } @some_numbers;
```

しかし、もっと良いやり方があります。比較演算子（<=>とcmp）はとても近視眼的です。つまり、どちらのオペランドが$aでどちらのオペランドが$bかは見ずに、どちらの値が左でどちらの値が右かだけを見ます。ですから$aと$bを入れ換えてやれば、比較演算子は毎回反対の結果を返してくれます。このことを利用して次のようにすれば、数値ソートが逆順（降順）に行われます。

```
my @descending = sort { $b <=> $a } @some_numbers;
```

（少し練習することによって）一目見ればこのコードを読めるようになります。これは降順の比較であり（なぜなら、$bのほうが$aよりも前にある——つまり逆順）、数値比較を行います（なぜなら、cmpではなくスペースシップ演算子<=>を使っている）。ですから、これは数値を逆順（降順）にソートするわけです（最近のバージョンのPerlでは、reverseはsortに対する修飾子として認識されて特別扱いされるので、どちらの書き方をしても処理速度は変わらないようになっています）。

14.4.1　ハッシュを値によってソートする

ハッシュを、値によってソートしたいことがあります。例のキャラクタのうち3人が昨晩ボーリングをして、そのときのスコアが次に示すハッシュに入っていたとしましょう。このリストを、ゲームの勝者が先頭になるような順番で表示してみましょう。つまりスコアの高い順にハッシュをソートするわけです。

```
my %score = ("barney" => 195, "fred" => 205, "dino" => 30);
my @winners = sort by_score keys %score;
```

もちろん、本当にハッシュをスコア順にソートするわけではありません。これは単なる言葉のあやです。そもそもハッシュをソートすることは原理的に不可能です！ところで、これまではハッシュに対してsortを適用する場合には、ハッシュのキーを（コードポイント順に）ソートしていました。ここでもやはりハッシュのキーをソートしますが、キーに対応する値をもとにソート順を定義します。このケースでは、3人のキャラクタの名前が、ボーリングスコアの高い順に並ぶようにします。

このソートサブルーチンはそんなに難しくありません。名前の代わりに、スコアを数値として比較すればよいわけです。つまり、$aと$b（プレーヤーの名前）の代わりに、$score{$a}と$score{$b}（プレーヤーのスコア）を比較するわけです。このように考えれば、もう書けたも同然

です。ソートサブルーチン by_score は次のようになります。

```
sub by_score { $score{$b} <=> $score{$a} }
```

順を追って動作を見てみましょう。このソートサブルーチンが初めて呼び出されたときに、$a には barney、$b には fred がセットされていたとしましょう。すると、$score{"fred"} <=> $score{"barney"} という比較が行われ、(ハッシュの内容からわかるように) これは 205 <=> 195 となります。そして、スペースシップ演算子は近視眼的なので、205 が 195 の前にあるのを見ると、「いいえ、これは正しい数値順になっていません。$b が $a より前に置かれるはずです」と答えます。ですから、Perl は、「fred が barney よりも前に置かれる」ということを知ります。

このソートサブルーチンが次に呼び出されたときには、$a はまた barney ですが、$b は dino だったとしましょう。スペースシップ演算子は今度は 30 <=> 195 を見て、正しい順番に並んでいる——実際に、$a は $b の前にあります——と報告します。ですから、barney は dino よりも前に置かれます。この時点で、Perl は、リストを正しく並べるのに十分な情報——優勝は fred、2 位は barney、3 位は dino——を手に入れています。

なぜ比較演算子で $score{$b} を $score{$a} よりも——後ろではなく——前に置くのでしょうか。それは、ボーリングのスコアの**降順**（スコアの高いものから低いものの順）に並べるためです。ですから（少し練習をすれば）$score{$b} <=> $score{$a} を一見目だけで、「スコアを数値の逆順にソートする」と読むことができます。

14.4.2 複数のキーでソートする

実は、ゆうべのボーリングにはもう 1 人参加者がいるのを忘れてました。合わせて 4 人のスコアが入ったハッシュは次のようになります。

```
my %score = (
  "barney" => 195, "fred" => 205,
  "dino" => 30, "bamm-bamm" => 195,
);
```

さて、ご覧の通り、bamm-bamm のスコアは barney と同点です。では、ソートされたプレーヤーリストの中では、どちらが前になるでしょうか。これといった決め手はありません。なぜなら、比較演算子はこれらを比較したときには (両側に同じスコアを渡されるので) 0 を返すからです。

これは問題にならないかもしれませんが、一般に、きちんと定義されたソートのほうが好まれます。同じスコアのプレーヤーが何人もいる場合には、もちろんリストの中で固まっていなければなりません。しかしその中では、名前のコードポイント順に並ぶものとしましょう。そのためにはどんなソートサブルーチンを書けばよいでしょうか。これもさほど難しくはありません。

```
my @winners = sort by_score_and_name keys %score;

sub by_score_and_name {
  $score{$b} <=> $score{$a}   # スコアの数値の降順
    or
```

```
    $a cmp $b                    # 名前のコードポイント順
} @winners
```

これはどんな仕組みで動作するのでしょうか。もしスコアが等しくなければ、スペースシップ演算子は -1 か 1（つまり真）を返すので、低い優先順位を持つ or 演算子は、右側を評価せずスキップして、そこで比較が終了します（短絡 or 演算子は、最後に評価した式の値を返すのでしたね）。しかし、もしスコアが同点だったら、スペースシップ演算子は 0、つまり偽を返すので、cmp 演算子に打順が回り、cmp はキーを文字列として比較した結果を返します。つまり、スコアが同点だった場合には、文字列順の比較で決着を付けるわけです。

この by_score_and_name ソートサブルーチンは、決して 0 を返すことはありません。2 つのハッシュキーの値は必ず異なるからです。したがって、ソート順は常にきちんと定まっていることになります。つまり、同じデータを、今日ソートしても、明日にソートしても、必ず同じ結果が得られることが保証されます。

言うまでもありませんが、ソートサブルーチンは 2 レベルに限定されるわけではありません。次に示すのは、Bedrock 図書館で使用しているプログラムの一部で、利用者 ID 番号を、5 レベルでソートしたリストを作成します。この例は、各利用者の未払いの延滞料（他の場所で定義されているサブルーチン &fines で計算）、現在貸し出し中の冊数（%items から取得）、名前（まず姓、次に名、ともにハッシュから取得）、そして最後に——これらがすべて等しかった場合に備えて——利用者 ID 番号でソートしています。

```
@patron_IDs = sort {
    &fines($b) <=> &fines($a) or
    $items{$b} <=> $items{$a} or
    $family_name{$a} cmp $family_name{$b} or
    $personal_name{$a} cmp $family_name{$b} or
    $a <=> $b
} @patron_IDs;
```

14.5 練習問題

解答は付録 A の節「**14 章の練習問題の解答**」にあります。

1. [10] 数値のリストを読み込んで、それを数値としてソートした上で、右寄せで表示するプログラムを書いてください。次に示すサンプルデータをこのプログラムで処理してみましょう。

   17 1000 04 1.50 3.14159 -10 1.5 4 2001 90210 666

2. [15] 以下に示したハッシュのデータを、姓のアルファベット順（大文字と小文字を区別しません）でソートして表示するプログラムを書いてください。姓が同じ場合には、名（これも大文字と小文字を区別しません）によってソートしてください。つまり、出力の先頭には Fred が表示され、最後には Betty が表示されるはずです。同じ姓を持つ人たちは、グループにまとまって表示されるはずです。データは変更しないでください。名前は、大文字と小文字の使い分けを変えずに、元データのままで表示してください。

```
    my %last_name = qw{
        fred flintstone Wilma Flintstone Barney Rubble
        betty rubble Bamm-Bamm Rubble PEBBLES FLINTSTONE
    };
```

3. [15] ユーザから文字列と部分文字列を入力してもらい、文字列の中で部分文字列が現れる位置をすべて表示するプログラムを書いてください。このプログラムに対して、文字列に "This is a test."、部分文字列に "is" を与えると、位置 2 と 5 が表示されるはずです。もし部分文字列が "a" だったら、8 が表示されるはずです。部分文字列が "t" だったら、何が表示されるでしょうか？

15章
プロセス管理

プログラマにとって何よりもうれしいことは、誰かが書いたコードを起動することによって、自分でコードを書かずに済むことでしょう。本章では、Perlから直接他のプログラムを起動することにより、子プロセスを作って管理する方法を学びます。

Perlにおけるあらゆる物事と同様に「やり方は何通りもあります」（There's More Than One Way To Do It.）し、重複や変種や特殊機能がいろいろあります。ですから、最初に紹介する方法がお気に召さなければ、その先を 1、2 ページ読み進むと、あなたのお眼鏡にかなった解決策が見つかるでしょう。

Perlは極めて移植性が高い言語です。本書のこれ以降のほとんどの内容に関しては、Unixシステムではこのように動き、Windowsではあのように動き、VMSではさらに別の動きをする、といった注釈は不要です。しかし、あなたのマシンで別プログラムを起動する場合、例えばMacintoshと古いCray（昔の「スーパー」コンピュータ）とでは、起動できるプログラムはかなり違うはずです。本章で示す例は、基本的にはUnixベースになっています。Unix以外のシステムを使っている人は、少し違いがあるので注意してください。

15.1　system関数

Perlにおいて、**子プロセス**（child process）を起動してプログラムを実行する最も手軽な方法は、system関数を使うことです。例えば、Perlプログラムの中からUnixのdateコマンドを実行するには、実行したいプログラムの名前を渡してsystem関数を呼び出します。

```
system 'date';
```

このようなコマンドは、システムによって機能や実装方法などが違います。これらのコマンドはPerlの機能ではなく、Perlがあなたのプログラムのために、システムに依頼して実行するものです。同じUnixのコマンドであっても、OSのバージョンによって、呼び出し方やオプションが異なる可能性があります。

Windowsを使っている場合には、このコードは現在の日付を表示しますが、さらにプロンプトを表示して新しい日付を入力するように求めます。プログラムは、あなたが新しい日付を入力するのを待ち続けるでしょう。この動作をやめさせるには、/Tスイッチを指定してやります。

```
system 'date /T';
```

あなたはこれを**親プロセス**（parent process）から実行します。すると、`system`コマンドは、あなたのPerlプログラムとまったく同一の複製——これを子プロセスと呼びます——を生成します。子プロセスは、すぐに自分自身を、あなたが実行したいコマンド——例えば`date`——で置き換えます。その際に、Perlの標準入力、標準出力、標準エラーをそのまま共有します。つまり、`date`コマンドが通常出力するような、日時を表す短い文字列が、Perlの`STDOUT`と同じところに送られることになります。

`system`関数に渡すパラメータには、あなたが普段シェルで与えているようなものを指定します。そのためホームディレクトリの内容を表示する`ls -l $HOME`のような、より複雑なコマンドを実行するには、それをすべてパラメータに渡します。

```
system 'ls -l $HOME';
```

`$HOME`はシェルの変数で、ホームディレクトリのパスが入っています。これはPerlの変数ではないので、変数展開させたくありません。ダブルクォート文字列を使う場合はPerlが変数展開しないように、次のように`$`をエスケープしなければなりません。

```
system "ls -l \$HOME";
```

Windowsでは、`dir`コマンドがUnixの`ls`に相当します。`%`記号は、Perl変数ではなく、コマンドの一部です。しかし、ハッシュは変数展開されないので、ダブルクォート文字列で使う場合でも、エスケープする必要はありません。

```
system "cmd /c dir %userprofile%"
```

すでにCygwinまたはMinGWがインストールされている場合、Windowsのコマンドシェルのコマンドの中には、予想とは異なる動作をするものがあるかもしれません。`cmd/ c`で、Windowsのバージョンを確認してください。

ところで、普通のUnixの`date`コマンドは出力だけを行いますが、もし`date`が対話型のコマンドで、まず最初に「for which time zone do you want the time?」（「どの時間帯で表示しますか？」）と質問してきたり、Windowsの`date`コマンドが新しい日付の入力を求めたら何が起こるかを考えてみましょう。`date`プログラムは、まずこのメッセージを標準出力に送ってから、標準入力（Perlの`STDIN`を受け継ぎます）から応答を読もうとします。あなたが質問を読んで、それに対する答え（例えば「Zimbabwe time」〔ジンバブエ時間〕）を入力すると、`date`は結果を出力して実行を終了します。

子プロセスが実行している間、Perlはそれが終了するのを辛抱強く待っています。ですから、もし`date`コマンドを実行するのに37秒かかったとすれば、Perlは37秒間止まって待っています。しかし、シェルの機能を利用すれば、プロセスをバックグラウンドで実行することも可能です。

```
system "long_running_command with parameters &";
```

この例では、起動されたシェルは、コマンドラインの末尾にあるアンパーサンドを見て、long_running_command をバックグラウンドプロセスとして実行します。シェルはすぐに終了するので、Perl はシェルが終了したことを知って、それ以降の実行を続けます。このケースでは、long_running_command は Perl プロセスの**孫**プロセスに当たり、Perl はそれに直接アクセスできませんし、それについて何も知りません。

Windows にはバックグラウンドメカニズムがありませんが、start は、あなたのプログラムを待たせずに、コマンドを実行できます。

```
system 'start /B long_running_command with parameters';
```

起動するコマンドが「十分に単純な」場合——例えば、先ほどの date や ls など——には、シェルを起動せずに、Perl がそのコマンドを直接起動します。その際に、もし必要ならば、Perl は受け継いだ PATH からコマンドを探します。しかし、もし文字列に変わった文字（ドル記号、セミコロン、縦棒（バー）といったシェルのメタキャラクタ）が含まれていれば、これらの処理を任せるために、Unix では Bourne シェル（/bin/sh）を、また Windows では PERL5SHELL 環境変数で設定されたシェルを起動します（デフォルトでは cmd /x/d/c）。

PATH には、システムがプログラムの検索に使うディレクトリのリストが入っています。Perl の $ENV{'PATH'} の内容を変えることによって、いつでも PATH を変更することができます。

例えば、小さなシェルスクリプトをそのまま引数の中に書くことも可能です。次のコードは、カレントディレクトリ内のすべての（隠されていない）ファイルの内容を表示します。

```
system 'for i in *; do echo == $i ==; cat $i; done';
```

この例でも、ドル記号を、Perl ではなくシェルに解釈してもらうために、シングルクォートを使っています。もしダブルクォートを使ったとすると、Perl が $i をその時点の Perl 変数の値で置き換えてしまうので、シェルがそれをシェル変数の値に置き換えることができません。

Windows では変数展開の問題はありません。/R は再帰的に動作するので、ファイルリストが長くなってしまう可能性があります。

```
system 'for /R %i in (*) DO echo %i & type %i';
```

こういった書き方ができたとしても、それが賢明なやり方であるとは限りません。このような書き方が可能である場合でも、しばしば Perl だけで同じことを実現できます。一方で、Perl はプログラム間で調整が必要な場合に、その間を取り持つことを目的としたグルー言語です。

15.1.1　シェルの起動を避ける

system 演算子に 2 個以上の引数を渡して呼び出すこともできますが、その場合には、テキストがどんなに複雑であっても、シェルは起動されません。

```
    my $tarfile = 'something*wicked.tar';
    my @dirs = qw(fred|flintstone <barney&rubble> betty );
    system 'tar', 'cvf', $tarfile, @dirs;
```

systemは、system { 'fred' } 'barney';のように、間接オブジェクトを使うことができます。この記法では、プログラムbarneyを起動しますが、そのプログラムに対して「君の名前は'fred'だよ」と嘘を教えます。詳しくは、perlsecドキュメントまたは『マスタリングPerl』〔Mastering Perl〕のセキュリティの章を参照してください。

このケースでは、第1引数（'tar'）はコマンド名を表します（通常の場合と同様に、PATHをサーチしてコマンドを探します）。Perlは、残りの引数を1個ずつ直接そのコマンドに渡します。引数（$tarfileに入っている名前や@dirsに入っているディレクトリ名）に、シェルが特別扱いする文字が含まれていたとしても、シェルはそれらを特別扱いすることはありません。ですからtarコマンドは、きっかり5個のパラメータを受け取ります。これを、セキュリティ上の問題がある、次のコードと比べてみましょう。

```
    system "tar cvf $tarfile @dirs";   # しまった！
```

こちらのコードを実行すると、大量のデータをflintstoneコマンドにパイプで送り込んで、それをバックグラウンドで実行させて、ファイルbettyを出力用にオープンします。これは比較的害のない動作ですが、もし@dirsが次のようなものだったら、どうでしょうか。

```
    my @dirs = qw( ; rm -rf / );
```

@dirsはリストなので、Perlはそれをsystemに渡す文字列の中に変数展開してしまいます。

そして、これはちょっと危険です。特にこれらの変数の値を、ウェブのフォームなどによって、ユーザから入力してもらう場合には、なおさらです。ですから、可能ならば、複数の引数を受け取る形式のsystemを使ってサブプロセスを起動するようにすべきです。しかし、その場合には、シェルが提供するI/Oリダイレクション、バックグラウンドプロセスなどの機能は利用できなくなります。世知辛い世の中、無料の食事などというものは存在しないのです。

また、冗長な書き方ですが、次の1行目の引数1個のsystem関数呼び出しは、2行目の複数引形式のsystemの呼び出しとほぼ等価です。

```
    system $command_line;
    system '/bin/sh', '-c', $command_line;
```

しかし2行目の書き方をする人はいません。なぜなら、これはすでにPerlがやっていることだからです。もし通常とは違うシェル（例えばCシェル）で処理したければ、次のように指定することが可能です。

```
    system '/bin/csh', '-fc', $command_line;
```

このようにすると、シェルによって引数が分割されないため、空白文字を含むようなファイル名を扱うのにも便利です。次の例のコマンドは、1つのファイル名だけを受け取ります。

```
system 'touch', 'name with spaces.txt';
```

systemのリスト形式のセキュリティ機能の詳細については、『マスタリングPerl』〔Mastering Perl〕を参照してください。perlsecドキュメントも役立ちます。

Windowsでは、$ENV{PERL5SHELL}の値に、使いたいシェルを設定することができます。次の節で環境変数について説明します。

system関数の戻り値は、子プロセスが実行したコマンドの終了ステータスをもとにした値になります。

```
unless (system 'date') {
    # 戻り値は0であった - 成功を表す
    print "We gave you a date, OK!\n";
}
```

Unixでは、終了値0はすべてがうまくいったことを示し、0以外の終了値は、何かがうまくいかなかったことを示します。これは「ゼロだが真」という考え方で、ゼロという値を良いものとして扱います。これは、ほとんどの演算子の通常の判断基準である「真は良いこと——偽は悪いこと」の正反対なので、よく使われる「do this or die」（「これをしなさい、さもなくばdieしなさい」）というスタイルで書く場合には、真と偽を入れ換えなければなりません。最も簡単な方法は、system演算子の前に論理否定演算子!を付けることです。

```
!system 'rm -rf files_to_delete' or die 'something went wrong';
```

このケースでは、エラーメッセージに$!を含めないでください。なぜなら、この失敗は、rmコマンドを外部で実行中に発生した可能性が高く、Perl内部でのシステム関連のエラー（$!をセットするもの）ではないからです。

しかし、この振る舞いに頼らないでください。何を返すかを決めるのはそれぞれのコマンドです。0ではない値で成功を示す場合もあります。その場合は、戻り値をより詳しく調べる必要があります。

systemの戻り値は2つのオクテット[†]です。「上位」オクテットは、プログラムの終了ステータスを持っています。この値を取り出すには、systemの戻り値を右に8ビットシフトする必要があります（12章のビット演算子を思い出してください）。

```
my $return_value    = system( ... );
my $child_exit_code = $return_value >> 8;
```

「下位」オクテットは、いくつかの値をまとめたものです。最上位ビットは、コアダンプが発生していたら1になります。16進や2進表現（2章で取り上げました）を使って、下位オクテットから不要な部分を消去できます。

[†] 訳注：オクテット（octet）とは、8ビットのデータのことです。

```
    my $low_octet     = $return_value & 0xFF;       # 上位オクテットを消去する
    my $dumped_core   = $low_octet & 0b1_0000000;   # 128
    my $signal_number = $low_octet & 0b0111_1111;   # 0x7f または 127
```

Windowsにはシグナルはないので、シグナルに当たるビットは別の意味を持ちます。

システムによっては、より具体的なエラーメッセージを変数 $^E または ${^CHILD_ERROR_NATIVE} から取得できます。perlrun ドキュメントと POSIX モジュール（特にシグナルをデコードする W* マクロ）を参照してください。

15.2　環境変数

　別プロセスを（本章で紹介する方法のどれかで）開始する際には、何らかの方法で環境を用意する必要があります。すでに説明したように、親プロセス（つまりあなたのプロセス）から受け継いだ作業ディレクトリにいる状態で、プロセスを開始することができます。よく行われる他の設定としては、**環境変数**（environment variable）があります。

　最もよく知られている環境変数の1つが PATH です（これを知らない人は、これまでに環境変数を持つシステムを使った経験がないのでしょう）。Unix やそれに類似のシステムでは、PATH は、プログラムが入っているディレクトリのリストをコロンで区切って並べたものです。例えば rm fred のようなコマンドをタイプすると、システムは、PATH に設定されているディレクトリの中を順番に調べて、rm コマンドを探します。Perl（あるいはシステム）は、実行するプログラムを探す際に PATH を使用します。起動されたプログラムがさらに別のプログラムを起動する際には、それも PATH の中から探します（もちろん、コマンドの完全な名前——例えば /bin/echo——を指定した場合には、PATH を探す必要はありません。しかし、このやり方はあまり便利ではありません）。

　Perl では、特別な %ENV ハッシュによって環境変数を使用することができます。このハッシュのキーは、それぞれが1つの環境変数を表しています。プログラムの実行が開始した時点では、%ENV には親プロセス（通常はシェル）から受け継いだ値が入っています。このハッシュの内容を変えると、環境変数が変更されます。また、それは新たに起動したプロセスに受け継がれ、さらに Perl 自身によっても使用されます。例えば、そのシステムの make ユーティリティ（これは他のプログラムを起動します）を実行することを考えてみます。その際に、コマンド（make 自身も含む）を、まず最初にプライベートなディレクトリから探し始めるようにしましょう。また、そのコマンドを実行するときには、IFS 環境変数はセットされていない状態にしましょう。なぜなら、IFS がセットされていると、make やサブコマンドが誤動作する可能性があるからです。そのためには、次のようにします。

```
    $ENV{'PATH'} = "/home/rootbeer/bin:$ENV{'PATH'}";
    delete $ENV{'IFS'};
    my $make_result = system 'make';
```

　システムによってパスの組み立て方が違います。例えば、Unix ではコロンを使いますが、Windows ではセミコロンを使います。外部プログラムを扱う場合、コロンとセミコロンの問題

は常に頭痛の種です。Perl 以外についても、いろいろと知っている必要があります。Perl は実行しているシステムについて把握しており、Config モジュールの %Config 変数によってシステムに関する情報を得ることができます。前の例のようにパスのセパレータを決め打ちする代わりに、%Config から取得したセパレータ文字列を join に渡して、パスを組み立てることができます。

```perl
use Config;
$ENV{'PATH'} = join $Config{'path_sep'},
    '/home/rootbeer/bin', $ENV{'PATH'};
```

新たに生成されたプロセスは、一般にその親プロセスから、環境変数、カレントディレクトリ、標準入力、標準出力、標準エラーストリーム、およびその他いくつかの情報を受け継いでいます。詳細については、お使いのシステムのプログラミングに関するドキュメントを参照してください（しかし、ほとんどのシステムでは、プログラムからは、起動元のシェルやその他の親プロセスの環境を変更することはできません）。

15.3　exec関数

これまで system 関数の構文と動作について説明してきたことは、（非常に重要な）1 点を除いて、すべてそのまま exec 関数についても当てはまります。system 関数は子プロセスを作り出し、Perl がうたた寝をしている間に、その子プロセスがちょこまかと動いて依頼した仕事をこなします。これに対して、exec 関数は、Perl プロセスそのものが、要求した仕事を行うようにします。exec は、サブルーチン呼び出しではなく、むしろ「goto」に似ています。

例えば、/tmp ディレクトリの中で bedrock コマンドを実行したかったとします。また、bedrock に対しては、引数 -o args1 の後ろに、プログラムが受け取った引数を並べて渡すことにします。これは次のようなコードになるでしょう。

```perl
chdir '/tmp' or die "Cannot chdir /tmp: $!";
exec 'bedrock', '-o', 'args1', @ARGV;
```

プログラムの実行が exec 演算子に到達すると、Perl は bedrock を探して、そこに「ジャンプ」します。その時点では、もはや Perl プロセスは存在しません。しかし、bedrock を実行しているプロセスは、Perl を実行していたプロセスと同一のものです。Unix の exec(2) システムコール（またはその同等品）を実行したため、プロセスの中身が置き換えられたのです。プロセス ID は変わりませんが、存在するのは bedrock コマンドを実行しているプロセスです。bedrock が終了したときには、戻るべき Perl プログラムは存在しません。

これが何の役に立つのでしょうか。ときには、Perl を使って、あるプログラムに対する環境をセットアップしたいことがあります。環境変数を設定して、カレントディレクトリを変えて、デフォルトのファイルハンドルを変えることができます。

```perl
$ENV{PATH}  = '/bin:/usr/bin';
$ENV{DEBUG} = 1;
$ENV{ROCK}  = 'granite';
```

```
chdir '/Users/fred';
open STDOUT, '>', '/tmp/granite.out';

exec 'bedrock';
```

もしexecではなくsystemを使ったとすると、起動したプログラムが完了するのを、Perlは足踏みして待つことになります。そして、完了したことを確認したら、Perlプログラム自身もすぐに終了しますが、これはリソースの無駄使いです。

せっかく説明したのですが、実際には、fork（この後すぐに説明します）と組み合わせて使う場合を除けば、execはめったに使われません。もしsystemとexecのどちらを使うべきか迷っているなら、何も考えずにsystemを使えば、ほとんどの場合うまくいくはずです。

指定したコマンドが開始したらPerlコードに制御が返ることはありません。ですから、コマンドを開始できなかった場合にエラー処理を行うコードを除けば、execの後ろにPerlのコードを置いても意味がありません。

```
exec 'date';
die "date couldn't run: $!";
```

15.4　バッククォートを使って出力を取り込む

systemとexecでは、起動したコマンドの出力は、Perlの標準出力と同じところに送られます。場合によっては、コマンドの出力を文字列として取り込んで、さらにそれを加工したいことがあります。これを実現するには、シングルクォートやダブルクォートの代わりに、バッククォートで囲んだ文字列を使います。

```
my $now = `date`;           # date コマンドの出力を取り込む
print "The time is now $now"; # 末尾には改行文字が付いている
```

通常、このdateコマンドは、約30文字の文字列——現在の日付と時刻の後ろに改行文字を付けたもの——を標準出力に出力します。dateをバッククォートではさむと、Perlは、標準出力を文字列として取り込むようにした上で、dateコマンドを実行します。上のコードでは、得られた文字列を$now変数に代入しています。

これはUnixのシェルのバッククォートとよく似ています。しかし、シェルの場合には、値を使いやすくするために、行末の改行文字を削除してくれます。Perlは正直者なので、得られた出力をそのまま手を加えずに渡してくれます。Perlでシェルと同じ結果を得るには、得られた結果に対してchompを実行してください。

```
chomp(my $no_newline_now = `date`);
print "A moment ago, it was $no_newline_now, I think.\n";
```

バッククォートではさまれた部分は、system関数の1引数形式と同じように扱われ、ダブルクォート文字列として解釈されます。つまり、バックスラッシュエスケープと変数の展開が行われ

ます。例えば、Perl の関数のリストが与えられたときに、それらに対する Perl ドキュメントを取得するには、毎回引数を変えながら、perldoc コマンドを繰り返し起動します。

```perl
my @functions = qw{ int rand sleep length hex eof not exit sqrt umask };
my %about;

foreach (@functions) {
  $about{$_} = `perldoc -t -f $_`;
}
```

perldoc コマンドを起動するたびに $_ には違う値が入っているので、毎回パラメータを変えたコマンドの出力が取り込まれます。ところで、これらの関数に知らないものがあれば、これを機会に、ドキュメントに目を通しておくとよいかもしれません。

バッククォートの代わりに、汎用クォート演算子 qx() を使っても、同じことができます。

```perl
foreach (@functions) {
  $about{$_} = qx(perldoc -t -f $_);
}
```

他の汎用クォートの場合と同様に、主にこの書き方は、クォートされる内容に、デフォルトのデリミタが現れるケースで使われます。コマンドの中にバッククォートそのものを使いたい場合には、qx() 記法を利用すれば、バックスラッシュでエスケープしないで済みます。汎用クォートには、別のメリットもあります。それは、デリミタにシングルクォートを使えば、変数展開やバックスラッシュエスケープの解釈が行われない、ということです。もし、Perl の $$ ではなく、シェルのプロセス ID 変数 $$ を使いたければ、次に示すように qx'' を使うことにより（Perl に）解釈させないようにできます。

```perl
my $output = qx'echo $$';
```

次に、実際にはすべきでないことを紹介しましょう。値を取り込まない場合には、バッククォートを使うべきではありません。例えば次のコードを見てください。

```perl
print "Starting the frobnitzigator:\n";
`frobnitz -enable`;  # 文字列を無視するために、このようにする必要はありません
print "Done!\n";
```

ここでは問題が 2 点あります。1 つは、Perl が取り込んだコマンドの出力を、使わずに捨てていることです。これは**無効コンテキスト**（void context）と呼ばれます。一般的に、結果を使わないような作業を Perl にさせてはいけません。もう 1 つは、バッククォートを使うことによって、引数リストの制御が可能な複数引数の system を使う機会を失っていることです。ですから、セキュリティと効率の両面から、素直に system を使うことをお勧めします。

バッククォートコマンドの標準エラーは、Perl の標準エラー出力と同じ所に送られます。もし起動したコマンドがエラーメッセージをデフォルトの標準エラーに吐き出すと、それはターミナル

に表示されるので、ユーザは自分が起動した覚えのない frobnitz コマンドのエラーメッセージを見て、驚いてしまうでしょう。もしエラーメッセージを標準出力経由で取得したければ、標準エラーを標準出力にマージします。この機能は Unix と Windows ではシェルがサポートし、通常は 2>&1 と書きます。次のようにすること標準エラーを標準出力にマージできます。

```perl
my $output_with_errors = `frobnitz -enable 2>&1`;
```

この方法を使うと、ターミナルに出力する場合と同様に、標準エラーへの出力が標準出力と混ざり合ってしまうので注意してください（バッファリングの効果によって、順番が微妙に変わるかもしれません）。もし標準出力とエラー出力を分離したければ、さまざまな柔軟な方法があります。例えば、Perl の標準ライブラリの IPC::Open3 モジュールを使う、自分で fork するコードを書く（後ほど紹介します）といった方法です。同様に、起動されるコマンドの標準入力は、Perl の現在の標準入力を受け継ぎます。バッククォートでよく使われるコマンドのほとんどは標準入力を読まないので、これはまず問題になりません。しかしここでは、（先ほどと同じように）date コマンドが、どの時間帯で表現するかを質問してくると仮定しましょう。その際に問題が発生します。時間帯の入力を求めるプロンプトは標準出力に送られますが、それは値の一部として取り込まれてしまいます。そして、date コマンドは標準入力から解答を読み込もうとしますが、プロンプトはユーザの目に触れないので、ユーザは何もタイプしてくれません！ユーザはちょっと待ってから、あなたに「プログラムが応答しなくなった」と連絡してくるでしょう。

ですから、標準入力を読むコマンドは使わないようにしましょう。もし標準入力を読むかどうかわからなければ、Unix では次のようにして、入力を /dev/null から読むようにリダイレクトしてください。

```perl
my $result = `some_questionable_command arg arg argh </dev/null`;
```

Windows では次のようにします。

```perl
my $result = `some_questionable_command arg arg argh < NUL`;
```

このようにすれば、子プロセスとして起動されたシェルは、入力を「ヌルデバイス」から読むようにリダイレクトするので、もし孫プロセスとして起動されたコマンド some_questionable_command が標準入力を読もうとしても、すぐにファイルの終わりを検出します。

Capture::Tiny モジュールと IPC::System::Simple モジュールは、システム固有の詳細な部分に対応して出力を取り込みます。どちらも CPAN からインストールする必要があります。

15.4.1　リストコンテキストでバッククォートを使う

バッククォートをスカラーコンテキストで使うと、たとえ得られた出力に改行文字が含まれていて「複数行」があるように見えたとしても、それを1つの長い文字列として返します。コンピュータは、行を意識しません。行とは私たち人間にとって意味があるもので、私たちは、コンピュータ

にそれを解釈するように命じるのです。さもなければ、コンピュータにとっては、これらの改行文字は、単なる文字にすぎません。しかし、同じバッククォート文字列をリストコンテキストに置くと、出力の各行を要素とする文字列のリストが得られます。

例えば、Unix の who コマンドは、次に示すように、システムにログインしている各ユーザについて 1 行ずつテキストを表示します。

```
merlyn      tty/42      Dec 7  19:41
rootbeer    console     Dec 2  14:15
rootbeer    tty/12      Dec 6  23:00
```

左のカラムがユーザ名、真ん中のカラムが TTY 名（このマシンに対するユーザからのコネクションの名前）、残りの部分がログインした日付と時刻です（これ以外に、この例には含まれていませんが、リモートログイン情報も表示されます）。スカラーコンテキストでは、これらすべてが 1 個の文字列として返されるので、それを自分で分割する必要があります。

```
my $who_text = `who`;
my @who_lines = split /\n/, $who_text;
```

しかしリストコンテキストでは、データは自動的に行に分割して返されます。

```
my @who_lines = `who`;
```

@who_lines の各要素には、末尾に改行文字が付いたままの行が 1 行ずつ入っています。もちろん、それに chomp を適用すれば、末尾の改行文字は切り捨てられますが、ここでは違うやり方をしてみましょう。このバッククォート文字列を foreach ループで処理すれば、各行を $_ にセットして、自動的に繰り返しを行うことができます。

```
foreach (`who`) {
  my($user, $tty, $date) = /(\S+)\s+(\S+)\s+(.*)/;
  $ttys{$user} .= "$tty at $date\n";
}
```

先ほどのデータに対しては、このループは 3 回実行されます（たぶんあなたのシステムには、常時 3 つ以上のログインセッションがあるでしょう）。ここでは正規表現マッチを行っていますが、結合演算子（=~）を使っていないので、1 行分のデータが入っている $_ に対してマッチが行われます。

この正規表現は、「空白文字以外からなるワード、1 個以上の空白文字、空白文字以外からなるワード、1 個以上の空白文字、行の残り部分（ただし行末の改行文字は除く——デフォルトではドットは改行文字にマッチしないため）」にマッチします。これは、$_ にセットされるデータの形を表しています。例えば、ループを初めて実行した際に成功するマッチでは、$1 は merlyn、$2 は tty/42、$3 は Dec 7 19:41 となります。

これで、デフォルトではドット（または \N）が改行文字にマッチしない理由がおわかりいただけたと思います。それは、文字列末尾の改行文字を意識せずに、このようなパターンを簡単に書けるようにするためです。

　この正規表現マッチはリストコンテキストに置かれているので、8 章で説明したように、マッチしたかどうかを示す真／偽の値ではなく、キャプチャされた部分のリストを返します。ですから、$user には merlyn がセットされ、その他の変数も同様にセットされます。

　ループ内の 2 つ目の文では、ハッシュ %ttys に TTY と日時の情報を格納していますが、ハッシュの要素（undef の可能性があります）の末尾に連結しています。これは、あるユーザが 2 回以上ログインしている可能性があるためです（先ほどの例では、ユーザ rootbeer が 2 回ログインしています）。

15.5　IPC::System::Simple による外部プロセスの起動

　外部プロセスを起動したりその出力を取得したりするのは、特に Perl が、流儀の異なる多種多様なプラットフォームに対応していることを考えれば、なかなか難しい仕事です。Paul Fenwick が開発した IPC::System::Simple モジュールは、オペレーティングシステム固有の複雑さを隠したシンプルなインタフェースを提供して、この問題を解決してくれます。このモジュールは（まだ）Perl には付属していないので、CPAN から入手する必要があります。

　このモジュールについて語るべきことはあまりありません。なぜなら、本当にシンプルだからです。このモジュールを use すると、組み込みの system 関数が、このモジュールが提供する堅牢なバージョンで置き換えられます。

```
use IPC::System::Simple qw(system);

my $tarfile = 'something*wicked.tar';
my @dirs = qw(fred|flintstone <barney&rubble> betty );
system 'tar', 'cvf', $tarfile, @dirs;
```

　このモジュールは、決してシェルを起動しない systemx も提供しています。これを使えば、意図せぬシェルの起動によって問題が発生することはありません。

```
systemx 'tar', 'cvf', $tarfile, @dirs;
```

　起動したコマンドの出力を取り込むには、system や systemx の代わりに、それぞれ capture と capturex を使ってください。これらは、バッククォートと同じ動作をします（が改善されています）。

```
my @output = capturex 'tar', 'cvf', $tarfile, @dirs;
```

　Paul は努力して、これらのサブルーチンが、Windows でも正しい動作をするようにしてくれました。この他にも、あなたを手助けする機能がたくさんありますが、そのような機能の中には、本書では解説していないリファレンスを使うものもあるので、ここでは機能の紹介は行いません。詳

しくは、モジュールのドキュメントをお読みください。リファレンスは、このシリーズの次の本『続・初めてのPerl改訂版』〔Intermediate Perl〕で登場します。もし可能ならば、同じことを行うPerlの組み込み関数よりも、このモジュールを使うことをお勧めします。

15.6　プロセスをファイルハンドルとして使う

　ここまでは、同期プロセスを扱う方法を学んできました。同期プロセスの場合、Perlの監督のもとでコマンドを起動して、（通常は）それが終了するのを待ち、（指定されていれば）その出力を取り込みます。しかし、Perlと通信を行いながら、処理が完了するまで独立して実行するような子プロセスを起動することもできます。

　並行して実行される子プロセスを起動するには、コマンドの前または後ろに縦棒（「パイプ」を表します）を付けたものを、open関数に「ファイル名」として与えます。そのために、**パイプオープン**（piped open）と呼ばれることがあります。2引数の形式では、パイプ（|）を、実行すべきコマンドの前または後ろに置きます。

```
open DATE, 'date|' or die "cannot pipe from date: $!";
open MAIL, '|mail merlyn' or die "cannot pipe to mail: $!";
```

　最初の例では、右端にバーがあるので、Perlが起動したコマンドの標準出力は、入力用にオープンしたDATEファイルハンドルに接続されます。これは、シェルから date | your_program というコマンドを実行するのと似ています。2番目の例では、左端に縦棒があるので、Perlが起動したコマンドの標準入力は、出力用にオープンしたMAILファイルハンドルに接続されます。これは、シェルで your_program | mail merlyn というコマンドを実行するのと似ています。どちらの例でも、起動されたコマンドは、Perlプロセスとは独立して実行されます。Perlが子プロセスを起動できなかったら、オープンは失敗します。コマンドそのものが存在しなかったり、コマンドがエラーで終了した場合、ファイルハンドルをオープンするときにはエラーを検出しませんが、クローズする際にエラーが発生します。これについては、この後すぐに説明します。

　もしコマンドが完了する前にPerlプロセスが終了してしまったら、読み出しを行うコマンドの場合にはファイルの終わりが通知され、書き込みを行うコマンドの場合には、デフォルトでは次に書き込みを行ったときに「壊れたパイプ」（broken pipe）シグナルが発生します。

　3引数形式は、少し扱いに注意が必要です。なぜなら、入力ファイルハンドルの場合に、パイプを表す縦棒がコマンドの後ろにあるからです。しかし、このために特別なモードが用意されています。ファイルハンドルモードとして、コマンドをパイプのどちら側に置くかを示すために、入力ファイルハンドルの場合には -| を指定し、出力ファイルハンドルの場合には |- を指定します。

```
open my $date_fh, '-|', 'date' or die "cannot pipe from date: $!";
open my $mail_fh, '|-', 'mail merlyn'
    or die "cannot pipe to mail: $!";
```

　パイプオープンは、4個以上の引数を受け取ることもできます。4番目以降の引数は、起動する

コマンドへの引数になります。ですから、コマンドを表す文字列を、コマンド名と引数に分けて指定することができます。

```
open my $mail_fh, '|-', 'mail', 'merlyn'
    or die "cannot pipe to mail: $!";
```

残念ながら、パイプオープンのリスト形式はWindowsでは機能しません。このような処理を行うモジュールを利用してください。

どちらにしても、ファイルハンドルが、ファイルではなくプロセスに対してオープンされているということを、プログラムの他の部分は知りませんし、気にもかけません。また、それを見抜くにはかなりの手間がかかります。ですから、読み込み用にオープンされたファイルハンドルからデータを入力するには、通常通りにファイルハンドルを読んでください。

```
my $now = <$date_fh>;
```

また、データをメールプロセス（merlyn宛のメール本文を標準入力から読もうとして待っています）に送るには、ファイルハンドルに対して出力するだけです。

```
print $mail_fh "The time is now $now"; # $nowは改行文字で終わっていると仮定している
```

要は、このようなファイルハンドルは、魔法のファイル——dateコマンドの出力が入っていたり、mailコマンドによって自動的にメールが送信されたりします——に接続されていると考えることができます。

入力用にオープンしたファイルハンドルに接続されたプロセスが終了すると、普通のファイルを最後まで読み終えたときと同様に、そのファイルハンドルはファイルの終わりを返します。プロセスへの出力用にオープンしたファイルハンドルをクローズすると、プロセス側ではファイルの終わりが返されます。ですから、電子メールを送信し終えたら、そのファイルハンドルをクローズしてください。

```
close $mail_fh;
die "mail: nonzero exit of $?" if $?;
```

プロセスに接続されたファイルハンドルをクローズすると、Perlは終了ステータスを得るために、そのプロセスが完了するのを待ちます。終了ステータスは$?変数（Bourneシェルと同じ変数です）にセットされます。終了ステータスの値は、system関数が返すのと同様な数値です——つまり、0は成功を表し、0以外は失敗を表します。プロセスが終了するたびに終了ステータスが上書きされるので、必要ならば速やかに他の変数にコピーしてください（興味がある人向けに付け加えれば、$?変数には、最後に実行したsystemやバッククォートコマンドの終了ステータスもセットされます）。

プロセスは、パイプラインで結んだコマンドと同じようにして同期されます。もしあなたのプログラムが、子プロセスからのデータを読もうとしたときにまだデータがなければ、子プロセスが何かを送ってくるまで、あなたのプログラムはサスペンド（suspend：一時停止）します（データを

待っている間は CPU 時間を消費しません)。同様にして、あなたのプロセスが子プロセスにデータを送ろうとしたときに、子プロセス側でのデータの読み出しが追いつかなくなったら、読み出しが追いつくまで、あなたのプロセスはサスペンドされます。プロセスの間にはバッファ(だいたい 8 キロバイト程度) があるので、実行の進み具合いの差をある程度は吸収してくれます。

なぜプロセスをファイルハンドルとして扱うのでしょうか。それは、何か処理を行った結果を、子プロセスに渡す唯一の簡単な方法だからです。しかし子プロセスの出力を読むだけでよければ、バッククォートを使うほうがはるかに簡単です。ただし、バッククォートの場合には、データが届くたびに即座に読み出すということはできません。

例えば、Unix の find コマンドは、属性をもとにしてファイルを探します。対象となるファイルが非常に多い場合 (例えばルートディレクトリから開始した場合)、かなり時間がかかります。find コマンドをバッククォートで囲むこともできますが、通常は、次のようにして、結果が得られるたびにどんどん処理を進めていったほうがよいでしょう。

```perl
open my $find_fh, '-|',
  'find', qw( / -atime +90 -size +1000 -print )
    or die "fork: $!";
while (<$find_fh>) {
  chomp;
  printf "%s size %dK last accessed %.2f days ago\n",
    $_, (1023 + -s $_)/1024, -A $_;
}
```

この例では、find コマンドは、過去 90 日間アクセスされていない、大きさ 1,000 ブロック以上のファイルをすべて探し出します (これは、外部の長期保存用ストレージに移動する候補となるでしょう)。find がファイルを必死に探している間、Perl は待たされることもあります。該当するファイルが見つかるたびに、Perl はファイル名を受け取り、そのファイルに関する情報を表示します。もしバッククォートを使って書いたとしたら、find コマンドが完了するまで何も表示されません。仕事が完全に終わるよりも前に、少しずつ成果が見えたほうが快適でしょう。

15.7　forkを使って低レベル処理を行う

ここまでに紹介した高レベルインタフェースに加えて、Perl は、Unix やその他のオペレーティングシステムの低レベルプロセス管理システムコールに対して、ほぼ直接にアクセスする手段も用意しています。これまでに、低レベルのプロセス管理システムコールを使ったことがない人は、この節を飛ばしても構いません。ここですべてをカバーすることは到底できないので、最小限の例として、次のコードを実装しなおしてみましょう。

```perl
system 'date';
```

これを低レベルシステムコールを使って実現することができます。

```perl
defined(my $pid = fork) or die "Cannot fork: $!";
unless ($pid) {
  # 子プロセスはここに来る
```

```
    exec 'date';
    die "cannot exec date: $!";
}
# 親プロセスはここに来る
waitpid($pid, 0);
```

Windowsはネイティブのforkコマンドをサポートしていませんが、Perlはそれを擬似的に実現します。forkと同じようなことがしたい場合は、Win32::Processあるいは同様のネイティブプロセス管理用モジュールを利用できます。

　ここではforkの戻り値をチェックしています。forkが失敗すると、戻り値はundefになります。通常、forkは成功して、その結果、2つのプロセス（親プロセスと子プロセス）が次の行から別々に実行を続けますが、$pidが0以外になるのは親プロセス側だけなので、子プロセスだけがexec関数を実行します。親プロセスは、execをスキップしてwaitpid関数を実行します。そして、forkが生成した子プロセスが終了するのを待ちます（それ以外のプロセスが終了しても無視します）。ここまでの話がちんぷんかんぷんの人は、system関数を使い続けても、友達に笑われたりしないのでご安心ください。

　このようにforkを使うと手間がかかるものの、任意のパイプの生成、ファイルハンドルの再割り当て、プロセスIDと親プロセスID（知ることができれば）の通知などを、意のままにコントロールできます。しかし、これらの話題は本章の内容としては難しすぎるので、詳細についてはperlipcドキュメント（および、お使いのシステム向けのアプリケーションプログラミングの本）を参照してください。

15.8　シグナルを送受信する

　Unixのシグナル（signal）は、プロセスに対して送られる小さなメッセージです。シグナルは、あまり多くの情報を伝えられません。それは、自動車のクラクションと似ています。あなたがクラクションを鳴らされたとき、その意味は「気を付けろ。橋が落ちてるぞ」でしょうか、それとも「信号が変わったぞ——とっとと走りやがれ」でしょうか、あるいは「止まれ——屋根の上に赤ん坊が乗っかってるぞ」でしょうか、はたまた「やあ、元気？」でしょうか。幸いなことに、Unixのシグナルは、クラクションよりも、若干わかりやすくなっています。なぜなら、状況に応じて、別のシグナルが送られるからです。ええ、完全に同じ状況ではないものの、Unixのシグナルに似ています。それぞれUnixのシグナルでは、SIGHUP、SIGCONT、SIGINT、実際にはシグナルを送らないSIGZERO（シグナル番号0）に相当します。

WindowsではPOSIXシグナルのサブセットが実装されているため、多くは当てはまらないかもしれません。

　シグナルは、名前（例えば「interrupt signal」〔割り込みシグナル〕という意味のSIGINT）と対応する小さな整数値（Unixの実装によって、範囲が1から16、1から32、または1から64になります）によって識別されます。典型的には、プログラムやオペレーティングシステムは、何かイ

ベントが発生したときに、他のプログラムにシグナルを送ります。例えば、ターミナルから割り込み文字（通常は Ctrl-C）を押すと、そのターミナルに接続されている全プロセスに SIGINT シグナルが送られます。いくつかのシグナルはシステムから自動的に送られるものですが、他のプロセスがそのようなシグナルを送ってくることもあります。

あなたの Perl プロセスから、他のプロセスにシグナルを送ることができますが、その際には送信先のプロセス ID 番号が必要になります。プロセス ID を知る方法は少し面倒ですが[†]、ここではプロセス 4201 に対して、SIGINT を送るものとしましょう。シグナルを送ること自体は、SIGINT が数値 2 に当たることを知っていれば簡単です。

```
kill 2, 4201 or die "Cannot signal 4201 with SIGINT: $!";
```

「kill」（「殺す」という意味）という名前が付けられているのは、シグナルの主な目的の 1 つが、実行時間が長すぎるプロセスを止めることだからです[‡]。またここでは、2 の代わりに文字列 'INT' を使うこともできるので、番号を覚える必要はありません[§]。

```
kill 'INT', 4201 or die "Cannot signal 4201 with SIGINT: $!";
```

=> を使えば、自動的にシグナル名がクォートされます。

```
kill INT => 4201 or die "Cannot signal 4201 with SIGINT: $!";
```

Unix では、（Perl の組み込みではない）kill コマンドはシグナル番号をシグナル名に変換できます。

```
$ kill -l 2
INT
```

また、シグナル名を与えると、シグナル番号がわかります。

```
$ kill -l INT
2
```

-l に引数を指定しないと、すべてのシグナル番号をシグナル名が表示されます。

```
$ kill -l
 1) SIGHUP      2) SIGINT      3) SIGQUIT     4) SIGILL
 5) SIGTRAP     6) SIGABRT     7) SIGEMT      8) SIGFPE
 9) SIGKILL    10) SIGBUS     11) SIGSEGV    12) SIGSYS
13) SIGPIPE    14) SIGALRM    15) SIGTERM    16) SIGURG
17) SIGSTOP    18) SIGTSTP    19) SIGCONT    20) SIGCHLD
21) SIGTTIN    22) SIGTTOU    23) SIGIO      24) SIGXCPU
25) SIGXFSZ    26) SIGVTALRM  27) SIGPROF    28) SIGWINCH
29) SIGINFO    30) SIGUSR1    31) SIGUSR2
```

[†] 訳注：通常、シグナルの送り先は fork で作った子プロセスです。fork は、親プロセス側では、生成した子プロセスのプロセス ID を返すのでそれを使います。

[‡] 訳注：プロセスを止めることを「プロセスを殺す」とも言います。物騒ですね。

[§] 訳注：シグナル名は、先頭の SIG を省いて指定することに注意してください。例えば SIGSTOP を送るには、'SIGSTOP' ではなく 'STOP' を指定します。

プロセスがすでに存在していない場合や他人のものだった場合に中断しようとすると、killは偽を返します。

このことを利用すれば、プロセスがまだ生きているかどうかを確認できます。0は特別なシグナル番号で、「もしこのプロセスにシグナルを送ろうとしたら、送れるかどうか調べてほしい。でも実際にはシグナルを送らないこと」という意味です。ですから、次のようにすれば、プロセスがまだ生きているかどうかを確認できます。

```perl
unless (kill 0, $pid) {
  warn "$pid has gone away!";
}
```

シグナルを受け取るほうが、送るよりも面白いかもしれません。何のためにシグナルを受け取るのでしょうか。あなたのプログラムが、ディレクトリ /tmp の中に作業用ファイルを作って、プログラムの終了時にそれらを消すものとしましょう。もしプログラムの実行中に Ctrl-C が押されたら、/tmp 内の作業ファイルはそのままゴミとして残ってしまいますが、これは礼儀正しい振る舞いではありません。これを直すには、後片付けを行うシグナルハンドラを用意する必要があります。

```perl
my $temp_directory = "/tmp/myprog.$$"; # この中に作業用ファイルを作成する
mkdir $temp_directory, 0700 or die "Cannot create $temp_directory: $!";

sub clean_up {
  unlink glob "$temp_directory/*";
  rmdir $temp_directory;
}

sub my_int_handler {
  &clean_up();
  die "interrupted, exiting...\n";
}

$SIG{'INT'} = 'my_int_handler';
...;
  # ここに何か処理を行うコードが置かれる
  # 時は流れ、プログラムの処理が進み、
  # 作業用ディレクトリの中に数個の作業ファイルを作成する
  # 誰かが Ctrl-C を押すかもしれない
...;
  # 通常は、ここで実行が終わる
&clean_up();
```

 Perlに付属している File::Temp モジュールを使うと、一時ファイルやディレクトリを自動的に削除できます。

特殊ハッシュ %SIG への代入によって、シグナルハンドラが（解除されるまで）有効になります。キーにはシグナルの名前（先頭の SIG プレフィックスは省きます）を指定し、値にはサブルーチン名（アンパーサンドは付けません）を表す文字列を指定します。これ以降は、SIGINT シグナルを受け取ったら、Perl は実行中の処理を中断して、即座にそのサブルーチンを実行するようになります。この例では、サブルーチン &my_int_handler は作業ファイルをすべて消して、プログラムを終了します（Ctrl-C が押されなくても、通常の実行の最後に &clean_up() を呼び出しています）。

もしサブルーチンが exit せずにそのままリターンすると、シグナルが割り込んだ場所から実行を再開します。これは、シグナルが、何かを止めるのではなく、実際に割り込み処理をする必要がある場合に便利です。例えば、ファイルからデータを読んで処理するプログラムがあり、1 行の処理に数秒間かかるとします。これはかなり遅いので、割り込みキーを押したら、処理全体をアボートできるようにしましょう。ただし、行の処理を行っている途中でアボートすることは避けるようにします。そのためには、シグナルハンドラでフラグを設定して、1 行分の処理が終わるたびにそのフラグをチェックするようにします。

```perl
my $int_flag = 0;
$SIG{'INT'} = 'my_int_handler';
sub my_int_handler { $int_flag = 1; }

while( ... doing stuff .. ) {
  last if $int_flag;
  ...
}

exit();
```

ほとんどの場合、Perl は、安全な場所でのみ、シグナルを処理します。例えば、Perl は、メモリ割り当てや内部データ構造の再配置の処理中には、大部分のシグナルを伝えません。Perl はいくつかのシグナル——SIGILL、SIGBUS、SIGSEGV など——を即座に伝えるので、これらはいまだに安全ではありません。詳しくは perlipc ドキュメントを参照してください。

15.9　練習問題

解答は付録 A の節「**15 章の練習問題の解答**」にあります。

1. [6] ある決まったディレクトリ——例えばシステムのルートディレクトリ（ハードコードしてください）——に移動してから、`ls -l` コマンドを実行して、そのディレクトリのリストを詳細形式で表示するプログラムを書いてください（もし Unix 以外のシステムを使っているなら、そのシステムのコマンドを使って、ディレクトリの詳細なリストを取得してください）。

2. [10] 問題 1 のプログラムを改造して、コマンドの出力をカレントディレクトリの `ls.out` というファイルに書き出すようにしてください。また、エラー出力は、`ls.err` というファイルに出力してください（これらのファイルは空になる可能性がありますが、特に対処する必要は

ありません)。

3. [8] date コマンドの出力をパースして、今日が何曜日かを調べるプログラムを書いてください。もしウィークデーなら get to work、そうでなければ go play と表示するようにしてください。もし今日が月曜日なら、date コマンドの出力は、Mon から始まります。もし Unix 以外のシステムを使っていて、date コマンドが用意されていない場合には、date のような出力を行う小さな代替プログラムを用意しましょう。動作について一切質問しないと約束していただけるなら、次の 2 行のプログラムを喜んで提供しましょう。

   ```
   #!/usr/bin/perl
   print localtime( ) . "\n";
   ```

4. [15] (Unix のみ) 無限ループをしながら、シグナルを受け取って、そのシグナルの名前、およびそれまでに何回そのシグナルを受け取ったかを表示するプログラムを書いてください。INT シグナルを受け取ったら、プログラムを終了するようにしてください。コマンドラインから kill を使えるなら、次のようにしてシグナルを送ることができます。

   ```
   $ kill -USR1 12345
   ```

   コマンドラインから kill を使えない場合は、シグナルを送るための別プログラムを書いてください。次のような Perl のワンライナーでうまくいくかもしれません。

   ```
   $ perl -e 'kill HUP => 12345'
   ```

16章
上級テクニック

あなたがこれまで読んできたのは、すべての Perl ユーザが理解しておくべき Perl のコアとなる部分です。しかし、必須ではないものの、道具箱に入れておくと便利なテクニックがたくさんあります。この章では、それらの中で最も重要なものを紹介しましょう。本章の内容は、本書の続編である『続・初めての Perl 改訂版』〔Intermediate Perl〕へとつながります。

ところで、この章のタイトルに惑わされないでください。ここで紹介するテクニックは、これまでに紹介したものに比べて、特に難易度が高いわけではありません。「上級」というのは、初心者のうちは必要としない、という意味にすぎません。本書を初めて読む際には、この章をスキップ（または流し読み）して、先に Perl を使い始めてもよいでしょう。そして 1、2 か月経って、Perl について深く知りたくなったら戻って来てください。この章全体を、1 つの大きな脚注と考えていただければよいでしょう。

16.1 スライス

与えられたリストの中から、数個の要素だけを対象にして処理を行いたいことがあります。例えば、Bedrock 図書館では、利用者に関する情報を巨大なファイルに保管しています。このファイルの各行は、各利用者に関する情報を、コロンで区切った 6 つのフィールド（利用者の名前、貸し出しカード番号、自宅住所、自宅電話番号、勤務先電話番号、貸し出し冊数）で表現しています。このファイルの内容の一部を以下に示します。

```
fred flintstone:2168:301 Cobblestone Way:555-1212:555-2121:3
barney rubble:709918:299 Cobblestone Way:555-3333:555-3438:0
```

この図書館で使用している、あるアプリケーションでは、貸し出しカード番号と貸し出し冊数だけを使い、他のデータは使いません。次のようなコードによって、必要なフィールドだけを取り出すことができます。

```
while (<$fh>) {
  chomp;
  my @items = split /:/;
  my($card_num, $count) = ($items[1], $items[5]);
```

```
    ...  # これら2つの変数を使って作業する
}
```

しかし、配列 @items はここでしか必要としないので、無駄でしょう。次のようにして、split の結果をスカラー変数のリストに代入したほうがよいかもしれません。

```
my($name, $card_num, $addr, $home, $work, $count) = split /:/;
```

このコードは、不必要な配列 @item を使いません。しかし、その代わりに、本来なら不要な4個のスカラー変数を使っています。このような状況では、split が返す要素のうち不要なものに対して、ダミーの変数名（例えば $dummy_1）を使う人もいます。しかし Larry はそれは面倒すぎると考えたので、この特別な用途に undef を使えるようにしました。もし代入されるリストの要素に undef があれば、Perl は、対応する代入元の要素を無視してくれます。

```
my(undef, $card_num, undef, undef, undef, $count) = split /:/;
```

コードは改善されたのでしょうか。ええ、この書き方には、不要な変数が登場しないという利点があります。しかし欠点もあります。どの要素が $count に代入されるかを知るには、undef を数えなければなりません。これは、リストの要素数が増えるにつれて、だんだん手に負えなくなります。例えば、stat が返すリストから mtime だけを取り出すには、次のようなコードが必要になるでしょう。

```
my(undef, undef, undef, undef, undef, undef, undef,
   undef, undef, $mtime) = stat $some_file;
```

もし undef の個数が間違っていたら、誤って atime や ctime を取り出してしまいますが、この手のバグを発見するのは非常に困難です。より良い方法は「リストに対して、あたかも配列であるかのように添字付けできる」ことを利用するものです。これは**リストスライス**（list slice）と呼ばれます。stat が返すリストの中では mtime は要素9なので、次のように添字を使って取り出すことができます。

```
my $mtime = (stat $some_file)[9];
```

mtime は先頭から数えて10番目の要素になりますが、1番目の要素の添字が0なので、mtime の添字は9になります。これは配列の添字が0から始まるのと同じ理屈です。perlfunc ドキュメントに要素と添字の対応リストがあるので、自分で数える必要はありません。

要素のリスト（この例では stat の戻り値）は必ずカッコで囲まなければなりません。もし次のように書いたとしたら、動作しません。

```
my $mtime = stat($some_file)[9];   # 構文エラー！
```

リストスライスでは、カッコで囲んだリストの後ろに、ブラケットで囲んだ添字式を置かなけれ

ばなりません。関数呼び出しの引数を囲むカッコは、リストスライスのカッコとはみなされません。

話を Bedrock 図書館に戻しましょう。`split` の戻り値のリストを加工するのでしたね。それでは、スライスを使って、要素 1 と要素 5 を添字付けして取り出しましょう。

```
my $card_num = (split /:/)[1];
my $count = (split /:/)[5];
```

このようにスカラーコンテキストスライス（リストから要素 1 個だけを取り出すもの）を使うのは悪いことではありませんが、`split` を 2 回呼び出さずに済むのなら、効率が良くなり処理も簡単になるでしょう。それでは `split` を 1 回だけ呼び出すようにしてみましょう。リストスライスをリストコンテキストで使えば、いっぺんに 2 つの値を取り出すことができます。

```
my($card_num, $count) = (split /:/)[1, 5];
```

このリストスライスは、リストから要素 1 と要素 5 を取り出して、2 要素のリストとして返します。そのリストを 2 個の `my` 変数に代入すればよいわけです。このコードは、スライスを 1 回だけ適用して、得られた結果を 2 個の変数にセットします。

しばしばスライスは、リストから数個の要素を取り出す最も手軽な手段となります。次の例は、添字 -1 が最後の要素を表すことを利用して、リストの最初と最後の要素を取り出しています。

```
my($first, $last) = (sort @names)[0, -1];
```

これはリストから最小値や最大値を得る方法としては無駄が多いやり方ですが、本章の主題はソートではありません。効率の良い方法については、`List::Util` モジュールの関数を参照してください。

スライスの添字は、どんな順番に並んでいても、また重複があっても構いません。次の例では、10 要素のリストから 5 個の要素を取り出しています。

```
my @names = qw{ zero one two three four five six seven eight nine };
my @numbers = ( @names )[ 9, 0, 2, 1, 0 ];
print "Bedrock @numbers\n";   # Bedrock nine zero two one zero と表示する
```

16.1.1　配列スライス

1 つ前の例はさらに単純に書くことができます。配列から要素をスライスで切り出す際には、（リストの場合とは違い）カッコは不要です。ですから、スライスを次のように書くことができます。

```
my @numbers = @names[ 9, 0, 2, 1, 0 ];
```

単にカッコを省けるだけではありません。これは実際には、配列要素にアクセスするための**配列スライス**（array slice）という別の記法なのです。3 章では、@names の先頭の @ は「要素すべて」を意味すると説明しました。実際に言語学的なセンスでとらえれば、これは英語で複数形を表すマーカー（「cats」や「dogs」などの「s」）によく似ています。Perl では、ドル記号 $ は何かが

1個だけあることを意味するのに対して、アットマーク @ は何かのリストがあることを意味します。

スライスは必ずリストになるので、配列スライスの記法では、それを示すために先頭にアットマークを付けます。Perl プログラムの中で @names[...] のようなものがあったら、先頭のアットマークに加えて、後ろのブラケットにも注目してください。ブラケットは配列に対して添字付けすることを意味し、アットマークは、単一の要素（ドル記号はこれを意味します）ではなく、要素のリスト全体を得ることを意味しています。図 16-1 をご覧ください。

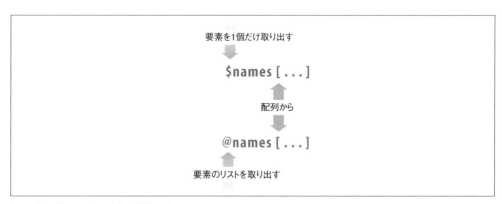

図16-1　配列スライスと単一要素の違い

変数参照の先頭の記号（ドル記号またはアットマーク）が、添字式のコンテキストを決定します。もし先頭がドル記号ならば、添字式はスカラーコンテキストで評価されて、1個の添字が得られます。それに対して、先頭がアットマークだったら、添字式はリストコンテキストで評価されて、添字のリストが得られます。

ですから @names[2, 5] は、($names[2], $names[5]) と同じリストを表すことになります。このリストを得るには、配列スライスを使うほうが簡単です。このリストを使えるあらゆる場所で、代わりにこのシンプルな配列スライスを使うことができます。

ところで、リストは置けないけれど、スライスは置けるような場所が1つだけあります——スライスは文字列の中に直接埋め込むことができるのです。

```
my @names = qw{ zero one two three four five six seven eight nine };
print "Bedrock @names[ 9, 0, 2, 1, 0 ]\n";
```

文字列に @names を埋め込むと、配列の全要素が、間にスペースをはさんで展開されます。もし代わりに @names[9, 0, 2, 1, 0] を埋め込んだとすると、配列の中の指定した要素が、間にスペースをはさんで展開されます。ここで Bedrock 図書館に話をいったん戻しましょう。Slate さんが Hollyrock Hills にある広い新居に引っ越したので、あなたのプログラムは、利用者ファイルに登録されている Slate さんの住所と電話番号を更新しようとします。彼に関する情報が @items に入っているとすれば、次のようにして、この配列の2個の要素だけを更新することができます。

```
my $new_home_phone = "555-6099";
my $new_address = "99380 Red Rock West";
@items[2, 3] = ($new_address, $new_home_phone);
```

この例でも、配列スライスを使ったほうが、要素のリストを使うよりもコンパクトに書けます。この例の最後の行は、($items[2], $items[3])への代入と同じことですが、スライスのほうがよりコンパクトで効率的です。

16.1.2 ハッシュスライス

配列スライスと同様なやり方で、ハッシュから複数の要素を取り出すことができます。これを**ハッシュスライス**（hash slice）と言います。例のキャラクタのうち3人がボーリングをしたときに、スコアを%scoreハッシュに記録したのを覚えていますか。これらのスコアを取り出すには、ハッシュ要素のリスト、またはハッシュスライスを使うことになります。次の2つの書き方は等価ですが、後者のほうがより簡潔で効率的です。

```
my @three_scores = ($score{"barney"}, $score{"fred"}, $score{"dino"});

my @three_scores = @score{ qw/ barney fred dino/ };
```

スライスは必ずリストになるので、ハッシュスライスの記法では、それを示すために先頭にアットマークを付けます。もし先ほどの内容の繰り返しのように思えるなら、それは、私たち筆者が、ハッシュスライスが配列スライスに似ていることを強調したいからです。Perlプログラムの中で@score{ ... }のようなものがあったら、先頭のアットマークに加えて、後ろのブレースにも注目してください。ブレースはハッシュに対して添字付けすることを意味し、アットマークは単一の要素（ドル記号はこれを意味します）ではなく、要素のリスト全体を得ることを意味しています。図16-2をご覧ください。

図16-2　ハッシュスライスと単一要素の違い

配列スライスの場合と同様に、変数参照の先頭の記号（ドル記号またはアットマーク）が、添字式のコンテキストを決定します。もし先頭がドル記号ならば、添字式はスカラーコンテキストで評価されて、1個のキーが得られます。それに対して、先頭がアットマークだったら、添字式はリストコンテキストで評価されて、キーのリストが得られます。

ところで「ハッシュの話なのに、なんでパーセント記号（%）が出て来ないのだろう？」という疑問が浮かんでくるのは当然でしょう。パーセント記号は、ハッシュ全体を表すマーカーです。ハッシュスライスは（他のスライスと同様に）常に**リスト**であり、ハッシュではありません。Perlでは、ドル記号 $ は何かが1つだけあることを表し、アットマーク @ は要素のリストがあることを表し、パーセント記号 % はハッシュ全体があることを表すのです。

配列スライスの場合と同じように、Perlのあらゆる場所で、要素のリストの代わりに、ハッシュスライスを使うことができます。ですから、次のような簡単なやり方で、あなたの友人のボーリングスコアを（他の要素を壊さずに）ハッシュにセットすることができます。

```perl
my @players = qw/ barney fred dino /;
my @bowling_scores = (195, 205, 30);
@score{ @players } = @bowling_scores;
```

最後の行は、3要素のリスト ($score{"barney"}, $score{"fred"}, $score{"dino"}) に対して代入を行うのと同じことです。

ハッシュスライスも文字列の中に埋め込むことができます。次の例では、お気に入りのプレーヤーのスコアを表示します。

```perl
print "Tonight's players were: @players\n";
print "Their scores were: @score{@players}\n";
```

16.1.3　キーと値のスライス

Perl 5.20 では、キーと値を一緒に取り出す方法として、「キーと値」のスライスが導入されました。これまで説明では、ハッシュスライスからは値のリストを取得することができました。

```perl
my @values = @score{@players};
```

ここではリスト値を得るために、ハッシュ名の先頭にはアットマークを使っています。このコードを実行すると、@values にはハッシュの値だけが入ります。もしそれぞれの値に対応するキーも得るには、次のようなひと手間が必要です。

```perl
my %new_hash;
@new_hash{ @players } = @values;
```

あるいは map を使って次のようにしてもいいでしょう。map については後ほど説明します。

```perl
my %new_hash = map { $_ => $score{$_} } @players;
```

このようなことがしたいのであれば、Perl 5.20 には便利な構文があります。それにはハッシュ

名の前に%を付けます。

```perl
use v5.20;

my %new_hash = %score{@players};
```

シジルでは変数の型を示すのではないことを思い出してください。シジルは、あなたが変数に何をしたいかを示すためのものです。ここでは、キーと値のペアを取得します。これはハッシュらしい操作なので、名前の先頭に%を付けます。

配列でも同様に扱うことができます。この場合、配列のインデックスをキーとして扱います。

```perl
my %first_last_scores = %bowling_scores[0,-1];
```

ここでも%を使います。なぜなら対象となるのは配列変数ですが、ハッシュのような操作を行うからです。[ ] を添字を示すブラケットとして使っているので、対象が配列であることがわかります。

16.2　エラーをトラップする

あなたが書いたプログラムで何かまずい事態が発生した場合に、メッセージを表示して停止するだけでは困ることがあるでしょう。エラー処理は、プログラミングの際に多くの労力を費やす部分です。エラー処理はそれだけで1冊の本になるくらいの大きなテーマですが、ここでは初歩的な内容を説明します。Perlにおけるエラー処理の詳細については、本シリーズの3冊目に当たる『マスタリングPerl』〔Mastering Perl〕をお読みください。

16.2.1　evalを利用する

プログラム中の何でもないような普通のコードが、致命的エラーを発生させることがあります。次に示すごくありふれた文の1つ1つが、プログラムをクラッシュさせる可能性があります。

```perl
my $barney = $fred / $dino;        # 0による除算エラー？

my $wilma = '[abc';
print "match\n" if /\A($wilma)/;   # 不正な正規表現エラー？

open my $caveman, '<', $fred       # ユーザがdieによって発生させたエラー？
  or die "Can't open file '$fred' for input: $!";
```

これらの中には手間をかければ回避できるものもありますが、すべてのエラーを回避することは困難です。どうやったら文字列 $wilma が正しい正規表現であることを確認できるでしょうか？幸いにも、Perlでは致命的エラーをキャッチする簡単な手段が用意されています。それには、コードを eval ブロックで囲んでください。

```perl
eval { $barney = $fred / $dino };
```

今度は、もし $dino が 0 だったとしても、この行がプログラムをクラッシュさせることはありません。eval は、通常なら致命的エラーになるはずのエラーが発生すると、すぐにブロック全体の実行をやめて、プログラムの残りの部分の実行を続けます。eval ブロックの直後に置かれたセミコロンに注意してください。eval は実際には（while や foreach のような制御構造ではなく）式なので、ブロックの後ろにはセミコロンが必要なのです。

サブルーチンと同様に、最後に評価された式の値が eval の戻り値になります。$barney を eval の内側に置くのではなく、eval の外側のスコープで $barney を宣言して、eval の結果を代入することもできます。

```
my $barney = eval { $fred / $dino };
```

この eval がエラーをキャッチすると、undef を返します。defined-or 演算子を使って、デフォルト値——例えば NaN（Not a Number）——をセットすることができます。

```
use v5.10;

my $barney = eval { $fred / $dino } // 'NaN';
```

eval ブロックの実行中に、本来なら致命的エラーになるようなエラーが発生した場合、そのブロックの実行は終了しますが、プログラムはクラッシュしません。

eval が終了したら、それが正常に終了したのか、それとも致命的エラーをキャッチしたのかを知りたいでしょう。致命的エラーをキャッチした場合には、eval は undef を返し、エラーメッセージ——例えば Illegal division by zero at my_program line 12 のようなもの——を特殊変数 $@ にセットします。エラーが発生しなかった場合には、$@ は空になります。つまり、$@ には、ブール値（真または偽）がセットされると考えることができます。このブール値は、エラーが発生したら真になります。ですから、eval ブロックの後で、よく次のようにしてチェックを行います。

```
use v5.10;

my $barney = eval { $fred / $dino } // 'NaN';
print "I couldn't divide by \$dino: $@" if $@;
```

戻り値をチェックすることもできますが、成功したら定義された値を返すことが期待できる場合に限ります。実際、もし状況に適合しているなら、先ほどの例よりも、こちらの書き方のほうが好まれます。

```
unless( defined eval { $fred / $dino } ) {
    print "I couldn't divide by \$dino: $@" if $@;
}
```

ときには、テストしたい部分が、成功しても意味のある戻り値を返さないことがありますが、その場合には、自分で値を追加することができます。次の例では、もし eval が失敗をキャッチしたら、最後の文——ここでは単なる 1 です——は実行されません。

```
unless( eval { some_sub(); 1 } ) {
    print "I couldn't divide by \$dino: $@" if $@;
}
```

リストコンテキストでは、evalが失敗すると、空リストを返します。次のコードでは、evalが失敗した場合には、リストの要素を生成しないので、@averagesには要素が2個しか代入されません。

```
my @averages = ( 2/3, eval { $fred / $dino }, 22/7 );
```

evalブロックはPerlの他のすべてのブロックと同様に、レキシカル変数（my変数）に対して新しいスコープを提供してくれます。また、evalブロックの中には、文を好きなだけ置くことができます。次に示すevalブロックは、多くの潜在的な致命的エラーを防いでくれます。

```
foreach my $person (qw/ fred wilma betty barney dino pebbles /) {
    eval {
        open my $fh, '<', $person
            or die "Can't open file '$person': $!";

        my($total, $count);

        while (<$fh>) {
            $total += $_;
            $count++;
        }

        my $average = $total/$count;
        print "Average for file $person was $average\n";

        &do_something($person, $average);
    };

    if ($@) {
        print "An error occurred ($@), continuing\n";
    }
}
```

このevalは、潜在的な致命的エラーを何個トラップしているでしょうか。ファイルをオープンする際にエラーが発生したら、それはトラップされます。平均値を計算する際に0で除算する可能性がありますが、それによってプログラムが停止することはありません。謎めいた名前のサブルーチン&do_somethingの呼び出しでも、致命的エラーは発生しません。この機能は、他人が作成したサブルーチン――プログラムをクラッシュさせないように防衛的に書かれているかどうかわからないもの――を呼び出すときに役に立ちます。場合によっては、呼び出し側がevalでトラップすることを前提として、意図的にdieを使って問題が発生したことを通知することもあります。これについては、この後すぐに説明しましょう。

foreachのリストで指定したファイルの1つを処理している最中にエラーが発生したら、エラー

メッセージが表示されますが、プログラムは、それ以上文句を言わずに、次のファイルの処理を始めます。

eval ブロックの中に、別の eval ブロックをネスト（入れ子にする）しても、Perl は平気です。内側の eval ブロックはその中で発生したエラーをトラップして、外側の eval ブロックに届かないようにします。もちろん、内側の eval の実行が終わった時点で、それがエラーをキャッチしていたら、die を使ってそのエラーを外側の eval に伝えることもできます。次のようにコードを書き換えて、除算のエラーを別にキャッチすることもできます。

```perl
foreach my $person (qw/ fred wilma betty barney dino pebbles /) {
  eval {
    open my $fh, '<', $person
      or die "Can't open file '$person': $!";

    my($total, $count);

    while (<$fh>) {
      $total += $_;
      $count++;
    }

    my $average = eval { $total/$count } // 'NaN'; # 内側の eval
    print "Average for file $person was $average\n";

    &do_something($person, $average);
  };

  if ($@) {
    print "An error occurred ($@), continuing\n";
  }
}
```

eval がトラップできない問題が 4 種類あります。最初のグループは、ソースコードの文法エラー——クォートが合っていない、セミコロンが抜けている、オペランドがない、正規表現の誤り、など——です。

```perl
eval {
  print "There is a mismatched quote';
  my $sum = 42 +;
  /[abc/
  print "Final output\n";
};
```

Perl コンパイラは、ソースコードをパースするときにこのようなエラーをキャッチして、プログラムを実行開始する前に停止します。eval がエラーをキャッチできるのは、プログラムが実際に実行している場合に限ります。

2 番目のグループは、メモリ不足やトラップされないシグナルのように、perl インタプリタそ

のものをクラッシュさせる深刻なエラーです。この種のエラーは、perlインタプリタそのものを完全に停止させてしまうので、トラップすることはできません。このようなエラーのいくつかは、perldiagドキュメント中で(X)というコードが付いているので、興味のある人は調べてみるとよいでしょう。

evalブロックがトラップできない3番目のグループは警告です。ユーザが（warnによって）発生させた警告も、-wコマンドラインオプションやuse warningsプラグマによってPerl内部で発生した警告も、evalブロックではトラップできません。警告をトラップするには、evalとは別のメカニズムを使用します。詳しくは、perlverドキュメントの__WARN__疑似シグナルの解説を参照してください。

最後の種類のエラーは、本当はエラーではないのですが、ここで紹介するのが適切でしょう。exit演算子は、たとえevalブロックの中でサブルーチンから呼び出した場合でも、プログラムを即座に終わらせます。exitを呼び出すときには、あなたはプログラムが止まることを意図しているはずです。これは起こるべき動作なので、evalはそれを妨げたりしません。

実はevalにはもう1つの形式があるのですが、そのevalは、間違った使い方をすると大変危険です。実際、セキュリティ上の理由からevalを使ってはならない、と言う人もいます。彼らは（ある面では）正しいことを言っています。なぜなら、evalは細心の注意を払って使用すべきものだからです。しかし、彼らが言うところのevalとは、これまでに説明したものとは別形式のeval──しばしば「文字列のeval」と呼ばれます──のことなのです。このevalは文字列を受け取って、それをPerlのコードとしてコンパイルしてから、そのコードを、あたかもプログラムに直接書かれていたかのように実行します。その文字列で変数展開を行う場合には、結果が正しいPerlコードになっている必要があります。

```
my $operator = 'unlink';
eval "$operator \@files;";
```

キーワードevalのすぐ後ろに、ブレースで囲んだコードが置かれているなら（ここでお見せしたほとんどのコードはこれに該当します）、心配する必要はまったくありません。これは（セキュリティ上の問題がない）安全なタイプのevalです。

16.2.2 高度なエラー処理

プログラミング言語は、当然それぞれ独自のやり方でエラー処理を行いますが、一般的な概念として**例外**（exception）があります。何かコードを実行してまずい事態が発生したら、プログラムは、キャッチされることを期待して、例外を投げます。Perlの基本的な機能を使えば、dieで例外を投げて、それをevalでキャッチすることができます。そして、$@の値を調べれば、何が起こったかを知ることができます。

```
eval {
  ...;
  die "An unexpected exception message" if $unexpected;
  die "Bad denominator" if $dino == 0;
```

```
      $barney = $fred / $dino;
    }
  if ( $@ =~ /unexpected/ ) {
    ...;
    }
  elsif( $@ =~ /denominator/ ) {
    ...;
    }
```

この種のコードには多くの微妙な問題があり、そのほとんどは $@ 変数のダイナミックスコープに起因するものです。要するに、$@ は特殊変数であり、eval は（そうとは知らなくても）上位レベルの eval によってラップされる可能性があるため、キャッチしたエラーが、上位レベルのエラーと干渉しないことを保証する必要があるのです。

```
  {
  local $@; # 上位レベルのエラーに干渉しないようにする

  eval {
    ...;
    die "An unexpected exception message" if $unexpected;
    die "Bad denominator" if $dino == 0;
    $barney = $fred / $dino;
    };
  if ( $@ =~ /unexpected/ ) {
    ...;
    }
  elsif( $@ =~ /denominator/ ) {
    ...;
    }
  }
```

しかしこの話にはまだ続きがあります。これは本当に難しい問題で間違えることがよくあります。Try::Tiny モジュールを使えば、この問題のほとんどを解決してくれます（また、本当に知る必要があるなら解説してくれます）。このモジュールは、標準ライブラリには含まれていませんが、CPAN から入手することができます。基本的な使い方は次のようになります。

```
  use Try::Tiny;

  try {
    ...; # エラーを投げる可能性があるコード
    }
  catch {
    ...; # エラーを扱うコード
    }
  finally {
    ...;
    }
```

try は、先ほどの eval と同じように動作します。この構文は、エラーが起こった場合のみ、catch ブロックを実行します。finally ブロックは必ず実行されるので、そこで後始末の処理を行うことができます。catch と finally は、なくても構いません。単にエラーを無視したければ、次のように try だけを使うことができます。

```
my $barney = try { $fred / $dino };
```

catch を使ってエラーを扱うことができます。Try::Tiny は、$@ の内容を壊さずに、エラーメッセージを $_ に入れます。それでもなお $@ にアクセスできますが、Try::Tiny の目的の 1 つは、$@ の乱用を避けることです。

```
use v5.10;

my $barney =
  try { $fred / $dino }
  catch {
    say "Error was $_"; # $@ でないことに注意
    };
```

finally ブロックは、エラーが発生してもしなくても、実行されます。もし引数が @_ に入っていたら、エラーが発生したことを表しています。

```
use v5.10;

my $barney =
  try { $fred / $dino }
  catch {
    say "Error was $_"; # $@ でないことに注意
    }
  finally {
    say @_ ? 'There was an error' : 'Everything worked';
    };
```

16.3　grepを使ってリストから要素を選び出す

リストの中から、一部の要素だけを取り出したい、ということがよくあります。例えば、数値のリストから奇数だけを取り出したい、あるいはファイルに入っているテキストのうち Fred が含まれている行だけを取り出したい、ということがあるでしょう。この節で説明するように、grep 演算子を使えば、リストから一部の要素だけを簡単に取り出すことができます。

まず最初の例として、長大な数値のリストから、奇数だけを取り出してみましょう。これを実現するには、何も新しい機能は必要はありません。

```
my @odd_numbers;

foreach (1..1000) {
  push @odd_numbers, $_ if $_ % 2;
}
```

このコードは、2章で紹介した剰余演算子（%）を使っています。もし数が偶数ならば、それを2で割った余りは0になるので偽と解釈されます。しかし奇数なら、2で割った余りは1になり真と解釈されるので、配列 @odd_numbers には奇数だけが push で積まれていきます。

さて、このコード自身には何も問題はありません。ただ、書くのに長すぎるし、実行にも時間がかかるでしょう。Perl は、フィルタとして動作する grep 演算子を用意しているので、それを使ってみましょう。

```
my @odd_numbers = grep { $_ % 2 } 1..1000;
```

このたった1行のコードで、500個の奇数のリストが得られます。どんな仕組みになっているのでしょうか。grep の最初の引数はブロックで、リストの各要素を順に $_ に代入した上でこのブロックが実行されます。このブロックはブール値（真または偽）を返します。残りの引数は、サーチの対象となる要素のリストです。grep 演算子は、先ほど示した foreach ループと同じように、第1引数で指定されたブロックを、リストの各要素に対して1回ずつ実行します。もしブロックの最後の式の値が真であれば、その要素は grep の結果のリストに入れられます。

grep の実行中に、Perl は、$_ を順にリストの要素にエイリアスします。この動作は、すでに紹介した foreach ループと似ています。一般に、grep の式の中で $_ の値を変えるのは、悪い考えです。なぜなら、$_ の値を変えると、元のデータを壊してしまうからです。

grep 演算子という名前は、正規表現にマッチした行を取り出す、由緒正しい Unix ユーティリティに由来しています。同じことは、Perl の grep でも実現できますが、Perl の grep のほうがはるかに強力です。次の例は、ファイルから fred に言及している行だけを取り出します。

```
my @matching_lines = grep { /\bfred\b/i } <$fh>;
```

grep には、さらにシンプルな書き方も用意されています。第1引数に指定するものが（ブロックでなくて）1個の式だけでよければ、ブロックの代わりに、その式とカンマを使うことができます。この書き方を使って、先ほどの例を書き換えると次のようになります。

```
my @matching_lines = grep /\bfred\b/i, <$fh>;
```

grep 演算子は、特別なスカラーコンテキストモードを備えていて、選択された要素の個数を教えてくれます。ファイルの中にマッチする行が何行あるかを知りたいけれど、行の内容そのものには興味がない、というケースを考えてみましょう。次のコードのように、@matching_lines を作って、その行数をカウントするというやり方も考えられます。

```
my @matching_lines = grep /\bfred\b/i, <$fh>;
my $line_count = @matching_lines;
```

しかし、次のように、直接スカラー変数に代入することによって、作業用の配列を作らずに済ますことができます（この書き方をすると、作業用の配列を作ることによるメモリの消費を回避できます）。

```
my $line_count = grep /\bfred\b/i, <$fh>;
```

16.4　mapを使ってリストの要素を変換する

　フィルタするのではなく、リストのすべての要素に変更を加えたいこともあります。例えば、（14章で定義した）サブルーチン big_money を使って、数値のリストを「金額表示」に変換することを考えましょう。しかし元のデータは変更したくありません。出力に使うだけの目的で、リストを変換したコピーが欲しいのです。これを実現するやり方の1つを次に示します。

```
my @data = (4.75, 1.5, 2, 1234, 6.9456, 12345678.9, 29.95);
my @formatted_data;

foreach (@data) {
  push @formatted_data, big_money($_);
}
```

　ところでこれは、1つ前の grep の節の冒頭でお見せしたコードと似ていますね。ですから、書き換えたコードが、先ほどの grep のコードと似ていたとしても、何ら不思議ではありません。

```
my @data = (4.75, 1.5, 2, 1234, 6.9456, 12345678.9, 29.95);

my @formatted_data = map { big_money($_) } @data;
```

　map 演算子は grep にとてもよく似ていて、同じような引数——$_ を使うブロックと処理すべき要素のリスト——を受け取ります。map 演算子は grep と同じような動作をします。$_ を、順にリストの各要素にエイリアスして、ブロックを1回ずつ評価していきます。しかし map はブロックの最後の式の扱いが、grep とは違います。ブール値として解釈するのではなく、最後の式の値が、そのまま結果のリストの要素になります。もう1つの重要な違いは、map では、式はリストコンテキストで評価されて、1個とは限らずに、任意の個数の値を返せるという点です。

　grep や map はすべて、要素を作業配列に push していく foreach ループに書き換えることができます。しかし、普通は grep や map を使う短い書き方のほうが、効率が良い上に便利です。また map や grep の結果はリストなので、そのまま他の関数に渡すことができます。次のコードでは、見出しの次に、先ほどフォーマットした「金額」のリストを字下げして表示します。

```
print "The money numbers are:\n",
  map { sprintf("%25s\n", $_) } @formatted_data;
```

　もちろん、作業配列 @formatted_data を使わずに、一気に処理することもできます。

```
my @data = (4.75, 1.5, 2, 1234, 6.9456, 12345678.9, 29.95);
print "The money numbers are:\n",
  map { sprintf("%25s\n", big_money($_) ) } @data;
```

grep と同様に、map にもシンプルな書き方が用意されています。もし第 1 引数で指定するものが（ブロックでなくて）1 個の単純な式であれば、ブロックの代わりに、その式とカンマを使うことができます。

```perl
print "Some powers of two are:\n",
  map "\t" . ( 2 ** $_ ) . "\n", 0..15;
```

16.5　便利なリストユーティリティ

Perl で高度なリスト処理が必要ならば、利用できるモジュールがいくつか用意されています。結局のところ、多くのプログラムが実際にしていることは、さまざまなやり方でリストを操作することです。

List::Util モジュールは、Perl の標準ライブラリとして付属していて、よく使われるリスト処理ユーティリティの高速版を提供します。リスト処理は C レベルで実装されています。

リストの中に、ある条件を満たす要素があるかどうかを知りたかったとしましょう。すべての要素を調べる必要はないので、条件を満たす最初の要素が見つかった時点で処理を終了します。ここで grep を使うわけにはいきません。なぜなら、grep は必ずリスト全体をスキャンするので、リストが非常に長い場合、grep は不要な処理を大量に行ってしまうからです。

```perl
my $first_match;
foreach (@characters) {
  if (/\bPebbles\b/i) {
    $first_match = $_;
    last;
  }
}
```

上に示すように、これはかなりのコード量になります。代わりに、List::Util モジュールの first サブルーチンを使うことができます。

```perl
use List::Util qw(first);
my $first_match = first { /\bPebbles\b/i } @characters;
```

4 章の練習問題では、&total サブルーチンを書きました。もしそのときに List::Util モジュールを知っていたら、わざわざサブルーチンを書く必要はなかったでしょう。

```perl
use List::Util qw(sum);
my $total = sum( 1..1000 ); # 500500
```

また、4 章では、&max サブルーチンは、リストから最大の要素を探し出すのに多くの処理を行っていました。List::Util モジュールが max をサポートしているので、実際には新たに自分でサブルーチンを書く必要はありません。

16.5 便利なリストユーティリティ

```
use List::Util qw(max);
my $max = max( 3, 5, 10, 4, 6 );
```

この max は数値しか扱えません。もし文字列を扱いたければ（つまり、文字列比較を使いたければ）、代わりに maxstr を使ってください。

```
use List::Util qw(maxstr);
my $max = maxstr( @strings );
```

リストの要素の順番をランダムにしたければ、shuffle を使うことができます。

```
use List::Util qw(shuffle);
my @shuffled = shuffle(1..1000); # 要素の順番をランダムにする
```

別のモジュール List::MoreUtils は、さらに便利なサブルーチンを提供します。こちらは、Perl には付属していないので、CPAN から入手してインストールする必要があります。ある条件を満たす要素が「1つもないか（none）」「1つ以上あるか（any）」「すべてが満たすか（all）」を調べることができます。これらのサブルーチンは、grep と同様のブロック構文を持っています。

```
use List::MoreUtils qw(none any all);

if (none { $_ < 0 } @numbers) {
  print "No elements less than 0\n"
} elsif (any { $_ > 50 } @numbers) {
  print "Some elements over 50\n";
} elsif (all { $_ < 10 } @numbers) {
  print "All elements are less than 10\n";
}
```

リストを、要素のグループ単位で扱うには、natatime（N at a time：「N個ずつ」という意味）を使うことができます。

```
use List::MoreUtils qw(natatime);

my $iterator = natatime 3, @array;
while( my @triad = $iterator->() ) {
  print "Got @triad\n";
}
```

2つ以上のリストを結合したければ、mesh を使ってすべての要素を混ぜ合わせたリストを作ることができます。リストの要素の個数は等しくなくても構いません。

```
use List::MoreUtils qw(mesh);

my @abc = 'a' .. 'z';
my @numbers = 1 .. 20;
my @dinosaurs = qw( dino );

my @large_array = mesh @abc, @numbers, @dinosaurs;
```

このコードは、まず @abc の最初の要素を取得して、@large_array の最初の要素にします。次に、@numbers の最初の要素を取得して、@large_array の次の要素にして、さらに @dinosaurs についても同じことをします。そして、再び @abc に戻って、次の要素を取得して、同様の処理を行います。これをすべてのリストの全要素に対して繰り返し実行します。@large_array に得られるリストの先頭付近は次のようになります。

```
a 1 dino b 2  c 3 ...
```

この出力をよく見ると、2 と c の間に空の要素があることに気付くはずです（そのために、2 の直後にはスペースが 2 個連続しています）。mesh は、渡された配列の要素を使い果たすと、代わりに undef を使用します。もし警告を有効にしていたら、警告メッセージが表示されているはずです。

List::MoreUtils モジュールには、便利で興味深いサブルーチンがまだまだたくさんあります。このモジュールが実現している機能を再実装するのを避けるために、ドキュメントをチェックするようにしましょう。

16.6　練習問題

解答は付録 A の節「**16 章の練習問題の解答**」にあります。

1. [30] 次のようなプログラムを書いてください。まずファイルから文字列のリストを読み込みます（1 行が 1 個の文字列になっています）。それから、ユーザにキーボードからパターンを入力してもらって、（ファイルから読み込んだ）文字列に対してマッチを行う、という処理を繰り返します。各パターンについて、「ファイルに入っていた文字列のうちマッチしたものの個数」と「実際にマッチした文字列」を表示してください。パターンが入力されるたびに、ファイルを読み直してはいけません。すべての文字列をメモリ上に（つまり変数に）保存しておいてください。ファイル名はプログラム中にハードコードしても構いません。もしパターンが正しくなければ（例えば、カッコの対応がとれていない）、エラーを報告してから、ユーザに再びパターンを入力してもらうようにしてください。ユーザがパターンの代わりに空行を入力したら、プログラムが終了するようにします（マッチの対象となる興味深い文字列がたくさん入ったファイルが必要ならば、オライリーのウェブサイトからダウンロードしたファイルの中に、sample_text というファイルがあるはずなので、それを使ってください。オライリーのサイトについては 1 章をお読みください）。

2. [15] カレントディレクト内の全ファイルのアクセス時刻（atime）と修正時刻（mtime）を、エポック時間[†]で表示するプログラムを書いてください。時刻を取得するには、stat を呼び出して返された結果に対して、リストスライスを適用します。次のような 3 カラム形式で結果を表示してください。

[†] 訳注：基準となるエポックからの秒数で表した時刻のこと。stat 関数は、アクセス時刻や修正時刻を、この形式（数値）で返します。

```
    fred.txt       1294145029      1290880566
    barney.txt     1294197219      1290810036
    betty.txt      1287707076      1274433310
```

3. ［15］問題2のプログラムを改造して、時刻をYYYY-MM-DDフォーマットで表示するようにしてください。`map`と`localtime`とスライスを使用して、エポック時間を、日付を表す文字列に変換してください。戻り値の年と月の扱いについては、`localtime`のドキュメントを読んでください。プログラムの出力は、次のような感じになるはずです。

```
    fred.txt       2011-10-15      2011-09-28
    barney.txt     2011-10-13      2011-08-11
    betty.txt      2011-10-15      2010-07-24
```

付録A
練習問題の解答

この付録では、各章の末尾の練習問題に対する解答を与えます。

1章の練習問題の解答

1. この問題は、すでにプログラムが示されているので、簡単です。

    ```
    print "Hello, world!\n";
    ```

    もし Perl 5.10 以降を使っているなら、次のように書くこともできます。

    ```
    use v5.10;
    say "Hello, world!";
    ```

    もしファイルを作成せずに、コマンドラインから試してみたいのなら、-e スイッチを使って、直接にプログラムを指定することができます。

    ```
    $ perl -e 'print "Hello, World\n"'
    ```

    スイッチ -l を指定すると、自動的に改行文字を付けてくれます。

    ```
    $ perl -le 'print "Hello, World"'
    ```

    Windows の command.com（または cmd.exe）では、引数を囲む外側のクォートはダブルクォートでなければなりません。ですから、クォートを入れ替えて次のようにします。

    ```
    C:> perl -le "print 'Hello, World'"
    ```

    シェルクォートの中では汎用クォートを使えば、頭痛の種を減らすことができます。

    ```
    C:> perl -le "print q(Hello, World)"
    ```

    Perl 5.10 以降では、-E スイッチで新機能が有効になります。これで、say が使えるようになります。

    ```
    $ perl -E 'say q(Hello, World)'
    ```

    まだ説明していなかったので、マンドラインで実行してもらうつもりはありませんでした。こ

れはもう 1 つのやり方です。コマンドラインのスイッチと機能の全一覧については、perlrun ドキュメントを参照してください。

2. perldoc コマンドは、使用しているマシンの Perl に付属しているので、それを直接起動できるはずです。perldoc コマンドが見つからない場合は、別のパッケージをシステムにインストールする必要があります。例えば Ubuntu では perl-doc パッケージに入っています。

3. 問題 2 で perldoc が起動できていれば、この問題も簡単です。

```
@lines = `perldoc -u -f atan2`;
foreach (@lines) {
  s/\w<([^>]+)>/\U$1/g;
  print;
}
```

2章の練習問題の解答

1. やり方の 1 つを次に示します。

```
#!/usr/bin/perl
use warnings;
$pi = 3.141592654;
$circ = 2 * $pi * 12.5;
print "The circumference of a circle of radius 12.5 is $circ.\n";
```

ご覧のように、このプログラムは標準的な #! 行で始まっています。あなたのシステムでは、Perl のパスがここに示したものとは違っているかもしれません。その場合には、あなたのシステムに合わせて変えてください。また、-w によって警告メッセージを表示するようにしています。

実際のコードの 1 行目では、スカラー変数 $pi に定数 π の値をセットします。いろいろな理由から、優秀なプログラマはこのような定数値を使うことを好みます。もしプログラムに何回も現れるなら、いちいち 3.141592654 とタイプするのは時間のムダです。もし手違いから、ある場所では 3.141592654 と書き、別の場所では 3.14159 と書いてしまったら、数学的なバグが発生する可能性があります。定数を定義しておけば、その行だけをチェックすれば、誤って 3.141952654 以外の値を使ったために、惑星探査機を別の惑星に送ってしまうことはない、と確認できます。

現代の Perl では、ファンシーな文字を変数名として使用できます。ソースコードに Unicode 文字が含まれていることを Perl に伝えれば、π を名前として使うこともできます（付録 C 参照）。

```
#!/usr/bin/perl
use utf8;
use warnings;
$π = 3.141592654;
```

```
        $circ = 2 * $π * 12.5;
        print "The circumference of a circle of radius 12.5 is $circ.\n";
```

次に、円周の長さを計算して $circ に代入してから、それをわかりやすく表示します。表示するメッセージは改行文字で終わっています。なぜなら、良きプログラムたるもの、すべての出力の末尾には改行文字を付けるべきだからです。末尾に改行文字がないと、出力は次のようになってしまうでしょう（シェルプロンプトはあなたが設定したものが表示されます）。

```
        The circumference of a circle of radius 12.5 is 78.53981635.bash-2.01$
```

円周は 78.53981635.bash-2.01$ ではありませんから、これはバグと解釈すべきでしょう。ですから、出力の各行の末尾には必ず改行文字 \n を付けるようにしてください。

2. やり方の 1 つを次に示します。

```
        #!/usr/bin/perl
        use warnings;
        $pi = 3.141592654;
        print "What is the radius? ";
        chomp($radius = <STDIN>);
        $circ = 2 * $pi * $radius;
        print "The circumference of a circle of radius $radius is $circ.\n";
```

問題 1 の解答と似ていますが、ユーザから半径（$radius）を入力してもらうのと、コードに直接書かれていた 12.5 がすべて $radius に変わっている点が違います。もしわれわれに先見の明があったら、問題 1 のプログラムを書く際に $radius という変数を導入していたことでしょう。入力された行に対して chomp を実行していることに注目してください。もし chomp をしなかったとしても、"12.5\n" のような文字列は問題なく数値 12.5 に変換されるので、数式は正しく計算されます。しかし、メッセージの表示は、次のようになってしまうでしょう。

```
        The circumference of a circle of radius 12.5
          is 78.53981635.
```

変数 $radius を数値として使った後でも、末尾の改行文字は残っていることに注意してください。print 文では $radius とワード is の間にスペースを入れてあるので、出力の 2 行目の先頭にはスペースが 1 個出力されています。教訓：特に理由がある場合を除き、入力は必ず chomp すべし。

3. やり方の 1 つを次に示します。

```
        #!/usr/bin/perl
        use warnings;
        $pi = 3.141592654;
        print "What is the radius? ";
        chomp($radius = <STDIN>);
        $circ = 2 * $pi * $radius;
        if ($radius < 0) {
```

```
        $circ = 0;
    }
    print "The circumference of a circle of radius $radius is $circ.\n";
```

ここでは、半径 $radius が無意味な値かどうかをチェックするようにしました。入力された半径が負であっても、表示される円周は少なくとも負にはなりません。これ以外にも、入力された半径 $radius を 0 にしてから、円周を計算するというやり方も考えられます。やり方は何通りもあります。実は「やり方は何通りもある」（There Is More Than One Way To Do It.）というのが Perl のモットーなのです。ですから、練習問題の解答は「やり方の 1 つを次に示します」（Here's one way to do it.）というフレーズで始まるのです。

4. やり方の 1 つを次に示します。

```
    print "Enter first number: ";
    chomp($one = <STDIN>);
    print "Enter second number: ";
    chomp($two = <STDIN>);
    $result = $one * $two;
    print "The result is $result.\n";
```

この解答では先頭の #! 行が省略されていることにお気付きかと思います。これ以降の解答では、先頭には #! 行があるものと仮定します。

ここで使っている変数名はあまり良いものではありません。大規模なプログラムでは、メンテナンス担当者が、変数 $two には値 2 が入っていると思い込んでしまうかもしれません。この短いプログラムでは問題にはならないでしょうが、大きなプログラムを書く場合には、例えば $first_response のような、もっとわかりやすい変数名を付けるべきです。

このプログラムの場合、2 つの変数 $one と $two を chomp するのを忘れても、まったく問題はありません。なぜなら、これらの変数にセットした値は、文字列としては使わないからです。しかし、1 週間後に、メンテナンス担当プログラマがこのプログラムを改造して、The result of multiplying $one by $two is $result.\n というメッセージを表示するようにしたら、あのうっとうしい改行文字がしゃしゃり出てくるでしょう。繰り返しになりますが、特に理由がある場合――例えば次の問題のようなケース――を除き、入力は必ず chomp してください。

5. やり方の 1 つを次に示します。

```
    print "Enter a string: ";
    $str = <STDIN>;
    print "Enter a number of times: ";
    chomp($num = <STDIN>);
    $result = $str x $num;
    print "The result is:\n$result";
```

このプログラムは、ある意味では、問題 4 とほとんど同じです。ここでは文字列と回数を「乗算」しています。ですから、問題 4 のプログラムの構造をそのまま保っています。しかし、このプログラムでは、最初に入力した項目――文字列――を chomp しません。なぜなら、この

問題では、入力した文字列を1行ずつ別々の行に表示することを求めているからです。ユーザが文字列としてfredと改行文字を入力し、数として3を入力した場合には、われわれが望んだように、表示されるfredの後ろにはそれぞれ改行文字が付きます。

最後のprint文では$resultの直前に改行文字を置いていますが、これは最初のfredを1行に単独で表示するためです。つまり、次のように表示されること——3つのfredのうち、2つしか頭が揃っていません——を避けるためです。

```
The result is: fred
fred
fred
```

また、printの出力の末尾には、改行文字を置く必要はありません。なぜなら、$resultの末尾には必ず改行文字が付いているからです。

Perlは、ほとんどの場合、あなたがプログラムのどこにスペースを入れようとも気にしません。スペースを入れるも入れないも、あなたの自由です。しかし、間違って、変数などのスペルを変えないように気をつけてください！もし、xを、直前の変数名$strとくっつけてしまうと、Perlからは$strxという変数に見えてしまうので、このプログラムは動かなくなります。

3章の練習問題の解答

1. やり方の1つを次に示します。

    ```perl
    print "Enter some lines, then press Ctrl-D:\n"; # またはCtrl-Z
    @lines = <STDIN>;
    @reverse_lines = reverse @lines;
    print @reverse_lines;
    ```

    あるいは、もっとシンプルな次のようなやり方もあります。

    ```perl
    print "Enter some lines, then press Ctrl-D:\n";
    print reverse <STDIN>;
    ```

    ほとんどのPerlプログラマは、入力した行を後で使うために保存する必要がなければ、2番目のやり方を好みます。

2. やり方の1つを次に示します。

    ```perl
    @names = qw/ fred betty barney dino wilma pebbles bamm-bamm /;
    print "Enter some numbers from 1 to 7, one per line, then press Ctrl-D:\n";
    chomp(@numbers = <STDIN>);
    foreach (@numbers) {
      print "$names[ $_ - 1 ]\n";
    }
    ```

    配列の添字の範囲は0から6ですが、ユーザが1から7までの値で指定できるように、要素

を参照する際に、入力された数から1を引いています。別のやり方として、次のように、配列 @array の先頭にダミーの要素を置く方法もあります。

```
@names = qw/ dummy_item fred betty barney dino wilma pebbles bamm-bamm /;
```

ユーザが入力した番号が1から7の範囲に収まっていることを確認するようにした人には、追加点を差し上げます。

3. すべてを1行に表示するやり方の1つを次に示します。

```
chomp(@lines = <STDIN>);
@sorted = sort @lines;
print "@sorted\n";
```

また、次のようにすると、文字列が1行に1個ずつ出力されます。

```
print sort <STDIN>;
```

4章の練習問題の解答

1. やり方の1つを次に示します。

```
sub total {
  my $sum;    # プライベート変数
  foreach (@_) {
    $sum += $_;
  }
  $sum;
}
```

このサブルーチンでは、$sum に値を加えていくことによって合計を求めます。サブルーチンの開始時点では、$sum は新しい変数なので、undef になっています。次に、foreach ループで、$_ を制御変数として（@_ に入っている）パラメータリストを順番に処理します（注意：パラメータが入っている配列 @_ と、foreach ループのデフォルト制御変数 $_ には、何の関係もありません）。

foreach ループを最初に実行するときには、1個目の数（$_ に入っています）が $sum に加算されます。もちろん、$sum にはまだ何も代入していないので値は undef になっています。しかし、$sum を数値として扱い、数値演算子 += を適用しているので、Perl はこの変数が0で初期化されているものとして扱います。ですから、Perl は0に最初のパラメータを加算して、その合計を $sum に代入します。

ループの2回目の実行では、次のパラメータが $sum——もう undef ではありません——に加算されます。求めた合計は $sum に戻されます。残りすべてのパラメータについても、この処理を繰り返します。最終的には、最後の行によって、$sum に入っている合計を呼び出し側に返します。

考えようによっては、このサブルーチンには潜在的なバグが存在します。空のパラメータリストを渡して、このサブルーチンを呼び出した場合に何が起こるでしょうか？（4章本体では、改良版の &max について同様の考察をしています）。このようなケースでは、$sum は undef になり、戻り値も undef になります。しかし、このサブルーチンの場合、空リストの値の合計としては、undef ではなく 0 を返すほうが「より正しい」と言えるでしょう（もちろん、何らかの理由で、空リストの合計を、例えば (3, -5, 2) の合計と区別する必要があるのなら、undef を返すのが正しい動作となります）。

未定義値を返さないようにするのは簡単です。デフォルトの undef に頼らずに、明示的に $sum を 0 で初期化すればよいのです。

```
my $sum = 0;
```

これで、このサブルーチンは、パラメータリストが空の場合も含め、常に数値を返すようになります。

2. やり方の 1 つを次に示します。

```
# 問題 1 の解答の &total をここに置くこと！
print "The numbers from 1 to 1000 add up to ", total(1..1000), ".\n";
```

ダブルクォート文字列の中からは、サブルーチンを呼び出すことができません。そのために、サブルーチン呼び出しを 1 個の要素として、print に渡していることに注意してください。合計は 500500 という切りの良い数になります。このプログラムの実行には、ほとんど時間がかからないはずです。1,000 個のパラメータリストを渡すということは、Perl にとってはごくありふれた朝飯前の処理なのです。

3. やり方の 1 つを次に示します。

```
sub average {
  if (@_ == 0) { return }
  my $count = @_;
  my $sum = total(@_);            # 問題 1 のサブルーチン total を呼び出す
  $sum/$count;
}

sub above_average {
  my $average = average(@_);
  my @list;
  foreach my $element (@_) {
    if ($element > $average) {
      push @list, $element;
    }
  }
  @list;
}
```

averageでは、もしパラメータリストが空だったら、戻り値を明示的に指定しないでreturnしています。これは、空リストが渡された場合に、undefを返すことによって、平均値がないことを呼び出し元に知らせるためです。リストが空でなければ、&totalを使って簡単に平均を計算できます。一時変数 $sum と $count を使わなくてもコードは書けますが、使ったほうがコードが読みやすくなります。

2つ目のサブルーチン above_average は、条件に合う要素のリストを作って、それを返します（ループの制御変数として、おなじみのデフォルトの $_ ではなく、$element という名前の変数を使っているのはなぜでしょうか？）。この2つ目のサブルーチンは、空のパラメータリストを扱うのに、別のテクニックを使っていることに注目してください。

4. 最後に会った人を覚えておくのに、state 変数を使います。state 変数は最初は undef になっています。Fred が最初の人だと判断する際には、このことを利用しています。サブルーチンの最後で、$name の値を $last_name に代入して、次に呼び出されるまで覚えておきます。

```
use v5.10;

greet( 'Fred' );
greet( 'Barney' );

sub greet {
    state $last_person;

    my $name = shift;

    print "Hi $name! ";

    if( defined $last_person ) {
        print "$last_person is also here!\n";
    }
    else {
        print "You are the first one here!\n";
    }

    $last_person = $name;
}
```

5. 解答は問題4と似ていますが、今度は出会った人全員の名前を保存しておきます。スカラー変数の代わりに @names を state 変数として宣言して、出会った人の名前をそこに push していきます。

```
use v5.10;

greet( 'Fred' );
greet( 'Barney' );
greet( 'Wilma' );
greet( 'Betty' );
```

```perl
sub greet {
    state @names;

    my $name = shift;

    print "Hi $name! ";

    if( @names ) {
        print "I've seen: @names\n";
    }
    else {
        print "You are the first one here!\n";
    }

    push @names, $name;
}
```

5章の練習問題の解答

1. やり方の1つを次に示します。

    ```perl
    print reverse <>;
    ```

ご覧の通り、とてもシンプルです！しかし、これで十分なのです。print は表示する文字列のリストを必要としますが、それはリストコンテキストで reverse を呼び出すことによって得られます。また、reverse は逆順にすべき文字列のリストを必要としますが、それはダイヤモンド演算子 <> をリストコンテキストで呼び出すことによって得られます。ダイヤモンド演算子は、ユーザが指定したすべてのファイルからすべての行を読み込んで、それをリストにして返します。ダイヤモンド演算子が返す行のリストは、cat が表示するのと同じものです。そして、reverse によって行のリストを逆順にして、さらに print によってそれを表示するわけです。

2. やり方の1つを次に示します。

    ```perl
    print "Enter some lines, then press Ctrl-D:\n";   # または Ctrl-Z
    chomp(my @lines = <STDIN>);

    print "1234567890" x 7, "12345\n";                # 75カラム目までの物差し

    foreach (@lines) {
      printf "%20s\n", $_;
    }
    ```

まず最初に、文字列をすべて読み込んで、chomp によって末尾の改行文字を取り除きます。次に「物差し」を表示します。これはデバッグしやすくするためのもので、普通はプログラムが完成したらコメントアウトします。"1234567890" と何回も繰り返してタイプしたり、必要な

回数だけコピペしても構いませんが、ここではカッコいいという理由から、文字列繰り返し演算子 x を使っています。

次に、foreach ループで、行のリストに対して繰り返しを行い、%20s 変換を使って各行を表示します。あえてそうしたければ、リストの行すべてを一度に表示するためのフォーマットを生成して、ループなしに済ますことも可能です。

```
my $format = "%20s\n" x @lines;
printf $format, @lines;
```

ここでよくある誤りは、カラムの幅を 19 文字で表示してしまうというものです。この誤りは「後で末尾に改行文字を付けるくらいなら、いっそのこと入力した行を chomp しなけりゃいいじゃないか」と自分に語りかけたときに発生します。そしてあなたは chomp を削除して、"%20s" という（改行文字なしの）フォーマットを使うでしょう。プログラムを実行すると、あーら不思議、出力が 1 文字左にずれてしまうではありませんか。何がまずかったのでしょうか？

Perl がカラムの幅に合わせるためにスペースの個数を数える際に、問題が発生するのです。もしユーザが hello と改行文字を入力したとすると、Perl から見れば、文字は 5 個ではなく **6 個**あります。なぜなら、改行文字も立派な一人前の文字だからです。したがって、14 個のスペースを表示してから、この 6 文字長の文字列を表示します。これで、あなたが "%20s" で指定した通りに、20 文字幅になりました。しまった！

もちろん、Perl は幅を決める際に文字列の内容は考慮しません。文字の個数をチェックするだけです。そのために、改行文字（あるいはタブやヌル文字のような特殊文字）があると、表示がずれてしまうのです。

3. やり方の 1 つを次に示します。

```
print "What column width would you like? ";
chomp(my $width = <STDIN>);

print "Enter some lines, then press Ctrl-D:\n";   # または Ctrl-Z
chomp(my @lines = <STDIN>);

print "1234567890" x (($width+9)/10), "\n";       # 必要な長さの物差しを表示する

foreach (@lines) {
  printf "%${width}s\n", $_;
}
```

幅をフォーマット文字列に変数展開する代わりに、次のようにすることもできます。

```
foreach (@lines) {
  printf "%*s\n", $width, $_;
}
```

このプログラムは問題 2 の解答とよく似ていますが、まず最初にカラム幅を入力してもらいます。最初にカラム幅の入力を求めるのは、システムによっては、ファイルの終わりに到達した後では、それ以上ユーザから入力してもらうことができないからです。もちろん、実世界では、ユーザから入力してもらう場合には、もっと良い方法でファイルの終わりを知らせてもらうのが普通です。これについては、後ろのほうの解答でお見せします。

問題 2 のプログラムとのもう 1 つの違いは、物差しの表示です。ここではちょっと算数の力を借りて、必要な長さの物差しを生成しています。これは、出題文の「追加点」をもらうためのコードです。この計算が正しいことを証明するのも、ちょっとしたチャレンジでしょう（ヒント：幅 50 文字と 51 文字の場合について考えてみましょう。x の右オペランドは四捨五入ではなく、切り捨てられることに留意してください）。

この問題では、"%${width}s\n" という文字列によって、フォーマットを生成しています。この文字列の中には、変数 $width が展開されます。変数名 width をブレースで囲んでいるのは、その直後にある s と「絶縁」するためです。もしブレースがなかったら、間違って別の変数 $widths を展開しようとしてしまうでしょう。もしこのブレースを使った書き方を忘れてしまっても、'%' . $width . "s\n" のような式を使えば同じフォーマット文字列が得られます。ここでは、$width に対する chomp は必須です。もし $width を chomp しなかったら、得られるフォーマット文字列は "%30\ns\n" のようなものになってしまい、役に立ちません。

printf についてよく知っている人は、別のやり方を思いつくかもしれません。printf は C 言語に由来していますが、C では文字列に対する変数展開ができません。ここで、C プログラマと同じトリックを Perl でも使うことができます。フィールド幅を指定する数値の代わりにアスタリスク（*）を指定すると、パラメータのリストから取り出した値が使われます。

```
printf "%*s\n", $width, $_;
```

6 章の練習問題の解答

1. やり方の 1 つを次に示します。

```
my %last_name = qw{
    fred flintstone
    barney rubble
    wilma flintstone
};
print "Please enter a first name: ";
chomp(my $name = <STDIN>);
print "That's $name $last_name{$name}.\n";
```

ここでは、ハッシュの初期化に qw// リスト（ただしブレースをデリミタにしています）を使っています。ここで扱う単純なデータに対しては、これはうまいやり方です。データ項目は名前（first name）と姓（family name）だけで、特に何の変哲もないものなので、保守も容易です。しかし、データにスペースが含まれる可能性がある場合——例えば、robert de niro

や mary kay place が Bedrock を訪問する可能性がある場合——には、この単純なやり方ではうまくいきません。

あるいは、次のようにして、キー／値のペアを個別にセットするやり方も考えられます。

```
my %last_name;
$last_name{"fred"} = "flintstone";
$last_name{"barney"} = "rubble";
$last_name{"wilma"} = "flintstone";
```

(use strict が有効であるなどの理由で、ハッシュを my 宣言するようにした場合には) 要素の代入を行う前に、ハッシュを宣言しなければなりません。次のように、ハッシュの一部だけを my 宣言することはできません。

```
my $last_name{"fred"} = "flintstone";   # ダメ！
```

my 演算子は、変数全体に対してのみ適用可能で、配列やハッシュの 1 要素だけを対象にすることはできません。ところで、レキシカル変数 $name が、chomp 関数の呼び出しの際に宣言されていることにお気付きでしょうか。このように、必要に応じてその都度 my 変数を宣言する、ということがよく行われます。

またこのケースでも、chomp は必須です。もし 5 文字の文字列 "fred\n" が入力されてそれを chomp しなかったとすると、ハッシュから "fred\n" というキーを持つ要素を探そうとします。しかし、そんなものは見つかりません。もちろん、chomp だけでは不十分です。もし誰かが "fred \n"（fred の後ろのスペースに注意）と入力したら、実は fred のつもりなのだと知る手だてはありません。

exists を使って、指定されたキーがハッシュに存在することを確認して、もしユーザが名前をスペルミスしていたら、メッセージで知らせるようにした人には、追加点を差し上げましょう。

2. やり方の 1 つを次に示します。

```
my(@words, %count, $word);      # 変数を宣言する（オプション）
chomp(@words = <STDIN>);

foreach $word (@words) {
  $count{$word} += 1;           # あるいは $count{$word} = $count{$word} + 1; でもよい
}

foreach $word (keys %count) {   # あるいは sort keys %count とする
  print "$word was seen $count{$word} times.\n";
}
```

このプログラムでは、まず冒頭ですべての変数を宣言しています。Pascal（この言語では常に変数を「先頭」で宣言します）のような言語から Perl に移住してきた人にとっては、必要に応じてその都度変数を宣言するよりも、このやり方のほうがしっくりくるかもしれません。も

ちろん、これらの変数を宣言しているのは、use strict を有効にすることを想定しているからです。デフォルトでは、このような宣言は不要です。

次に、リストコンテキストに置いた行入力演算子 <STDIN> によって、すべての入力行を @words に読み込んでから、chomp を使ってすべての行から行末の改行文字を取り除きます。この時点で、@words には、入力されたすべての単語のリストが入っています（ワードが1行に1個ずつ与えられた場合。もちろん、そうなっているはずです）。

最初の foreach ループは、すべての単語を順に処理します。このループには、このプログラムで最も重要な文——$count{$word} に 1 を足して、その結果を $count{$word} に戻す——が入っています。この文は、短い書き方（+= 演算子を使うもの）でも長い書き方（コメントで示したもの）でも構いませんが、短い書き方のほうがほんの少しだけ効率的です。なぜなら、ハッシュから 1 回だけ $word を探せばよいからです。最初の foreach ループでは各単語について、$count{$word} に 1 を加えます。ですから、もし最初に入力された単語が fred だったら、$count{"fred"} に 1 を加えます。もちろん、$count{"fred"} を使うのはこれが初めてなので、その値は undef になっています。しかし、ここでは（+= 演算子、または長い書き方では + 演算子によって）$count{"fred"} を数値として扱っているので、Perl は自動的に undef を 0 に変換してくれます。合計は 1 となり、それが $count{"fred"} に格納されます。

foreach ループの 2 回目の繰り返しでは、単語が barney だったとしましょう。すると、$count{"barney"} に 1 を加えるので、$count{"barney"} の値は undef から 1 に変わります。さて、次の単語がまた fred だったとしましょう。$count{"fred"} の値は 1 なので、それに 1 を加えて 2 が得られます。その値が $count{"fred"} に戻されますが、これは fred が 2 回出現したことを意味しています。

最初の foreach ループが終了した時点では、ハッシュ %count には各単語の出現回数が入っています。ハッシュのキーは、入力された（ユニークな）単語になっていて、対応する値はその単語の出現回数になっています。

次に、2 番目の foreach ループによって、ハッシュ %count のキー（入力されたユニークな単語）を順に処理していきます。このループでは、各単語はそれぞれ 1 回ずつ処理されます。各単語に対して、「fred was seen 3 times.」（「fred は 3 回出現した」）のようなメッセージを表示します。

追加点が欲しい人は、keys の前に sort を置けば、キーのコードポイント順に表示するようにできるでしょう。出力する項目が 1 ダースを超えるような場合には、デバッグの際にデータを素早く探し出せるように、ソートして表示するというのは良い考えです。

3. やり方の 1 つを次に示します。

```perl
my $longest = 0;
foreach my $key ( keys %ENV ) {
    my $key_length = length( $key );
    $longest = $key_length if $key_length > $longest;
    }
```

```
foreach my $key ( sort keys %ENV ) {
    printf "%-${longest}s  %s\n", $key, $ENV{$key};
}
```

最初のforeachループでは、すべてのキーを順に処理して、length関数でその長さを取得します。そして、求めたキーの長さが、$longestに入っている値よりも大きければ、それを$longestに記録します。

すべてのキーを処理し終えたら、printfを使って、キーと値を2カラムで表示します。5章の問題3と同じテクニックを使い、テンプレート文字列に$longestを変数展開しています。

7章の練習問題の解答

1. やり方の1つを次に示します。

    ```
    while (<>) {
      if (/fred/) {
        print;
      }
    }
    ```

    これはとても単純です。この問題で大切なのは、実際にサンプル文字列にマッチさせてみることです。このパターンはFredにはマッチしません。なぜなら、正規表現は大文字と小文字を区別するからです（後ほど、区別しないようにする方法を紹介しましょう）。frederickとAlfredにはマッチします。なぜなら、両方とも4文字の文字列fredを含んでいるからです（単語全体だけにマッチさせる方法——つまり、frederickやAlfredにはマッチしないようにする——については、後ほど紹介します）。

2. やり方の1つを次に示します。問題1の解答で使っているパターンを/[fF]red/に変えてください。/(f|F)red/や/fred|Fred/というパターンでもうまくいきますが、文字クラスを使うほうがより効率的です。

3. やり方の1つを次に示します。問題1の解答で使っているパターンを/\./に変えてください。ドットはメタキャラクタなので、バックスラッシュが必要です。あるいは、文字クラスを利用して/[.]/としてもよいでしょう。

4. やり方の1つを次に示します。問題1の解答で使っているパターンを/[A-Z][a-z]+/に変えてください。

5. やり方の1つを次に示します。問題1の解答で使っているパターンを/(\S)\1/に変えてください。文字クラス\Sは、空白文字以外にマッチします。それをカッコで囲むことによって、後方参照\1を使って直後の同じ文字にマッチさせることができます。

6. やり方の1つを次に示します。

```
while (<>) {
  if (/wilma/) {
    if (/fred/) {
      print;
    }
  }
}
```

このプログラムでは、/wilma/ のマッチが成功した場合にだけ、/fred/ をテストしますが、行の中で fred が wilma の前後どちらにあっても構いません。それぞれのテストは、互いに独立しているからです。

もし if テストをネストしたくなければ、次のようなやり方があります。

```
while (<>) {
  if (/wilma.*fred|fred.*wilma/) {
    print;
  }
}
```

wilma と fred の並び方は、「wilma の後ろに fred がある」か「fred の後ろに wilma がある」のどちらかなので、このパターンでうまくマッチできます。もし単に /wilma.*fred/ としてしまうと、たとえ両方の名前を含んでいても、fred and wilma flintstone を含む行にはマッチしません。

論理 AND 演算子（10 章で登場します）を知っている人は、1 つの if 文の条件式の中で /fred/ と /wilma/ を両方ともテストすることができるでしょう。この方法のほうが、これまでに紹介した方法よりも効率が良く、スケーラブルであり、あらゆる面で優れています。しかし残念なことに、われわれはまだ論理 AND 演算子を学んでいません。

```
while (<>) {
  if (/wilma/ && /fred/) {
    print;
  }
}
```

低優先順位の短絡演算子を使っても同じようにうまくいきます。

```
while (<>) {
  if (/wilma/ and /fred/) {
    print;
  }
}
```

この追加点用の問題を用意したのは、多くの人たちにとって、ここに心理的なバリアがあるからです。ここでは「or」（「または」）という操作（縦棒「|」で表されます）をお見せしましたが、「and」（「かつ」）という操作はお見せしたことがありません。なぜなら、正規表現にはそのような操作が存在しないからです。『マスタリング Perl』〔Mastering Perl〕でもこの例を取

り上げ、正規表現の先読みを使って解釈しています。先読みは高度な話題なので、『続・初めてのPerl 改訂版』〔Intermediate Perl〕でも取り上げません。

8章の練習問題の解答

1. 簡単なやり方が1つあり、8章の本文でそれを紹介しています。もし得られた出力がbefore<match>after 以外だったら、あなたは間違ったやり方をしています。

2. やり方の1つを次に示します。

    /a\b/

   (もちろん、このパターンをテストプログラムの中に埋め込んでください！) もしあなたのパターンが barney にもマッチしてしまう場合（これは正しい動作でありません）、たぶんワード境界アンカーを追加する必要があります。

3. やり方の1つを次に示します。

    ```
    #!/usr/bin/perl
    while (<STDIN>) {
      chomp;
      if (/(\b\w*a\b)/) {
        print "Matched: |$`<$&>$'|\n";
        print "\$1 contains '$1'\n";        # この行を追加
      } else {
        print "No match: |$_|\n";
      }
    }
    ```

   これは同じテストプログラム（パターンは新規のものです）ですが、$1 を表示する処理（コメントを付けた行）が追加されています。

   このパターンでは、一対のワード境界アンカー \b をカッコの中に置いていますが、アンカーをカッコの外側に置いてもパターンがマッチする対象は変わりません。なぜなら、アンカーは、文字列内の位置にマッチするもので、文字そのものにはマッチしないからです。つまり、アンカーは「0文字幅」なのです。

   実際には、詳しい説明は省きますが、欲張りさと関連して、最初の \b アンカーは不要です。しかし、最初のアンカーがあることにより、わずかながら効率が良くなり、また確実にわかりやすくなるという利点があります。

4. この問題の解答は、正規表現が少し変更されている点を除けば、問題3と同じです。

    ```
    #!/usr/bin/perl

    use v5.10;

    while (<STDIN>) {
      chomp;
    ```

```
      if (/(?<word>\b\w*a\b)/) {
        print "Matched: |$`<$&>$'|\n";
        print "'word' contains '$+{word}'\n";          # この行を追加
      } else {
        print "No match: |$_|\n";
      }
    }
```

5. やり方の 1 つを次に示します。

```
    m!
      (\b\w*a\b)           # $1: a で終わるワード
      (.{0,5})             # $2: その直後の最大 5 文字
    !xs                    # /x と /s 修飾子
```

メモリ変数が 2 個になったので、$2 を表示するためのコードを忘れずに追加してください。もしパターンを変えて、再びメモリ変数が 1 個に戻ったら、追加した行をコメントアウトするだけで済みます。もしあなたのパターンが単なる wilma にマッチしなくなったら、それはおそらく、0 文字以上ではなく、1 文字以上を要求するようになっているためです。データには改行文字が含まれないので、/s 修飾子は省いても構いません。もちろん、データに改行文字が含まれていた場合には、/s 修飾子を指定すると異なる出力が得られる可能性があります。

6. やり方の 1 つを次に示します。

```
    while (<>) {
      chomp;
      if (/\s\z/) {
        print "$_#\n";
      }
    }
```

ここでは目印としてシャープ（#）を使っています。

9章の練習問題の解答

1. やり方の 1 つを次に示します。

```
    /($what){3}/
```

$what を変数展開すると、/(fred|barney){3}/ のようなパターンが得られます。もしカッコがなかったとしたら、パターンは /fred|barney{3}/ のようになりますが、これは /fred|barneyyy/ と同じ意味になってしまいます。ですから、カッコは必ず必要です。

2. やり方の 1 つを次に示します。

```
    my $in = $ARGV[0];
    if (! defined $in) {
      die "Usage: $0 filename";
    }
```

```
    my $out = $in;
    $out =~ s/(\.\w+)?$/.out/;

    if (! open $in_fh, '<', $in ) {
      die "Can't open '$in': $!";
    }

    if (! open $out_fh, '>', $out ) {
      die "Can't write '$out': $!";
    }

    while (<$in_fh>) {
      s/Fred/Larry/gi;
      print $out_fh $_;
    }
```

まず最初に、唯一のコマンドライン引数に $in という名前を付けます。もし、コマンドライン引数がなかったら、メッセージを表示して終了します。次に、$in を $out にコピーしてから、ファイル拡張子を（もしあれば）.out に変更します（しかし、ファイル名に後ろに .out を付けるだけでも十分でしょう）。

ファイルハンドル $in_fh と $out_fh をオープンしてから、プログラムの実際の処理を行います。オプション /g と /i は両方とも指定する必要があります。そうでなければ、点数は半分しか差し上げられません。なぜなら、fred や Fred をすべて変更しなければならないからです。

3. やり方の 1 つを次に示します。

```
    while (<$in_fh>) {
      chomp;
      s/Fred/\n/gi;        # すべての FRED を置き換える
      s/Wilma/Fred/gi;     # すべての WILMA を置き換える
      s/\n/Wilma/g;        # プレースホルダを置き換える
      print $out_fh "$_\n";
    }
```

問題 2 のプログラムの最後のループを、上のコードで置き換えたものが解答になります。このような交換を行うには、データの中には現れないような「プレースホルダ」文字列を使う必要があります。chomp を適用することによって（出力の際には末尾に改行文字を付けます）、改行文字（\n）をプレースホルダに使えることが保証されます（まず使われないような他の文字列をプレースホルダにすることもできます。プレースホルダのもう 1 つの候補はヌル文字 \0 です）。

4. やり方の 1 つを次に示します。

```
    $^I = ".bak";          # バックアップを作成する
    while (<>) {
      if (/\A#!/) {        # #! 行か？
```

```
      $_ .= "## Copyright (C) 20XX by Yours Truly\n";
    }
    print;
  }
```

更新すべきファイル名を指定して、このプログラムを起動します。例えば、練習問題のプログラムに ex01-1、ex01-2、……という名前を付けたとすれば、すべての名前は ex で始まるので、次のようにして処理できます。

```
./fix_my_copyright ex*
```

5. コピーライト表示を二重に追加しないようにするには、ファイルを2回読んで処理する必要があります。まず最初に、ハッシュを使って、「集合」を作ります。このハッシュは、キーがファイル名になっていて、値は何でも構いません（が、ここでは便宜上、値を1にしています）。

```
my %do_these;
foreach (@ARGV) {
  $do_these{$_} = 1;
}
```

次に、ファイルの内容を調べて、to-do リストから、すでにコピーライト表示が入っているファイルを取り除きます。現在読んでいるファイル名は $ARGV に入っているので、それをハッシュキーとして使うことができます。

```
while (<>) {
  if (/\A## Copyright/) {
    delete $do_these{$ARGV};
  }
}
```

最後に、処理すべきファイル名のリストを @ARGV に入れてから、問題4のプログラムと同じ処理を行います。

```
@ARGV = sort keys %do_these;
$^I = ".bak";            # バックアップを作成する
while (<>) {
  if (/\A#!/) {          # #! 行か？
    $_ .= "## Copyright (c) 20XX by Yours Truly\n";
  }
  print;
}
```

10章の練習問題の解答

1. やり方の1つを次に示します。

```perl
my $secret = int(1 + rand 100);
# デバッグ中は次の行のコメントを外すとよい
# print "Don't tell anyone, but the secret number is $secret.\n";

while (1) {
  print "Please enter a guess from 1 to 100: ";
  chomp(my $guess = <STDIN>);
  if ($guess =~ /quit|exit|\A\s*\z/i) {
    print "Sorry you gave up. The number was $secret.\n";
    last;
  } elsif ($guess < $secret) {
    print "Too small. Try again!\n";
  } elsif ($guess == $secret) {
    print "That was it!\n";
    last;
  } else {
    print "Too large. Try again!\n";
  }
}
```

1行目は、1から100の範囲から秘密の数を1つ選び出します。これは次のような仕組みです。まず、`rand`は乱数を生成する関数で、`rand 100`は0から100未満の範囲の乱数を1個生成して返します。つまり、この式が生成する最大値は99.999のような値になります。これに1を加えると、数の範囲は1から100.999までとなり、さらに`int`関数で小数点以下を切り捨てると、1から100までの範囲の整数が得られます。

コメントアウトされた行（3行目）は、開発とデバッグ（またはインチキ）を行うときに役立ちます。このプログラムの本体は、無限`while`ループになっています。このループは、`last`を実行するまで、推測した数を入力するように繰り返し求めます。

数をチェックするよりも前に、まず入力可能な文字列（`quit`と`exit`）をチェックしているところが重要なポイントです。もし逆になっていたら、ユーザが`quit`とタイプしたときに何が起こるでしょうか。入力された`quit`は数値として解釈されてしまいます（警告を有効にしていれば、警告メッセージも表示されます）。`quit`を数値として解釈すると0になるので、哀れなユーザは「Too small」（「小さすぎる」）というメッセージを受け取ることでしょう。この場合、決して文字列のテストにはたどりつけません。

無限ループを実現するもう1つの方法は、裸のブロックと`redo`を組み合わせることです。効率はまったく変わりません。これは同じことを表現する別の書き方にすぎません。一般に、ほとんどのケースでループを繰り返すのなら、デフォルトで繰り返しを行う`while`ループを使うとよいでしょう。繰り返しを行うのが例外的な扱いならば、裸のブロックを使うとよいでしょう。

2. このプログラムは、問題1の解答に少し手を加えたものです。プログラムの開発中に秘密の

数を見られるように、変数 $Debug が真だったら秘密の数を表示するようにします。$Debug の値は、環境変数で設定した値、あるいはデフォルト値の1になります。// 演算子を使うことによって、$ENV{DEBUG} が未定義の場合にのみ $Debug に1を代入するようにしています。

```
use v5.10;

my $Debug = $ENV{DEBUG} // 1;

my $secret = int(1 + rand 100);

print "Don't tell anyone, but the secret number is $secret.\n"
    if $Debug;
```

Perl 5.10 で導入された機能を使わずに、これを実現するには次のようにします。

```
my $Debug = defined $ENV{DEBUG} ? $ENV{DEBUG} : 1;
```

3. やり方の1つを次に示します。これは、6章の問題3から借用したものです。

プログラムの先頭では、いくつかの環境変数をセットしています。キー ZERO と EMPTY は、偽ではあるものの、定義されている値を持っています。キー UNDEFINED は値を持っていません。後ほど printf の引数リストの中で、// 演算子を使って、$ENV{$key} が定義された値でなければ (undefined) という文字列を表示するようにしています。

```
use v5.10;

$ENV{ZERO}      = 0;
$ENV{EMPTY}     = '';
$ENV{UNDEFINED} = undef;

my $longest = 0;
foreach my $key ( keys %ENV )
    {
    my $key_length = length( $key );
    $longest = $key_length if $key_length > $longest;
    }

foreach my $key ( sort keys %ENV )
    {
    printf "%-${longest}s  %s\n", $key, $ENV{$key} // "(undefined)";
    }
```

// 演算子を使うことによって、偽である値（例えばキー ZERO や EMPTY に対応する値）が正しく扱われます。

これを Perl 5.10 の機能を使わずに実現するには、条件演算子を使って次のようにします。

```
printf "%-${longest}s  %s\n", $key,
    defined $ENV{$key} ? $ENV{$key} : "(undefined)";
```

11章の練習問題の解答

1. この解答ではハッシュリファレンス（詳しくは『続・初めての Perl 改訂版』をお読みください）を使いますが、この部分については問題文に方法を示してあります。これで動作するということを知っていれば、動作の詳細については知る必要はありません。いまは仕事をこなして、詳細については後ほど学べばよいでしょう。
   やり方の1つを次に示します。

   ```
   use Module::CoreList;

   my %modules = %{ $Module::CoreList::version{5.024} };

   print join "\n", keys %modules;
   ```

   ここでオマケです。Perl の <postderef> フィーチャを使って次のように書くことができます。

   ```
   use v5.20;
   use feature qw(postderef);
   no warnings qw(experimental::postderef);

   use Module::CoreList;

   my %modules = $Module::CoreList::version{5.024}->%*;

   print join "\n", keys %modules;
   ```

   詳細については、ブログ記事「Use postfix dereferencing」（http://www.effectiveperlprogramming.com/2014/09/use-postfix-dereferencing/）を参照してください。または、『続・初めての Perl 改訂版』〔Intermediate Perl〕が改訂されるまでお待ちください。改訂版ではこの新機能を取り上げる予定です。私たちはこの本の執筆が終わり次第、改訂作業を開始します。

2. CPAN から Time::Moment をインストールしたら、2つの日付を作成して引き算をするだけです。日付の順番を間違えないようにしましょう。

   ```
   use Time::Moment;

   my $now = Time::Moment->now;

   my $then = Time::Moment->new(
       year     => $ARGV[0],
       month    => $ARGV[1],
       );

   my $years  = $then->delta_years( $now );
   my $months = $then->delta_months( $now ) % 12;

   printf "%d years and %d months\n", $years, $months;
   ```

12章の練習問題の解答

1. やり方の1つを次に示します。

```perl
foreach my $file (@ARGV) {
  my $attribs = &attributes($file);
  print "'$file' $attribs.\n";
}

sub attributes {
  # 与えられたファイルの属性を表す文字列を返す
  my $file = shift @_;
  return "does not exist" unless -e $file;

  my @attrib;
  push @attrib, "readable" if -r $file;
  push @attrib, "writable" if -w $file;
  push @attrib, "executable" if -x $file;
  return "exists" unless @attrib;
  'is ' . join " and ", @attrib;   # 戻り値
}
```

ここでも、サブルーチンを利用すると便利です。メインループは、各ファイルについて、'cereal-killer' is executable や 'sasquatch' does not exist のように、属性を1行で表示します。

サブルーチン attributes は、指定したファイル名の属性を調べて返します。もちろん、ファイルが存在しなければ、残りのテストをする意味がありませんから、まず最初にファイルが存在するかどうかをテストします。もしファイルが存在しなければ、すぐにリターンします。

ファイルが存在する場合には、属性のリストを作ります（属性を取得する際に、何回もシステムコールするのを避けるために、$file の代わりに特別なファイルハンドル _ を使った人は、追加点を加算してください）。この3種類と似たようなテストを、さらに追加するのは簡単です。ところで、もしどの属性も真でなかったらどうなるでしょうか。その場合、属性に関しては何も言うことがありませんが、少なくともファイルが存在するということは言えるので、"exists" という文字列を返します。unless 節は、要素があれば、@attrib が真になることを利用しています（@attrib は、スカラーコンテキストの特殊なケースであるブール値コンテキストに置かれています）。

しかし属性のどれか1つでも真であれば、間に " and " をはさんで join してから、先頭に "is " を連結します。これによって、is readable and writable のような文字列が得られます。しかしこれは完璧でありません。もし属性が3つあったら、得られる文字列は is readable and writable and executable になり、and が多すぎます。しかし、まあ目をつぶっておきましょう。チェックする属性をさらに増やすのでしたら、メッセージが is readable, writable, executable, and nonempty などとなるように直すべきでしょう。もし気になるのであれば、ですが。

コマンドラインにまったくファイル名を指定しなかった場合には、このプログラムは何も出力

しません。これは意味が通っています。0個のファイルに対する情報を要求したときには、0行の出力が得られるべきです。しかし、同様なケースに対する、次の問題のプログラムの動作と比べてみてください。

2. やり方の1つを次に示します。

```
die "No file names supplied!\n" unless @ARGV;
my $oldest_name = shift @ARGV;
my $oldest_age = -M $oldest_name;

foreach (@ARGV) {
  my $age = -M;
  ($oldest_name, $oldest_age) = ($_, $age)
    if $age > $oldest_age;
}

printf "The oldest file was %s, and it was %.1f days old.\n",
  $oldest_name, $oldest_age;
```

このプログラムは、まず冒頭でコマンドライン引数をチェックして、ファイル名が指定されていなければ、メッセージを表示して停止します。なぜなら、このプログラムの目的は、最も古いファイル名を調べることだからです。もしファイルが1個もなければ、最も古いものなど存在しません。

このプログラムも、「最高水位線」アルゴリズム（high-water mark algorithm）を使っています。最初のファイルが、それまでに出会った最も古いファイルであることは確かです。また古さも記録しておく必要があるので、変数 $oldest_age に入れておきます。

残りのすべてのファイルについても、最初のファイルと同じようにして、-Mファイルテストによってその古さを取得します（ただし、ここではファイルテストにデフォルト引数 $_ を使っています）。通常、ファイルの「古さ」（age）とは、最後に変更された時刻のことを意味しますが、別の情報を基準にしてもよいでしょう。もしこのファイルのほうが $oldest_age よりも古ければ、リスト代入によって、名前と古さを更新します。ここではリスト代入を使う必要はないのですが、複数の変数を同時に更新する際に便利です。

ここでは、-Mで取得したファイルの古さを作業変数 $age に格納しています。もし作業変数を利用せずに、-Mを毎回使ったとしたら何が起こるでしょうか。まず第1に、特別な _ ファイルハンドルを使わない限り、オペレーティングシステムに対して毎回ファイルの古さを要求することになります。これは潜在的に時間のかかる操作です（しかし、数百個あるいは数千個のファイルを扱わない限り、気にならないでしょう。それ以上でも気にならないかもしれません）。しかし、それはさておき、チェックの最中に、誰かがファイルを更新したら何が起こるかを考慮する必要があります。まず始めに、あるファイルの古さをチェックしたところ、それまでのうちで最も古かったとしましょう。しかし次に -Mを実行するまでの間に、誰かがそのファイルを変更したために、タイムスタンプに現在の時刻がセットされたとしましょう。すると、ここで $oldest_age にセットする値は、実際には、とりうる最も新しい値になってしま

います。そのために、このプログラムの結果は、すべてのファイルの中で最も古いものではなく、そのファイル以降で最も古いものになってしまいます。これをデバッグするのはかなり大変です！

最後に、プログラムの末尾で、printf を使ってファイルの名前とその古さを表示しています。古さは、1/10 日単位に丸めて表示します。古さを XX 日 XX 時間 XX 分という形式で表示されるようにした人には、追加点を差し上げましょう。

3. やり方の 1 つを次に示します。

    ```
    use v5.10;

    say "Looking for my files that are readable and writable";

    die "No files specified!\n" unless @ARGV;

    foreach my $file ( @ARGV ) {
        say "$file is readable and writable" if -o -r -w $file;
    }
    ```

積み重ねたファイルテスト演算子を利用するには、Perl 5.10 以降を使う必要があるので、まず最初に use 文で、正しいバージョンの Perl を使っていることを確認します。@ARGV に要素が入っていなければ die で終了します。そうでなければ、foreach ループを実行します。

3 つのファイルテスト演算子を使う必要があります。-o でそのファイルを所有しているかどうかを調べ、-r で読み出し可能かどうかを調べ、-w で書き込み可能かどうかを調べます。これらを積み重ねて -o -r -w とすると、3 つのテストすべてに合格した場合にのみ真となります。これはまさに私たちが求めているものです。

同じことを Perl 5.10 よりも古いバージョンで実現するには、もう少しコードが必要になります。say を print に変えて、メッセージの末尾に改行文字を追加します。また、積み重ねたファイルテストは、個別のファイルテストを && 短絡演算子で結んだもので置き換えます。

```
print "Looking for my files that are readable and writable\n";

die "No files specified!\n" unless @ARGV;

foreach my $file ( @ARGV ) {
  print "$file is readable and writable\n"
    if( -w $file && -r _ && -o _ );
}
```

13章の練習問題の解答

1. やり方の 1 つ（グロブを使う方法）を次に示します。

    ```
    print "Which directory? (Default is your home directory) ";
    chomp(my $dir = <STDIN>);
    if ($dir =~ /\A\s*\z/) {          # 空行
    ```

```
        chdir or die "Can't chdir to your home directory: $!";
      } else {
        chdir $dir or die "Can't chdir to '$dir': $!";
      }

      my @files = <*>;
      foreach (@files) {
        print "$_\n";
      }
```

まず最初に簡単なプロンプトを表示して、ユーザからディレクトリ名を入力してもらって、それを chomp します（chomp をしないと、末尾に改行文字が付いた名前のディレクトリに移動しようとしてしまいます。Unix ではこのようなディレクトリ名も許されるので、chdir 関数は素直にそのディレクトリに移動しようとするのです）。

次に、ディレクトリ名が空でなければ、そこに移動します。移動に失敗したら、メッセージを表示してプログラムの実行を中止します。もしディレクトリ名が空だったら、代わりにホームディレクトリに移動します。

最後に、アスタリスク * をグロブすることにより、（移動後の）カレントディレクトリにあるすべてのファイル名（ドットで始まるものを除く）を取得します。なお名前は、自動的にアルファベット順にソートされています。最後の foreach ループでそれを 1 つずつ順番に表示します。

2. やり方の 1 つを次に示します。

```
      print "Which directory? (Default is your home directory) ";
      chomp(my $dir = <STDIN>);
      if ($dir =~ /\A\s*\z/) {          # 空行
        chdir or die "Can't chdir to your home directory: $!";
      } else {
        chdir $dir or die "Can't chdir to '$dir': $!";
      }

      my @files = <.* *>;       ## 今度は .* も含める
      foreach (sort @files) {   ## 今度はソートする
        print "$_\n";
      }
```

問題 1 のプログラムに対して、2 か所変更を加えています。1 つ目は、グロブに .*（ドットとアスタリスク）を追加したことです。これは、ドットで始まるすべての名前にマッチします。2 つ目は、得られたリストをソートする必要があるという点です。なぜなら、ドット以外で始まる名前には、ドットで始まる名前の前に置かれるものも、後ろに置かれるものもあるので、全体をソートする必要があるからです。

3. やり方の 1 つを次に示します。

```
      print 'Which directory? (Default is your home directory) ';
```

```perl
  chomp(my $dir = <STDIN>);
  if ($dir =~ /\A\s*\z/) {          # 空行
    chdir or die "Can't chdir to your home directory: $!";
  } else {
    chdir $dir or die "Can't chdir to '$dir': $!";
  }

  opendir DOT, "." or die "Can't opendir dot: $!";
  foreach (sort readdir DOT) {
    # next if /\A\./; ##   この行を生かすと、ドットファイルをスキップする
    print "$_\n";
  }
```

このプログラムは、前の2つの問題と同じ構造をしていますが、ここではディレクトリハンドルを使っています。カレントディレクトリを移動してから、カレントディレクトリをオープンして、その内容を DOT ディレクトリハンドルで読めるようにします。

なぜドット（DOT）をオープンするのでしょうか。ユーザがディレクトリ名を絶対パス（例えば /etc）で指定した場合には、何の問題もなくそれをオープンできます。しかしディレクトリ名が相対パス（例えば fred）だった場合には、どうなるでしょうか。まず fred に chdir してから、fred を opendir しようとします。しかし、これは、元のディレクトリにある fred ではなく、移動後のディレクトリにある fred をオープンしようとするでしょう。「カレントディレクトリ」を確実に表す唯一の名前は、ドット（.）です。ドットは常にカレントディレクトリを表します（少なくとも、Unix とそれに類似のシステムにおいては）。

readdir 関数は、ディレクトリに入っているすべての名前のリストを返すので、それをソートしてから表示します。問題1をこのやり方で解く場合には、ドットファイルを除外する必要があります。それには、foreach ループ内のコメントアウトされている行から、先頭のシャープ（#）を取ってその行を生かしてください。

「なぜ最初に chdir するのだろう。readdir とその仲間は、カレントディレクトリに限らず、どんなディレクトリでも扱えるはずなのに」と考える人もいるでしょう。主な理由は、ユーザが空行を入力するだけで、ホームディレクトリの内容を表示するようにしたかったからです。ところで、このコードをもとに、汎用のファイル管理ユーティリティプログラムに発展させることもできるでしょう。おそらく次のステップは、ディレクトリ内のどのファイルを（例えば）オフラインのテープに書き込むかを、ユーザが指定できるようにすることでしょう。

4. やり方の1つを次に示します。

```perl
  unlink @ARGV;
```

あるいは、何か問題が発生したときに、ユーザに知らせたければ、次のようにします。

```perl
  foreach (@ARGV) {
    unlink $_ or warn "Can't unlink '$_': $!, continuing...\n";
  }
```

このコードでは、コマンドラインに指定された引数を1個ずつ順番に $_ に入れて、それを引数として unlink を呼び出します。もし何かまずいことが起きたら、その理由を警告メッセージとして表示します。

5. やり方の1つを次に示します。

```perl
use File::Basename;
use File::Spec;

my($source, $dest) = @ARGV;

if (-d $dest) {
  my $basename = basename $source;
  $dest = File::Spec->catfile($dest, $basename);
}

rename $source, $dest
  or die "Can't rename '$source' to '$dest': $!\n";
```

このプログラムで実際の処理を行うのは最後の文です。それ以外の部分は、新しい名前としてディレクトリを指定したケースを扱うのに必要なコードです。まず最初に、利用するモジュールを宣言してから、コマンドライン引数に名前を付けます。もし $dest がディレクトリなら、名前 $source からベース名を取り出して、それをディレクトリ（$dest）の後ろに連結する必要があります。$dest が用意できたら、最後に rename を呼び出して実際のリネーム処理を行います。

6. やり方の1つを次に示します。

```perl
use File::Basename;
use File::Spec;

my($source, $dest) = @ARGV;

if (-d $dest) {
  my $basename = basename $source;
  $dest = File::Spec->catfile($dest, $basename);
}

link $source, $dest
  or die "Can't link '$source' to '$dest': $!\n";
```

出題文のヒントで述べたように、このプログラムは、前の問題のプログラムとよく似ています。その違いは、rename の代わりに link を呼び出す、という点だけです。もしお使いのシステムがハードリンクをサポートしていなければ、最後の文を次のように変えてください。

```perl
print "Would link '$source' to '$dest'.\n";
```

7. やり方の1つを次に示します。

```perl
use File::Basename;
use File::Spec;

my $symlink = $ARGV[0] eq '-s';
shift @ARGV if $symlink;

my($source, $dest) = @ARGV;
if (-d $dest) {
  my $basename = basename $source;
  $dest = File::Spec->catfile($dest, $basename);
}

if ($symlink) {
  symlink $source, $dest
    or die "Can't make soft link from '$source' to '$dest': $!\n";
} else {
  link $source, $dest
    or die "Can't make hard link from '$source' to '$dest': $!\n";
}
```

このプログラムでは、まず2つのuse宣言を行い、次の数行で最初のコマンドライン引数を調べています。もしこの引数が-sならば、スカラー変数$symlinkを真にして、シンボリックリンクを作成することを覚えておきます。また、(次の行では)第1引数が-sならば、それを捨てます。次の数行のコードは、前の問題のプログラムからカットアンドペーストして持ってきたものです。最後に、$symlinkの真偽に応じて、シンボリックリンクまたはハードリンクを作成します。また、dieで表示するメッセージにも手を加えて、どの種類のリンクを作成する際に失敗したかがわかるようにしています。

8. やり方の1つを次に示します。

```perl
foreach ( glob( '.* *' ) ) {
  my $dest = readlink $_;
  print "$_ -> $dest\n" if defined $dest;
}
```

グロブで取得した要素を順に$_にセットして、foreachループを実行します。もしシンボリックリンクであれば、readlinkは定義された値(リンク先)を返すので、そのリンク先を表示します。もしシンボリックリンクでなければ、readlinkは偽を返し、条件は成立しないのでスキップします。

14章の練習問題の解答

1. やり方の1つを次に示します。

```perl
my @numbers;
push @numbers, split while <>;
foreach (sort { $a <=> $b } @numbers) {
```

```
        printf "%20g\n", $_;
    }
```

2行目がとてもややこしそうですね。実は、わざとややこしくしたのです。本書では明瞭なコードを書くことを勧めていますが、世の中には、コードをできるだけ理解しにくいように書きたがる人もいるのです。そのようなコードにいきなり出会っても腰を抜かさないように、わざとこんなコードをお目にかけたわけです。いつの日か、きっとこのようなややこしそうなコードのメンテナンスを押しつけられるでしょうから。

この行はwhile修飾子を使っており、次のループのように書き換えても同じことです。

```
    while (<>) {
      push @numbers, split;
    }
```

これでわかりやすくなりましたが、まだ少しクリアではありません（とはいうものの、この程度ならば言い逃れは不要です。このコードは「一目見ただけではわからない」という一線を越えてはいません）。このwhileループは入力を（ダイヤモンド演算子を使っているので、ユーザが指定した場所から）1行ずつ読んで、それをsplitします。デフォルトでは、splitは空白文字（の並び）を区切りとして分割するので、ワードのリスト——この場合は数のリスト——が得られます。入力するデータは、数を空白文字で区切って並べたものです。どちらの書き方をしても、whileループは、入力したすべての数を、配列@numbersに入れます。

foreachループは、ソート済みのリストを受け取って、要素を1行に1個ずつ、数値フォーマット%20gを使って右寄せで表示します。代わりに%20sというフォーマットを使うこともできます。どこが違うのでしょうか。後者は文字列フォーマットなので、文字列をまったく加工せずにそのまま出力します。出題文で示したサンプルデータには、1.50と1.5、それに04と4が含まれていることにお気付きでしょうか。これらを文字列として出力すると、よぶんな0はそのまま表示されます。それに対して%20gは数値フォーマットなので、数として等しい値は、まったく同じように表示されます（つまり、04も4も、4と表示されます）。どちらのフォーマットも、用途に応じて、正しいものと言えます。

2. やり方の1つを次に示します。

```
        # 出題文またはダウンロードしたファイルをもとに、
        # ここでハッシュ %last_name を設定しておくこと

        my @keys = sort {
          "\L$last_name{$a}" cmp "\L$last_name{$b}"   # 姓の順
            or
          "\L$a" cmp "\L$b"                           # 名の順
        } keys %last_name;

        foreach (@keys) {
          print "$last_name{$_}, $_\n";               # Rubble,Bamm-Bamm
        }
```

このプログラムに関しては、あまり付け加えることはありません。キーを必要な順番に並べてから、それらを表示します。ここでは、「姓 + カンマ + 名」という形で表示しています。しかし、出題文ではこの点については特に指定していないので、好きなように表示して構いません。

3. やり方の1つを次に示します。

```
print "Please enter a string: ";
chomp(my $string = <STDIN>);
print "Please enter a substring: ";
chomp(my $sub = <STDIN>);

my @places;

for (my $pos = -1; ; ) {              # forループのトリッキーな使い方
    $pos = index($string, $sub, $pos + 1);  # 次の位置を探す
    last if $pos == -1;
    push @places, $pos;
}

print "Locations of '$sub' in '$string' were: @places\n";
```

まず最初に、ユーザから文字列と部分文字列を入力してもらい、次に部分文字列の位置を保持する配列 @places を宣言します。ここまではごく普通のコードです。しかし、その次の for ループでは、ご覧のように、技巧に走っています。お遊びならともかく、仕事用のコードではこのような書き方は決してしないでください。しかし、このコードは、局面によっては役に立つテクニックを使っているので、その動きを追ってみることにしましょう。

my 変数 $pos を、for ループのスコープ内でプライベートであると宣言して、-1で初期化しています。この変数の役割は、文字列 $string の中での部分文字列の位置を保持することです。for ループのテストとインクリメントが空になっているので、無限ループになります（もちろん、最終的には last によってループから抜け出します）。

ループ本体の最初の文は、位置 $pos + 1 以降に最初に現れる部分文字列を探します。最初の繰り返しでは $pos は -1 のままですから、位置 0、つまり文字列の先頭から探し始めることになります。見つかった部分文字列の位置は再び $pos に代入されます。この時、もし $pos の値が -1（部分文字列が見つからない）ならば、for ループの処理は済んだので、last によってループから抜け出します。もし $pos が -1 以外ならば、その位置を @places に保存してループを再び繰り返します。今度は、$pos + 1 は、前回の繰り返しで見つけた部分文字列の位置の直後から探し始める、という意味になります。このようにして、私たちの知りたかった答えが得られ、再び世界には平和が訪れます。

このようなトリッキーな for ループを避けたければ、次のように書いても同じ結果が得られます。

```
{
  my $pos = -1;
  while (1) {
    ... # 前のコード例の for ループの本体とまったく同じ
  }
}
```

外側の裸のブロックは $pos のスコープを限定するためのものです。これは必ずしも必要ではありませんが、変数を可能な限り小さいスコープ内で宣言するというのは、よい考えです。こうすることにより、プログラム内のある地点で「生きて」いる変数の数を少なくできるので、誤って $pos という名前を別の目的で使ってしまうことを予防できます。同じ理由から、小さなスコープに限定されない変数には、偶然同じ名前を再使用してしまうのを避けるために、長い名前を与えるべきでしょう。もしこのケースでそうする場合、$substring_position のような名前が適切でしょう。

これとは反対に、コードを難読化したければ、次のコードはいかがでしょうか:

```
for (my $pos = -1; -1 !=
  ($pos = index
    +$string,
    +$sub,
    +$pos
    +1
  );
  push @places, ((((+$pos))))) {
    'for ($pos != 1; # ;$pos++) {
      print "position $pos\n";#;';#' } pop @places;
}
```

さらにトリッキーなこのコードは、元のトリッキーな for ループの代わりとして使えます。すでにあなたは、独力でこのコードを解読したり、あるいは難読化したコードを書いて友人を驚かせたり敵を煙に巻いたりするのに十分な知識を身につけているはずです。その力を、正義のためだけに活用し、決して悪事には使わないようにしてください。

ところで、This is a test. の中から t を探した場合に、どんな答えが得られるでしょうか。答えは位置 10 と 13 です。位置 0 は含まれません。なぜなら大文字と小文字は別物として扱われるので、部分文字列 t は先頭の T にはマッチしないからです。

15章の練習問題の解答

1. やり方の 1 つを次に示します。

```
chdir '/' or die "Can't chdir to root directory: $!";
exec 'ls', '-l' or die "Can't exec ls: $!";
```

1 行目はカレントディレクトリをルートディレクトリにします。ここでは、移動先のディレクトリをハードコードしています。2 行目は、複数引数形式の exec 関数を使って、結果を標準

出力に送ります。もちろん1引数形式の exec を使ってもよいのですが、複数引数形式を使ったからといって何もまずいことはありません。

2. やり方の1つを次に示します。

```
open STDOUT, '>', 'ls.out' or die "Can't write to ls.out: $!";
open STDERR, '>', 'ls.err' or die "Can't write to ls.err: $!";
chdir '/' or die "Can't chdir to root directory: $!";
exec 'ls', '-l' or die "Can't exec ls: $!";
```

1行目と2行目では、それぞれ STDOUT と STDERR を、（ディレクトリを移動する前に）カレントディレクトリのファイルにオープンし直します。そして、ディレクトリを移動してから、ディレクトリのリストを表示するコマンドを実行すると、その出力は、元のディレクトリ内にオープンしたファイルに書き込まれます。

最後の die のメッセージはどこに送られるでしょうか。もちろん、ls.err に決まっています。なぜなら、その時点では STDERR は ls.err に送られるからです。chdir に失敗したときの die のメッセージも ls.err に送られます。ところで、2行目で STDERR の再オープンに失敗したら、そのメッセージはどこに送られるでしょうか。それは、元の STDERR に送られます。なぜなら、3つの標準ファイルハンドル（STDIN、STDOUT、STDERR）を再オープンする際には、まだ元のファイルハンドルがオープンされているからです。

3. やり方の1つを次に示します。

```
if (`date` =~ /\AS/) {
  print "go play!\n";
} else {
  print "get to work!\n";
}
```

Saturday（土曜）と Sunday（日曜）はともに先頭がSで始まり、曜日は date コマンドの先頭に出力される、ということを利用すれば、処理は簡単です。date コマンドの出力をチェックして、先頭がSかどうかを判定すればよいわけです。もっと手間がかかるやり方も可能です。われわれが講師を務めたクラスでは、さまざまなやり方にお目にかかりました。

しかし、実世界で使われるプログラムでは、たぶんわれわれは /\A(Sat|Sun)/ というパターンを使うでしょう。ほんの少し効率が落ちますが、まず問題にはなりません。しかし、メンテナンス担当プログラマにとっては、こちらのほうがはるかに理解しやすいはずです。

4. シグナルを受け取るために、シグナルハンドラを用意します。15章の本文で解説したテクニックを使って、繰り返し処理を行います。各ハンドラサブルーチンでは、呼び出された回数を数えるための state 変数を用意しています。そして、foreach ループを使って、%SIG の適切なキーに対して、それぞれ対応するサブルーチン名を設定してやります。最後に、プログラムを実行し続けるために、無限ループしています。

```perl
use v5.10;

sub my_hup_handler  { state $n; say 'Caught HUP: ',  ++$n }
sub my_usr1_handler { state $n; say 'Caught USR1: ', ++$n }
sub my_usr2_handler { state $n; say 'Caught USR2: ', ++$n }
sub my_int_handler  { say 'Caught INT. Exiting.'; exit }

say "I am $$";

foreach my $signal ( qw(int hup usr1 usr2) ) {
    $SIG{ uc $signal } = "my_${signal}_handler";
    }

while(1) { sleep 1 };
```

シグナルを送信するプログラムを実行するために、もう1つターミナルセッションが必要です。

```
$ kill -HUP 61203
$ perl -e 'kill HUP => 61203'
$ perl -e 'kill USR2 => 61203'
```

次に示す実行例のように、シグナルを受け取ると、それまでにそのシグナルを受け取った回数を表示します。

```
$ perl signal_catcher
I am 61203
Caught HUP: 1
Caught HUP: 2
Caught USR2: 1
Caught HUP: 3
Caught USR2: 2
Caught INT. Exiting.
```

16章の練習問題の解答

1. やり方の1つを次に示します。

```perl
my $filename = 'path/to/sample_text';
open my $fh, '<', $filename
  or die "Can't open '$filename': $!";
chomp(my @strings = <$fh>);
while (1) {
  print 'Please enter a pattern: ';
  chomp(my $pattern = <STDIN>);
  last if $pattern =~ /\A\s*\Z/;
  my @matches = eval {
    grep /$pattern/, @strings;
  };
```

```
      if ($@) {
        print "Error: $@";
      } else {
        my $count = @matches;
        print "There were $count matching strings:\n",
          map "$_\n", @matches;
      }
      print "\n";
    }
```

このプログラムでは、eval ブロックを使って、正規表現を使用する際に発生する可能性があるすべてのエラーをトラップしています。eval ブロックの中では、grep を使って、文字列のリストから、マッチする文字列を抜き出します。

eval が完了したら、エラーメッセージ、またはマッチした文字列を表示します。ここでは、map を利用して、出力する各文字列の末尾に改行文字を付けていることに注意してください。

2. このプログラムはシンプルです。ファイルのリストを取得する方法はいろいろありますが、ここではカレントディレクトリのファイルだけを対象にすればよいので、素直に glob を使っています。stat はデフォルトで $_ を使うので、foreach ループでは、各ファイル名を順にデフォルト変数 $_ に代入して繰り返しを行っています。stat をカッコで囲んでから、スライスを適用していることに注意してください。

```
    foreach ( glob( '*' ) ) {
      my( $atime, $mtime ) = (stat)[8,9];
      printf "%-20s %10d %10d\n", $_, $atime, $mtime;
    }
```

stat のドキュメントを読めば、必要とする値がインデックス 8 と 9 に入っていることがわかります。stat のドキュメントの作者はとても親切で、わざわざ要素を数えなくて済むように、インデックス値と要素の対応表を掲載しています。

もし $_ を使いたくなければ、次のように自前の制御変数を使用することもできます。

```
    foreach my $file ( glob( '*' ) ) {
      my( $atime, $mtime ) = (stat $file)[8,9];
      printf "%-20s %10d %10d\n", $file, $atime, $mtime;
    }
```

3. 問題 2 の解答のプログラムをもとに処理を追加します。エポック時間を日付を表す YYYY-MM-DD という形の文字列に変換する際に、localtime を使うのがミソです。この処理をプログラム本体に組み込む前に、時刻が $_ （これは map の制御変数です）に入っていると仮定して、どのように変換するかを見ましょう。

localtime 関数のドキュメントから、スライスで用いるインデックスの値を調べると、次のようにすればよいことがわかります。

```
    my( $year, $month, $day ) = (localtime)[5,4,3];
```

localtime は、年については 1900 を引いた値を、月については 1 を引いた値（例えば、1 月なら 0）を返すので、その分を補正する必要があります。

```
$year += 1900; $month += 1;
```

最後に、このようにして得られたデータを、適切なフォーマット——月と日の先頭には必要なら 0 を付けます——で整形します。

```
sprintf '%4d-%02d-%02d', $year, $month, $day;
```

これを時刻のリストに適用するには、map を使います。localtime は、デフォルトでは $_ を使わないことに注意してください。ですから、ここでは引数として明示的に $_ を指定しています。

```
my @times = map {
  my( $year, $month, $day ) = (localtime($_))[5,4,3];
  $year += 1900; $month += 1;
  sprintf '%4d-%02d-%02d', $year, $month, $day;
  } @epoch_times;
```

そして、問題 2 のプログラムで stat を呼び出している行を、上のコードで置き換えると、最終的に次のようなコードが得られます。

```
foreach my $file ( glob( '*' ) ) {
  my( $atime, $mtime ) = map {
    my( $year, $month, $day ) = (localtime($_))[5,4,3];
    $year  += 1900; $month += 1;
    sprintf '%4d-%02d-%02d', $year, $month, $day;
    } (stat $file)[8,9];

  printf "%-20s %10s %10s\n", $file, $atime, $mtime;
  }
```

この問題の主眼は、16 章で登場したテクニックを活用することです。しかし、もっと簡単に書ける別のやり方もあるので、それを紹介しましょう。Perl に付属している POSIX モジュールには、strftime サブルーチンがあります。strftime は、sprintf 風のフォーマット文字列と時刻を表すリスト（localtime が返すリストと同じ順番に値が並んでいるもの）を受け取ります。これを使えば、次のように map の部分が簡単になります。

```
use POSIX qw(strftime);

foreach my $file ( glob( '*' ) ) {
  my( $atime, $mtime ) = map {
    strftime( '%Y-%m-%d', localtime($_) );
    } (stat $file)[8,9];

  printf "%-20s %10s %10s\n", $file, $atime, $mtime;
  }
```

付録B
リャマを越えて

　本書ではさまざまな話題を取り上げてきましたが、カバーできなかった話題もまだたくさん残っています。この付録では、Perlができることをもう少し説明するとともに、詳しい情報の入手先を紹介します。ここで紹介する機能の中には最先端のものもあり、あなたが本書を読むまでに、情報が変わっている可能性があります。これまでにたびたび「詳細についてはドキュメントを参照してください」と書いてきたのは、そのためです。多くの読者が、この付録の隅から隅まで熟読するとは期待していませんが、誰かから「プロジェクト○○○にはPerlは使えないよ、だってPerlは△△△ができないんだから」と言われたときに、即座に反論できるように、少なくとも見出しには目を通してください。

　（段落ごとに繰り返さずに済むように）覚えておいてほしい一番大切なことは、本書でカバーしていないことがらのうち、最も重要な部分は、『続・初めてのPerl改訂版』〔Intermediate Perl〕でカバーされているということです。この本は「アルパカ本」とも呼ばれます。特に100行以上のプログラムを（1人で、あるいは他人と協力して）書くのなら、絶対に「アルパカ本」を読むべきです。特に、FredとBarneyの話を聞き飽きて、別のフィクション世界——航海の後で長期間を孤島で過ごさなければならなかった7人の人物が登場します——に飛び込みたい人には、「アルパカ本」はお薦めです。

　『続・初めてのPerl改訂版』〔Intermediate Perl〕を読破したら、次は『マスタリングPerl』〔Mastering Perl〕に進むことができます。この本は、「ビクーニャ本」とも呼ばれます。この本は、Perlでプログラムを書く際に、日常的に行う作業——例えば、ベンチマーク、プロファイリング、プログラムコンフィギュレーション、ロギングなど——をカバーしています。また、他人が書いたコードを扱ったり、それをあなたのアプリケーションに統合するのに必要な作業も解説しています。

　この他にも、多くの良書があります。お使いのPerlのバージョンに応じて、perlfaq2またはperlbookドキュメントを見ていただくと、多くの本が推薦されています。特に、内容が良くない本や古い本を避けることができるでしょう。

B.1　豊富なドキュメント

　Perlに付属しているドキュメントを初めて見た人は、その分量に圧倒されることでしょう。幸

いなことに、コンピュータを使えば、ドキュメントの中からキーワードをサーチできます。特定の話題についてサーチする場合には、perltoc（tocとは「table of contents」、つまり目次のこと）およびperlfaq（FAQとは「frequently asked question」、つまりよくある質問のこと）から探し始めるとよいでしょう。ほとんどのシステムではperldocコマンドを使えば、Perlやインストールされたモジュールや関連するプログラム（perldoc自身も含む）のドキュメントを見つけられるはずです。同じドキュメントを、オンライン（http://perldoc.perl.org）で読むこともできますが、そこで公開されているものは常に最新バージョン用なので注意してください。

B.2　正規表現

正規表現については、説明していないことがまだまだたくさん残っています。Jeffrey Friedlによる『詳説 正規表現第3版』〔Mastering Regular Expression〕は、われわれがこれまで読んだ最も優れた技術書の1つです。この本の半分は正規表現全般に関する話で、残りの半分はPerlの正規表現——多くの言語がPerl互換正規表現（PCRE）として組み込んでいます——についての話です。正規表現エンジンの内部動作についてもかなり詳しく解説しています。また、ある正規表現の書き方が、別の書き方よりもはるかに効率が良い理由についても解説しています。Perlを真剣に使おうと考えている人は、この本を読むべきです。またperlreドキュメント（および、新しいバージョンのPerlでは、perlretutとperlrequickドキュメント）も読むとよいでしょう。また、『続・初めてのPerl改訂版』〔Intermediate Perl〕と『マスタリングPerl』〔Mastering Perl〕も、正規表現についてさらに詳しく解説しています。

B.3　パッケージ

パッケージ（package）を利用することにより、名前空間を分割することができます。10人のプログラマが作業している大プロジェクトがあったとしましょう。もし誰かがその担当部分でグローバルな名前 $fred、@barney、%betty、&wilma を使っているときに、あなたが自分の担当部分で偶然にこれらの名前の1つを使ったら、何が起こるでしょうか。パッケージを利用することにより、他のメンバーが使う名前とあなたが使う名前が混ざらないように分離しておくことができます。私はあなたの $fred にアクセスできますし、あなたも私の $fred にアクセスできますが、それは意図的にアクセスしようとした場合に限ります。パッケージは、大規模なプログラムを開発するためには不可欠なものです。パッケージについては、『続・初めてのPerl改訂版』〔Intermediate Perl〕で詳細に取り上げています。

B.4　Perlの機能を拡張する

Perlについて議論するフォーラムで、最も頻度の高いアドバイスは、「車輪を再発明すべきではない」というものです。あなたは、誰か他の人がすでに書いたコードを利用することができます。Perlにできることを増やすために最もよく使われる方法は、ライブラリやモジュールを利用することです。これらの多くはPerlに付属していますが、さらに多くのものがCPANから入手可能です。もちろん、自分でライブラリやモジュールを書くこともできます。

Inline::Cのようなモジュールを使うと、Cのコードを簡単にPerlから利用することができます。

B.4.1　自分でモジュールを書く

ごくまれに、あなたのニーズを満たすようなモジュールが存在しないことがあります。その場合、Perlや他の言語（よくCが使われます）を使って、新たにモジュールを書くことができます。『続・初めてのPerl改訂版』〔Intermediate Perl〕では、モジュールを書いて、テストして、配布する方法を解説しています。

B.5　データベース

Perlはデータベースを扱うことができます。この節では、よく使われるデータベースの種類をいくつか紹介します。DBIモジュールについては、すでに11章で簡単に触れました。

Perlは、ときにはモジュールの助けを借りて、いくつかのシステムデータベースに直接アクセスできます。このようなデータベースとして、Windowsのレジストリ（マシンレベルの設定を保持する）、Unixのパスワードデータベース（ユーザ名に対応するユーザ番号や関連する情報を保持する）、さらにドメイン名データベース（IPアドレスからマシン名への変換、およびその逆を行う）があります。

B.6　数学

Perlは、考えつくあらゆる数学的作業をこなすことができます。PDL（Perl Data Language）モジュールは、複雑な数学的作業を行うことができます。

基本的な数学関数（平方根、コサイン、対数、絶対値など）はすべて組み込み関数として用意されています。詳しくはperlfuncドキュメントをご覧ください。いくつかの関数（タンジェントや10を底とする対数など）は省略されていますが、これらは基本的な関数をもとに容易に導出できます。あるいは、導出を行う単純なモジュールをロードすれば、使用できるようになります（POSIXモジュールは、よく使われる数学関数の多くをサポートしています）。

Perlのコア部分では直接サポートしていませんが、複素数を扱うモジュールが用意されています。これらのモジュールは、通常の演算子と関数をオーバーロードすることによって、複素数に対しても、*で乗算したり、sqrtで平方根を求めたりできるようにしてくれます。詳しくはMath::Complexモジュールを参照してください。

任意の有効桁数を持つ、任意の大きさの数を使って、算術演算を行うことができます。例えば、2,000の階乗を計算することも、πの値を10,000桁まで求めることもできます。詳しくはMath::BigIntモジュールとMath::BigFloatモジュールを参照してください。

B.7　リストと配列

Perlは、リストや配列全体を簡単に扱うための機能を多数用意しています。

16章ではリストを操作するmap演算子とgrep演算子を紹介しました。これらは、本書で紹介した以外にもさまざまな処理を行えます。詳しい情報と利用例についてはperlfuncドキュメントをご覧ください。また、『続・初めてのPerl改訂版』〔Intermediate Perl〕でも、mapとgrepのいろいろな使い方が紹介されています。

B.8　ビット操作

　vec 演算子を使えば、ビットの配列（ビットストリング〔bitstring〕と言います）を扱うことができます。例えば、ビット番号 123 をセットする、ビット番号 456 をクリアする、ビット番号 789 の状態をチェックする、といったことが行えます。ビットストリングの長さには制限はありません。vec 演算子は、ビット以外の単位——サイズが 2 の小さなべき乗数のもの——も対象とすることができます。例えば、文字列を、ニブル（nybble：4 ビットのデータ）のコンパクトな配列として扱うことができます。詳しくは perlfunc ドキュメントか『マスタリング Perl』〔Mastering Perl〕をご覧ください。

B.9　フォーマット

　Perl のフォーマット機能は、テンプレートで定義した固定書式のレポート（ページヘッダ付き）を簡単に出力するためのものです。実は、Larry が Perl を開発した主な目的の 1 つが、このフォーマット機能だったのです。Perl の正式名称 Practical Extraction and Report Language（実用データ取得レポート作成言語）の「Report」がこの機能を表しています。しかし、残念なことに、その機能は限られたものです。あなたのやりたいことが、フォーマットの機能をわずかでも上回っていることを発見したときには、断腸の思いで、プログラムから出力処理全体を削除して、フォーマットを使わないコードで置き換えなければなりません。それでもなお、あなたが必要とする要件をすべて満たし、また将来的にもそれ以上は必要にならないことが確かならば、フォーマットは良い解決策です。詳しくは perlform ドキュメントをご覧ください。

B.10　ネットワークとIPC

　あなたのマシンのプログラムが、他のマシンと対話できる環境にあるなら、たぶん Perl からも対話できるはずです。この節では、対話を行う際に、よく用いられる手段を紹介します。

B.10.1　System V IPC

　Perl は、System V IPC（interprocess communication：プロセス間通信）用の標準関数をすべてサポートしており、メッセージキュー（message queue）、セマフォ（semaphore）、共有メモリ（shared memory）を操作することができます。もちろん、Perl が配列を（1 個の）メモリブロックに格納するやり方は、C 言語の配列とは違っているので、共有メモリを使って Perl のデータをそのまま共有することはできません。しかしデータを変換することによって、Perl のデータがそのまま共有メモリに置かれているように見せてくれるモジュールが用意されています。perlfunc と perlipc のドキュメントを参照してください。

B.10.2　ソケット

　Perl は TCP/IP ソケット（TCP/IP socket）を完全にサポートしています。ですから、Perl を使って、ウェブサーバ、ウェブブラウザ、Usenet ニュースサーバとクライアント、finger デーモンとクライアント、FTP デーモンとクライアント、SMTP や POP や SOAP のサーバとクライアント、そしてインターネットで使用されているあらゆるプロトコルのサーバとクライアントを書く

ことができます。これらに対する低レベルモジュールがNet::名前空間に用意されており、そのうち多くのものはPerlに付属しています。

もちろん、自分でこれらのプロトコルの低レベル部分を直接扱う必要はありません。なぜなら、よく使われるすべてのプロトコルに対して、それを扱うモジュールが用意されているからです。例えば、LWPモジュールやWWW::MechanizeモジュールやMojo::UserAgentモジュールを使えば、ウェブサーバやクライアントを作成できます。

B.11 セキュリティ

Perlは多くの強力なセキュリティ関連の機能を持っており、それらを活用すれば、Perlプログラムは、同等な処理を行うCプログラムよりも、安全性が高くなります。これらの機能のうち、おそらく最も重要なのはデータフロー解析（data-flow analysis）——普通は**汚染チェック**（taint check）と呼ばれます——でしょう。この機能を有効にすると、どのデータがユーザや環境から与えられたもの（つまり信頼できないデータ）であるかを、追跡して管理するようになります。そのような「汚染された」データ（tainted data）を使って、他のプロセスやファイルやディレクトリに影響を与える操作を行おうとすると、Perlはその操作を禁止してプログラムをアボートさせます。これは完璧ではないものの、ある種のセキュリティ関連の誤りを予防する強力な手段です。ここで紹介できなかった話題もたくさんあります。詳しくはperlsecドキュメントまたは『マスタリングPerl』〔Mastering Perl〕をご覧ください。

B.12 デバッグ

Perlには非常に優れたデバッガが付属しています。このデバッガは、ブレークポイント、ウォッチポイント、シングルステップ実行を始めとして、あなたがコマンドラインのPerlデバッガに必要だと思うような、あらゆる機能を備えています。このデバッガはPerlで記述されています（もしデバッガにバグがあったら、そのバグを直すのは大変でしょう）。そのため、通常のデバッガコマンドすべてに加えて、プログラムの実行中に、デバッガからPerlのコードを実行することができます。例えば、あなたのサブルーチンを呼び出したり、変数の値を変えたり、サブルーチンを定義し直すことさえ可能です。最新の情報についてはperldebugドキュメントを参照してください。『続・初めてのPerl改訂版』〔Intermediate Perl〕では、デバッガの使い方について詳しく説明しています。

デバッグを行う別の手段として、B::Lintモジュールを使う方法があります。このモジュールは、-wスイッチが見逃すような潜在的な問題を見つけて警告してくれます。

B.13 コマンドラインオプション

Perlはコマンドラインオプションを多数用意しています。その多くは、ちょっとしたプログラムを、コマンドラインに直接書けるようにするためのものです。詳しくはperlrunドキュメントをご覧ください。

B.14 組み込み変数

Perl は多数の組み込み変数（@ARGV や $0 のようなもの）を持っています。これらを利用して、有用な情報を取得したり、Perl 自体の動作を制御したりすることができます。詳しくは perlvar ドキュメントをご覧ください。

B.15 リファレンス

Perl のリファレンス（reference）は C 言語のポインタに似ていますが、その動作は、むしろ Pascal や Ada のものと似ています。リファレンスはメモリ上の位置を「ポイント」（point：「指す」という意味）しますが、Perl では、ポインタ演算や、メモリを直接に割り当て／解放することはないので、リファレンスは常に有効な値を持つことが保証されています。リファレンスを使うことにより、さまざまなトリックに加えて、オブジェクト指向プログラミングや複雑なデータ構造が実現できます。詳しくは perlreftut と perlref ドキュメントを参照してください。『続・初めての Perl 改訂版』〔Intermediate Perl〕は、リファレンスについて非常に詳しく解説しています。

B.15.1 複雑なデータ構造

リファレンスを利用すれば、複雑なデータ構造を作ることができます。例えば、2 次元配列が欲しかったとしましょう。もちろん作れます。それどころか、もっと面白いデータ構造——ハッシュの配列、ハッシュのハッシュ、ハッシュの配列のハッシュなど——も作れるのです。詳しくは perldsc ドキュメント（dsc とは「data-structures cookbook」という意味）と perllol ドキュメント（lol とは「lists of lists」という意味）をお読みください。『続・初めての Perl 改訂版』〔Intermediate Perl〕は、複雑なデータの操作（ソートやサマライズなど）について、非常に詳しく解説してます。

B.15.2 オブジェクト指向プログラミング

はい、Perl はオブジェクトを持っています。他の言語と同様に、流行には敏感なのです。**オブジェクト指向**（object-oriented：OO と略すことがあります）プログラミングによって、継承、オーバーライド、動的メソッド探索などを利用して、ユーザ定義のデータ型を自分で作ることができます。しかし、いくつかのオブジェクト指向言語とは違い、Perl はオブジェクトを使うことを強要しません。

あなたのプログラムが N 行よりも長くなるのなら、（実行がわずかに遅くなったとしても）オブジェクト指向を採用したほうがプログラマの能率が上がります。N の正確な値は誰も知らないのですが、われわれはだいたい 2～3000 行くらいだと考えています。まず最初に perlobj と perlootut ドキュメントを読んでください。その先に進むには、Damian Conway の名著『Object-Oriented Perl』（邦訳『オブジェクト指向 Perl マスターコース——オブジェクト指向の概念と Perl による実装方法』ピアソンエデュケーション〔絶版〕）を読むとよいでしょう。また、『続・初めての Perl 改訂版』〔Intermediate Perl〕もオブジェクト指向に関して、徹底的にカバーしています。

本書の執筆時点では、Perl では、Moose メタオブジェクトシステムがとても人気があります。これは、Perl オブジェクトの上に構築した、はるかに優れたインタフェースを提供してくれます。

B.15.3 無名サブルーチンとクロージャ

初めて聞くと不思議に思うでしょうが、名前なしのサブルーチンは役に立ちます。このような**無名サブルーチン**（anonymous subroutine）は、他のサブルーチンにパラメータとして渡したり、配列やハッシュ経由でアクセスするジャンプテーブルを作るのに利用できます。**クロージャ**（closure）は非常に強力な概念で、Lispの世界から持ってきたものです。クロージャとは、（荒っぽい言い方をすれば）自分自身のプライベートなデータを持っている無名サブルーチンです。これらについても、『続・初めてのPerl改訂版』〔Intermediate Perl〕と『マスタリングPerl』〔Mastering Perl〕がカバーしています。

B.16 タイ変数

タイ変数（tied variable）は、普通の変数と同じようにアクセスされますが、実際にはその後ろに隠れているコードを実行します。ですから、タイ変数を利用することによって、リモートマシンに実体が格納されているスカラー変数、常にソートされている配列、などを実現することができます。詳しくはperltieドキュメントと『マスタリングPerl』〔Mastering Perl〕をご覧ください。

B.17 演算子オーバーロード

overloadモジュールを使えば、演算子を再定義することができます。加算、文字列連結、比較といったものだけでなく、暗黙に行われる文字列から数値への変換でさえも、再定義可能です。（一例を挙げれば）複素数を実装しているモジュールは、複素数に8をかけて複素数の答えを得るのに、この機能を利用しています。

B.18 Perlから他の言語を使う

Inlineモジュールを使って、Cや他の言語のコードをPerlプログラムに組み込むことができます。Inlineモジュールは外部の言語とあなたのPerlプログラムを、そうとは気付かないようにシームレスに接続します。ベンダーが提供する他の言語で書かれたライブラリを、Perlから使う場合に特に便利です。

B.19 Perlを他のプログラムに組み込む

ダイナミックロードの（ある意味での）逆の概念は、**組み込み**（embedding）です。

あなたが本当にクールなワープロを開発したいと思って、まず最初に（例えば）C++でコードを書き始めたとしましょう。あなたは、「サーチして置換」コマンドにPerlの正規表現を指定できるようにするために、ワープロにPerlを組み込みました。その後で、（なにも正規表現だけに限らずに）Perlの力の一部をユーザに開放できることに気付きました。パワーユーザが書いたPerlのサブルーチンを、ワープロのメニュー項目にすることができます。ユーザは、ちょっとしたPerlのコードを書くことによって、ワープロの動作をカスタマイズできます。ウェブサイトに小さなコーナーを設けて、ユーザがこのようなPerlコードを共有して交換できるようにしたところ、あなたの会社がコストをかけなくても、何千人ものプログラマが集まって、ワープロの機能を拡張するようになりました。ところで、その対価として、Larryにいくら払えばよいのでしょうか。お金

を払う必要はまったくありません。Perlに付属しているライセンスをお読みください。Larryが本当にいい人だということがわかります。少なくとも、彼にお礼の手紙を出すべきでしょう。

われわれはこのようなワープロを知りませんが、ある人たちは、すでにこのテクニックを利用して強力なプログラムを開発しています。そのような実例の1つがApacheのmod_perlで、すでに十分強力なウェブサーバに対して、さらにPerlを組み込むものです。もし何かにPerlを組み込もうと考えているなら、mod_perlをチェックすべきです。なぜなら、mod_perlはオープンソースなので、その仕組みをソースコードから読み取れるからです。

B.20　findコマンドラインをPerlに変換する

システム管理者は、ディレクトリツリーを再帰的にたどって、条件を満たすアイテムを探す、という作業をよく行います。Unixでは、通常、この作業にはfindコマンドを使います。Perlでも、同様な処理を直接行うことができます。

Perl 5.20以前のバージョンに付属しているfind2perlコマンド（現在はApp::find2perlに入っています）は、findと同じ引数を受け取ります。しかし、find2perlは、要求されたアイテムを探す代わりに、そのアイテムを探すPerlプログラムを出力します。find2perlの出力はプログラムなので、自分のニーズに合わせて編集することができます。

find2perlに指定できる便利な引数で、標準のfindにはないものに、-evalオプションがあります。このオプションを指定すると、その後ろのPerlのコードを、ファイルが見つかるたびに実行してくれます。コードを実行する際には、アイテムが見つかったディレクトリがカレントディレクトリになり、$_にはアイテムの名前がセットされます。

次に、find2perlの使用例を示します。あなたはUnixマシンのシステム管理者で、/tmpディレクトリに入っている古いファイルをすべて削除したかったとしましょう。この処理を行うプログラムを生成するコマンドを次に示します。

```
$ find2perl /tmp -atime +14 -eval unlink >Perl-program
```

このコマンドは、/tmp（およびそのサブディレクトリを再帰的にたどります）から、atime（最後にアクセスされた時刻）が14日以上前であるようなアイテムを探しなさい、という意味です。生成されたプログラムは、各アイテムに対してPerlコードunlinkを実行します。デフォルトでは、unlinkは$_で指定されたファイルを削除します。得られた出力（ファイルPerl-programにリダイレクトされます）は、いま説明した処理を行うプログラムです。あとは、必要なときに実行されるように設定するだけです。

B.21　コマンドラインオプションを受け取る

プログラムがコマンドラインオプション（例えば、Perlで警告を有効にする-wオプションのようなもの）を受け取るようにしたければ、オプションを標準的な方法で扱うモジュールが用意されています。Getopt::LongとGetopt::Stdモジュールのドキュメントを参照してください。

B.22　ドキュメントを埋め込む

　Perl自体のドキュメントはpod（plain-old documentation）フォーマットで記述されています。この形式のドキュメントはPerlプログラムに埋め込むことができ、必要に応じて、テキスト、HTML、およびその他さまざまなフォーマットに変換できます。詳しくはperlpodドキュメントをご覧ください。podについては、『続・初めてのPerl改訂版』〔Intermediate Perl〕でもカバーしています。

B.23　ファイルハンドルをオープンする他の方法

　ファイルハンドルをオープンする際に指定できるモードには、本書では取り上げなかったものもあります。詳しくはperlopentutドキュメントをお読みください。open組み込み関数はあまりに機能が豊富なので、専用のドキュメントページが用意されているのです。

B.24　グラフィカルユーザインタフェース（GUI）

　Perlインタフェースを備えているGUIツールキットがいくつかあります。CPANで、Tk、Wxなどをサーチしてみてください。

B.25　そしてまだまだ続く……

　CPANのモジュールリストを見ると、多岐にわたるモジュール——グラフやその他のイメージ生成からメールのダウンロードまで、ローン返済額の計算から日没時刻の計算まで——が用意されていることがわかるでしょう。どんどん新しいモジュールが追加されるので、本書の執筆時よりも、今のほうが、Perlはさらに強力になっています。すべてを追い続けるわけにはいかないので、このへんで終わりにしましょう。

付録C
Unicode入門

この付録はUnicodeについての入門編ですが、内容は完全でも包括的でもありません。本書で取り上げるUnicode関連機能を理解するのに十分な知識を解説するだけのものです。Unicodeがトリッキーなのは、多くの新しい用語を伴う、文字列に関する新しい概念であるからだけではなく、概してプログラミング言語が不十分な実装しか提供していないためです。Perl 5.14では、Unicode規格への準拠性が大幅に向上しましたが、（まだ）完全ではありません。それ以来、バージョンアップのたびに、完全な準拠に近づいています。Perlは、議論の余地はあるものの、最高レベルのUnicodeサポートを提供しています。

C.1 Unicode

国際文字集合（UCS：Universal Character Set）とは、**文字**（character）から**コードポイント**（code point）への抽象的な写像です。これは、メモリ内での特定の表現とは何の関係もないので、使っているプラットフォームにかかわらず、文字を表す共通の方法が少なくとも1つはあるということになります。**エンコーディング**（encoding）は、抽象的な写像に従いコンピュータ上で物理的に表現することにより、コードポイントをメモリ上での特定の表現にします。メモリに格納する際にはバイト単位で扱われると思うかもしれませんが、Unicodeでは**オクテット**（octet）という用語を用います（**図C-1**を参照）。エンコーディングが違えば、文字は別のやり方で格納されます。これと逆方向に、オクテットを文字として解釈することを、**デコードする**（decode）といいます。このようなことを、あまり意識する必要はありません。なぜなら、Perlは、このような細々とした処理のほとんどを、あなたの代わりに実行してくれるからです。

コードポイントを表すには、その番号を16進数で指定します。例えば、U+0158は文字Řを表します。コードポイントは名前も持っています。このコードポイントの名前は「LATIN CAPITAL LETTER R WITH CARON」です。コードポイントは、これ以外にも、自分自身に関するいくつかのことがらを知っています。自分が大文字なのか小文字なのか、文字なのか数字なのか空白文字なのか、などを知っています。もし該当するなら、自分に対応する大文字、タイトルケース[†]、小文字を知っています。つまり、個別の文字だけでなく、文字の**タイプ**（type）も扱うことができる、

[†] 訳注：タイトルケース（title case）とは、文の主要な単語の先頭文字のみを大文字とする表記法のことです。

図C-1 文字のコードポイントは格納用の表現ではない。エンコーディングによって、文字は格納用の表現に変換される

ということを意味します。これらすべては、Perl に付属している Unicode データファイルで定義されています。Perl ライブラリディレクトリの中にある unicore ディレクトリをのぞいてみましょう。Perl は、文字に関して必要なすべての情報を、そこから取得します。

C.2　UTF-8と仲間たち

　Perl で推奨されるエンコーディングは UTF-8 です。UTF-8 とは、UCS Transformation Format 8-bit の略称です。Rob Pike と Ken Thompson が、ある晩に、ニュージャージーの簡易食堂のランチョンマットの裏を使って、このエンコーディングを定義しました。UTF-8 は、可能なエンコーディングの1つにすぎませんが、他のエンコーディングのような欠点がないので、とても人気があります。もしあなたが Windows を使っているなら、UTF-16 に遭遇することでしょう。このエンコーディングについては、語るべき良い点はまったくありません。ですから、お母さんの言いつけを守って、沈黙を守ることにしましょう。

Rob Pike 自身が書いた UTF-8 発明の経緯を、http://www.cl.cam.ac.uk/~mgk25/ucs/utf-8-history.txt で読むことができます。

C.3　みんなの同意を取り付ける

　Unicode を使えるように、準備万端を整えるのはなかなか大変です。なぜなら、正しく表示するためには、使われるエンコーディングを、システムのあらゆるパーツに対して教えてやる必要があるからです。どれか1つでも間違えると、ちんぷんかんぷんな表示になってしまいますが、その表示を見ても、どこがおかしいのかまったく見当がつきません。もしあなたのプログラムが UTF-8 で出力するなら、ターミナルがそのことを知らなければ、文字を正しく表示できません。もし入力が UTF-8 だったら、あなたの Perl プログラムがそのことを知らなければ、読み込んだ文字列を正しく解釈できません。もしデータをデータベースに格納するなら、データベースサーバは、それを正しく格納して、正しく取り出す必要があります。ソースコードを UTF-8 として perl に解釈させたければ、エディタの設定を行って、UTF-8 でセーブするようにする必要があります。

あなたがどんなターミナルを使っているかは、私たち筆者にはわかりません。ここではすべての（またはある特定の）ターミナルの設定の方法を説明することはしません。最近のターミナルプログラムでは、設定画面やプロパティによって、エンコーディングを設定できるようになっているはずです。

エンコーディングの設定に加えて、多くのプログラムは、そのエンコーディングをどのように出力したいのかを知る必要があります。プログラムによっては、LC_*環境変数を見るものや、自分専用の環境変数を見るものがあります。

```
LESSCHARSET=utf-8
LC_ALL=en_US.UTF-8
```

もしページャ（less、more、typeなど）で正しく表示されなかったら、ドキュメントを読んで、エンコーディングに関するヒントを与える方法を調べてください。

C.4 ファンシーな文字

ASCIIに慣れている人は、Unicodeを扱うためには、考え方を変えなければなりません。例えば、éとéはどこが違うでしょうか。たぶんこれらの文字を見ただけでは、その違いはわからないでしょう。本書の電子書籍バージョンでさえも、出版の過程で、この違いが「直されて」しまっている可能性があります。違いがあるということを信じてもらえないかもしれませんが、確かに違いがあるのです。最初のものは1個の文字ですが、2番目のものは2個の文字なのです。どうしてそうなるのでしょうか。人間にとっては、両方とも同じものです。私たちにとっては、これらは同じ**書記素**〔grapheme〕（あるいは**グリフ**〔glyph〕）です。なぜなら、コンピュータがどう扱おうとも、両者は同じものを表しているからです。私たちは、主に最終的な結果（書記素）に関心があります。なぜなら、それが読者に情報を伝えるからです。

Unicodeが登場するまでは、通常の文字セットは、éのような文字を、アトム（atom）すなわち1個のエンティティとして定義していました。前の段落で登場した1番目のéがこれです（著者を信じてください）。しかし、Unicodeは**マーク**（mark）文字という概念を導入しました。マーク文字とは、他の文字（**非マーク**〔nonmark〕文字と呼びます）に対して結合する、アクセントやその他の装飾や注記のことです。2番目のéは、実際には非マーク文字 e（U+0065、LATIN SMALL LETTER E）と、その上に乗っている尖った形のマーク文字 ́（U+0301、COMBINING ACUTE ACCENT）です。これら2個の文字を合わせて、書記素 é になります。実際のところ、こうした理由から、このような表現全体のことを、文字ではなく、書記素と呼ぶべきなのです。1個以上の文字によって、最終的な書記素が構成されます。少しもったいぶった話に聞こえるかもしれませんが、これによって、Unicodeに関する議論が簡単になります。

もしまっさらなところから再びやり直すとしたら、おそらくUnicodeが、単一文字バージョンのéを扱う必要はなかったでしょう。しかし歴史的な経緯から単一文字バージョンが存在するので、後方互換性を保って、既存のテキストファイルを扱えるようにするために、Unicodeはそれをサポートしています。Unicodeのコードポイントは、ASCIIとLatin-1エンコーディングについては、同じ順序値——コードポイント0から255——を持っています。このようになっているので、

ASCII文字列を、UTF-8として問題なく扱うことができます（しかし、UTF-16では、すべての文字が最低2バイトを必要とするので、うまくいきません）。

単一文字バージョンのéは、1つのコードポイントで2個（以上）の文字を表すので、**合成された**（composed）文字と呼ばれます。これは、非マーク文字とマーク文字を合わせて、コードポイントを持つ1個の文字（U+00E9、LATIN SMALL LETTER E WITH ACUTE）を合成しています。もう一方のéは、2つの文字を使った**分解された**（decomposed）バージョンです。

なぜこの違いを気にするのでしょうか。もし、等しいはずのものが、実は別の文字だったとしたら、どうやってテキストを正しくソートできるでしょうか。Perlの sort は、書記素ではなく、文字を対象として処理するので、文字列 "\x{E9}" と "\x{65}\x{301}" は、いずれも論理的にはéなのに、同じ位置にはソートされません。これらの文字列をソートする前に、両方のéが、どちらの表現であっても、隣り合うことを保証したいと思うでしょう。コンピュータは、人間が期待するようには、ソートしてくれません。あなたにとっては、合成文字も分解文字も同じものです。この後すぐに解決策を説明しましょう。また、14章も確認してください。

C.4.1 ソースコードでUnicodeを使う

ソースコードで UTF-8 文字を直接使うには、ソースコードを UTF-8 として読み込むように、perl に指示する必要があります。それには utf8 プラグマを使います。このプラグマの唯一の役目は、perl に対して、ソースコードを UTF-8 として解釈するように伝えることです。次の例は、文字列の中で Unicode 文字を使っています。

```
use utf8;

my $string = "Here is my ☕ résumé";
```

変数とサブルーチンの名前にも、Unicode 文字のうちいくつかを使うことができます。

```
use utf8;

my %résumés = (
    Fred => 'fred.doc',
    ...
);

sub π () { 3.14159 }
```

utf8 プラグマの唯一の働きは、perl に対して、ソースコードを UTF-8 として扱うように伝えることです。それ以外のことは何もしません。Unicode を使うと決めたのなら、特に理由がない限り、ソースコードには必ずこのプラグマを入れるようにしましょう。

キーボードにない文字の入力は難しいかもしれません。r12a の Unicode コードコンバータ（http://r12a.github.io/apps/conversion/）や UniView 9.0.0（http://r12a.github.io/uniview/）といったサービス、または UnicodeChecker（http://earthlingsoft.net/UnicodeChecker/）などのプログラムが役立つかもしれません。

C.4.2 さらにファンシーな文字

しかしさらに悪い話が続きます。もっとも、読者のみなさんのうち、これに関心がある方はあまりいらっしゃらないでしょう。「fi」と「ﬁ」はどこが違うかおわかりでしょうか。組版担当者が「最適化」していなければ、前者では「f」と「i」が別々になっていますが、後者ではこれらは結合されて1つの**合字**（ligature）になっています。合字とは、複数の書記素を、人間が読みやすいように1つにまとめたものです。「f」の右にはみ出した部分が、「i」の点の近くまで侵入しているために、少し見た目が良くありません。私たちは、単語に含まれる個々の文字を読むのではなく、単語全体をまとめて認識するので、合字は、私たちが行うパターン認識をわずかながら改善してくれます。そのために、字形デザイナーは2つの書記素を1つに結合するのです。あなたは気付いていないかもしれませんが、この段落には合字の例がいくつか含まれています[†]。活字組みの本では、よく合字を目にするはずです（しかし、電子書籍では、見やすさは重視されないので、通常、合字は使われません）。

米オライリーの自動タイプセットシステムは、元データに合字を入力しておかないと、「fi」を合字にしてくれません。おそらく、いくつかの書記素を手作業でいじる必要があっても、そうしたほうがドキュメントのワークフローが速くなるのでしょう。私たちの意図通りに合字が表示されることを祈ります。

この相違は、éの合成形と分解形に似ていますが、少し違いがあります。éの場合は、どちらの作り方をしても、同じ外見で同じ意味のものが得られます。これを**正準等価**（canonically equivalent）と言います。それに対して、fiとﬁは同じ外見ではありません。ですから、これは**互換等価**（compatibility equivalent）と呼ばれます。ここでは、正準等価なものも互換等価なものも、ソートで使用する共通の形式に分解できるということさえ知っていれば、それ以上詳しいことを知る必要はありません（**図C-2**）。詳細は、Unicode標準付属文書「Unicode正規化形」（Unicode Normalization Forms）を参照してください。

文字列の中に――どちらの形であっても構わないので――éかﬁが含まれているかをチェックすることを考えてみましょう。そのためには、文字列を分解して、共通の形にします。Unicode文字列を分解するには、Perlに付属している`Unicode::Normalize`モジュールを使います。このモジュールは、分解を行う2つのサブルーチンを提供しています。NFDサブルーチン（Normalization Form Decomposition）は、正準等価形を分解した形に変換します。NFKDサブルーチン（Normalization Form Kompatibility Decomposition）は、正準等価形に加えて、互換等価形を分解した形に変換します（例えば、ßをssにします）。次のコードでは、合成文字を含んでいる文字列があり、それをさまざまなやり方で分解してマッチを行います。「oops」というメッセージは表示されませんが、「yay」というメッセージは表示されるはずです。

```
use utf8;
use Unicode::Normalize;

# U+FB01     - 合字 ﬁ
```

[†] 訳注：もちろん、原書の英文での話です。原書では、findやfirstの「fi」、differenceの「ff」、「workflow」の「fl」などが合字になっています。

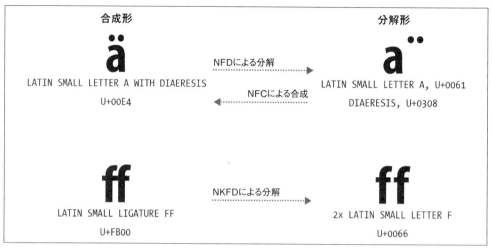

図C-2　正準等価形は分解して再合成することができるが、互換等価形は分解だけしかできない

```
# U+0065 U+0301 - 分解形のé
# U+00E9        - 合成形のé

binmode STDOUT, ':utf8';

my $string =
    "Can you \x{FB01}nd my r\x{E9}sum\x{E9}?";

if( $string =~ /\x{65}\x{301}/ ) {
    print "Oops! Matched a decomposed é\n";
}
if( $string =~ /\x{E9}/ ) {
    print "Yay! Matched a composed é\n";
}

my $nfd  = NFD( $string );
if( $nfd =~ /\x{E9}/ ) {
    print "Oops! Matched a composed é\n";
}
if( $nfd =~ /fi/ ) {
    print "Oops! Matched a decomposed fi\n";
}

my $nfkd = NFKD( $string );
if( $string =~ /fi/ ) {
    print "Oops! Matched a decomposed fi\n";
}
if( $nfkd =~ /fi/ ) {
    print "Yay! Matched a decomposed fi\n";
}
```

```
if( $nfkd =~ /\x{65}\x{301}/ ) {
    print "Yay! Matched a decomposed é\n";
}
```

このコードの実行結果を以下に示します。NFKDで変換したものは常に分解形にマッチします。なぜなら、NFKD()は、正準等価形も互換等価形も分解するからです。NFDで変換したものは、互換等価形にはマッチしません。

```
Yay! Matched a composed é
Yay! Matched a decomposed fi
Yay! Matched a decomposed é
```

ここで注意すべき点があります。正準等価形を分解してから再合成すると、正準等価形を得ることができますが、互換等価形は再合成できません。もし合字 fi を分解したとすると、別々の書記素 f と i が得られます。これを再合成しようとしたとき、それが合字に由来するのか、それとも最初から別の文字だったのかを区別できません（これが、NFC と NKFC を無視する理由です。これらのフォームは、分解してから再合成を行いますが、NFKC は必ずしも元の形に再合成できるわけではありません）。そして、これが正準等価形と互換等価形の違いなのです。正準等価形の場合、合成形と分解形はどちらも同じ外見をしています。

C.5 PerlでのUnicodeの扱い方

この節では、Perl プログラムで Unicode を扱うための、最も一般的なやり方を手短かに紹介します。これは決定版のガイドではありませんし、説明をはしょっている部分もあります。これは大きなテーマですが、読者のみなさんをしり込みさせたくありません。まず最初に（この付録で）少し知識を仕入れておき、何か問題があれば、この付録の末尾で紹介する詳細ドキュメントに当たるとよいでしょう。

C.5.1 ファンシーな文字を名前で指定する

Unicode 文字は、名前も持っています。もしキーボードから簡単に入力できず、コードポイントを覚えられないような文字があるなら、その名前を指定することができます（タイプする文字数はかなり増えますが）。Perl に付属している charnames プラグマを使えば、名前によって文字を指定できます。次の例のように、ダブルクォートコンテキストで、\N{...} の中に名前を置いてください。

```
my $string = "\N{THAI CHARACTER KHOMUT}"; # U+0E5B
```

マッチ演算子や置換演算子のパターン部分もダブルクォートコンテキストですが、「改行文字以外」を表す文字クラスショートカット \N（8章を参照）もあるので注意してください。通常は何の問題もなくうまくいきます。なぜなら、Perl が混乱する可能性があるのは、いくつかの病的なケースに限られるからです。\N に関する問題はブログ記事「Use the /N regex character class to get 'not a newline'」（http://www.effectiveperlprogramming.com/2011/01/use-the-n-regexcharacter-class- to-get-not-a-newline/）で詳しく解説されています。

C.5.2　STDINからの入力、STDOUTとSTDERRへの出力

最も低いレベルでは、入出力は単なるオクテットで行われます。プログラムは、それをどのようにデコードやエンコードするかを知る必要があります。これについては5章で解説していますが、ここでは概略を述べます。

ファイルハンドルに対して特定のエンコーディングを適用する方法は2つあります。1つ目の方法は、`binmode` を使うことです。

```
binmode STDOUT, ':encoding(UTF-8)';
binmode $fh, ':encoding(UTF-16LE)';
```

ファイルハンドルをオープンする際に、エンコーディングを指定することもできます。

```
open my $fh, '>:encoding(UTF-8)', $filename;
```

今後オープンするすべてのファイルハンドルに対して、エンコーディングを適用するには、`open` プラグマを使います。すべての入力用あるいは出力用ファイルハンドルが対象になります。

```
use open IN  => ':encoding(UTF-8)';
use open OUT => ':encoding(UTF-8)';
```

1つのプラグマで、入出力両方を設定することができます。

```
use open IN => ":crlf", OUT => ":bytes";
```

入出力両方に同じエンコーディングを適用したければ、`IO` と指定するか、あるいは指定自体を省いてください。

```
use open IO  => ":encoding(iso-8859-1)";
use open ':encoding(UTF-8)';
```

標準入出力のファイルハンドルはすでにオープンされているので、`:std` サブプラグマを使うことにより、設定しておいたエンコーディングを適用することができます。

```
use open ':std';
```

まだエンコーディングを明示的に指定していなければ、上のコードは何の効果もありません。

コマンドラインの -C スイッチで、この設定を行うことも可能です。-C スイッチは、与えられた引数に従って、標準ファイルハンドルのエンコーディングを設定します[†]。

[†] 訳注：-C スイッチの後ろに、文字または数値を指定します。-COEのように、複数の文字をまとめて指定することができます。また数値の場合には、加算した値を指定することができます。例えば、-COE と同じことを数値で指定すると -C6 となります。

I	1	STDIN が UTF-8 であると仮定する
O	2	STDOUT を UTF-8 にする
E	4	STDERR を UTF-8 にする
S	7	I + O + E
i	8	入力ストリーム用のデフォルト PerlIO レイヤーを UTF-8 にする
o	16	出力ストリーム用のデフォルト PerlIO レイヤーを UTF-8 にする
D	24	i + o

-C スイッチの詳細な説明を含め、コマンドラインスイッチについては、perlrun ドキュメントで詳しく解説されています。

C.5.3　ファイルの入出力

ファイルへの入出力については5章で解説していますが、ここでは概略を紹介します。ファイルをオープンする際には、3引数形式の open を使い、明示的にエンコーディングを指定してください。

```
open my( $read_fh ),   '<:encoding(UTF-8)',  $filename;
open my( $write_fh ),  '>:encoding(UTF-8)',  $file_name;
open my( $append_fh ), '>>:encoding(UTF-8)', $file_name;
```

しかし、入力のエンコーディングは（少なくとも、あなたのプログラム以外に由来するものについては）選べないことを忘れないでください。入力のエンコーディングが本当にわかっている場合を除き、入力に対してエンコーディングを指定しないでください。実際には入力は（エンコードではなく）デコードされるのですが、指定する際には :encoding と書くことに注意してください。

どんな入力を与えられるかわからなければ（プログラミングの法則の1つによると、プログラムを十分な回数実行すると、可能なあらゆるエンコーディングに遭遇する、といわれています）、ストリームを生のまま読み込んで、Encode::Guess のようなモジュールを使って、エンコーディングを推測することもできます。落とし穴も多いのですが、ここではこれ以上触れません。

ひとたびデータをプログラムに取り込んでしまえば、あとはエンコーディングについて心配する必要はありません。Perl は、データをうまく格納して操作する方法を知っています。データをファイルに出力する時（または、ソケットなどを通じて送る時）には、再びエンコードする必要があります。

C.5.4　コマンドライン引数の扱い

すでにお話ししたように、データを Unicode として扱う際には、その出所について注意が必要です。@ARGV 配列は特別なケースです。なぜなら、その値はコマンドラインから取得されていて、コマンドラインはロケールを使うからです。

```
use I18N::Langinfo qw(langinfo CODESET);
use Encode qw(decode);

my $codeset = langinfo(CODESET);
```

```
foreach my $arg ( @ARGV ) {
    push @new_ARGV, decode $codeset, $arg;
}
```

C.6　データベースの扱い

　私たちの担当編集者はそろそろ紙面も尽きると言っていますし、もうほとんど本の終わりに近付いています！　この話題を述べるのに十分なスペースはありませんが、実際にはPerlそのものの話ではないので問題ないでしょう。でも、まだ文章をいくつか入れる余地がある、ということなので続けましょう。データベースサーバのおかげでいかに人生が苦難に満ちたものになるか、あるいはデータベースサーバは同じことをいかに独自の方法でやりたがるか、といった話題を割愛せざるを得ないのは、残念至極なことです。

　最終的には、あなたは情報の一部をデータベースに格納したいと思うでしょう。最も人気の高いデータベースアクセス用モジュール DBI は、Unicode を透過的に扱います。つまり、渡されたデータに手を加えずに、直接そのままデータベースサーバへ送ります。各ドライバ（例えば、DBD::mysql）のドキュメントを見れば、ドライバごとに必要な設定がわかるでしょう。また、データベースサーバ、スキーマ、テーブル、カラムも、それに合わせて正しく設定しておく必要があります。ちょうどいい塩梅に紙面が尽きたことを、われわれ著者がどんなに喜んだかおわかりいただけることでしょう！

C.7　参考文献

　Perl に付属しているドキュメントのうち、perlunicode、perlunifaq、perluniintro、perluniprops、perlunitut ドキュメントが、Unicode に関連する話題を扱っています。また、利用するUnicode 関連モジュールのドキュメントにも忘れずに目を通してください。

　Unicode の公式サイト（http://www.unicode.org）は、あなたが Unicode について知りたいと考えるほぼすべての事柄を網羅しており、良い出発点です。

　本書の著者の1人による『Effective Perl Programming, Second Edition』（Addison-Wesley、2010年、邦題『Effective Perl 第2版』）にも、Unicode を扱った章があります。

付録D
実験的機能

　この付録とここで紹介する実験的機能を完全にスキップしてしまっても構いません。あるいは、本文で紹介するコード例を、理解せずにそのまま試すこともできます。しかし、読者のみなさんは実験的機能を使いたいし理解したいのではないかと考えました。なぜなら私たちも実験的機能を使いたいし理解したかったからです。

　Perlの新機能の多くは、実際には「新しい」ものではなく、**実験的**です。実験的機能を有効にするには何かをする必要があります。また、実験的機能は変更される可能性もありますし、なくなる可能性もあります。実際に、Perl 5.24では2つの実験的機能が削除されています。

　Perlのやり方はかなり賢く、最新のperlをインストールすれば、新しい実験的機能を使うことができます。実験的機能をテストしたり、他の機能との相互作用を確認したり、そして何より、思いもしなかったイディオムを開発することができます。一方で実験的機能を完全に無視すれば、後方互換性について心配する必要はありません。Perlコードベースを開発してメンテナンスしているPerl 5 Portersは、実験的機能を永続的な標準機能にする前に、ユーザがその機能をどのように使って反応するかを確認しているのです。

　本書は読者にPerlで最善かつ最もエキサイティングに作業を行う方法を示します。しかし、本書の購入後1年で消えてしまうような実験的機能に依存するのは賢明ではありません。本書ではいくつかの新機能を紹介していますが、そのたびに背景を毎回説明するのを避けるため、この付録でまとめて説明することにしました。

　`feature`プラグマのドキュメントには、新機能の一覧があり、使い方を簡単に説明しています。また、Perlの各バージョンのperldeltaドキュメントでは新たに開発された機能について説明しています。**表D-1**（364ページ参照）に主な新機能の状況を示します。本題に入る前に、まず背景からお話しましょう。

D.1　Perl開発小史

　Perlの開発は、いくつかの時代を経て現在に至っています。時代ごとに独自の物語があります。以前何があったのかを知っておくと、Perlが現在どこにいるのかを理解できるでしょう。

　1980年代後半に、Larry WallがPerl言語を開発しました（もともとLarryが付けようと考えていたのはPerlという名前ではありませんでした）。Larryはほとんど独力で、Usenetコミュニティ

からのフィードバックを受けながら作業を進めました。若い読者はニュースグループなんて知らないでしょうが、当時のソーシャルメディアであり、1987年に初めてPerlがリリースされた場所なのです。

Perlは人々の興味を引き、解説書が出版されるほどでした（『Programmign Perl』の第1版のカバーはピンクでした。その後、出版社がPerlのシリーズのカバーを青に変更しました）。Perlはバージョン4になりました。この頃は、Perlの人気が爆発し、多くの人々がPerlを学んだ（あるいは学ぶのをやめた）時代です。率直に言えば、世界中のPerlへの期待と（残念ですが）Perlプログラマを方向付けしたのがこの時代です。しかし、今さら取り返しはつきません。

しかし、Perl 4は複雑なデータ構造を作成する優れた方法であるオブジェクト指向の機能や、レキシカルスコープを備えていませんでした。1993年頃にLarryはPerl 5の開発に着手しました。Perl 5は現在のメジャーバージョンであり、この本もPerl 5を対象としています。

Perl 4からPerl 5へ移行する際に、Perl 5を何百ものプラットフォームへ移植するために、Perl 5 Portersが結成されました。当時からメンバーは入れ替わりましたが、Perl 5 Portersはいまでも健在です。開発プロセスについては、perlpolicyドキュメントを参照してください。

perlhistドキュメントにはリリース一覧が掲載されており、バージョン番号、リリース日、メンテナがわかります。1994年にLarryがPerl 5.0をリリースしましたが、それ以降はリリースによっては彼以外が担当することもありました。通常は古いバージョンのメンテナンスをLarry以外の人が担当しました。やや場当たり的ではありましたが、しばらくはその体制でもうまく機能しました。

Perl 5 PortersはPerl 5.6で大規模な変更を行い、その後さらにPerl 5.8でも大規模な変更を行いました。Unicodeに対応するなど、Perlは成長のために必要な苦しみを経験しました。Perl 5.004のあと5.005がリリースされるまでは1年以上かかり、5.005から5.6まではほぼ2年かかりました。さらにPerl 5.6から5.8までに2年以上かかっています。新しいリリースが出るまでの時間がだんだん長くなっていきました。

5.005と5.6とではバージョン番号の書き方が違っていることに注目してください。バージョン5.6からは2番目の数字（ここでは6：マイナーバージョンとも言います）を、リリースバージョンと呼ぶようになりました。これは歴史の一幕です。

Perl 5.8以降、開発を継続するためにはコードを大幅に変更しなければならないことが判明しました。Chip Salzenbergは、PerlをC++で書き直そうとしました。これは「Topaz」という名前の秘密プロジェクトで、結局うまくいきませんでしたが、彼は興味深い教訓を得ました。同時期にLarry Wallと他の数人がPerl 6の開発を開始しようと考えていました。コードベースを完全に書き直して、開発を容易にし現代的な機能を持たせようとしたのです。

D.1.1　Perl 5.10以降

私たちの意図は、Perl 6のことを無視して歴史的な議論を蒸し返すことではありません。Perl 6がPerlの次のメジャーバージョンにはならなかったと言っているだけです。Perl 6はほとんど別の言語になり、そのためには別の本が必要です。数年間のうち何人かがPerl 5からPerl 6の開

発に移りましたが、突然、Perl 5 が復活しました。2007 年末、Rafael Garcia-Suarez が Perl 5.10 をリリースしました。前回のリリースから 5 年以上経っていました。Perl 5.10 では、進行中の Perl 6 の開発から機能をいくつか取り込んでいます。代表的なものは say（5 章）、state（4 章）、given-when、スマートマッチです（最後の 2 つは、第 6 版の 15 章で解説しましたが、第 7 版では削除した実験的機能です）。

Larry は Perl 6 の開発に移り、初めて Perl 5 の開発から外れました。Jesse Vincent が代わりに Perl 5 の開発を担当し、開発版の定期的なリリースサイクルと安定バージョンの年次リリースを含め、Larry 後の体制は順調に始動しました。

その後、Jesse から引き継いだ Ricardo Signes が、多くのポリシーを導入しました。新機能は検証されるまで「実験的」機能とされます。新機能は、安定版リリースを 2 回経てから永続的機能となることができます。実験的機能は、有効にしない限りは既存プログラムの妨げにはならないので、後方互換性が保たれます。最新のものを試してみたいと思ったら、自己責任で新機能を有効にすることもできます。

Perl 5 Porters は、機能を削除する際にも、同じプロセスを適用します。Perl にはいくつかの短所があります（自覚しています）。また、廃止予定の機能や変数もあります。配列の開始インデックスを制御する変数があることを知っていましたか？ 知らなくても大丈夫です。今はもうありませんから（しかし、これを使えるようにする実験的機能があります）。この新しいプロセスでは、Perl はその機能に非推奨という印を付け、使おうとすると警告を表示します。安定版リリースを 2 回行った（すなわち 2 年）後に、Perl 5 Porters は、十分に警告を発したという認識に基づいて、その機能を安全に削除することができます。そして、現在では、彼らは実際に機能を削除しています。Perl 5 Porters は、今でも無理のない範囲で後方互換性をサポートしています。

公式 Perl のサポートポリシーについては、perlpolicy ドキュメントを参照してください。基本的に、Perl 5 Porters は、最新とその 1 つ前の安定版リリースを正式にサポートしています。最新リリースが 5.24 であれば、5.24 と 5.22 を正式にサポートしています。Perl 5 Porters の裁量で 5.20 以前のバージョンについてもサポートする可能性もあります。

古い機能が必要な場合はどうすればよいでしょうか。簡単です。古い Perl を使い続けるのみです。あなたが長年使ってきた Perl は、誰にも取り上げられることはありません。なるほど、あなたはシステム標準の Perl を使っていて、システムが Perl のバージョンを上げようとしているのですね。システム標準の Perl を使ってはならない理由が、身にしみておわかりいただけたことでしょう。システム標準の Perl は、あなたではなく、システムが使うためのものなのです！ あなたの大切なアプリケーション用に、自分で Perl をインストールするようにしましょう。

自分専用の perl をインストールすれば、気まぐれなシステムのアップグレードから身を守るだけでなく、高速化することもできます。システム標準 Perl はあなた用にチューニングされているわけではなく、万人向けにコンパイルされています。例えばデバッグシステムやスレッドなどの機能が不要なら、それらを抜いた perl を自分でコンパイルすれば、若干高速になります。デバッグシステムやスレッド用として別の perl をコンパイルしておくこともできます。

D.2　新しいPerlをインストールする

新しいバージョンのPerlをインストールしようと考える前に、いま手元にあるもので満足できるかどうかを確認してください。コマンドラインスイッチで-vを指定すると、使用バージョンが表示されます。

```
$ perl -v

This is perl 5, version 24, subversion 0 (v5.24.0)
```

十分に新しいバージョンがインストールされていれば、それ以上の作業は必要ありません。次に何を行うかは、どれくらい手間をかけられるかによって決まります。

コンパイラを備えていないシステムの場合には、Strawberry Perl（Windows）やActivePerl Community Edition（macOS、Windows、Linuxなど）などのコンパイル済みのバージョンを使えばよいでしょう。

自分でperlをコンパイルすることもできます。われわれは、誰もが少なくとも人生で一度くらいは自分でコンパイルしてみるべきだと思っています。プログラマならば、実際のコンピュータの動作を理解する必要があります。動作を理解するには、ソースファイルをコンパイルしたり、ライブラリを管理したりすることも必要です。perlのソースコードは、CPAN（http://www.cpan.org/src/README.html）からダウンロードできます。われわれ著者は、いつでも好きなバージョンが使えるように、すべてのバージョンをインストールしています。

コードをコンパイルするための開発ツールをインストールする必要があります。開発ツールのインストール手順は、システムによって違うので、ここでは具体的な説明はしません。gcc（GNU Cコンパイラ）をインストールする方法を調べれば、たぶんそれ以外に必要なツールも入手できるでしょう。macOSユーザの場合は、XCode用のコマンドラインツール（https://developer.apple.com/downloads）をインストールしてください。Cygwin（http://www.cygwin.com）はWindwosでUnixに似た環境を提供します。

ソースを展開したら、次のようにしてインストール先を指定します。あなたが管理しているディレクトリにインストールできるので、特別な権限は必要ありません。

```
$ ./Configure -des -Dprefix=/path/where/you/want/perl
```

私たちは異なる種類のperlをインストールしたいので、それぞれにバージョン固有のディレクトリを作成します。

```
$ ./Configure -des -Dprefix=/usr/local/perls/perl-5.24.0
```

そこから、makeに対して、インストールするように指示します。これには少し時間がかかるかもしれません。

```
$ make install
```

インストールが完了したら、#!行に新しいperlを指定することによって、それを使うことがで

きます。

    #!/usr/local/perls/perl-5.24.0/bin/perl

perlbrew アプリケーションを使用すれば、複数の Perl をインストールして管理することができます。いま説明したのと同じように Perl をインストールしてくれますが、自動的にやってくれます。詳しくは http://perlbrew.pl を参照してください。

D.3　実験的機能

　実験的機能とその使い方について説明しましょう。ここでは、実験的機能の一覧を示したり、注目の機能を詳しく説明することはしません。特定の新機能について説明するのではなく、新機能を一般にどのようにして使うかを説明します。

　実験的機能を有効にする方法はいくつかあります。まず最初に紹介するのは -E コマンドラインスイッチを使う方法で、Perl 5.10 で導入されました。-c スイッチと同様に、引数としてプログラムを指定しますが、-E スイッチはすべての新機能も有効にします。

    $ perl -E "say q(Hello World)"

プログラムの中で、use の後にバージョン番号指定して新機能を有効にすることもできます（バージョン番号はどんな形式でも構いません）。

    use v5.24;
    use 5.24.0;
    use 5.024;

Perl 5.12 以降では use でバージョンを指定すると、strict と warnings が暗黙的に有効になります。また、新機能をロードせずに最小バージョンを指定することもできます。require で行います。

    require v5.24;

feature プラグマでは、必要になった時点で新機能をロードできます。use の例では、Perl は、指定されたバージョンに関連するタグを暗黙のうちにロードすることによって、これを実現します。

    use feature qw(:5.10);

あるバージョンのすべての新機能をロードするのではなく、個別にロードすることもできます。4 章では、state（Perl 5.10 で登場した安定した機能）と signatures（Perl 5.20 で導入された実験的機能）を紹介しました。

    use feature qw(state signatures);

新しい Perl では動作しない古いスクリプトが手元にある場合は、新機能をすべて無効にすることもできます。

```
no feature qw(:all);
```

もちろん、これが動くには feature プラグマを持っているバージョンの Perl が必要です。たぶんあなたは古いプログラムを新しい perl で実行しているか、あるいはまだ新機能に慣れていないので、誤って使用しないようにしているのでしょう。

本書では複雑なので触れませんでしたが、no は use の反対です。use がインポートするのに対し、no はアンインポートします。

D.3.1　実験的警告をオフにする

何か実験的機能を有効にしてから、その機能を使用すると、警告メッセージが表示されます。機能を有効にしただけでは、警告メッセージは表示されません。次の単純なプログラムは signatures を有効にしていますが、警告は表示されません。

```
use v5.20;
use feature qw(signatures);
```

次のプログラムはサブルーチンシグネチャを使用しています。

```
use v5.20;
use feature qw(signatures);

sub division ( $m, $n ) {
  eval { $m / $n }
}
```

この例ではサブルーチンを呼び出していませんが、次のような警告が表示されます。

```
The signatures feature is experimental at features.pl line 4.
```

警告を出さないようにするには、機能名の前に experimental という接頭辞を付けて指定することにより、警告をオフにします。

```
no warnings qw(experimental::signatures);
```

実験的な警告をすべてオフにしたい場合は、機能の名前を省略します。

```
no warnings qw(experimental);
```

D.3.2　実験的機能を限定的に有効または無効にする

実験的機能を少しだけ使ってみたい場合は、限定的に有効にして、使いやすい最小（あるいは最大）のスコープで試すことができます。

あなたが書いた次のプログラムでは、自分で say を定義しています。おそらくあなたは Perl 5.10 以前にこれを書いたのでしょう。あなたは、組み込みバージョンの say を使うコードを新規に追加したくなりました。feature プラグマは、宣言したブロックに対してのみ有効です。

```
require v5.10;
sub say {
  print "Someone said \"@_\"\n";
}

say( "Hello Fred!" );

{ # ここで組み込みの say を使う
use feature qw(say);
say "Hello Barney!";
}

say( "Hello Dino!" );
```

出力を見ると同じプログラムの中で別のバージョンの say を使用していることがわかります。

```
Someone said "Hello Fred!"
Hello Barney!
Someone said "Hello Dino!"
```

これは、Perl がファイル全体をスコープとして扱うので、ファイルごとに機能を有効にする必要があることを意味します。複数のファイルから構成されるプログラムの詳細については、『続・初めての Perl 改訂版』〔Intermediate Perl〕を参照してください。

D.3.3　実験的機能を信頼してはいけない

実験的な特徴はキラキラと輝いて見え、斬新で、ワクワクするほど魅力的です。しかし、実験的機能は次のバージョンで消えるかもしれないし、次のバージョンでどうなるかもわかりません。

外部の世界（社内であってもあなたのグループの外なら外部の世界です）で使用しないコードならば、思う存分に実験的機能を使ってください。実際には、あらゆるものは、封じ込めようとしても、漏れ出してしまうものです。もし、Perl 5 Porters がその実験的機能を削除することに決めたら、あなたの光輝くコードを取り除かなればなりません。

外部の世界に向けたコードを書くのならば、実験的機能には最新の Perl が必要だということを理解してください。みんなが最新の Perl を使いたいと願っていたとしても、現実では、全員が最新の Perl を使えるわけではありません。もしあなたのプログラムが非常に素晴らしいものだったら、最新版に移行しようとするでしょう。しかし、ローカルポリシーの制限のために移行できない人たちは不平を言うでしょう。あなたにはどうしようもありません。

あなたの状況がどちらであったとしても、実験的機能を使ってみてください。実験的機能が何をするのかを学び、どのように動作するのかを見て、気付いたことを人々に伝えましょう。そのために実験的機能があるのですから。

表 D-1 に主要な新機能と必要な perl バージョンの詳細を示します。

表D-1　Perlの新機能

フィーチャ	導入バージョン	実験的	安定バージョン	ドキュメント	説明している章
array_base	5.10		5.10	perlvar	
bitwise	5.22	✓		perlop	12章
current_sub	5.16		5.20	perlsub	
evalbytes	5.16		5.20	perlfunc	
fc	5.16		5.20	perlfunc	
lexical_subs	5.18	✓		perlsub	
postderef	5.20		5.24	perlref	
postderef_qq	5.20		5.24	perlref	
refaliasing	5.22	✓		perlref	
regex_sets	5.18	✓		perlrecharclass	
say	5.10		5.10	perlfunc	2章
signatures	5.20	✓		perlsub	4章
state	5.10		5.10	perlfunc、perlsub	4章
switch	5.10	✓		perlsyn	
unicode_eval	5.16			perlfunc	
unicode_strings	5.12			perlunicode	

索　引

数字・記号

2進リテラル(binary literal) ················ 21
8進リテラル(octal literal) ················ 21
10進数以外の数(nondecimal numerals) ········ 28
10進数以外の整数リテラル(nondecimal integer literal)
　·· 20-21
16進リテラル(hexadecimal literal) ········ 21-22
!(否定演算子) ······························· 179
#(シャープ記号) ························· 13, 145
#!(シバン)行 ································ 14
$(シジル) ································· 29-32
$(ドル記号) ··························· 12, 29, 34
$!特殊変数 ························ 99, 213, 225
$'特殊変数 ·································· 156
$"特殊変数 ·································· 87
$$特殊変数 ·································· 269
$(ドル記号) ··························· 12, 29, 34
$?特殊変数 ·································· 274
$@特殊変数 ·································· 291
$_特殊変数 ························· 54, 122, 148
$`特殊変数 ·································· 156
$|特殊変数 ·································· 102
$=特殊変数 ·································· 78
$ENV特殊変数 ···························· 229, 265
$HOMEシェル変数 ···························· 262
%(パーセント記号) ···················· 89-92, 111
%(剰余演算子) ······························· 22
&(アンパーサンド) ······················ 61, 72-73
&(ビット演算子) ···························· 223
&&(論理AND演算子) ·························· 194

( )(カッコ)
　print関数 ································ 88
　キャプチャグループ ················· 130-132
　キャプチャなし ····················· 152, 167
　マッチ変数 ·························· 150-157
　優先順位 ····························· 34, 157
'(アポストロフィー) ·························· 119
'(シングルクォート) ·························· 23
--(オートデクリメント演算子) ·················· 184
-(ハイフン) ································· 135
*(アスタリスク)メタキャラクタ ··········· 127, 157
**(べき乗演算子) ···························· 22
.(ドット) ······························· 125-126
..(範囲演算子) ······························· 46
...(yada yada演算子) ························ 53
./(ドットとスラッシュ) ························ 12
.pmファイル拡張子 ················· 203, 229, 233
/(スラッシュ) ······························· 143
//(defined-or演算子) ························ 196
::(コロン2個) ······························· 119
;(セミコロン) ··························· 15, 176
?(疑問符)メタキャラクタ ················ 127, 157
?:(条件演算子) ······························ 193
@(アットマーク) ····························· 48
@_特殊変数 ·································· 64
_(アンダースコア) ···················· 20, 30, 70
`(バッククォート) ···················· 17, 268-272
|(選択肢の縦棒) ······················ 133-134, 158
||(論理OR演算子) ···························· 194
\(バックスラッシュ) ···················· 24, 34, 118
+(プラス)メタキャラクタ ················ 128, 157
++(オートインクリメント演算子) ··········· 184-185

索引

<>（ダイヤモンド演算子） ················ 83-85, 88, 174
<<>>（ダブルダイヤモンド演算子） ················ 85
=~（結合演算子） ················ 149-150, 163, 250
=>（太い矢印） ················ 113, 236

A

/a修飾子 ················ 146
\Aアンカー ················ 138
-Aファイルテスト ················ 215
ACL（アクセス制御リスト） ················ 215
Apacheウェブサーバ ················ 16, 344
@ARGV特殊変数 ················ 85, 355
ARGVファイルハンドル ················ 92
ARGVOUTファイルハンドル ················ 92
array_baseフィーチャ ················ 364
autodieプラグマ ················ 100
awk言語 ················ 109

B

\bアンカー（ワード境界アンカー） ················ 139, 171
-bファイルテスト ················ 215
-Bファイルテスト ················ 215
B::Lintモジュール ················ 341
BBEditエディタ ················ 11
binmode関数 ················ 97, 354
bitwiseフィーチャ ················ 225, 364

C

-cファイルテスト ················ 215
-Cファイルテスト ················ 215
Capture::Tinyモジュール ················ 270
catコマンド（Unix） ················ 88, 93
catchブロック ················ 293
cdコマンド（Unix） ················ 229
CGI::Fastモジュール ················ 16
charnamesプラグマ ················ 353
chdir関数 ················ 228
chmod関数 ················ 235, 244
chmodコマンド（Unix） ················ 12
chomp( )関数 ················ 39, 59, 303
chown関数 ················ 244
chr( )関数 ················ 34, 147
Christiansen, Tom ················ 170
CLDR::Numberモジュール ················ 251
close関数 ················ 98
cmp比較演算子 ················ 255

Configモジュール ················ 267
cpanコマンド ················ 202
cpanモジュール ················ 203
CPAN（Comprehensive Perl Archive Network）
　　Text::CSV_XSモジュール ················ 167
　　概要 ················ 9, 201
　　モジュールリスト ················ 345
cpanmツール ················ 203-204
CR-LF（復帰文字/改行文字） ················ 96
CSV（カンマ区切り値）ファイル ················ 167
Ctrl-Zのバグ ················ 60
current_subフィーチャ ················ 364
Cwdモジュール ················ 227

D

%dフォーマット ················ 90
\d（数字）ショートカット ················ 136
-dファイルテスト ················ 215
DATAファイルハンドル ················ 92
dateコマンド（Unix） ················ 261, 268
DateTimeモジュール ················ 211
DBD（Database Driver） ················ 210
DBIモジュール ················ 210, 339, 356
defined( )関数 ················ 41, 244
defined-or演算子（//） ················ 196
delete関数 ················ 118
diagnosticsプラグマ ················ 27
die関数 ················ 98-101
Digest::SHAモジュール ················ 201
Digit属性 ················ 138
dirコマンド（Windows） ················ 262
dualvar ················ 225

E

\Eエスケープ ················ 164-165
-eファイルテスト ················ 214
Eメールアドレス（email address） ················ 51
each関数 ················ 55, 116-117
echoコマンド（Unix） ················ 229
else節
　　if制御構造 ················ 37, 180, 183
　　unless制御構造 ················ 179-180
elsif節 ················ 183
emacsエディタ ················ 11
Encode::Guessモジュール ················ 355
__END__トークン ················ 189, 192

| %ENVハッシュ ································· 119, 196
| eq文字列比較演算子 ····························· 36
| eval関数 ···································· 287-291
| evalbytesフィーチャ ··························· 364
| exec関数 ·· 267
| exists関数 ······································ 118
| exit関数 ·· 291
| ExtUtils::MakeMakerモジュール ········ 202, 204

F

| %fフォーマット ·································· 90
| \Fエスケープ ···································· 165
| -fファイルテスト ································ 215
| fc関数 ·· 165
| fcフィーチャ ···································· 364
| featureプラグマ ···························· 357, 361
| File::Basenameモジュール ················ 206-207
| File::chmodモジュール ······················· 244
| File::Globモジュール ·························· 231
| File::HomeDirモジュール ···················· 229
| File::Pathモジュール ·························· 244
| File::Specモジュール ···················· 208, 228
| File::Spec::Functionsモジュール ············· 233
| File::statモジュール ··························· 222
| File::Tempモジュール ·················· 243, 278
| finallyブロック ································· 293
| findコマンド(Unix) ······················ 275, 344
| find2perlコマンド ····························· 344
| for制御構造 ································ 186-189
| foreach制御構造
| for制御構造との関係 ······················· 188
| grep演算子 ································· 293
| map演算子 ································· 295
| 概要 ···································· 52-55
| 文修飾子 ···································· 182
| ループ制御 ································ 190
| 例 ·· 306
| レキシカル変数 ····························· 69
| fork関数 ···································· 268, 275

G

| %gフォーマット ·································· 90
| /g修飾子 ································· 162, 169
| \Gアンカー ······································ 158
| -gファイルテスト ······························· 215
| Garcia-Suarez, Rafael ··························· 359

| gccコンパイラ ································ 360
| ge文字列比較演算子 ························ 36, 255
| Getopt::Longモジュール ················· 86, 344
| Getopt::Stdモジュール ··················· 86, 344
| getpwnam関数 ·································· 244
| glob関数 ···································· 230, 234
| gmtime関数 ···································· 222
| grep演算子 ································· 293, 339
| grepコマンド(Unix) ··················· 93, 293-294
| gt文字列比較演算子 ····························· 36
| GUI(グラフィカルユーザインタフェース) ········ 345

H

| \h(水平方向の空白文字)ショートカット ············ 136
| Hello, worldプログラム ························ 11-15
| hex( )関数 ······································ 28

I

| /i修飾子 ································· 144, 163
| iノード(inode) ·························· 238-240
| I/O ☞ 入出力(I/O)を参照
| if制御構造
| else節 ····························· 37, 180, 183
| elsif節 ····································· 183
| 概要 ···································· 37-38
| 条件演算子 ································ 194
| パターンマッチ ··························· 152
| 文修飾子 ···································· 181
| レキシカル変数 ····························· 69
| index( )関数 ······························ 247-249
| Inlineモジュール ······························· 343
| IOモジュール ·································· 354
| IPC(プロセス間通信) ························· 340
| IPC::Open3モジュール ······················· 270
| IPC::System::Simpleモジュール ········ 270, 272
| isatty( )関数 ····································· 215

J・K

| join関数 ···································· 168, 267
| -kファイルテスト ······························· 215
| keys関数 ·· 115
| killコマンド(Unix) ····························· 277
| Komodo Editエディタ ··························· 11

L

\lエスケープ	164
\Lエスケープ	164
-lファイルテスト	215
last関数	189
lc関数	165
LC_* 環境変数	349
lcfirst関数	165
le文字列比較演算子	36
length関数	120
lexical_subsフィーチャ	364
libプラグマ	204
List::MoreUtilsモジュール	297
List::Utilモジュール	283, 296
localtime関数	174, 222
lprコマンド(Unix)	93
lsコマンド(Unix)	262
lstat関数	220
lt文字列比較演算子	36
lvalue(左辺値)	161
LWPモジュール	341

M

/m修飾子	149, 163, 172
-Mファイルテスト	214-215
m//(パターンマッチ演算子)	143, 169
makeユーティリティ	99, 266
map演算子	295, 339
Math::BigFloatモジュール	339
Math::BigIntモジュール	339
Math::Complexモジュール	339
mkdir関数	242
mod_perlモジュール(Apache server)	16, 344
Module::Buildモジュール	202, 204
Module::CoreListモジュール	212
Mojo::UserAgentモジュール	341
Mooseメタオブジェクトシステム	342
mvコマンド(Unix)	236
my( )関数	66, 69

N

/n(キャプチャなしのカッコ)フラグ	153
ne文字列比較演算子	36
Net::名前空間	341
next関数	190
NFDサブルーチン	351
NFKDサブルーチン	351
Number::Formatモジュール	251

O

%oフォーマット	90
-oファイルテスト	214-215
-Oファイルテスト	214
oct( )関数	28, 242
OOP(オブジェクト指向プログラミング)	342
open関数	94-97, 273, 345
openプラグマ	354
opendir関数	232
ord( )関数	34
overloadモジュール	343

P

/p修飾子	156
-pファイルテスト	215
PATH環境変数	266
Path::Classモジュール	210, 234
PDLモジュール	339
Perl	
Unicode	23, 353-356
インストール	360
開発小史	357-359
機能を拡張する	338
組み込み	343
組み込みの警告メッセージ	27-29
サポート	9
参考資料	2-3, 9
サンプルプログラム	16
実験的機能	361-364
入手方法	8
バグレポート	10
プログラミング	12-15
プログラムのコンパイル	15
プログラムを書く	11-15
歴史的背景	4-8
Perl Mongers	9
Perl Power Toolsプロジェクト	88
perlインタプリタ(perl interpreter)	
-Cスイッチ	355
-Eスイッチ	301, 361
-Mオプション	28
-pオプション	176
Perlプログラムのコンパイル	15

-wオプション	27, 89, 98, 291
インストール	360
コマンドラインで指定	13
Perl識別子	29, 61
PERL5SHELL環境変数	263
perlbrewアプリケーション	361
perlbugユーティリティ	11
perldebug	341
perldelta	357
perldiag	15
perldocコマンド	
概要	338
バッククォート	16, 269
ファイルテスト演算子	213
モジュールを探す	201
perldsc	49, 342
perlfaq	9, 11, 14, 338
perlform	340
perlfunc	90, 183, 339-340
perlhist	358
perlipc	279, 340
perllol	342
perlobj	342
perlootut	342
perlop	35
perlopentut	345
perlpod	345
perlpolicy	358
perlport	220
perlre	146, 338
perlref	342
perlrun	341, 355
perlsec	264, 341
perlstyle	13, 30
perlsub	78
perltie	343
perltoc	338
perlunicode	147
perluniprops	137
perlvar	30
PFE(Programmer's File Editor)	11
Pike, Rob	348
pop( )関数	49
POSIXモジュール	266, 336
postderefフィーチャ	364
postderef_qqフィーチャ	364

ppmツール	9
print関数	
出力	32, 86-89
デバッグ	63
戻り値	63
printf関数	89-92, 250, 311
push( )関数	49

Q

\Qエスケープ	166
quotemeta関数	166
qwショートカット	46
qx( )関数	269

R

/r修飾子	164
\R(行末)ショートカット	136
-rファイルテスト	214-215
-Rファイルテスト	214-215
readdir関数	232
readline関数	232
readlink関数	241
redo関数	191
refaliasingフィーチャ	364
regex_setsフィーチャ	364
Regexp::Debuggerモジュール	128
rename関数	236-237
return( )関数	71-74
reverse( )関数	
概要	54
ソートサブルーチン	256
ハッシュの代入	113
リストコンテキスト	57, 309
rindex( )関数	248
rmコマンド(Unix)	234, 266
rmdir関数	235, 243

S

%sフォーマット	90
/s修飾子	144, 163
-sファイルテスト	214-215
-Sファイルテスト	215
\s(空白文字)ショートカット	136
s///(置換演算子)	
/gによるグローバルな置換	162
/rスイッチ	205, 237

大文字/小文字の変換	164-166	概要	38, 92
概要	161	再オープン	102
結合演算子	163	STDOUTファイルハンドル	
置換修飾子	163	Unicode	354
非破壊置換	163	概要	92
別のデリミタを使う	163	再オープン	102
メタクォート	166	strictプラグマ	70, 312
Salzenberg, Chip	358	Sublime Textエディタ	11
say関数	103-104	substr( )関数	249-250
sayフィーチャ	364	switchフィーチャ	364
scalar関数	59	symlink関数	240
Scalar::Utilモジュール	225	System V IPC	340
SciTEエディタ	11	system関数	261-266
select関数	102		
shift( )関数	50, 68	**T**	
%SIGハッシュ	279	-tファイルテスト	215
SIGBUSシグナル	279	-Tファイルテスト	215
SIGCONTシグナル	276	tarコマンド(Unix)	264
SIGHUPシグナル	276	TCP/IPソケット	340
SIGILLシグナル	279	Text::CSV_XSモジュール	167
SIGINTシグナル	276	TextMateエディタ	11
signaturesフィーチャ	361, 364	Thompson, Ken	348
Signes, Ricardo	359	Time::Momentモジュール	211
SIGSEGVシグナル	279	Try::Tinyモジュール	292
SIGZEROシグナル	276		
sortコマンド(Unix)	88, 93	**U**	
sort( )関数	54, 57	\uエスケープ	164
Space属性	137	\Uエスケープ	164
splice( )関数	50	-uファイルテスト	215
split演算子	167	uc関数	165
sprintf関数	250-252	ucfirst関数	165
sqrt関数	183	UCS(国際文字集合)	347
stat関数	218, 220, 245	UltraEditエディタ	
state関数	74-76	Unicode	
stateフィーチャ	361, 364	Perlのサポート	23, 353-356
:stdプラグマ	354	エンコーディングの設定	348
STDERRファイルハンドル		大文字/小文字の扱い	147
Unicode	354	概要	347
概要	92	コードポイントで文字を生成	34
再オープン	102	正規表現	137
<STDIN>行入力演算子		ソースコード	350
スカラーコンテキスト	81	ファンシーな文字	349-353
ユーザ入力を受け取る	38	Unicode bug	147
リストコンテキスト	59, 82	Unicodeコンソーシアム	138
STDINファイルハンドル		Unicode::Casingモジュール	165
Unicode	354	Unicode::Normalizeモジュール	351

索 引 | 371

unicode_evalフィーチャ ………………………… 364
unicode_stringsフィーチャ ……………………… 364
unicoreディレクトリ ……………………………… 348
unless制御構造 …………………………………… 179
unlink関数 …………………………… 232-235, 242-243
unshift( )関数 ……………………………………… 50
until制御構造 ………………………………… 180, 191
use関数
　diagnosticsプラグマ …………………………… 28
　strictプラグマ …………………………… 70, 312
　warningsプラグマ ……………………… 89, 98, 291
UTF-8エンコーディング ………………… 23, 95, 348, 350
UTF-16エンコーディング ……………………… 96, 348
utf8プラグマ ……………………………… 23, 29, 350
utime関数 ………………………………………… 245

V

\v（垂直方向の空白文字）ショートカット ………… 137
values関数 ………………………………………… 115
vec演算子 ………………………………………… 340
VERBOSE環境変数 ……………………………… 196
viエディタ ………………………………………… 11
Vincent, Jesse …………………………………… 359

W

\w（ワード）ショートカット ……………………… 136
-wファイルテスト ………………………………… 214
-Wファイルテスト ………………………………… 214
waitpid関数 ……………………………………… 276
Wall, Larry …………………………………… 4, 357
wantarray関数 …………………………………… 74
warn関数 ………………………………………… 100
warningsプラグマ ……………………… 89, 98, 291
while制御構造
　each関数 ……………………………………… 116
　until制御構造 ………………………………… 180
　概要 …………………………………………… 40
　パターンマッチ ……………………………… 152
　無限ループ …………………………………… 188
　ループ制御 …………………………………… 190
　レキシカル変数 ……………………………… 69
whoコマンド（Unix） …………………………… 271
Win32::Processモジュール ……………………… 276
WWW::Mechanizeモジュール ………………… 341

X

%xフォーマット …………………………………… 90
/x修飾子 …………………………………… 145, 163
-xファイルテスト ………………………… 214-215
xor演算子 ………………………………………… 198

Y

yada yada演算子（...） …………………………… 53

Z

\zアンカー ………………………………………… 139
\Zアンカー ………………………………………… 139
-zファイルテスト ………………………………… 215

あ行

アクセス制御リスト（Access Control List・ACL） …… 215
アスタリスク（star、*）メタキャラクタ ………… 127, 157
アットマーク（at sign、@） ……………………… 48
アトム（atom） …………………………………… 158
アポストロフィー（apostrophe、'） ……………… 119
アンカー（anchor）
　概要 ……………………………………… 138-140
　行先頭 …………………………………… 148-149
　行末尾 …………………………………… 148-149
　優先順位 ……………………………………… 157
　ワードアンカー ……………………………… 139
アンダースコア（underscore、_） ……… 20, 30, 70
アンパーサンド（ampersand、&） ……… 61, 72-73
インストール（installing）
　Perl …………………………………………… 360
　モジュール …………………………………… 202-204
インデント（indent） …………………………… 14
引用符（quotation mark）
　qwショートカット …………………………… 46
　変数展開 ……………………………………… 34
　文字列リテラル …………………………… 23-25
エラー処理（error handling） ……………… 287-293
エンコーディング（encoding）
　UTF-8 ………………………… 23, 95, 348, 350
　UTF-16 ……………………………………… 96, 348
　概要 …………………………………………… 347
　指定 …………………………………………… 96
演算子（operator）
　vec …………………………………………… 340
　オートインクリメント …………………… 184-185
　オートデクリメント ………………………… 184

オーバーロード ·················· 343
　　概要 ····························· 22
　　繰り返し ···················· 126, 157
　　結合 ············· 34-36, 149-150, 163, 250
　　条件 ···························· 193
　　数値 ·························· 22, 36
　　代入 ·························· 31-32
　　追加 ····························· 31
　　パターンマッチ ·············· 143, 169
　　範囲 ····························· 46
　　比較 ························· 36, 254
　　ビット ····················· 223-226
　　否定 ··························· 179
　　ファイルテスト ············· 213-219
　　複合代入 ························· 31
　　部分評価演算子 ·············· 197-199
　　文字繰り返し ····················· 26
　　文字列 ························ 25, 31
　　優先順位 ····················· 34-36
　　ループ制御 ·················· 189-193
　　連結 ························· 27, 31
　　論理 ······················· 194-199
　　ワード ·························· 198
オートインクリメント(autoincrementing) ······· 184-185
オートインクリメント演算子
　　(autoincrement operator、++) ················ 184-185
オートデクリメント(autodecrimenting) ················ 184
オートデクリメント演算子
　　(autodecrement operator、--) ······················ 184
大文字/小文字(case-folding) ·············· 147
大文字/小文字の変換(case shifting) ·············· 164-166
オクテット(octet) ···························· 347
汚染チェック(taint checking) ······················ 341
オブジェクト指向プログラミング
　　(object-oriented programming：OOP) ······ 342

か行

改行文字(newline character) ········· 15, 24, 125, 205
書き戻し編集(in-place editing) ············· 173-177
カッコ(( ))
　　if制御構造 ························ 37
　　while制御構造 ···················· 40
　　print関数 ························ 88
　　キャプチャグループ ··········· 130-132
　　キャプチャなし ··············· 152, 168
　　デリミタとして使う ··········· 143, 146

　　変数名 ··························· 34
　　マッチ変数 ················· 150-157
　　優先順位 ······················ 34, 157
　　利用例 ························· 119
空のパラメータリスト(empty parameter list) ········ 68
カレント作業ディレクトリ(current working directory)
　　··································· 227
カレントディレクトリ(current directory) ······ 227-228
環境変数(environment variable)
　　％ENVハッシュ ··············· 119, 196
　　VERBOSE ························· 196
　　エンコーディングの設定 ············· 349
　　設定 ···················· 204, 229, 266
間接ファイルハンドル(indirect filehandle) ······· 231
カンマ区切り値(comma-separated value：CSV)ファイル
　　··································· 167
キーと値のスライス(key-value slice) ·········· 286
基数(radix of numbers) ························ 29
起動引数(invocation argument) ············· 83-85
疑問符(question mark、?)メタキャラクタ ······ 127, 157
キャプチャグループ(capture group)
　　パターンをグループにまとめる ··········· 130-132
　　マッチ変数 ················· 150-157
キャプチャなしのカッコ(noncapturing parenthese)
　　······························· 152, 168
キャプチャの有効期限(persistence of capture) ······ 151
行先頭アンカー(beginning-of-line anchor) ······ 148-149
行入力演算子(line-input operator)
　　<STDIN> ·················· 38, 59, 81-82
　　ダイヤモンド演算子(<>) ··········· 83-85, 88
行末尾アンカー(end-of-line anchor) ······ 148-149
金額を表す数値(money number) ············· 251-252
空白文字(whitespace)
　　/x修飾子 ························· 145
　　qwショートカット ·················· 46
　　押しつぶす ······················· 162
　　分割 ···························· 167
　　文字クラスショートカット ··········· 136-137
空文字列(empty string) ····················· 23, 33
空リスト(empty list) ······················ 58, 70
組み込まれている警告メッセージ(built-in warning)
　　································· 27-29
組み込みPerl(embedding Perl) ················ 343
組み込み変数(built-in variable) ················ 342
グラフィカルユーザインタフェース
　　(graphical user interface：GUI) ············ 345

索　引 | **373**

繰り返し演算子(repetition operator) ………… 126, 157
グリフ(glyph) …………………………………… 349
クロージャ(closure) …………………………… 343
グローバル変数(global variable) ……………… 62
グロブ(globbing) ………………………… 229-231
警告メッセージ(warning)
　　print関数 ……………………………………… 89
　　warn関数 ……………………………………… 100
　　組み込み …………………………………… 27-29
　　実験的 ………………………………………… 362
　　無効なファイルハンドル …………………… 97
結合(associativity) ………………………… 34-36
結合演算子(binding operator、=~) … 149-150, 163, 250
合成文字(composed character) ……………… 350
後方参照(back reference) ……………………… 130
コードポイント(code point)
　　Unicode ……………………………………… 350
　　文字の写像 …………………………………… 347
　　文字の生成 …………………………………… 34
国際文字集合(Universal Character Set：UCS) …… 347
コメント(comment) ………………………… 14, 145
コロン2個(double colon、::) ………………… 119
コンテキスト(context of the expression) …… 56-59
コンパイル(compiling) ………………………… 15

さ 行

作業ディレクトリ(working directory) …… 227-228
サブルーチン(subroutine)
　　return( )関数 …………………………… 71-74
　　Unicode ……………………………………… 351
　　use strictプラグマ ………………………… 70
　　アンパーサンド(&) ……………………… 61, 72-73
　　概要 …………………………………………… 61
　　可変長のパラメータリスト ……………… 67-69
　　起動 …………………………………………… 62
　　定義 …………………………………………… 61
　　引数 ……………………………………… 64-65
　　無名 ………………………………………… 343
　　戻り値 ……………………………………… 62-64, 74
　　レキシカル変数 ………………………… 66, 69, 75
サブルーチンシグネチャ(subroutine signature) … 76-78
サブルーチンの戻り値(return values in subroutine)
　　return( )関数 …………………………… 71-74
　　概要 ……………………………………… 62-64
　　スカラー以外 ………………………………… 74
シェルコマンド(shell command) ……………… 12, 21

式のコンテキスト(context of the expression) …… 56-59
識別子(identifier) …………………………… 29, 61
シグナルの送受信(signals, sending and receiving)
　　……………………………………………… 276-279
時刻と日付を扱うモジュール(time and date module)
　　………………………………………………… 211
シジル(sigil、$) …………………………… 29-32
指数記法(exponential notation) ……………… 21
実験的機能(experimental feature) ………… 361-364
自動生成(autovivification) …………………… 111
自動マッチ変数(automatic match variable) …… 156-157
シバン(shebang、#!)行 ………………………… 14
シャープ記号(pound sign、#) ……………… 14, 145
出力(output) ☞ 入出力を参照
条件演算子(conditional operator、?:) ……… 193
剰余演算子(modulus operator、%) …………… 22
書記素(grapheme) ……………………………… 349
シングルクォート(single quote、') …………… 23
シングルクォート文字列リテラル
　　(single-quoted string literal) …………… 23
シンボリックリンク(symbolic link) ……… 240-241
数値(number)
　　10進数以外 …………………………………… 28
　　基数 …………………………………………… 29
　　金額 ……………………………………… 251-252
　　数値演算子 …………………………………… 22
　　内部形式 ……………………………………… 20
　　負の数 ………………………………………… 22
　　文字列への変換 ……………………………… 26
数値演算子(numeric operator) ………………… 22, 36
数値と文字列の変換(converting between numbers
　　and strings) ………………………………… 26
数値比較演算子(logical comparison operator) …… 36
スカラー以外の戻り値(nonscalar return value) …… 74
スカラーコンテキスト(scalar context)
　　sort( )関数 ………………………………… 57
　　<STDIN>演算子 ……………………………… 81
　　概要 …………………………………………… 57
　　強制する ……………………………………… 59
　　リストを生成する式 ………………………… 57
スカラーデータ(scalar data)
　　if制御構造 ………………………………… 37-38
　　print関数による出力 ……………………… 32
　　while制御構造 ……………………………… 40
　　概要 …………………………………………… 19
　　組み込みの警告メッセージ …………… 27-29

数値 ·· 19-22
　　　文字列 ·· 23-27
　　　ユーザ入力を受け取る ······································· 38
スカラー変数(scalar variable)
　　　chomp( )関数 ··· 39
　　　defined( )関数 ·· 41
　　　オートインクリメント ······························· 184-185
　　　オートデクリメント ·· 184
　　　概要 ··· 19, 29-32
　　　シジル ··· 29-32
　　　スカラーの代入 ·· 31
　　　宣言 ··· 15
　　　タイ変数 ·· 343
　　　名前 ··· 30
　　　ファイルハンドル ···································· 104-105
　　　ブール値 ·· 37
　　　複合代入演算子 ·· 31
　　　未定義値 ·· 40
　　　文字列に展開 ·· 25, 32
　　　リスト値を代入 ··· 48-51
　　　オートデクリメント ·· 184
スライス(slice)
　　　概要 ··· 281-283
　　　キーと値 ··· 286
　　　配列 ·· 283-285
　　　ハッシュ ·· 285-286
　　　リスト ··· 282
スラッシュ(forward slash、/) ····························· 143
正規表現(regular expressions)
　　　Unicode属性 ·· 137
　　　アンカー ·· 138-140, 158
　　　概要 ·· 121
　　　選択肢 ·· 133-135
　　　追加の情報源 ·· 338
　　　テキスト処理 ·· 161-177
　　　並び ··· 121-123, 158
　　　パターンの練習 ······································ 123-125
　　　パターンをグループにまとめる ············ 130-132
　　　マッチ ··· 143-160
　　　文字クラス ·· 135-137
　　　量指定子 ··· 126-130, 157
　　　ワイルドカード ······································ 125-126
正規表現によるテキスト処理
　(processing text with regular expressions)
　　　join関数 ·· 168
　　　s///を使った置換 ································· 161-167

split演算子 ··· 167
　　　書き戻し編集 ·· 173-177
　　　たくさんのファイルを更新する ············ 173-175
　　　複数行のテキスト ··· 172
　　　欲張りでない量指定子 ·································· 170
　　　リストコンテキストでm//を使う ················· 169
　　　ワード境界 ··· 171
正規表現によるマッチ
　(matching with regular expressions)
　　　結合演算子 ··· 149-150
　　　パターンテストプログラム ·························· 160
　　　パターンマッチ演算子 ································· 143
　　　マッチ修飾子 ··· 144-149
　　　マッチ変数 ··· 150-157
　　　優先順位 ··· 157-159
整数リテラル(integer literal) ································ 20
セキュリティ(security) ·· 341
セミコロン(semicolon、；) ····························· 15, 176
ゼロ(zero)
　　　ゼロ幅アサーション ···································· 138
　　　配列/リスト要素のインデックス ·················· 43
先頭の0(leading zero) ·· 21
相対後方参照(relative back reference) ·············· 132
相対パス(relative path) ······································· 227
ソートサブルーチン(sort subroutine)
　　　高度なソート ··· 253-256
　　　ハッシュを値でソートする ·························· 256
　　　ハッシュを複数のキーでソートする ············ 257
ソケット(socket) ··· 340
ソフトリンク(soft link) ································· 240-241

た行

代入演算子(assignment operator) ····················· 31-32
タイ変数(tied variable) ······································· 343
タイムスタンプ(timestamp) ······························· 245
ダイヤモンド演算子(diamond operator、<>)
　··· 83-85, 88, 174
たくさんのファイル(multiple file) ··············· 173-175
縦棒(vertical bar、|) ································ 133-135, 158
ダブルクォート展開(double-quote interpolation)
　··· 25, 32
ダブルクォート文字列リテラル
　(double-quoted string literal) ················· 23, 123
ダブルダイヤモンド演算子
　(double diamond operator、<<>>) ················· 85
短絡論理演算子(short-circuit logical operator) ··· 195-196

置換（replacement） ……………………… 161-169
追加演算子（append operator） ……………… 31
対にならないデリミタ（nonpaired delimiter） ……… 143
ディレクトリ操作（directory operation）
　　インストールする場所の指定 …………… 202-204
　　カレントディレクトリ ………………… 227-228
　　グロブ …………………………………… 229-231
　　グロブの別の書き方 ……………………… 231
　　ディレクトリの削除 …………………… 242-244
　　ディレクトリの作成 …………………… 242-244
　　ディレクトリの変更 ……………………… 228
　　ディレクトリハンドル ………………… 232-235
　　パーミッションの変更 …………………… 244
　　ファイルのオーナーの変更 ……………… 244
　　ファイルの削除 …………………………… 234
　　ファイルのタイムスタンプの変更 ……… 245
　　ファイルの名前を変更する ……………… 236
　　リンクとファイル ……………………… 237-242
ディレクトリハンドル（directory handle） …… 232-234
データフロー解析（data-flow analysis） ………… 341
データベース（database）
　　Perlのサポート ………………………… 339
　　追加の情報 ……………………………… 356
テキストエディタ（text editor） ………………… 11
デコード（decoding） …………………………… 347
デバッグ（debugging）
　　print関数 ………………………………… 63
　　概要 ……………………………………… 341
デリミタ（delimiter） ………………… 143, 146, 163
ドキュメント（documentation）
　　perldebug ……………………………… 341
　　perldelta ………………………………… 357
　　perldiag …………………………………… 15
　　perldsc ……………………………… 49, 342
　　perlfaq ………………………… 9, 11, 337
　　perlform ………………………………… 340
　　perlfunc ………………………… 90, 183, 339-340
　　perlhist ………………………………… 358
　　perlipc ……………………………… 279, 340
　　perllol …………………………………… 342
　　perlobj …………………………………… 342
　　perlootut ………………………………… 342
　　perlop …………………………………… 35
　　perlopentut ……………………………… 345
　　perlpod ………………………………… 345
　　perlpolicy ……………………………… 358

perlport ……………………………………… 220
perlre ………………………………… 146, 338
perlref ……………………………………… 342
perlrun ………………………………… 341, 355
perlsec ………………………………… 264, 341
perlstyle ………………………………… 13, 30
perlsub ……………………………………… 78
perltie ……………………………………… 343
perltoc ……………………………………… 338
perlunicode ……………………………… 147
perluniprops ……………………………… 137
perlvar ……………………………………… 30
ドキュメントを埋め込む（embedded documentation）
　…………………………………………… 345
ドット（dot、.） …………………………… 125-126
ドル記号（dollar sign、$） ……………… 12, 29, 34

な行

名前付きキャプチャ（named capture） ……… 153-156
並び（sequence） …………………… 121-123, 158
入出力（input/output：I/O）
　　die関数によって致命的エラーを発生させる … 98-101
　　print関数による出力 ……………… 32, 86-89
　　printfによるフォーマット付き出力 …… 89-92
　　say関数による出力 …………………… 103-104
　　起動引数 ………………………………… 85-86
　　ダイヤモンド演算子からの入力 ……… 83-85
　　バッククォートを使って出力を取り込む … 268-272
　　標準入力からの入力 …………………… 81-83
　　ファイルハンドル ……… 92-98, 101-102, 104-105
ネットワーク（networking） …………………… 340

は行

パーセント記号（percent sign、%） ……… 89-92, 111
ハードリンク（hard link） ……………………… 240
パーミッション（permission） ………………… 244
バイトコード（bytecode） ……………………… 16
パイプオープン（piped open） ………………… 273
ハイフン（hyphen、-） ………………………… 135
配列（array）
　　foreach制御構造 ……………………… 52-55
　　print関数 ………………………………… 86
　　printf関数 ………………………………… 91
　　vec演算子 ……………………………… 340
　　概要 ……………………………………… 43
　　空リスト ………………………………… 58, 70

式のコンテキスト ……………………………… 57
　　スライス …………………………………… 283-285
　　全体を表す書き方 ……………………………… 48
　　追加機能 ……………………………………… 339
　　特別なインデックス …………………………… 45
　　部分文字列 …………………………………… 44
　　文字列に展開 …………………………… 51, 86
　　要素 …………………………………………… 43-44
　　リスト代入 ………………………………… 48-51
バグ(bug) ……………………………………………… 10
バグレポート(bug reporting)
　　Ctrl-Zを使う …………………………………… 60
　　Unicodeの大文字/小文字の扱い ………… 147
　　手順 …………………………………………… 10
パターンマッチ(pattern matching)
　　☞ 正規表現によるマッチを参照
パターンマッチ演算子(pattern match operator、m//)
　　…………………………………………… 143, 169
裸のブロック制御構造(naked block control structure)
　　……………………………………… 182-183, 191
裸のワード(bareword) ……………… 92, 115, 232
バッククォート(backquote、`) ……… 17, 268-272
バックスラッシュ(backslash、\) …… 24, 34, 118
バックスラッシュエスケープ(backslash escape)
　　………………………………………… 25, 126, 164
パッケージ(package) ……………………………… 338
ハッシュ(hash)
　　値でソート …………………………………… 256
　　概要 …………………………………… 107-109
　　スライス ………………………………… 285-286
　　代入 …………………………………………… 112
　　典型的なアプリケーション ………… 109, 117
　　ハッシュに変換 ……………………………… 111
　　複数のキーでソートする …………………… 257
　　便利な関数 …………………………… 115-117
　　ほどく ………………………………………… 112
　　文字列に要素を変数展開 …………………… 118
　　要素にアクセス ……………………… 110-115
　　リストに変換 ………………………………… 111
ハッシュキー(hash key) ……………… 107-109, 257
パラメータリスト(parameter list) ………… 67-69
範囲演算子(range operator、..) ………………… 45
比較演算子(comparison operator) ……… 36, 254
引数(argument) …………………………………… 64-65
日付と時刻を扱うモジュール(date and time module)
　　………………………………………………… 211

ビット演算子(bitwise operator) ………… 223-226
ビットストリング(bitstring) ……………… 224-226
否定演算子(negation operator、!) …… 38, 179-180, 198
非破壊置換(nondestructive substitution) …… 163
非マーク文字(nonmark character) …………… 349
標準エラーストリーム(standard error stream) …… 94
標準出力ストリーム(standard output stream) …… 93
標準入力ストリーム(standard input stream) …… 92
ファイル管理(file management)
　　書き戻し編集 …………………………… 173-177
　　グロブ ……………………………………… 229-231
　　グロブの別の書き方 ………………………… 231
　　たくさんのファイルを更新する ……… 173-175
　　パーミッションの変更 ……………………… 244
　　ファイルからの読み込み …………………… 355
　　ファイル指定の操作 ………………………… 208
　　ファイルに書き出す ………………………… 355
　　ファイルのオーナーの変更 ………………… 244
　　ファイルの削除 ………………………… 232-235
　　ファイルの操作 ……………………………… 234
　　ファイルのタイムスタンプの変更 ………… 245
　　ファイルの名前を変更する ……………… 236-237
　　リンクとファイル ……………………… 237-242
ファイルテスト(file test)
　　localtime関数 ………………………………… 222
　　lstat関数 ……………………………………… 220
　　stat関数 ……………………………………… 220
　　演算子 …………………………………… 213-219
　　積み重ねた例 ………………………………… 219
　　ビット演算子 …………………………… 223-226
　　ファイル属性の操作 ………………………… 217
ファイルの終わり(end-of-file) ……………… 59, 97
ファイルハンドル(filehandle)
　　binmodeの適用 ……………………………… 97, 354
　　Unicode ……………………………………… 354
　　オープンする ………………………… 94-97, 345
　　概要 ……………………………………………… 92-94
　　間接ファイルハンドルの読み出し ………… 231
　　クローズ ……………………………………… 98
　　スカラー変数 ………………………… 104-105
　　デフォルトの出力ファイルハンドルの変更 …… 101
　　裸のワード …………………………………… 92
　　標準ファイルハンドルを再オープンする …… 102
　　プロセス ………………………………… 273-275
　　無効 …………………………………………… 97
　　利用例 ………………………………………… 101

ブール値（Boolean value）··············· 37, 116, 162
フォーマット（format）
    sprintf関数を使ってデータをフォーマットする
    ·· 250-252
    概要 ·· 340
    フォーマット付き出力 ························· 89-92
複合代入演算子（compound assignment operator）···· 31
複数行のテキスト（multiple-line text）················ 172
復帰文字/改行文字（carriage-return/linefeed：CR-LF）
·· 95
太い矢印（big arrow、fat arrow、=>）············ 113, 236
浮動小数点リテラル（floating-point literal） ············· 21
不透明なバイナリ（opaque binary）······················ 8
負の数（negative numbers）···························· 22
部分評価演算子（partial-evaluation operator）···· 197-199
部分文字列（substring）
    index関数を使って探す························· 247-249
    substr( )関数を使っていじる ················· 249-250
プライベート変数（private variables）········· 66, 69, 74-76
プラグマ（pragma）···························· 23, 27, 70
ブラケット（square bracket）················ 34, 119, 135
プラス（plus、+）メタキャラクタ ············· 128, 157
ブレース（braces、{ }）
    繰り返し演算子 ······························· 129, 157
    ハッシュ ·· 110
プログラマ用のテキストエディタ
    （programmer's text editor）················ 11, 143
プロセス間通信（interprocess communication）······· 340
プロセス管理（process management）
    exec関数 ·· 267
    system関数 ······································ 261-266
    外部プロセス ··· 272
    概要 ·· 261
    環境変数 ··· 266
    シグナルの送受信 ····························· 276-279
    低レベルシステムコール ·························· 275
    バッククォートを使って出力を取り込む ···· 268-272
    プロセスをファイルハンドルとして扱う ···· 273-275
文修飾子（statement modifier）················· 181-182
文の境界（sentence boundary）························ 171
べき乗演算子（exponentiation operator、**）··········· 22
変数展開（variable interpolation）············· 25, 32, 124

ま行

マーク文字（mark character）························· 349
マウントしたボリューム（mounted volume）········· 237

マッチ演算子（match operator）······················ 122
マッチ変数（match variable）
    概要 ·· 150
    キャプチャなしのカッコ ·························· 152
    キャプチャの有効期限 ····························· 151
    自動 ·· 156-157
    名前付きキャプチャ ························· 153-156
未定義値（undef value）
    概要 ·· 40
    対応 ·· 307
    配列要素 ·· 44
    ファイルの終わり ····································· 97
無限ループ（infinite loop）···························· 188
無効コンテキスト（void context）···················· 269
無名サブルーチン（anonymous subroutine）········· 343
メタキャラクタ（metacharacter）········· 125-126, 166
メタクォート（metaquoting）························· 166
文字クラス（character class）················· 135-137
文字繰り返し演算子（string repetition operator）····· 26
モジュール（module）
    インストール ·································· 202-204
    探す ·· 201
    単純なモジュールを使う ·················· 205-212
文字列（string）
    index( )関数を使って部分文字列を探す ····· 247-249
    qwショートカット ··································· 46
    sprintf関数を使ってデータをフォーマットする
    ·· 250-252
    substr( )関数を使って部分文字列をいじる
    ·· 249-250
    概要 ··· 23
    空 ·· 23, 33
    コードポイントで文字を生成する ················ 34
    数値への変換 ··· 26
    のり ·· 168
    配列を等粉展開する ···························· 51, 86
    ハッシュキー ··· 107
    ハッシュの要素を変数展開 ······················· 118
    比較演算子 ·· 36
    ビット ·· 224-226
    分割 ·· 167
    変数展開 ·· 25, 32
    マッチ変数 ····································· 150-157
文字列演算子（string operator）··················· 25, 31
文字列リテラル（string literal）
    概要 ··· 23

378 | 索引

シングルクォート(') ……………………… 23
ダブルクォート(") ……………………… 23, 123

や行

ユーザ入力(user input) …………………… 38
優先順位(precedence)
　演算子 ………………………………… 34-36
　正規表現 ……………………………… 157-159
欲張りでない量指定子(nongreedy quantifier) ……… 170
欲張りな量指定子(greedy quantifier) ………… 128

ら行

ラベル付きブロック(labeled block) ………… 192
リスト(list)
　foreach制御構造 ……………………… 52-55
　grepを使ってリストから要素を選び出す ……… 293
　map演算子を使ってリストの要素を変換する ……… 295
　qwショートカット ……………………… 46
　値を変数に代入 ……………………… 48-51
　概要 ……………………………………… 43
　空 …………………………………… 58, 70
　高度な処理 …………………………… 296-298
　高度なソート ………………………… 253-258
　式のコンテキスト ……………………… 57
　スライス ……………………………… 282
　追加機能 ……………………………… 339
　ハッシュに変換 ……………………… 111
　要素 ………………………………………… 43
リストコンテキスト(list context)
　m// ……………………………………… 169
　<STDIN>演算子 ……………………… 59, 82
　reverse( )関数 ……………………… 57, 309
　概要 ………………………………………… 57
　スカラーを生成する式 ………………… 59
　バッククォート ……………………… 270-272
リストリテラル(list literal) ……………… 45-48

リテラル(literal)
　整数 ……………………………………… 20
　ドル記号 ………………………………… 34
　浮動小数点 ……………………………… 21
　文字列 ………………………… 23-27, 121
　リスト ………………………………… 45-48
リファレンス(reference)
　オブジェクト指向プログラミング ……… 342
　概要 …………………………………… 49, 342
　クロージャ ……………………………… 343
　複雑なデータ構造 ……………………… 342
　無名サブルーチン ……………………… 343
量指定子(quantifier)
　概要 …………………………………… 126-130
　優先順位 ……………………………… 157
　欲張り ………………………………… 128
　欲張りでない ………………………… 170
リンク数(link count) ……………………… 237
ループ制御(loop control)
　last関数 ……………………………… 189
　next関数 ……………………………… 190
　redo関数 ……………………………… 191
　概要 …………………………………… 189
　無限ループ …………………………… 188
　ラベル付きブロック ………………… 192
レキシカル変数(lexical variable) ……… 66, 69, 74-76
連結演算子(concatenation operator) ……… 26, 31
論理AND演算子(logical AND operator、&&) ……… 194
論理OR演算子(logical OR operator、||) ……… 194

わ行

ワードアンカー(word anchor) ………… 139, 171
ワード演算子(word operator) …………… 198
ワープロソフト(word processor software) ……… 11
ワイルドカード(wildcard) ……………… 125-126

● 著者紹介

Randal L. Schwartz (ランダル・L・シュワルツ)

ソフトウェア産業に従事して20年になるベテラン。ソフトウェア設計、システム管理者、セキュリティ管理、テクニカルライター、トレーニングといった仕事を行っている。Randalは、『Programming Perl』、『Learning Perl』、『Learning Perl for Win32 Systems』(以上O'Reilly、邦題『プログラミングPerl』『初めてのPerl』『初めてのPerl Win32システム』いずれもオライリー・ジャパン)、『Effective Perl Programming』といった「必読書」の共著者であるとともに、『WebTechniques』、『PerformanceComputing』、『SysAdmin』、『Linux Magazine』といった雑誌に定期的にコラムを執筆している。

また、Perl関連のニュースグループの常連であり、開設当初からcomp.lang.perl.announceニュースグループのモデレータを務めている。彼の風変わりなユーモアと卓越した技能は、世界的に伝説の域に達している(伝説のいくつかはたぶん彼自身が流布したものである)。Perlコミュニティに対して恩返しをしたいと考え、Perl Instituteを設立して最初の基金を拠出した。世界中の草の根Perlユーザの組織であるPerl Mongers(perl.org)の発起人の1人でもある。Randalは、1985年以来、Stonehenge Consulting Services, Inc.のオーナー経営者である。Randalには、電子メールmerlyn@stonehenge.comあるいは電話(503) 777-0095で連絡をとることができる。Perlやそれに関連した話題についての質問を歓迎している。

brian d foy (ブライアン・D・フォイ)

Perlの熱心なトレーナー兼ライター。教育、コンサルティング、コードレビューなどを通じてPerlの利用と理解を促しサポートするサイト「The Perl Review」を運営している。
Perlカンファレンスでも頻繁に登壇している。共著書に『Learning Perl』、『Intermediate Perl』(以上O'Reilly)、『Effective Perl Programming』(Addison-Wesley)、著書に『Mastering Perl』(O'Reilly)がある。1998年から2009年までStonehenge Consulting Servicesのインストラクター兼ライターを務めた。物理学専攻の大学院生時代からのPerlユーザであり、初めてコンピュータを買って以来の熱狂的なMacユーザである。世界中の200以上のPerlユーザグループの設立を助けた非営利Perl支援グループであるPerl Mongers, Inc.の設立者でもある。Perlコアドキュメントのperlfaqの部分のほか、CPANのいくつかのモジュール、独立したいくつかのスクリプトのメンテナンスも行っている。

Tom Phoenix (トム・フェーニックス)

1982年から教育関連の分野で働いている。科学博物館で、13年間以上にわたって、解剖、爆発、興味深い動物の相手、そして高電圧放電に明け暮れた末に、1996年からStonehenge Consulting ServicesでPerlの講師を務めるようになった。それ以来、さまざまな場所を駆けずり回っているので、近い将来、Perl Mongersのミーティングであなたと会う機会があるかもしれない。時間に余裕があるときには、Usenetのcomp.lang.perl.miscやcomp.lang.perl.moderatedニュースグループにポストされた質問に答えて、Perlの開発と普及に貢献している。Perl関連の作業以外には、Tomはアマチュアとして暗号を解読したり、エスペラントを話したりすることに時間を費やしている。アメリカ合衆国オレゴン州ポートランド市在住。

● 訳者紹介

近藤 嘉雪（こんどうよしゆき）

現在、某IT系企業に勤務。著書に『定本Cプログラマのためのアルゴリズムとデータ構造』（SBクリエイティブ）、訳書に『プログラミングPerl第3版』（オライリー・ジャパン）などがある。

  電子メール ：ykondo@kondoyoshiyuki.com
  ホームページ ：http://www.kondoyoshiyuki.com/
  Twitter ：@yoshiyuki_kondo

嶋田 健志（しまだたけし）

主にWebシステムの開発に携わるフリーランスのエンジニア。共著書に『Pythonエンジニア養成読本』、『Pythonエンジニアファーストブック』（以上、技術評論社）、技術監修書に『PythonによるWebスクレイピング』、『Pythonではじめるデータラングリング』、監訳書に『PythonとJavaScriptではじめるデータビジュアライゼーション』（以上、オライリー・ジャパン）。

  Twitter ：@TakesxiSximada

● カバー説明

 本書の表紙の動物はリャマです。リャマはアンデス山脈に生息する南米固有のラクダの一種です。このリャマと同種の動物に、家畜のアルパカや野生種のグアナコ、ビクーニャなどがいます。この種の動物はすべて草食で、食物を反すうして消化します。野生のグアナコは1時間に60数kmもの距離を走れる動物で、危険を感じると水辺に逃げます。

 古墳から発掘される骨から、アルパカやリャマは4500年前から家畜化されていたと推測されています。1531年にアンデス高地にスペインの征服者がやってきたときにも、たくさんのアルパカやリャマがいました。アルパカやリャマは、高地の生活に適しており、ヘモグロビンはほかの哺乳動物よりもたくさんの酸素を運べるのです。

 リャマはおとなになると130kgにもなり、主に運搬用に使われます。運搬の列は数百頭にもなり、1日に30km以上も移動可能です。リャマは一頭で20kgもの荷物を運ぶことができますが、短気な性質で、不機嫌になるとつばを吐いたり噛みついたりします。アンデス地方では、食用として肉を利用したり、毛から衣類を作ったりします（同種でリャマより小型のアルパカの毛は上質な毛糸になります）。また、皮は皮革製品に用いられ、脂肪からはろうそくを作ります。毛はロープやじゅうたんの材料にもなり、乾燥させたふんは燃料として使われます。

初めてのPerl 第7版

2018年1月24日　初版第1刷発行

著　　者	Randal L. Schwartz(ランダル・L・シュワルツ)	
	brian d foy(ブライアン・D・フォイ)	
	Tom Phoenix(トム・フェニックス)	
訳　　者	近藤 嘉雪(こんどう よしゆき)	
	嶋田 健志(しまだ たけし)	
発 行 人	ティム・オライリー	
制　　作	有限会社はるにれ	
印刷・製本	日経印刷株式会社	
発 行 所	株式会社オライリー・ジャパン	
	〒160-0002　東京都新宿区四谷坂町12番22号	
	TEL　(03)3356-5227	
	FAX　(03)3356-5263	
	電子メール　japan@oreilly.co.jp	
発 売 元	株式会社オーム社	
	〒101-8460　東京都千代田区神田錦町3-1	
	TEL　(03)3233-0641(代表)	
	FAX　(03)3233-3440	

Printed in Japan (ISBN978-4-87311-824-6)
落丁、乱丁の際はお取り替えいたします。

本書は著作権上の保護を受けています。本書の一部あるいは全部について、株式会社オライリー・ジャパンから文書による許諾を得ずに、いかなる方法においても無断で複写、複製することは禁じられています。